高职高专"十一五"工学结合精品教材(食品类)

粮油加工技术

华景清　张敬哲　主编

中国计量出版社

图书在版编目（CIP）数据

粮油加工技术/华景清,张敬哲主编.—北京:中国计量出版社,2010.8（2019.11重印）
高职高专"十一五"工学结合精品教材·食品类
ISBN 978－7－5026－3227－4

Ⅰ.①粮…　Ⅱ.①华…②张…　Ⅲ.①粮食加工—高等学校:技术学校—教材　②油料加工—高等学校:技术学校—教材　Ⅳ.①TS210.4　②TS224

中国版本图书馆 CIP 数据核字（2010）第114594号

内 容 提 要

本教材对粮油食品加工技术进行了系统介绍,体现以职业岗位为导向,以知识和技术应用能力培养为重点的高职教材特色,更好地实施"工学结合"教学模式,适于任务驱动式教学方法,使学生在完成具体项目的过程中掌握相应工作岗位的技能,以及构建相关理论知识和逐渐养成良好的职业素质。

本教材包括绪论,模块1粮油加工技术,模块2面类食品加工技术,模块3米类食品加工技术,模块4植物蛋白制品和淀粉制品的加工技术,模块5时尚食品的加工技术。

本教材不仅可供高职高专食品加工专业的教师和学生使用,也可作为粮油加工行业加工人员学习参考。

中国计量出版社 出版

地　　址　北京和平里西街甲 2 号（邮编 100013）
电　　话　（010）64275360
网　　址　http://www.zgjl.com.cn
发　　行　新华书店北京发行所
印　　刷　中国标准出版社秦皇岛印刷厂
开　　本　787mm×1092mm　1/16
印　　张　20.5
字　　数　490 千字
版　　次　2010 年 8 月第 1 版　2019 年 11 月第 4 次印刷
印　　数　5 001—6 000
定　　价　36.00 元

教材编委会

本书编委会

主　编　华景清　张敬哲

副主编　金俊艳　乌　兰

编　委　(按姓氏笔画排序)

乌　兰　北京农业职业技术学院

龙明华　陕西杨陵职业技术学院

孙向阳　郑州牧业工程高等专科学校

华景清　苏州农业职业技术学院

李冬霞　苏州农业职业技术学院

张敬哲　吉林农业科技学院

张税丽　平顶山工业职业技术学院

金俊艳　黑龙江农业职业技术学院

主　审　杨玉红　河南鹤壁职业技术学院

编写说明

为适应高职高专学科建设、人才培养和教学改革的需要，更好地体现高职高专院校学生的教学体系特点，进一步提高我国高职高专教育水平，加强各高等职业技术学校之间的交流与合作，根据教育部《关于加强高职高专教育人才培养工作的若干意见》等文件精神，为配合全国高职高专规划教材的建设，同时，针对当前高职高专教育所面临的形势与任务、学生择业与就业、专业设置、课程设置与教材建设，由中国计量出版社组织北京农业职业学院、苏州农业职业技术学院、天津开发区职业技术学院、重庆三峡职业学院、湖北轻工职业技术学院、广东轻工职业技术学院、广东新安职业技术学院、内蒙古商贸职业学院、新疆轻工职业技术学院、黑龙江畜牧兽医职业学院等60多所全国食品类高职高专院校的骨干教师编写出版本套教材。

本套教材结合了多年来的教学实践的改进和完善经验，吸取了近年来国内外教材的优点，力求做到语言简练，文字流畅，概念确切，思路清晰，重点突出，便于阅读，深度和广度适宜，注重理论联系实际，注重实用，突出反映新理论、新知识和新方法的应用，极力贯彻系统性、基础性、科学性、先进性、创新性和实践性原则。同时，针对高职高专学生的学习特点，注意"因材施教"，教材内容力求深入浅出，易教易学，有利于改进教学效果，体现人才培养的实用性。

在本套教材的编写过程中，按照当前高职高专院校教学改革，"工学结合"与"教、学、做一体化"的课程建设和强化职业能力培养的要求，设立专题项目，每个项目均明确了需要掌握的知识和能力目标，并以项目实施为载体加强了实践动手能力的强化培训，在编写的结构安排上，既注重了知识体系的完整性和系统性，同时也突出了相关生产岗位核心技能掌握的重要性，明确了相关工种的技能要求，并要求学生利用复习思考题做到活学活用，举一反三。

本套教材在编写结构上特色较为鲜明，通过设置"知识目标"、"技能目标"、"素质目标"、"案例分析"、"资料库"、"知识窗"、"项目小结"和"复习思考题"等栏目，既方便教学，也便于学生把握学习目标，了解和掌握教学内容中的知识点和能力点。编写过程中也特别注意使用科学术语、法定计量单位、专用名词和名称，运用了有关系统的规范用法，从而使本套教材更符合实际教学的需要。

相信本套教材的出版，对于促进我国高职高专教材体系的不断完善和发展，培养更多适应市场、素质全面、有创新能力的技术专门人才大有裨益。

教材编委会

2010 年 7 月

前　言

《粮油加工技术》是依据粮油加工行业中生产岗位的职业能力以及工作项目而设置的专业课程，着眼于培养学生的职业能力和职业素质，并关注学生终身学习与可持续性发展的需要。

为了突出职业能力的培养以及更好地实施"工学结合"教学模式，本教材不追求理论知识的系统性和完整性，而是根据典型粮油加工行业中职业能力的要求组织教学内容，将一些粮油加工工种的职业资格证书所要求的知识与技能融入其中，从而体现高职教育的"双证书"培养。

粮油食品种类繁多，本教材不追求粮油食品类别的全面性，而是根据粮油食品行业中技术种类的典型组织教学内容，尽可能涉及初加工、再加工、深加工等不同类型的加工技术。按照"模块项目导向"的设计思想构建本课程的教材框架。为了符合高职学生学习工艺技术的认知规律，框架层次基本遵循了"初加工 →再加工→深加工"、"产品工艺流程 → 产品制作工艺 →产品的质量标准 →产品的质量控制 "等顺序。

本教材以学生为主体开展教学，通过任务驱动式教学方法，使学生在完成具体项目的过程中掌握相应工作岗位的技能，以及构建相关理论知识和逐渐养成良好的职业素质。

本书由华景清编写绪论，金俊艳编写模块1粮油加工技术，张敬哲编写模块2面类食品加工技术的项目4烘烤食品加工技术，龙明华编写模块2的项目5面制方便食品加工技术，华景清编写模块3米类食品加工技术的项目6米制方便食品加工技术，李冬霞编写模块3的项目7速冻食品的加工技术，孙向阳编写模块4植物蛋白制品和淀粉制品的加工技术的项目8植物蛋白制品加工技术，张税丽编写模块4的项目9淀粉制品加工技术，乌兰编写模块5时尚食品的加工技术。全书由华景清整理并统稿，由杨玉红主审。

在本教材编写中，参考了相关图书和其他参考文献，在此谨向有关作者表示诚挚的感谢！

由于编者水平和经验所限，教材中难免存在不妥之处，恳请读者批评指正。

编　者

2010 年 7 月

目　录

绪论 ……………………………………………………………………………………………… (1)

模块1　粮油加工技术

项目1　小麦加工技术 ……………………………………………………………………… (7)

任务1　小麦预处理技术 ……………………………………………………………… (8)

一、小麦预处理工艺流程 ……………………………………………………… (8)

二、小麦的清理要求和方法 …………………………………………………… (9)

三、小麦水分调节 ……………………………………………………………… (10)

四、小麦的搭配 ………………………………………………………………… (11)

任务2　小麦制粉技术 ………………………………………………………………… (12)

一、小麦制粉工艺流程 ………………………………………………………… (12)

二、小麦制粉的研磨工艺 ……………………………………………………… (13)

三、小麦制粉的筛理工艺 ……………………………………………………… (14)

四、小麦制粉的清粉工艺 ……………………………………………………… (15)

任务3　面粉的修饰 …………………………………………………………………… (16)

一、配粉工艺 …………………………………………………………………… (16)

二、面粉的修饰 ………………………………………………………………… (16)

三、面粉的营养强化 …………………………………………………………… (17)

拓展知识 ………………………………………………………………………………… (18)

一、小麦制粉设备的操作与维护 ……………………………………………… (18)

二、小麦粉的等级标准 ………………………………………………………… (23)

【项目小结】 …………………………………………………………………………… (24)

【复习思考题】 ………………………………………………………………………… (24)

项目2　稻谷加工技术 ……………………………………………………………………… (25)

任务1　稻谷清理技术 ………………………………………………………………… (26)

一、稻谷清理工艺流程 ………………………………………………………… (26)

二、稻谷清理方法和要求 ……………………………………………………… (26)

任务2　砻谷及砻下物的分离技术 …………………………………………………… (28)

一、砻谷工艺流程和要求 ……………………………………………………… (28)

二、稻谷的脱壳 ………………………………………………………………… (28)

三、谷壳的分离与收集 ………………………………………………………… (29)

　　　四、谷糙分离 ……………………………………………………………… (29)

　　任务3　碾米及成品整理技术 ………………………………………………… (30)

　　　一、碾米工艺流程和要求 ……………………………………………………… (30)

　　　二、碾米工艺 …………………………………………………………………… (30)

　　　三、成品整理 …………………………………………………………………… (32)

　　拓展知识 …………………………………………………………………………… (33)

　　　一、稻谷加工设备的操作 ……………………………………………………… (33)

　　　二、特种米加工技术 …………………………………………………………… (35)

　　【项目小结】 ……………………………………………………………………… (39)

　　【复习思考题】 …………………………………………………………………… (39)

项目3　植物油脂加工技术 ………………………………………………………… (40)

　　　一、植物油料的分类 …………………………………………………………… (40)

　　　二、植物油料的子实结构与化学组成 ………………………………………… (40)

　　任务1　植物油脂提取技术 …………………………………………………… (42)

　　　一、油料的预处理 ……………………………………………………………… (42)

　　　二、植物油脂的提取方法 ……………………………………………………… (44)

　　任务2　植物油脂的精炼 ……………………………………………………… (51)

　　　一、植物油脂精炼的要求 ……………………………………………………… (51)

　　　二、植物油脂精炼的方法 ……………………………………………………… (52)

　　任务3　植物油脂制品的加工 ………………………………………………… (59)

　　　一、调和油的加工 ……………………………………………………………… (59)

　　　二、人造奶油的加工 …………………………………………………………… (60)

　　　三、起酥油的加工 ……………………………………………………………… (62)

　　拓展知识 …………………………………………………………………………… (64)

　　　一、蛋黄酱加工 ………………………………………………………………… (64)

　　　二、磷脂加工 …………………………………………………………………… (66)

　　【项目小结】 ……………………………………………………………………… (66)

　　【复习思考题】 …………………………………………………………………… (66)

模块2　面类食品加工技术

项目4　焙烤食品加工技术 ………………………………………………………… (67)

　　任务1　面包加工技术 ………………………………………………………… (68)

　　　一、面包的加工方法与工艺流程 ……………………………………………… (68)

　　　二、面包加工技术 ……………………………………………………………… (69)

　　　三、面包的质量标准 …………………………………………………………… (74)

　　　四、面包的老化与延缓 ………………………………………………………… (75)

　　任务2　饼干加工技术 ………………………………………………………… (77)

　　　一、不同类型饼干的加工工艺流程 …………………………………………… (77)

　　　二、饼干加工技术 ……………………………………………………………… (78)

　　三、饼干的质量标准 ……………………………………………………… (92)

　　四、饼干的质量控制 ……………………………………………………… (92)

　任务3　糕点加工技术 ……………………………………………………… (92)

　　一、糕点加工的工艺流程 ………………………………………………… (92)

　　二、糕点的加工技术 ……………………………………………………… (93)

　　三、不同品种糕点的加工实例 …………………………………………… (100)

　　四、质量控制关键 ………………………………………………………… (106)

　拓展知识 ……………………………………………………………………… (107)

　　一、烘烤食品设备的操作与维护 ………………………………………… (107)

　　二、烘烤食品行业的发展方向 …………………………………………… (109)

　【复习思考题】 ……………………………………………………………… (111)

项目5　面制方便食品加工技术 …………………………………………… (117)

　任务1　挂面加工技术 ……………………………………………………… (117)

　　一、挂面加工工艺流程(图5—1) ……………………………………… (117)

　　二、挂面加工工艺 ………………………………………………………… (118)

　　三、挂面的质量标准 ……………………………………………………… (122)

　　四、挂面的质量控制 ……………………………………………………… (123)

　任务2　方便面加工技术 …………………………………………………… (124)

　　一、方便面的加工工艺流程 ……………………………………………… (124)

　　二、方便面加工工艺 ……………………………………………………… (125)

　　三、方便面的质量标准 …………………………………………………… (133)

　　四、方便面汤料的生产 …………………………………………………… (133)

　任务3　馒头加工技术 ……………………………………………………… (134)

　　一、馒头的加工方法及工艺流程 ………………………………………… (134)

　　二、馒头的加工工艺 ……………………………………………………… (135)

　【项目小结】 ………………………………………………………………… (136)

　【复习思考题】 ……………………………………………………………… (137)

模块3　米类食品加工技术

项目6　米制方便食品加工技术 …………………………………………… (138)

　任务1　方便米饭(软罐头)加工技术 …………………………………… (138)

　　一、方便米饭(软罐头)的加工原理与工艺流程 ……………………… (138)

　　二、方便米饭(软罐头)的加工工艺 …………………………………… (139)

　　三、方便米饭(软罐头)的质量标准 …………………………………… (139)

　　四、改善软罐米饭品质的质量控制点 …………………………………… (140)

　任务2　方便米粉的加工技术 ……………………………………………… (142)

　　一、方便米粉的加工原理与工艺流程 …………………………………… (142)

　　二、方便米粉的生产工艺 ………………………………………………… (142)

　　三、方便米粉的质量标准 ………………………………………………… (144)

  四、改善方便米粉品质的质量控制点 ……………………………………（144）

 任务3 膨化米饼的加工技术 ……………………………………………（146）

  一、挤压膨化米饼的加工原理与工艺流程 ……………………………（146）

  二、膨化米饼加工工艺 …………………………………………………（147）

  三、膨化米饼的质量标准 ………………………………………………（147）

  四、改善挤压膨化米饼品质的质量控制点 ……………………………（147）

 拓展知识 ……………………………………………………………………（149）

  一、米制方便食品主要设备的操作与维护 ……………………………（149）

  二、米制方便食品行业的发展方向 ……………………………………（154）

 【项目小结】 ………………………………………………………………（156）

 【复习思考题】 ……………………………………………………………（157）

项目7 速冻食品加工技术 ……………………………………………………（158）

 任务1 速冻汤圆的加工技术 …………………………………………（159）

  一、速冻汤圆加工工艺流程 ……………………………………………（159）

  二、速冻汤圆加工工艺 …………………………………………………（159）

  三、速冻汤圆的质量标准 ………………………………………………（162）

  四、速冻汤圆的质量控制 ………………………………………………（164）

 任务2 速冻粽子的加工技术 …………………………………………（167）

  一、速冻粽子工艺流程 …………………………………………………（167）

  二、速冻粽子加工工艺 …………………………………………………（167）

  三、速冻粽子的质量标准 ………………………………………………（168）

 拓展知识 ……………………………………………………………………（168）

  一、速冻食品加工装置 …………………………………………………（168）

  二、速冻食品行业的发展方向 …………………………………………（171）

 【项目小结】 ………………………………………………………………（171）

 【复习思考题】 ……………………………………………………………（172）

模块4 植物蛋白制品和淀粉制品的加工技术

项目8 植物蛋白制品加工技术 ……………………………………………（173）

  一、植物蛋白质的基本特征 ……………………………………………（173）

  二、植物蛋白的种类及性质 ……………………………………………（174）

 任务1 大豆蛋白加工技术 ……………………………………………（177）

  一、大豆蛋白加工方法与工艺流程 ……………………………………（178）

  二、大豆蛋白的质量标准 ………………………………………………（192）

  三、大豆蛋白的质量控制 ………………………………………………（192）

 任务2 植物蛋白饮料的加工技术 ……………………………………（193）

  一、豆乳的加工工艺流程 ………………………………………………（194）

  二、豆乳的生产工艺 ……………………………………………………（194）

  三、豆乳的质量标准 ……………………………………………………（196）

四、豆乳的质量控制 ……………………………………………………（197）

任务3 传统豆制品的加工技术 …………………………………………（198）

    一、豆腐的加工工艺流程 ………………………………………………（199）

    二、豆腐加工工艺 ………………………………………………………（200）

    三、豆腐的质量标准 ……………………………………………………（204）

    四、豆腐的质量控制 ……………………………………………………（205）

拓展知识 …………………………………………………………………（207）

    一、植物蛋白制品设备的操作与维护 …………………………………（207）

    二、植物蛋白制品行业的发展方向 ……………………………………（211）

    三、其他传统豆制品的加工技术 ………………………………………（211）

【项目小结】 ……………………………………………………………（218）

【复习思考题】 …………………………………………………………（218）

项目9 淀粉制品加工技术 …………………………………………………（219）

任务1 玉米淀粉的加工技术 ……………………………………………（220）

    一、玉米淀粉加工工艺流程 ……………………………………………（220）

    二、玉米淀粉加工工艺 …………………………………………………（221）

    三、玉米淀粉的质量标准 ………………………………………………（225）

任务2 淀粉糖的加工技术 ………………………………………………（226）

    一、淀粉糖工艺流程 ……………………………………………………（227）

    二、淀粉糖加工工艺 ……………………………………………………（227）

    三、淀粉糖的质量标准 …………………………………………………（242）

任务3 粉皮粉丝加工技术 ………………………………………………（245）

    一、粉丝工艺流程及加工技术要求 ……………………………………（245）

    二、粉皮工艺流程及加工技术要求 ……………………………………（247）

    三、粉皮粉丝的质量标准 ………………………………………………（248）

拓展知识 …………………………………………………………………（250）

    一、淀粉制品加工的主要设备 …………………………………………（250）

    二、变性淀粉的加工技术 ………………………………………………（256）

    三、淀粉制品容易出现的质量安全问题 ………………………………（263）

【项目小结】 ……………………………………………………………（264）

【复习思考题】 …………………………………………………………（264）

模块5 时尚食品的加工技术

项目10 休闲食品加工技术 ………………………………………………（265）

任务1 谷物休闲食品加工技术 …………………………………………（265）

    一、谷物休闲食品加工方法与工艺流程 ………………………………（265）

    二、谷物休闲食品的加工工艺 …………………………………………（266）

    三、谷物休闲食品的质量标准 …………………………………………（269）

    四、谷物休闲食品的质量控制 …………………………………………（269）

任务 2　薯类休闲食品的加工技术 ……………………………………………（269）
　　一、薯类休闲食品的加工工艺流程 …………………………………………（269）
　　二、薯类休闲食品的生产工艺 ………………………………………………（270）
　　三、薯类休闲食品的质量标准 ………………………………………………（275）
　　四、薯类休闲食品的质量控制 ………………………………………………（275）
任务 3　豆类、坚果类休闲食品加工技术 …………………………………………（275）
　　一、豆类、坚果类休闲食品的加工工艺流程 ……………………………（275）
　　二、豆类、坚果类休闲食品加工工艺 ……………………………………（275）
　　三、豆类、坚果类休闲食品的质量标准 …………………………………（278）
　　四、豆类、坚果类休闲食品的质量控制 …………………………………（278）
拓展知识 ……………………………………………………………………………（278）
　　一、休闲食品加工设备 ………………………………………………………（278）
　　二、休闲食品行业的发展方向 ………………………………………………（299）
【项目小结】 ………………………………………………………………………（299）
【复习思考题】 ……………………………………………………………………（299）
项目 11　功能性食品加工技术 ……………………………………………………（300）
任务 1　膳食纤维的加工技术 ……………………………………………………（301）
　　膳食纤维加工工艺流程 ……………………………………………………（302）
任务 2　低聚糖的加工技术 ………………………………………………………（304）
　　低聚糖加工工艺流程 ………………………………………………………（304）
任务 3　大豆肽加工技术 …………………………………………………………（306）
任务 4　木糖醇加工技术 …………………………………………………………（308）
任务 5　大豆磷脂加工技术 ………………………………………………………（309）
拓展知识 ……………………………………………………………………………（310）
【项目小结】 ………………………………………………………………………（312）
【复习思考题】 ……………………………………………………………………（312）
参考文献 ……………………………………………………………………………（313）

绪　论

粮油加工业的发展,是保证未来农业、加工业和食品工业快速发展的前提,对实现食品市场多样化、安全化、优质化、绿色化、营养化和方便化,改善食物结构和营养结构,提高全国人民生活和健康水平起着重要作用。同时对确保国家粮食安全、优化粮油生产结构、实现农业产业化、促进粮油企业增效、农民增产增收具有十分重要的意义。

一、粮油加工的主要内容

粮油加工是将粮食、油料或其副产品经过物理、化学处理和其他科学的加工方法加工制成的各种食用产品或轻工业原料的过程。

粮油加工技术是涉及现代生物学、物理学、化学、营养学、卫生学等基础理论,运用机械加工、食品加工工艺、食品微生物、食品包装、食品保藏及运输等多项技术的一门应用性学科。它的主要任务是运用多学科的理论知识和研究成果,系统研究粮油食品的成分、理化性质、生化变化、加工工艺与技术路线等,并通过科学合理的加工工艺技术,生产出符合国家质量标准的合格产品与半成品,为社会提供优质的粮油食品。

根据粮油加工原料的不同可以分为粮食作物加工、食用油脂加工、植物蛋白及其制品加工、淀粉及其制品加工等。

1. 粮食作物加工

(1)小麦加工　小麦是我国主要的粮食作物之一。小麦面粉营养丰富、品质优良,用以制成人们所喜爱的面食。小麦加工主要是制粉和利用面粉继续加工成各种成品或半成品食品。

①小麦制粉:小麦制粉是将净麦中的胚乳磨制成面粉的生产过程。它的任务是破碎麦粒,刮尽麦皮里的胚乳,将胚乳研磨到一定的粗细度,再按不同的质量标准,混合搭配成一种或几种等级的面粉。

②面制方便食品加工:面制方便食品是以面粉为主要原料加工成的方便食品,可大致分为方便面、半成品的挂面及面包、饼干、糕点、馒头等。

(2)稻谷加工　我国稻谷产量居世界第一位,全国约有2/3的人以稻米为主要食粮。稻谷加工主要是制米和利用大米进行深加工。

①稻谷制米:稻谷制米是将稻谷加工成大米的整个过程。它的任务是通过一定的生产技术和加工工艺,保留大米自身的营养成分或强化一定的营养素,加工出成品米或特种米。

②米制方便食品加工:米制方便食品是以大米为主要原料加工成的方便食品,可大致分为速食米饭、米粉、速冻汤圆、速冻粽子、膨化米饼等。

此外,还有杂粮的加工,它主要包括膨化玉米、玉米片等玉米加工食品;马铃薯片、红薯条等薯类加工食品;以及虎皮花生、花生蓉、花生酱等花生加工小食品等。

2. 食用油脂加工

油脂含量丰富的作物种类很多,主要有大豆、花生、油菜籽和棉籽,平均含油量分别为

22%,32%,42%和20%。其他还有芝麻、向日葵、蓖麻子等。

（1）制油　我国现有制油方法有机械压榨法、溶剂浸出法和水剂法，其中浸出法较为常用。

（2）油脂精炼　由压榨法、浸出法和水剂法制取的植物油脂称为毛油。毛油中含有多种杂质，只有通过精炼后才能达到食用或工业用途的需要。油脂精炼包括去杂、脱胶（脱磷）、脱酸、脱色、脱臭、脱蜡等过程。

（3）油脂深加工　深加工的目的是生产专用油脂，如氢化油、人造奶油、起酥油等。

3. 植物蛋白及其制品加工

植物蛋白来源广泛，种类很多，其中以大豆中蛋白质含量较为丰富，可达40%左右，而且营养价值高，接近完全蛋白质，是植物蛋白质的最佳原料。植物蛋白加工主要是大豆蛋白的加工，以及利用大豆蛋白继续加工成各种成品或半成品。

（1）大豆蛋白的加工　大豆蛋白的加工是将大豆蛋白提取出来或进一步加工的过程。目前大豆蛋白加工的产品有大豆浓缩液蛋白、大豆分离蛋白、组织状大豆蛋白、水解大豆蛋白等。

（2）大豆蛋白食品加工　大豆蛋白食品是以大豆蛋白为主要原料加工成的方便食品。可大致分为豆腐、腐竹、腐乳、豆乳等。

4. 淀粉及其制品加工

粮食作物主要成分是淀粉，其中以玉米和薯类淀粉含量较为丰富，且应用广泛，是淀粉生产的最佳原料。淀粉及其制品加工主要是玉米和薯类淀粉的加工，以及利用淀粉继续加工成各种成品或半成品。

（1）淀粉的加工　淀粉的加工是从富含淀粉的粮食作物中将淀粉提取出来的过程。主要包括玉米淀粉的加工和薯类淀粉的加工等。

（2）淀粉食品加工　淀粉食品是以淀粉为主要原料加工成的方便食品。可大致分为淀粉糖、粉丝等。

二、我国粮油加工技术发展趋势

进入21世纪以来，随着我国经济的转型，农业结构的调整，粮食安全面临严峻局面。世界粮食的危机，自然灾害的降临，都对我国粮油加工带来新的研究课题。如何审视和看待粮油加工科技的发展，是我们不可忽视的政治课题。因此，粮油加工业将以加工技术的高新化、生产规模的大型化、资源利用的精准化、食品生产的安全化、营养化作为科技发展的战略重点，以促进行业的产业升级，降低生产成本，增强国际竞争力。

1. 加强油料和谷物营养对人体健康相关性研究，增强自主创新开发能力

21世纪的前20年，是实现工业化的关键时期，要以原始创新为重点，逐步实现从要素驱动型增长向创新驱动型增长转变，为粮油加工解决方向性、战略性、前瞻性的重大科学问题，提供理论、技术、材料和方法。要以技术创新为主攻方向，以重大关键技术系统集成为重点，增强自主创新开发能力，强化原始性技术创新。

2. 粮油加工产业依赖于集成创新

我国粮油加工业是一个能源消耗高、生产率水平较低的行业，传统的消费观念和加工技术造成了粮油资源未能得到充分合理利用，必须着力开展粮食加工质量保障关键技术和集成创

新技术的研究,走新型工业化道路,以保障食品原料的安全、生产过程的监控、产品质量的标准化。

3. 加强特色粮油加工的集成技术和集约化加工水平的研究

尽管近年国内粮油加工装备获得长足发展,无论是单机的技术水平及单机最大处理能力,还是成套设备和生产线的技术性能及指标都得到很大的提高。但整体而言,我国特色粮油加工业设备仍然存在着小型化、粗放化,致使单机设备制造成本高、电耗高、效率低下,制约了粮油加工整个产业的技术提升。因此,开发节能、高效、控制智能化、大型集约化加工装备成为必然。

4. 高新技术促进粮油加工的产业链延伸

粮油深加工和综合利用是粮油加工的最终目标,是实现粮食增值的最大环节。依靠科技创新和跨越式发展,加速产品升级换代,强化高技术集成创新和示范应用,是粮油加工业的科技创新和产品、产业升级的最佳选择。以发展粮油食品为重点的粮油深加工和综合利用将进一步加快,膳食方便化、营养化、多样化成为消费趋向,谷物复配、营养组合、副产物利用成为发展方向。

三、粮油加工技术发展的重点任务

在稻谷加工、小麦加工、油料加工、杂粮加工等领域,从基础应用研究、技术开发与产业化推广三个层面,提出粮油加工科技发展的重点任务。

1. 加强粮油主产品的原料标准化、专用化和产品的精准化、营养化、方便化、优质化和工程化的技术研究力度

针对粮油原料加工性质和加工产品的质量要求,研究原料配置技术、原料预处理技术、科学加工方法、质量控制体系技术,加强粮油主食品精准化环节的技术开发和研究,实现粮油产品的绿色、营养、优质、安全,加强对粮油主食品工程化研究,以规模化、集约化扩大产业链条,实现循环经济。依赖粮油加工科技支撑,以及国家良好的产业政策,稳定粮油加工快速发展步伐。

2. 利用高新技术提升中国传统粮油加工产业

我国传统粮油加工产业,有着得天独后的市场优势,但投入大、成本高。利用高科技和新技术,依托自主创新,开发关键加工技术,研究现代、科学的加工方法,实现传统粮油加工业的产业升级,加强传统粮油加工业的市场竞争优势,摆脱国外企业的垄断。

3. 建立主食品工业化和集约化生产配送连锁营销体系

按照到 2020 年,粮油精加工产品所占比例提高到 90%,其中优质大米占总产量的 85% 以上,专用粉占总产量的 80% 以上,一级油和二级油占总产量的 90% 以上的发展目标要求,必须加大对主食品工业化集成技术的研究力度,研究集约化生产工艺和装备技术,研究科学的生产、配送、连锁营销的质量控制技术,实现粮油产品的营养和安全。

4. 加强对特色粮油资源开发利用的科研投入

针对我国丰富的杂粮资源和特种谷物长期以来一直处于粗放式加工与流通、品质安全得不到保障、增值水平低、方便化食品缺乏等问题,开展特色杂粮清洁加工技术装备及方便化食品产业化加工关键技术的研究,从而提升我国杂粮加工产业的整体科技水平。

5. 加强对国产传统粮油加工装备的科研扶持

粮油加工的国产技术和装备水平,到 2020 年基本达到 20 世纪末发达国家的水平,部分装备达到同期国际先进水平的目标。必须加大对传统粮油加工装备的科研投入力度,鼓励技术创新,促使一批具有自主知识产权的粮油加工装备制造企业实现规模化、国际化,装备精良化、生产现代化、技术先进化、经营信息化。

四、我国粮油加工科技发展目标

1. 食用油脂营养机理与安全保障系统的研究

(1)油脂与人体健康的关系研究。油脂是人体所需的三大营养素之一,是人们从饮食中摄取能量和其他特有营养的重要来源。

(2)研究确定营养、科学、合理的新型油脂质量标准指标体系。主要研究食用油脂及其制品加工过程中溶剂、助剂、辅料、反应温度、反应时间的科学合理评价工作,并在此基础上,对食用油脂及其制品质量的相关指标体系提出修改意见,为研究并制定科学的食用油脂及其制品标准提供参考依据。

(3)油脂生产加工过程中全过程、全要素的安全性研究 研究不同油料品种加工条件,分析有害物的合理残留量;研究生产中助剂使用区域、品种及用量;研究快速测定添加剂和降解产物含量的方法,建立其检测方法的国家标准;研究油脂在加工、贮藏过程中安全性评价技术和关键控制技术,确定油脂安全储备评价指标及测定方法。

(4)生产营养、安全油品的工艺 对油脂加工过程全要素的控制技术研究,主要是针对食用油脂加工中控制生产过程中的操作温度、辅料和添加剂的用量,并尽量减少油脂加工过程中因温度过高而损失的部分营养物质。

(5)生产营养、安全油品的装备 对食用油加工新技术和新装备的研究,对水酶法制油关键技术与成套设备研究,油脂生物改性技术及成套装备的研究。对于制约我国油脂生产能源消耗(水电汽)的关键设备,如大型油料破碎机、轧坯机、油料膨化机、水蒸气喷射真空泵、填料塔以及油脂冬化分提过滤机等进行深入系统的研究。

2. 主食品产业化工程研究

(1)蒸制面制品工业化、营养化生产关键技术研究与装备集成开发及产业化示范 主食馒头工业化生产关键技术及装备的集成开发研究;主食馒头抗老化、防霉变关键技术及抗老化保鲜剂与生物防霉制剂的研究与开发;系列营养面制品的研究开发。

(2)米制主食品工业化生产关键技术研究与成套装备集成开发产业化示范 即食米制品加工关键技术与成套加工装备的研究与开发;发芽糙米、留胚米等米制食品加工关键技术与装备集成研究。

(3)食品营养配餐与物流配送技术开发与示范 针对我国传统饮食习惯,开发不同职业、不同工作环境、不同年龄段对食品营养的需求的方便食品,开发火车专用营养配餐、学生专用营养配餐、矿工专用营养配餐等。实现真正意义的方便、快餐、绿色、营养和安全。

(4)主食品原料清洁安全生产关键技术研究与设备开发及产业化示范 主食品原料清洁安全生产关键技术及配套设备研究与开发;高效高产量多光谱分选设备的研究与开发。

（5）主食品营养化关键技术与设备开发及产业化示范 主食品营养素强化关键技术与装备研究；大豆蛋白强化小麦粉加工关键技术研究与开发。

（6）主食品质量安全检测评价关键技术研究与设备开发及平台建设 主食品质量安全检测与评价技术研究及设备开发；主食品工业化、营养化标准体系、工业化创新体系与平台的研究。

3. 特色粮油资源与功能营养食品综合开发工程

（1）粮油食品与人体健康的关系研究 重点研究对不同年龄层次、不同人群的营养需求，研究粮油食品的开发技术、重组技术和加工方法，实现粮油营养与人体健康的科学对接。

（2）粮油食品从原料到制成品全程、全要素安全性研究 针对粮油制成品的质量和专用性质要求，从原料流通、中转储存、配置与加工、制成品的包装、管理和发放全过程的安全性研究，实现真正意义上的绿色、营养、优质、安全。

（3）特色杂粮与油料清洁生产技术与装备的研究 重点开展特色杂粮原料清洗、分级、除杂等预处理加工技术与设备的研究，开发适合于不同杂粮品种的高效色选设备、去杂设备等；荞麦的制粉设备；燕麦制粉设备；燕麦粉与燕麦麸皮的稳定化技术；米糠、茶籽等特色油料的低温制油技术的开发和专用设备的研制；采用米糠保鲜技术和挤压膨化技术、对米糠资源进行重点开发研究，同时对其他小品种油料采用高效、低温、环保的制取技术及精加工技术与设备的研究。

（4）特色杂粮工业化方便食品加工技术与装备研究 针对特色杂粮适口性较差、蒸煮时间长、食用不方便等瓶颈问题，重点研究特色杂粮的加工食用品质改良技术；杂粮加工高效节能技术研究，缩短杂粮的制作时间；方便化蒸煮食用豆类食品加工关键技术与装备研究；速食营养杂粮粉的加工技术研究等。

（5）彩色小麦特色营养保健食品的研究 彩色小麦（以黑麦、绿麦和紫麦）以其高钙、高铁、高锌、富硒的营养特征，既可为粮、又可为补的独特优势，成为以食代补、以食代养、药食同源、医食并重新资源。研究彩色小麦功能、营养食品的标准化、产业化和工程化，开发方便、绿色、营养、安全的主食品和营养配餐，研究营养搭配和其他有色粮油资源的营养复配技术。

（6）半湿法玉米淀粉加工技术的研究 利用干法分离技术分离玉米胚芽和玉米纤维；并利用浸泡技术将玉米仁软化；利用离心分离技术将淀粉洗涤，分离出蛋白（麸质），得到工业淀粉，大大降低了工艺用水，减少了蒸汽用量，是淀粉工业的一大突破。

（7）副产物高效转化及增值关键技术研究 针对我国量大面广的可再生资源小麦麸皮、玉米胚芽、玉米蛋白粉、米糠、油料饼粕（大豆、花生、菜籽、棉籽、葵花籽等）及稻壳等副产物，应用新型分离提取技术、生物技术、双螺杆挤压技术、物性改性技术、现代保鲜技术等，开展麸皮及胚芽储存与应用关键技术研究；玉米胚芽转化及应用技术研究；玉米蛋白改性与应用技术研究；米糠保鲜与转化利用技术研究；醇提蛋白及蛋白功能改性技术及其低聚糖回收利用技术研究；稻壳生物质能源利用技术等研究与开发，并实现规模化集约化生产。

（8）特色杂粮营养复配重组技术研究 针对特色杂粮的独特营养特性及适口性较差的特点，开展特色杂粮与大宗主食原料的营养复配技术研究。应用挤压加工技术等新技术，开展特色杂粮之间及特色杂粮与大宗粮食原料的重组食品开发技术与装备研究，新型非传统特色杂粮食品的开发技术研究等。

（9）特色粮油质量安全控制技术与标准体系建设研究 围绕安全、优质的目标，重点开展特色杂粮的加工全程质量控制技术与溯源研究;抗营养因子的生物学效率研究;毒枝毒素的防控技术研究,原料及制品的标准体系构建等的研究。

4. 粮油机械装备产业升级工程研究

（1）应用信息化技术对原粮接收和成品发放自动化控制研究　利用信息化通讯技术采集原粮和成品接收和发放信息,研究大型接收清理和计量设备、原粮接收高效节能烘干装备;研究开发面粉散粉自动发放技术和装备,研究信息集成控制系统。

（2）主食品工业化加工装备集成技术研究　研究开发面制食品机械加工自动化装备,重点研究饼干、面包、方便面自动上料和配置系统;挂面自动包装技术与装备;馒头自动集成技术与装备;保鲜面团物流设施与配套技术;保湿面条的自动生产装备与技术。

（3）特种杂粮加工装备自动化工程研究　研究荞麦米和荞麦粉规模加工装备;研究豌豆淀粉加工技术和自动化规模加工设备;开发绿豆淀粉工业化加工成套技术;研究开发杂粮复配营养加工装备和技术;研究特种油料和谷物加工成套装备。

（4）粮油加工关键及重大技术装备、成套装备的研究开发　把 CAD,CAE,CAM,CAPP,PDM 等技术用于关键及重大技术装备的研究开发,研究用虚拟技术进行关键及重大技术装备虚拟样机的开发;研究关键及重大技术装备的设计制造理论体系;研究自动控制技术、数字测试技术、信息技术、网络技术、系统集成技术在粮油加工成套技术装备及粮食加工工艺中的应用。

（5）粮油加工装备的绿色设计、制造和核心技术研究　围绕节能减排、绿色环保、可回收利用等进行典型粮油加工装备(特别是核心关键技术)的研究与开发,为绿色环保的粮油加工新工艺研究成套设备。

（6）粮油食品加工节能减排工程化装备与技术研究　针对粮油加工工艺和装备特点,研究开发节能减排新工艺、新装备,开发新的加工方法;研究粮油加工的信息化管理模式,自动化管理技术。

我国粮油加工业的科技发展还面临严峻的任务。粮油加工原料的标准化、专用化、绿色化、营养化、食用的方便化、优质化、安全化以及主食品的工程化、基准化和精准化等都是粮油科技发展的支撑点。我国粮油加工业与其他工业相比整体技术水平偏低,科技含量不高,产出收益率很低,影响农民种粮积极性,影响人民生活水准的提高,影响我国粮食的安全。因此,必须用科学发展观统领我国粮油加工技术发展全局,依据"绿色、高效、低耗、安全"粮油加工业发展的思路,攻克粮油资源高效利用增值的关键技术,开发大型、高效、节能、环保、智能化控制的生产装备,利用现代科技新技术以及信息化平台,加大粮油加工的科技研发投入,实现主食品工程化,实现我国粮油加工科技水平的跨越性发展,提升粮食加工业科技水平和市场竞争能力,建立我国粮食加工业技术创新体系。

我国粮油加工产业的发展,必须依靠粮油科技的创新,粮油科技的创新依赖于社会实践和科学研究。研究粮油加工的科技发展是保证粮油食品安全、产业链延伸、工艺技术改进、生产装备升级的基础,也是实现节约粮源、营养安全、节能高效的唯一途径,更是稳定人民生活水平、提升国民经济实力的最佳选择。

模块 1 粮油加工技术

项目 1 小麦加工技术

【知识目标】了解小麦制粉工艺过程和制粉有关的一些基本问题,包括小麦的分类、小麦的品质性状、小麦粉的加工品质、小麦籽粒构造和化学成分以及小麦粉的等级等。

【能力目标】掌握小麦制粉的基本原理和小麦制粉的操作及设备维护,掌握小麦粉的修饰。

一、小麦的分类

小麦在我国的种植面积大,分布范围广。从长城以北到长江以南,东起黄海、渤海,西至六盘山、秦岭一带,都是小麦的主要播种区。我国小麦分为三大自然麦区,即北方冬麦区(包括河南、山东、河北、陕西、山西等),南方冬麦区(包括江苏、安徽、四川、湖北)和春麦区(包括黑龙江、新疆、甘肃等)。一般地说,不同小麦的加工品质不尽相同,北方冬麦区小麦的蛋白质含量高、质量好;其次是春麦区。南方麦区小麦的蛋白质和面筋质含量较低。小麦有以下几种分类方法。

1. 按播种季节划分

依据播种季节可将我国小麦分为春小麦和冬小麦。春小麦在春季播种,夏末收获。如长城以北地区冬季寒冷,小麦难以越冬,故常在春季播种。春小麦子粒腹沟深,出粉率不高,冬小麦在秋季播种,初夏成熟。如长城以南的小麦就是在秋季播种。越冬后返青,夏季收获。

2. 按子粒皮色划分

按照皮色可将小麦分为白皮小麦和红皮小麦。白皮小麦子粒外皮呈黄白色和乳白色,皮薄,胚乳含量多,出粉率高,多生长在南方麦区。红皮小麦子粒外皮呈深色或红褐色,皮层较厚,出粉率较低,但蛋白质含量较高。

3. 按子粒质地结构划分

根据子粒质地结构状况,可将小麦分为硬质小麦和软质小麦。硬质小麦胚乳质地紧密,子粒横截面的一半以上呈半透明状,称角质。硬质小麦含小麦角质粒 50% 以上,软质小麦的胚乳质地疏松,子粒横截面的一半以上呈半透明的粉质状。软质小麦含粉质粒 50% 以上。一般硬质小麦的面筋含量高,筋力强;软质小麦的面筋含量低,筋力弱。

二、小麦的子粒结构

小麦子粒在发育的过程中果皮与种皮紧密相连,不易分开,故称颖果。从外观上看,麦粒

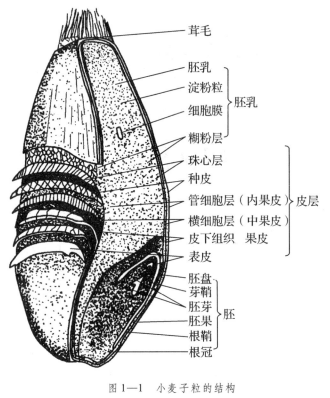

图 1—1　小麦子粒的结构

有沟的一面称为腹面,该纵沟称为腹沟。与腹面相对的一面称为背面,背面的基部有胚,顶部有短而坚硬的茸毛。小麦的子粒结构如图 1—1 所示,包括果皮、种皮、珠心层、糊粉层、胚乳和胚几大部分。最外层为表皮,向内依次是果皮、种皮、珠心层、糊粉层、胚乳,其中胚乳占子粒质量的 80% 左右。制粉时,糊粉层随珠心层、种皮、果皮一同去掉,形成麸皮。

三、小麦的化学构成

从化学角度看,小麦中含有水分、蛋白质、碳水化合物、脂肪、矿物质、纤维素等。矿物质、纤维素主要分布在皮层;维生素主要分布在胚和糊粉层;脂肪主要分布在胚;碳水化合物主要指淀粉,分布在胚乳;糊粉层和胚中蛋白质的含量较高,但不能形成面筋,胚乳中的蛋白质是构成面筋的主要物质。

任务 1　小麦预处理技术

一、小麦预处理工艺流程

小麦在收获、储存、运输的过程中,会混入各种杂质。其中一些为无机杂质,如沙石、泥块、灰尘、金属物等;一些为有机杂质,如植物的根、茎、叶,其他植物的种子、绳头纸屑、鼠粪、虫卵、发芽或霉变的粮粒等。为了保证加工产品的质量,防止杂质在生产过程中对加工设备造成危害,在对小麦进行正式加工之前必须对其进行清理。

不同的杂质具有不同特性,应根据杂质与小麦特性的差异,选用不同的分离方法,使杂质与谷物分离,达到有效清理的目的。清理杂质的基本方法有:风选法(根据杂质与谷物悬浮速度的差异)、筛选法(根据宽度和厚度的差异)、精选法(根据形状和长度的差异)、密度分选法(根据密度的差异)、磁选法(根据磁性的差异)、撞击法(根据强度的差异)、色选法(根据颜色的差异)。其中前六种方法在生产实践中已得到广泛应用,色选法主要用于对大米成品中的黄粒米等异色粒的分选。

小麦清理工艺流程中,调质之前的称为毛麦清理,之后的称为光麦清理。

(1)毛麦清理主要工艺流程的组合顺序

①进粮后初清除去大杂,称量后入毛麦仓;

②风选和筛选相结合除大杂、小杂和轻杂;

③密度分选去石;

④精选除稗等异种粮粒;

⑤磁选去磁性杂质;

⑥打麦或擦麦、刷麦,清除表面杂质;

⑦筛选去除表面清理下的杂质;

⑧磁选去磁性杂质。而后进入调质工序。

（2）光麦清理主要工艺流程的组合顺序

① 调质后二度密度分选去石;

②磁选去磁性杂质;

③第二次打麦或擦麦、刷麦,清除表面杂质;

④筛选去除表面清理下的杂质;

⑤视工艺需要,附加小麦的再次调质;

⑥磁选后进入净麦仓。

二、小麦的清理要求和方法

1. 小麦中杂质的分类

（1）小麦中的杂质按化学成分分类

①无机杂质:无机杂质指混入小麦中的泥土、沙石、金属等无机物质。

②有机杂质:有机杂质是指混入小麦中的根、茎、叶、壳、野草种子、异种粮粒以及无食用价值的生芽、带病斑、变质麦粒等有机物质。

（2）小麦中的杂质按物理性质分类

①按粒度大小可分为 3 类

a. 大杂质:指留存在直径为 4.5 mm 筛孔筛面的杂质。

b. 并肩杂质:指穿过直径为 4.5 mm 筛孔的筛面,留存在直径为 1.5 ~ 2.0mm 筛孔筛面上的杂质。

c. 小杂质:指穿过直径为 1.5 ~ 2.0 mm 筛孔筛面的杂质。

②按密度大小可分为 2 类

a. 重杂质:指密度比小麦大的杂质。

b. 轻杂质:指密度比小麦小的杂质。

2. 小麦清理的要求

①经清理后所得到的净麦一般应达到如下要求:尘芥杂质含量不得超过 0.3% ,其中,沙石含量不得超过 0.02% ,其他异种粮谷不得超过 0.5% 。

②入磨净麦的清理要求

a. 尘芥杂质不超过 0.02% ,粮谷杂质不超过 0.5% (已脱壳的异种粮粒在目前阶段暂不计入),不应含有金属杂质。

b. 小麦经过清理后,灰分降低不应少于 0.06% 。

c. 入磨净麦水分应使生产出的成品面粉水分符合国家规定的标准。

3. 小麦清理常用的方法

①风选法　利用小麦与杂质的悬浮速度不同进行清理的方法称为风选法。风选法以空气

为介质。常用的风选设备有垂直风道和吸风分离器等。

②筛选法　利用小麦与杂质粒度大小的不同进行清理的方法称为筛选法。粒度大小一般以小麦和杂质厚度、宽度不同为依据。筛选法需要配备有合适筛孔的运动筛面,通过筛面和小麦的相对运动,使小麦发生运动分层,粒度小、密度大的物质接触筛面成为筛下物。常用的筛选设备有振动筛、平面回转筛等。

③密度分选法　利用杂质和小麦密度的不同进行分选的方法称为密度分选法。密度分选法需要介质的参与,介质可以是空气和水。利用空气作为介质的称为干法密度分选;利用水作为介质的称为湿法密度分选。干法密度分选常用的设备有密度去石机、重力分级机等,湿法密度分选常用的设备有去石洗麦机等。

④精选法　利用杂质与小麦的几何形状和长度不同进行清理的方法称为精选法。利用几何形状不同进行清理需要借助斜面和螺旋面,通过小麦和球形杂质发生的不同运动轨迹来进行分离。常用的设备有荞子抛车等。利用长度不同进行清理需要借助有袋孔的旋转表面。短粒嵌入袋孔被带走,长粒留于袋孔外不被带走,从而达到分离的目的。常用的设备有滚筒精选机、碟片精选机、碟片滚筒精选机等。

⑤撞击法　利用杂质与小麦强度的不同进行清理的方法称为撞击法。发芽、发霉、病虫害的小麦、土块以及小麦表面黏附的灰尘,其结合强度低于小麦,可以通过高速旋转构件的撞击使其破碎、脱落使其分离,从而达到清理的目的。撞击法常用的设备有打麦机、撞击机、刷麦机等。

⑥磁选法　利用小麦和杂质铁磁性的不同进行清理的方法称为磁选法。小麦是非磁性物质,在磁场中不被磁化,因而不会被磁铁所吸附;而一些金属杂质(如铁钉、螺母、铁屑等)是磁性物质,在磁场中会被磁化而被磁铁所吸附,从而从小麦中被分离出去。磁选法常用的设备有永磁滚筒、磁钢等。

⑦碾削法　利用旋转的粗糙表面(如砂粒面)清理小麦表面灰尘或碾刮小麦麦皮的清理方法称为碾削法。碾削法常用于剥皮制粉。通过几道砂辊表面的碾削可以部分分离小麦的麦皮,从而可以缩短粉路,便于制粉。碾削法常用的设备有剥皮机等。

除以上7种方法外,还有根据颜色不同的光电分选法,使用的设备为色选机。

三、小麦水分调节

在粮油加工过程中对原料的调质处理种类较多,如油料籽粒的软化、蒸谷米厂对稻谷的水热处理、小麦入磨前的水分调节是通过水的作用来改善小麦工艺品质的方法,称为小麦的水分调节。

1. 水分调节的基本原理

小麦水分调节的主要手段是着水与润麦。将适量清水加入原料小麦中的工艺手段称为着水;着水后的小麦在密闭的仓内静置一定的时间,称为润麦。小麦表皮上的水分要在籽粒中均匀渗透,一般需要8h,而要完成与小麦内部物质物理化学的结合、体积膨胀与发热等反应,并以较稳定的状态存在于麦粒结构中,约需要12h,但要通过籽粒之间的传导,实现所有麦粒水分的均衡则需要更多的时间。

小麦着水润麦后,皮层及胚乳的水分均上升,加入的水主要以游离水的形式存在于皮层及胚乳的细胞之间。皮层的水分增加后,其韧性明显增强,在制粉过程中,皮层较难破碎,有利于提高产品的精度。胚乳的水分增加后,淀粉颗粒的结构则变得较松散,其强度降低,研磨的动耗下降,胚乳易磨细成粉。因皮层、胚乳吸水后膨胀程度的区别,导致两者的结合力下降,有利于胚乳与皮层的分离。

2. 小麦水分调节的方法

小麦水分调节的方法主要有室温水分调节与加温水分调节两类。

①室温水分调节

在常温条件下进行水分调节的工艺方法称为室温水分调节。根据原料和着水量的要求,室温水分调节又可分为一次着水工艺与两次着水工艺。

一次着水的工艺过程为:着水 – 润麦。这是目前采用较多的方法。

因小麦颗粒每次承载加入水分的能力有限,当原料为高角质的硬麦及水分偏低时,着水量较大,就需采用两次着水工艺。

两次着水的工艺过程为:第一次着水→ 润麦→ 第二次着水 →润麦。两次着水的工艺较一次着水复杂。

②加温水分调节

在水温和小麦温度超过室温的条件下,进行的水分调节称为加温水分调节。加温可加快水分调节的速度,能使小麦粉面筋的品质有所改善。

因加温水分调节耗能较高,我国除少数高寒地区在冬季使用外,绝大多数地区常年均采用室温水分调节方法。

四、小麦的搭配

1. 搭配目的

小麦制粉的原料来源、产地、品种、水分、面筋、子粒品质等都比较复杂,对生产过程、产品质量以及各项技术指标的稳定性有一定影响。小麦搭配就是将各种原料小麦按一定比例混合搭配,其目的在于:

①保证原料工艺性质的稳定性。原料工艺性能一致,可使生产过程和生产操作相对稳定,避免因原料变化而引起负荷不均,粉路堵塞等故障。

②保证产品质量符合国家标准。如红麦与白麦搭配,可保证面粉色泽;高面筋含量与低面筋含量搭配,可保证产品达到适宜的面筋质含量;灰分不同的小麦搭配,可得到符合规定灰分含量的面粉。

③合理使用原料,提高出粉率。原料搭配可避免优质小麦及劣质小麦单纯加工造成浪费以及与国家标准不符等问题。适当搭配,可在保证面粉质量的前提下得到最高的出粉率。

2. 搭配的原则

搭配时,应根据面粉质量和品质要求,搭配不同的小麦,使之能磨制出符合质量要求的面粉。在进行小麦搭配时,首先应考虑面粉色泽和面筋质,其次是灰分、水分含杂及其他项目。搭配的各批小麦,水分差别不宜超过 1.5%;含杂多的小麦要单独清理再搭配。

3. 搭配过程的控制与操作

①原料搭配比例的确定

原料的搭配比例一般从稳定生产或控制产品品质两个角度来考虑。

对于生产普通面粉为主的制粉厂,小麦搭配一般主要出于稳定生产过程及产品质量考虑。在保证产品质量的前提下,各种原料的搭配应综合考虑现有库存及即将购入原料的多少、好、次情况,搭配比例一般与可供使用的各类原料的数量大致对应,以使生产在较长的一段时间内处于稳定状态,产品的品质也不会出现明显的波动。当产品为较低档的专用面粉时,可采用几种适当的原料小麦搭配来进行生产,通常采用 2~3 种小麦进行搭配生产。

②搭配设备的操作

在进行原料搭配时,A、B 两种原料须分别入仓。小麦的搭配一般是通过流量控制来实现,仓下的配麦器分别控制通过流量 GA、GB,使其稳定并可根据需要进行调节。通过调节,使 GA + GB 之和等于后续工序的工作流量 G,GA/G,GB/G 分别等于对应原料的搭配比例可达到小麦搭配的要求。

任务 2 小麦制粉技术

一、小麦制粉工艺流程

1. 小麦制粉的目的

小麦皮层组织主要含纤维素、半纤维素和少量植酸盐,人体不能消化吸收。

糊粉层含有蛋白质、B 族维生素、矿物质和少量纤维,其营养成分丰富。但是糊粉层蛋白质不参与面筋的形成,糊粉层也对面包、面条等面制食品的口感、外观等产生不良影响。

小麦胚的营养极为丰富,但小麦胚中脂肪酶和蛋白酶含量高、活性强,会影响面粉储藏期。小麦胚对食品品质也会产生不良影响。

胚乳中主要含有淀粉和面筋蛋白,它们是组成具有特殊面筋网络结构面团的关键物质,使面筋能够制出品种繁多、造型优美、符合人们习惯的各种可口面制食品。

从以上可看出,小麦制粉的任务是将净麦破碎,刮尽麸皮上的胚乳,将胚乳研磨成面粉,分离出混在面粉中的麸屑。小麦制粉流程简称粉路,包括研磨、筛理、清粉和刷麸等环节。目前,小麦制粉多采用破碎麦粒,逐渐研磨,多道筛理的方式来分离麸皮和胚乳(面粉)。小麦皮层组织结构紧密而坚韧,而胚乳组织疏散而松软,在相同的压力、剪力和碾削作用下,两者粉碎后产生的颗粒程度不同,可利用筛理的方式来分离,达到除去麸皮,保留面粉的目的。现代制粉工艺是围绕扩大皮层与胚乳粒度差而展开的。

2. 小麦制粉的工艺流程

经过清理和水分调节后的小麦(净麦),通过研磨、撞击、筛理和清粉等工序,将皮层与胚乳分离,并把胚乳研磨到一定的细度,加工成适合不同需求的小麦粉,同时分离出副产品的过程称为小麦制粉。

①研磨 就是通过磨辊对小麦的挤压、剪切、摩擦和剥刮作用,使小麦逐步破碎,从皮层将胚乳逐步剥离并磨细成粉。主要的研磨设备是磨粉机,其核心工作构件是一对磨辊。

②筛理 是将研磨后的物料按粒度大小和密度进行分级并筛出面粉。常用的筛理设备有高方平筛、圆筛,以及起辅助筛理作用的打麦机和刷麸机。

小麦经过研磨和筛理以后,形成各种形态的中间物料,统称为在制品。各种在制品包括:

麸片（连有胚乳的片状皮层）、麸屑（连有少量胚乳的碎屑状皮层）、麦渣（连有皮层的大胚乳颗粒）、粗麦心（混有皮层的较大胚乳颗粒）、细麦心（混有少量皮层的较小胚乳颗粒）、粗粉（较纯净的细小胚乳颗粒）。麦渣和麦心统称粗粒。

③清粉　从麦皮上剥刮下来的胚乳颗粒，其中或多或少还含有一些连皮胚乳粒和细碎的麦皮，如果直接磨碎成粉，这些麦皮将同时被粉碎，从而降低面粉的质量。在制高等级面粉时，应当将细碎麦皮、连皮胚乳粒、纯净的胚乳颗粒分离开来，然后分别进行研磨。将三者分离的过程称为清粉。实现清粉所用的设备为清粉机。

3. 制粉过程中的各系统任务及物料的流向

根据物料种类及其处理方式的不同，将小麦研磨分为皮磨、心磨、渣磨、尾磨四个系统，每个系统又由一道或几道研磨来完成。

皮磨系统的任务是剥开麦粒，并将胚乳颗粒剥刮下来，同时尽量保证麦皮完整。

心磨系统的任务是将皮磨系统剥刮下来的经筛理分级、清粉提纯的麦心磨成细粉，同时，尽可能轻地研磨麦皮和麦胚，并经筛理后与面粉分离。

尾磨是心磨系统的组成部分，其任务是专门处理心磨系统前、中、后路平筛的筛上物。

渣磨系统的任务是用较轻的研磨，使麦皮与胚乳分开，麦渣、麦心得到提纯，为心磨提供较多、较好的物料，以利于出好粉和提前出粉。

清粉系统的作用是将皮磨和其他系统获得的麦渣、麦心、粗粉、连麸粉粒及麸屑的混合物分开，送往相应的研磨系统。

二、小麦制粉的研磨工艺

小麦的研磨是制粉过程中最重要的环节，现代制粉一般以辊式磨粉机作为主要研磨设备。物料在通过一对以不同速度相向旋转的圆柱形磨辊时，依靠磨辊的相对运动和磨齿的挤压、剥刮和剪切作用，使物料被粉碎。

研磨的基本方法

研磨的任务是通过磨齿的互相作用将麦粒剥开，从麸片上刮下胚乳，并将胚乳磨成具有一定细度的面粉，同时还应尽量保持皮层的完整，以保证面粉的质量。研磨的基本方法有挤压、剪切、剥刮和撞击四种。

①挤压

挤压是通过两个相对的工作面同时对小麦籽粒施加压力，使其破碎的研磨方法。挤压力通过外部的麦皮一直传到位于中心的胚乳，麦皮与胚乳的受力是相等的，但是通过润麦处理，小麦的皮层变韧，胚乳间的结合能力降低，强度下降。因而在受到挤压力之后，胚乳立即破碎而麦皮却仍然保持相对完整，因此挤压研磨的效果比较好。

②剪切

剪切是通过两个相向运动的磨齿对小麦籽粒施加剪切力，使其断裂的研磨方法。磨辊表面通过拉丝形成一定的齿角，两辊相向运动时齿角和齿角交错形成剪切。剪切比挤压更容易使小麦籽粒破碎。在研磨过程中，小麦籽粒最初受到剪切作用的是麦皮，随着麦皮的破裂，胚乳也逐渐暴露出来并受到剪切作用。因此，剪切作用能够同时将麦皮和胚乳破碎，从而使面粉中混入麸星，降低了面粉的加工精度。

③剥刮

剥刮在挤压和剪切的综合作用下产生。小麦进入研磨区后,在两辊的夹持下快速向下运动。由于两辊的速差较大,紧贴小麦一侧的快辊速度较高,使小麦加速,而紧贴小麦另一侧的慢辊则对小麦的加速起阻滞作用,这样在小麦和两个辊之间都产生了相对运动和摩擦力,由于两辊拉丝齿角相互交错,从而使麦皮和胚乳受剥刮分开。剥刮的作用能在最大限度地保持麸皮完整的情况下,尽可能多地刮下胚乳粒。

④撞击

通过高速旋转的柱销对物料的打击,或高速运动的物料对壁板的撞击,使物料在物料和柱销、物料和物料之间反复碰撞摩擦,使物料破碎的研磨方法称为撞击。撞击研磨法适用研磨纯度较高的胚乳。同挤压、剪切和剥刮等研磨方式相比较,撞击研磨生产的面粉破损淀粉含量减少。由于运转速度较高,撞击研磨的能耗较大。

三、小麦制粉的筛理工艺

在制粉过程中,小麦经过磨粉机研磨后,获得颗粒大小不同及质量不一的混合物。为了保证研磨效果,必须将这些中间在制品混合物按粒度大小进行分级,以送往相应的下道工序的磨粉机分级研磨,同时及时分离出成品面粉,以保证面粉的质量。制粉厂一般采用筛理的方法来达到分级筛粉的目的,通常使用的筛理设备为平筛和圆筛。

1. 各系统物料的筛理特性

①皮磨系统物料的筛理特性

前路皮磨系统物料的特性是容重大、颗粒大小相差大、且形状不同、温度较低。前路皮磨的物料中麸片上含胚乳多而硬,麦渣的颗粒大,麸屑少,因而前路皮磨的物料散落性大,自动分级性能良好。在筛理过程中,麸片、粗粒容易上浮,粗粉和面粉容易下沉,故麸片、粗粒、粗粉和面粉容易分离。

后路皮磨由于麸片经逐道研磨,混合物料麸多粉少,粗粒含量极少。这种物料容重小、流动性差、粒度差异较前路皮磨小。混合物料中麸片上含粉少而软,粗粒的颗粒小,麸片、粗粒、粉相互粘连性较强,自动分级性能差,麸片、粗粒和面粉不容易分离,物料需要较长的筛理路线和筛理时间。

中路皮磨物料的筛理特性介于前路物料和后路物料之间。

②渣磨系统物料的筛理特性

渣磨系统的磨下物以胚乳为主,研磨后的物料含麦皮少,含粗粒、粗粉多。物料粒度相差较小,散落性中等,有较好的自动分级性能。粗粒、粗粉和面粉容易分离。

③心磨系统物料的筛理特性

心磨系统的物料含有大量胚乳,颗粒小,粒度范围相差不大。由于心磨系统的物料含麸片少,含粉多,因而混合物料的散落性小,特别是后路心磨更甚。物料经过研磨后,胚乳被粉碎成大量的面粉,心磨系统的任务主要以筛粉为主。

④尾磨系统物料的筛理特性

尾磨系统物料以连麸粉粒为主,粒度较小,同时第一道尾磨物料中含有麦胚。物料的散落性和流动性与中后路心磨相似。

⑤打麸粉及吸风粉

用刷麸机(打麸机)处理麸片上残留的胚乳所获得的刷麸粉,以及从气力输送系统的除尘器所获得的吸风粉的特点是粉粒细小而黏性大,容重小而散落性差。物料在筛理时,不易自动分级。一般采用筛理效果较强的振动圆筛来处理吸风粉和打麸粉。

2. 筛理工作的任务和要求

①筛理工作的任务

根据制粉工艺的要求,筛理工作主要有以下四个任务。

a. 及时筛出各道磨粉机研磨后所产生的面粉,防止面粉过分研磨影响面粉的质量,尤其是对于心磨系统该任务尤为重要。

b. 在对面粉有不同等级要求的生产中,各道研磨后的面粉凡有条件分等的,筛理工作应能按质量分等。

c. 根据粉路的简易与复杂,筛理工作应将筛出面粉后的混合物按粒度分成相应等级的在制品。

d. 要求按粒度分级的各类在制品整齐不混,且数量适应各道磨粉机的容量。

②筛理工作的要求

a. 目前制粉厂采用的工艺是分级研磨工艺。皮层有大小,麦心麦渣有粗、中、细,成品粉亦有粗细。总体来讲是在制品、副产品和成品的级数较多,这些物料都要通过筛粉进行筛分分级。同时成品面粉的品种和质量要根据要求进行调整,在制品的分级亦需随着面粉的调整而调整。

b. 能够容纳较高的物料流量,在常规的工艺条件波动范围内不会堵塞。筛理设备的堵塞对其前、后的工序和设备影响大,处理费工费时,影响制粉厂的日产量。

c. 不窜粉、不漏粉。窜粉、漏粉的情况有:筛格内部;筛格之间;筛格与筛箱(包括筛门)之间;物料上、下通道之间;筛仓之间;筛仓与外界。

d. 筛格加工精度高,常期使用不变形。并且筛格种类较多、拆装容易,便于更换筛面,调整筛格。

e. 筛体隔热性能良好,内部不结露,不积垢生虫。物料经研磨后生产的热量大部分进入平筛,筛体内部温度较高;较高的温度使物料水分蒸发,筛体外温度比内部低,导致平筛内壁结露,粉尘粘上后形成粉垢,经过一定时间就发霉生虫,影响成品粉质量。因此,需要高方平筛体隔热性能良好。

四、小麦制粉的清粉工艺

清粉是制粉生产中的一道工序。在磨制高精度面粉的粉路中,清粉系统几乎是不可缺少的组成部分。这是因为清粉系统对提高面粉的质量和扩大优质面粉的数量比例,起着十分重要的作用。

1. 清粉的目的

清粉是利用风筛结合的共同作用,对平筛筛出的各种粒度的粗粒、粗粉给以再一次的提纯与分级。得到纯度更高的粗粒、粗粉和麦心。为提高研磨系统的面粉质量,提供品质优良的在制品。概括地说清粉系统的目的就是对前路(包括前中路皮磨、渣磨以及复筛)系统的各种含粉较多的粗粒,进一步进行精选,按品质(灰分高低)进行分级。

2. 清粉机的工作原理

清粉机是利用筛分、振动抛掷和风选的联合作用,将粗粒、粗粉混合物进行分级。清粉机筛面在振动电机的作用下做往复抛掷运动,落在筛面上的物料被抛掷向前,气流自下而上穿过筛面、穿过料层,对抛掷散开的物料产生一向上的、与重力相反的作用力。使得物料在向前推进的过程中,自下而上按以下顺序自动分层:小的纯胚乳颗粒、大的纯胚乳颗粒、较小的混合颗粒、大的混合颗粒、较大的麸皮颗粒及较轻的麦皮。各层间无明显界线,尤其大的纯胚乳颗粒与较小的混合颗粒之间区别更小。选取合适的气流速度,使较轻的颗粒处于悬浮和半悬浮状态,使较重的颗粒接触筛面,再通过配置适当的筛孔将上述分层物料依次分为前段筛下物、后段筛下物、下层筛上物、上层筛上物和吸出物。

任务3 面粉的修饰

一、配粉工艺

1. 小麦粉后处理工艺

小麦粉后处理工艺流程一般为:面粉检查→自动秤→ 磁选器→ 杀虫机→ 面粉散存仓→配粉仓→ 批量秤→ 混合机→ 打包仓→ 打包机。

2. 面粉的收集与搭配

制粉厂一般同时生产几种档次的面粉或专用粉,这主要通过配粉来实现。一般将面粉按照质量分成 2~3 种分别送入不同的面粉散存仓或配粉仓,然后按照市场的要求进行不同比例的搭配。

①面粉的收集

面粉的收集是将筛出的面粉,按质量分别送入几条集粉绞龙,然后经过检查筛、杀虫机、称重送入配粉车间,成为基本面粉。一般来说,前路皮磨和前路心磨的面粉其灰分较低,白度较好。渣磨和前路心磨的面粉从胚乳中心制得,其面筋含量比其他系统要低,但面筋质量较好,纤维素含量也最低,因而烘焙特性相对较好。从后路皮磨和后路心磨制得的面粉,面粉的面筋和纤维素含量较高,面筋质量相对较差,烘焙性能不如前路面粉。

②面粉的配制

基本面粉经检查筛检查后,进入杀虫机杀虫,再由绞龙送入定量秤,经正压输送送入相应的散存仓。散存仓内不同小麦生产的面粉,以及同一种小麦生产的不同面粉,根据需要按不同的比例混合搭配,成为不同用途、不同等级的各种面粉。

二、面粉的修饰

面粉的修饰是指根据面粉的用途,通过一定的物理或化学方法对面粉进行处理,以弥补面粉在某些方面的缺陷或不足。面粉修饰的方法有很多种,最常用的方法是漂白、增筋、减筋等。

1. 面粉的漂白

新加工的面粉中含有微量的脂溶性胡萝卜素,呈浅黄色,影响面粉的色泽。面粉的色泽也可通过漂白的方法来破坏胡萝卜素,使面粉色泽得以改善。由于胡萝卜素在人体中能够转化为维生素,从营养的角度考虑,不易漂白。此外,一般的漂白剂对人体都具有一定的副作用,因而有些国家禁止使用漂白剂。面粉的漂白方法有过氧化苯甲酰(BPO)漂白法、电弧法、氯气法、亚硝酰氯法、三氯化氮法等,目前最常用的是利用过氧化苯甲酰作为漂白剂进行漂白。

过氧化苯甲酰能抑制面粉中的酶和微生物,促进面粉的熟化,氧化面粉中类胡萝卜素等色素,达到增白的作用。过氧化苯甲酰为白色结晶、无臭、略有苯甲醛味,它是一种高反应性氧化物,遇撞击可自发爆炸。因而使用时应先稀释,一般稀释剂为磷酸二钙、碳酸钙、硫酸钙等。过氧化苯甲酰过量添加会破坏面粉中的营养成分(如维生素),同时也会对人体产生不良作用,目前我国过氧化苯甲酰的添加量为 0.06g/kg 以下。

2. 增筋

面包生产需要面筋含量较多、面筋较强的面粉,对于面筋含量较少、筋力较差的面粉可以通过增筋的方法进行修饰改良。当然,这种修饰改良的作用是有限的。面粉增筋的常用方法有氧化法、添加活性面筋法、乳化法等,常用的增筋方法为氧化法。

小麦的面粉蛋白中含有很多 SH 基,这些 SH 基在受到氧化作用后会形成二硫键,二硫键数量的多少对面粉的筋力起着决定性的作用,因此对面粉的氧化处理可以增加面粉的筋力,改善面筋的结构性能。此外,氧化剂还具有抑制蛋白酶的活性和增白的作用。常用的氧化剂有快速、中速和慢速三种类型。快速型氧化剂有碘酸钾、碘酸钙等,中速型氧化剂有 L - 维生素 C,慢性氧化剂有溴酸钾、溴酸钙等。对面包专用粉宜采用中、慢速氧化剂,因为它们在发酵、醒发及焙烤初期对面粉的筋力要求较高。面粉中常用的氧化剂为溴酸钾和 L - 维生素 C,二者混合使用效果更佳。

3. 减筋

大多数糕点、饼干不需要面筋筋力太强,因而需要弱化面筋。常用的减筋方法为还原法。也可通过添加淀粉和熟面粉来相对降低面筋筋力。

还原剂是指能降低面团筋力,使面团具有良好可塑性和延伸性的一类化学物质。它的作用机理是破坏蛋白质分子中的二硫键成硫氢键,使其由大分子变为小分子,降低面团筋力和弹性、韧性。常用的还原剂有 L - 半胱氨酸(使用剂量小于 70×10^{-6} mg/kg)、亚硫酸氢钠(使用剂量小于 50×10^{-6} mg/kg)和山梨酸(使用剂量小于 30×10^{-6} mg/kg)等。其中亚硫酸氢钠广泛用于韧性饼干生产中,目的是降低面团弹性、韧性,有利于压片和成型。

4. 酶处理

面粉中的淀粉酶对发酵食品如面包、馒头等有一定的作用,一定数量的淀粉酶可以将面粉中的淀粉分解成可发酵糖,为酵母提供充足的营养成分,保证其发酵能力。当面粉中的淀粉酶活性不足时,可以添加富含淀粉酶的物质如大麦芽、发芽小麦粉等以增加其淀粉酶的活性。通常大麦芽的添加量为面粉重量的 0.2% ~0.4%。

三、面粉的营养强化

小麦籽粒中维生素主要集中在小麦胚和糊粉层中,矿物质则主要集中在皮层中。随着面粉加工精度的不断提高,面粉中维生素和矿物质的含量越来越低。面粉在生产工程中,维生素 B_1,B_2,B_3 和 Zn 均有 70% 以上的损失,叶酸也有 40% 的损失。

维生素是人体内不能合成的一种有机物质,人体对维生素的需求量很小,但维生素的作用却非常重要,因为它是调节和维持人体正常新陈代谢的重要物质。某种维生素的缺乏就会导致相应的疾病。

矿物质是构成人体骨骼、体液以及调节人体生化反应的酶的重要成分,它还能维持人体体液的酸碱平衡。缺乏一些矿物质,将会影响人体骨骼和智力发育。

拓展知识

一、小麦制粉设备的操作与维护

1. 辊式磨粉机

(1)辊式磨粉机结构

辊式磨粉机的工作原理是利用一对相向差速转动的圆柱形磨辊,对送入两磨辊间研磨区的物料产生一定的挤压和剪切,使物料破碎、麦皮上的胚乳被逐步剥刮下来,并被粉碎成细粉。

目前的辊式磨粉机一般为复式磨粉机,即一台磨粉机上有两对以上的磨辊。图1—2为辊式磨粉机的结构示意图,主要由机架、磨辊、喂料机构、传动机构、轧距调节机构等构成。

①磨辊

磨辊是磨粉机的主要工作构件,由辊体和轴两部分构成。辊体采用两种以上金属经离心浇铸而成,外层是硬度高的冷硬合金铸铁,为研磨层,厚度为辊体直径的8%~13%。磨辊分光辊和齿辊两种。齿辊一般用于皮磨和渣磨系统,光辊常用于心磨系统。一对磨辊中转速较快的一只称为快辊,转速较慢的一只称为慢辊。快辊支撑在机座两端的轴承上,慢辊支撑在活动轴承臂内的轴承上。

快、慢辊靠拢,进入工作状态的过程称为合闸(也称进辊),此时物料喂入两辊之间的研磨区进行研磨。两辊退开,回到等待状态称为离闸(也称退辊),此时应停止喂料。

②喂料机构

喂料机构的作用是使物料定量、定速、均匀地在磨辊全部长度上呈薄层进入研磨区。喂料机构位于磨辊的上方,主要由前后喂料辊、喂料活门和传感器组成。前后喂料

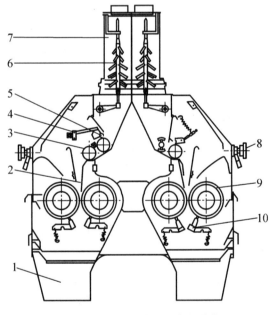

图1—2 辊式磨粉机的结构

1—机座;2—导料板;3—喂料辊;4—喂料门传感器;
5—喂料活门;6—存料传感器;7—存料筒;
8—磨辊轧距调节手轮;9—磨辊;
10—清理磨辊的刷子或刮刀

辊中位于内侧的称定量辊,配合节流闸门控制送入辊间的物料流量;外侧的称分流辊,转速较快,将物料分成更薄的流层,并以一定的降落速度准确进入研磨区。研磨不同物料时,喂料辊的转速不同,辊齿也不同。调节喂料活门和喂料辊之间的喂料间隙,可以控制喂料量。喂料辊

的启停以及喂料活门的开闭与磨辊的离合是连锁的。

③轧距调节和松合闸机构

轧距是指两辊横截面的中线连线上两辊面之间的距离。对于齿辊,轧距就是两辊齿顶平面之间的距离。轧距调节和松合闸机构的主要作用是完成磨辊的合、离闸动作,并方便、准确地调整两磨辊间的轧距。由于快辊是固定的,轧距调节以及进、退辊都是靠改变慢辊的位置来实现的。进、退辊是靠气动控制的松合闸来完成的,为防止物料中偶然出现的硬物对磨辊的损坏,在轧距调节机构里设置了弹簧,对磨辊起保护作用。

④传动机构

磨粉机的传动机构通常有两部分:一部分是给磨辊、喂料辊传递动力,一般采用皮带传动;另一部分设置在快、慢辊之间,用来保持两辊间准确、稳定的传动比,由快辊带动慢辊,称为差速传动。目前差速传动形式有齿轮、链条、双面圆弧同步带、齿楔带四种。

⑤磨辊清理机构

磨辊工作时,表面和齿槽内会黏有粉质物料,特别是在原料的水分较高而轧距较小时。磨辊清理机构的作用就是清理这些黏附在磨辊表面的粉质物料,保持辊面的正常工作状态。一般采用刷子或刮刀贴紧辊面,随磨辊的转动自动完成对辊面的清理。

⑥出料装置

磨粉机的出料方式有两种,一种是物料从磨膛出机后进入溜管,然后进入气力输送系统的接料器;另一种是在磨粉机内设置磨膛吸料装置,在磨膛的底部设有锅形的接料器,锅底中央有一向上的突锥,它伸向吸料管的中心,起导流物料的作用。突锥的上方为吸料管,吸料管外面有套管,两者构成一个环形风道,可使物料均匀地进入吸料管。两对磨辊的两根吸料管分别从进料筒的两侧穿过磨顶,接气力输送系统。

⑦吸风装置

研磨使磨辊温度升高,应对磨辊进行吸风冷却。可以借助磨下物料的气力输送系统对磨辊进行冷却。对于齿辊,在磨辊上方的观察门与机身之间留有进风缝;对于光辊,还设置有轧距吸风装置。轧距吸风装置除起冷却磨辊的作用外,主要作用是减小轧距处"泵气"对均匀喂料的影响。

⑧控制机构

控制机构是实现磨粉机离合闸、保持轧距、进行一系列动作的核心。最初的控制机构是手动控制和液压控制,目前液压控制已被淘汰,大多数磨粉机使用的是气动控制和电动控制,甚至全自动控制。

(2)磨粉机的操作和维护

①保证设备正常运转

a.磨粉机必须在磨辊离闸的状态下启动电机。对于气动控制的磨粉机,在启动电机之前应先启动气源,并接通气控系统。

b.开机后,要经常检查气路中各气动元件、气路及接头是否有漏气或损坏,气压是否符合要求。

c.磨粉过程中要经常检查喂料机构、磨辊清理机构、集料斗和出料情况。喂料传感机构需动作灵活准确;经常清除清理刷中的积粉;经常检查集料斗中的存料情况,保证排料通畅。

d.经常检查轴承温度,若温度过高,应检查润滑和传动部分是否正常、轧距是否过紧。每半年彻底检修保养一次轴承。

e.每三个月检查调整一次传动带的张紧度。

②保证研磨效果方面

a.安装磨辊时,对两磨辊要认真地校平衡。

b.定期采用标准方法检查剥刮率和取粉率。对于皮磨,平时通过观察磨下物中麸片的大小及含量来判断研磨效果;对于心磨,主要观察含粉的多少,并根据手捻搓感觉其粗细程度来进行判断。

c.检查流量是否稳定,当流量过大或过小时,应及时检查前方设备的工作情况。

d.防止物料未经研磨而从磨辊两端穿过。若发生该现象,应停机检修调整磨辊挡料板。

e.防止皮磨研磨时出现切丝现象。造成切丝的主要原因有:轧距过紧、齿角过小、流量过低、磨齿特性与物料的粒度和流量不相适应等。

f.防止因流量过高、磨齿过钝、定速机构失效造成速比减小等导致物料缠辊。磨粉机内壁不应有凝结水,磨门外不应有粉尘飞扬。研磨后物料的温度不应超过50℃,否则应检查接料器工作状态。

③预防及正确处理故障

a.来料中断或突然停机时,应将磨粉机离闸。

b.出料斗若发生堵塞,应立即退辊并及时疏通。

c.若喂料活门内有异物,应先退辊再设法取出异物;在运转中,若有异物掉入研磨处,应先停机后取出,避免发生人身事故。

d.磨辊保护弹簧的张力须适当,保险销或保险垫圈的规格不得任意加大,确保设备安全运转。

e.运行过程中,不得随意调节轧距最小限位装置,以确保研磨效果和保护磨辊。

f.检修后,散落的物料经磁选和筛理后方可回机,防止其中的杂质损坏设备。

2. 高方平筛

(1)高方平筛的结构

图1—3为高方平筛的结构示意图,主要由进料装置、筛箱、传动机构、吊挂装置等组成。

(2)平筛的操作及维护

①开机前的检查与维护

检查吊挂装置的可靠性,定期用扭力扳手检查吊杆的压紧螺栓和钢丝绳的连接情况;安装筛格后要注意均匀压紧;电源线应沿吊杆接入并与吊杆捆扎牢靠,运行过程中不得产生甩动;进出料布筒的连接要牢固;筛体必须在静止状态下启动,在筛体振动幅度范围内不得有障碍物。

②筛体运行中的检查与维护

a.对中心轴的上下轴承应定期注润滑油,发现不正常声响要及时停机检修。发现平筛转速低于额定值时应检查传动带的张紧情况。

b.经常检查平筛各出口处物料的流量和质量情况,特别是粉路的筛上物和筛下物。

c.筛面的张紧程度是否合适。

d.发生堵塞时应先设法停止进料,而后疏通出口,堵塞严重时应停机。

e.回粉物料应根据质量情况,采用回粉机分别均匀地回入相应平筛。

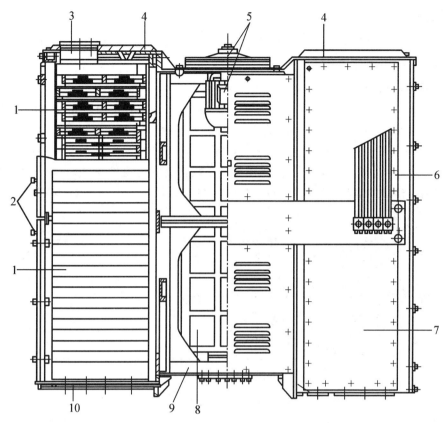

图 1—3　高方平筛结构示意图

1—筛格;2—仓门把手;3—进料口;4—筛格压紧装置;5—传动装置;
6—吊杆;7—筛箱;8—偏重块;9—中部机构;10—出料口

③停机后的检查与维护

a.认真检查工作不正常的筛仓,发现筛孔堵塞或损坏,应查找原因并及时清理或修补更换。在清理筛面时,应使用软毛刷轻刷,切勿用力拍打。

b.短时停机时,可将进出口布筒打开,放出筛仓内的湿热空气;长时间停机,应拆出筛格进行清理,并将筛仓内外打扫干净。

④维修时的注意事项

a.筛面的修补面积不应超过 10%,以保证有效的筛理面积;对已近破碎的筛面特别是粉路筛面应及时更换。

b.所用筛网要平整、光滑、丝径均匀、规格正确,不得使用不合格的筛网。

c.使用专用的绷装机安装筛网,张紧程度适宜,经、纬向的张紧度要一致,防止筛孔变形。要采用专用黏结剂进行安装,安装筛网前不要忘记放入清理块。

d.安装筛格前要检查底板上推料块的状况。

e.每次装拆筛格时,要仔细检查筛仓内各筛格上的密封毡,如有损坏应整条更换。装拆筛格时要水平抬起后取出或装进,轻拿轻放,防止强力推拉损坏密封条。

f.压紧筛格时须两侧均匀用力,不得单边一次压紧,且垂直压紧与水平压紧要交替进行。

3. 清粉机

在制粉工艺中,按品质对粒度相近的在制品(麦渣、麦心或粗粉)进行提纯分级的工序称为清粉,所使用的设备为清粉机。

(1)清粉机的结构

清粉机的结构如图1—4所示,主要由喂料装置、筛体、筛格、出料装置、传动装置和风量调节机构组成。筛体是清粉机的主体,清粉机的机架内有两个结构相同的筛体。每个筛体内有2~3层筛面,每层筛面有4个筛格,通过挂钩相互连接,以抽屉的形式卡在筛体两侧的滑道内,筛孔配置由进料端向后逐渐增大。采用振动电机传动的清粉机,筛体由4个空心橡胶弹簧支撑;采用偏心传动的清粉机,筛体通过吊杆悬吊在机架上。

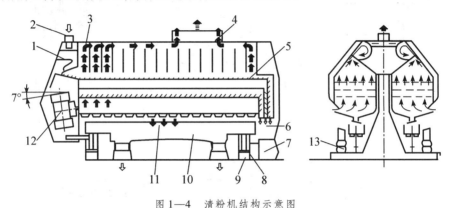

图1—4　清粉机结构示意图

1—喂料机构;2—进料口;3—吸风室;4—总风管;5—筛面;6—筛上物出口;7—筛上物料调节箱;
8—方钢立柱;9—机座;10—集料输送槽;11—筛下物出口;12—振动电机;13—中空橡胶弹簧

清粉机工作时,从进料口流入的物料在喂料装置的作用下均匀地分散在整个筛面宽度上。在振动电机或偏心传动的带动下筛面作往复运动,物料徐徐流到三层筛面上。在此筛理的过程中,吸入的空气穿过筛面和料层,使物料翻滚。在气流和筛面振动的联合作用下,物料逐渐分层,很轻的物料(吸风粉)被风吸走;较轻的小麸片和带麸片的物料成为筛上物而流入筛上物出口;纯净的麦心则穿过筛面,从前段筛面落下;麦渣则从后段筛面落下。这些筛下物可按不同的质量要求收集到振动槽内,然后从不同的出口排出。

(2)清粉机的操作与维护

①清粉机的调节与启动

a. 振幅的调节。清粉机的运动参数包括振幅、振动频率和筛体抛掷角度,其中振动频率一般保持不变。进料量大时可采用较大的振幅,对于振动电机传动的清粉机,缩小振动电机两端偏重块的夹角即增加两偏重块的重叠部分,可增大振幅。

b. 抛掷角的调节。在一定范围内适当增加抛掷角度可促进物料的自动分级和产量的提高。振动电机传动时,调整两台振动电机的装置角度可以改变抛掷角;偏心传动时,调整前后吊杆倾角可以改变抛掷角。

c. 开机前应检查筛面上是否堵料、振动电机的接线是否紧固。

d. 清粉机须在静止状态下启动。设备启动后,观察筛体的运动情况;检查清理刷的运行情况和筛格锁紧情况。

②生产中的一般操作

a.风量调节。大粗粒比细小物料需要更多的风量。清粉机全负荷生产时,总风门要开启2/3,保证各段筛面有足够的风量。各吸风室的风门要做相应调节,一般情况下,前段料层较厚,风量应大些。

b.物料流量调节。若清粉机的流量过大,筛面上料层过厚,使混合物料不能完全自动分级,气流因阻力过大而难以均匀通过料层,清粉效果明显降低。精选物料粒度大时流量可高一些;粒度小时流量需低一些。

c.检查维护筛面。通过观察物料的运动状况和筛网的伸展程度定期进行张紧。

d.通过调整、更换筛面,调节筛出率及筛下物的品质。

e.调节集料箱下的拨板,选择筛下物的分配状态;调节筛上物出料箱中的拨斗,选择筛上物料的分配。

③清粉机的维护与保养

a.每周清理一次清粉机的有机玻璃观察窗,以利于对筛上物料及进料状态的观察。

b.每周应清理一次喂料装置内的积尘。

c.打开补风门或人工清理风道内的积料,清理后应将补风门恢复到原来的位置。

d.清粉机进料端与出料端装置的鼓形空心橡胶垫的性质不同,应分别成对进行更换,绝不能单个更换。

二、小麦粉的等级标准

1. 通用粉质量标准

我国通用小麦粉的等级主要以加工精度来评定,我国标准将通用小麦粉与专用小麦粉合并成一个小麦粉标准,按照小麦粉的筋力强度和食品加工适应性能分为三类。

强筋小麦粉——主要作为各类面包的原料或其他原料。

中筋小麦粉——主要用于各类水饺、面条、馒头、油炸类面食品、包子类面食品等。

弱筋小麦粉——主要作为蛋糕和饼干的原料。

由于中筋小麦粉对应的筋力强度和食品加工适应性能较广,将中筋小麦粉又分为强中筋小麦粉和弱中筋小麦粉。将强中筋小麦粉和弱中筋小麦粉分成 1 级、2 级、3 级、4 级四个等级,强筋小麦粉和弱筋小麦粉分成 1 级、2 级、3 级三个等级。

2. 专用粉质量标准

所谓专用粉,就其字面而言就是用于加工某种食品的小麦粉。面粉根据面筋含量可分为高筋面粉(湿面筋含量为 35% 以上)、中筋面粉(湿面筋含量在 28% ~34% 之间)和低筋面粉(湿面筋含量在 28% 以下)。一般而言高筋粉适合做面包;中筋粉适合做馒头、面条等中式食品;低筋粉适合制作饼干和糕点。

对于专用粉而言,加工精度不是其分等的唯一指标,灰分含量、湿面筋含量、面筋筋力稳定时间以及降落数值等面团流变特性在分等中占重要地位。

3. 营养强化小麦粉

《营养强化小麦粉》是一项全新的国家标准,要求按照 GB 14880《食品营养强化剂使用卫生标准》规定的品种和使用量,对铁、锌、钙、尼克酸、维生素 B_1、维生素 B_2、叶酸 7 种营养素进行强化,使其含量和均匀度符合规定的要求。

【项目小结】

本章主要介绍了小麦的分类、工艺品质、小麦加工工艺的基本原理和方法、生产工艺流程、主要生产设备的结构及影响工艺效果的主要因素。

重点内容是小麦在加工过程中的研磨、筛理、清粉技术以及小麦粉的配粉、修饰、营养强化。

【复习思考题】

1. 根据小麦的粒质和播种季节可将小麦分为哪几类?
2. 小麦清理的意义、方法和清理应达到的要求是什么?
3. 水分调节的意义、机理和方法是什么?
4. 小麦的研磨、筛理和清粉的工艺是什么?
5. 小麦产粉的修饰有哪些?

项目 2 稻谷加工技术

【知识目标】熟悉稻谷加工的目的和意义,了解稻谷加工的工序和大米的质量标准以及稻米营养强化的方法和工艺。

【能力目标】掌握稻谷加工的工作原理和设备操作与维护。

稻谷是第二大谷物,全世界稻谷种植面积占谷物总面积的1/5。我国稻谷产量居世界首位,全国约2/3的人口以大米为主食。稻谷加工是为了提高其食用品质,稻谷加工获得的大米的蛋白质含量虽较低,但其生物效价较高,以大米为原料亦可进一步加工制作米粉、糕点、酿制米酒等。

稻谷的分类、子粒结构和化学组成

1. 稻谷的分类

稻谷的分类方法很多,按稻谷的生长方式分为水稻和旱稻;按生长的季节和生长期长短不同分早稻谷(90~120 d)、中稻谷(120~150 d)、晚稻谷(150~170 d);按粒形粒质分有粳稻谷、籼稻谷、糯稻谷。

籼稻谷子粒细长,呈长椭圆形或细长形,米饭胀性较大、黏性较小。早籼稻谷腹白较大,硬质较少;晚籼稻谷腹白较小,硬质较多。

粳稻谷子粒短,呈椭圆形或卵圆形,米饭胀性较小,黏性较大。早粳稻谷腹白较大,硬质较少;晚粳稻谷腹白较小,硬质较多。

糯稻谷按其粒形、粒质分为籼糯稻谷和粳糯稻谷。籼糯稻谷子粒一般呈长椭圆形或细长形。长粒呈乳白色,不透明,也有呈半透明状,黏性大。粳糯稻谷子粒一般呈椭圆形。米粒呈现白色、不透明,也有呈半透明状,黏性大。

2. 稻谷子粒的形态结构

稻谷子粒由颖(外壳)和颖果(糙米)两部分组成,制米加工中稻壳经砻谷机脱去而成为颖果,又称为糙米(图2—1)。

稻壳由2片退化的叶子内颖和外颖组成,内、外颖的两缘相互钩合包裹着糙米,构成完全封密的谷壳。谷壳约占稻谷总质量的20%,它含有较多的纤维素(30%)、木质素(20%)、灰分(20%)和戊聚糖(20%)、蛋白质(3%),脂肪和维生素的含量很少,其灰分主要由二氧化硅(94%~96%)组成。

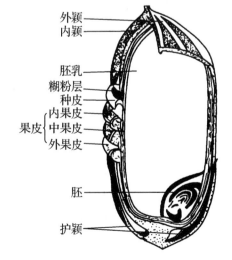

图2—1 稻谷子粒的结构

外颖
内颖
胚乳
糊粉层
种皮
内果皮
果皮 { 中果皮
外果皮
胚
护颖

糙米是由受精后的子房发育而成。由于其果皮和种皮在米粒成熟时愈合在一起,故称为颖果。颖果没有腹沟,长 5 ~ 8 mm,粒质量约 25 mg,是由颖果皮、胚和胚乳 3 部分组成。颖果皮由果皮、种皮和珠心层组成,包裹着成熟颖果的胚乳。胚乳在种皮内,是由糊粉层和内胚乳组成。胚位于糙米的下腹部,包含胚芽、胚根、胚轴和盾片 4 个组成部分。

在糙米中,果皮和种皮约占2%,珠心层和糊粉层占5% ~6%,胚芽占2.5% ~3.5%,内胚乳占88% ~93%。在糙米碾白时,果皮、种皮和糊粉层一起被剥除,故这 3 层常合称为米糠层。米糠和米胚含有丰富的蛋白质、脂肪、膳食纤维、B 族维生素和矿物质,营养价值很高。

3. 稻谷的化学成分

稻谷子粒中含有的化学成分有水、蛋白质、脂肪、淀粉、纤维素、矿物质等,此外还有一定量的维生素。稻谷子粒各组成部分的主要化学成分含量见表2—1。

表2—1　稻谷子粒各组成部分的主要化学成分(%)

种类	水分	蛋白质	脂肪	碳水化合物	纤维素	灰分
稻谷	11.7	8.1	1.8	64.5	8.9	5.0
糙米	12.2	9.1	2.0	74.5	1.1	1.1
胚乳	12.4	7.6	0.3	78.8	0.4	0.5
胚	12.4	21.6	20.7	29.1	7.5	8.7
皮层	13.5	14.8	18.2	35.1	9.0	9.4
稻壳	8.5	3.6	0.9	29.4	39.0	18.6

任务1　稻谷清理技术

一、稻谷清理工艺流程

用于小麦清理的设备也用于稻谷的清理,各种清理设备的结构及工作原理请参看项目1小麦加工技术。

稻谷清理工艺一般包括初清、称量、风选、除稗、去石、仓储和升运等环节组成的主流工艺,以及风网等配套工艺。主流工艺的组成顺序一般是:①初清去大杂和特大型杂质;②风选筛选相结合除大杂、小杂和轻杂;③高速振动方式筛选除稗;④密度分选去石;⑤磁选去磁性杂质。

二、稻谷清理方法和要求

1. 清理的要求

稻谷由于选种、栽培、收割、脱粒、干燥、运输储藏等原因,一般都会混有一定数量的杂质。稻谷中的杂质按其大小可分为大、中、小杂质:①大杂,指留存在直径为5.0 mm圆孔筛上的杂质;②中杂,指通过5.0 mm但留存在2.0mm圆孔筛上的杂质,其中以稗子及形状大小与稻谷相似的并肩石、并肩泥最难去除;③小杂,指通过 2.0 mm 圆孔筛以下的杂质。按化学性质分类又可将稻谷中的杂质分为有机杂质、无机杂质等:有机杂质包括杂草种子、瘪谷、虫尸、虫卵和虫蛹等;无机杂质包括泥沙、石块、磁性矿石和金属杂质等。这些杂质不仅影响生产工艺,同时也影响成品的质量,因此加工的首要任务是清理除杂。

稻谷清理的要求:净谷含杂总量不超过 0.6% ,其中含砂石不得超过 1 粒/kg;含稗不得超过 130 粒/kg。

2. 稻谷清理的方法

清理杂质的方法很多,主要根据杂质与谷粒物理性质的不同进行分选。

(1)风选法

风选是根据谷粒与杂质在悬浮速度的差异,利用一定形式的气流使杂质与谷粒分离的方法。按气流的运动方向不同,有垂直气流风选法、倾斜气流风选法和水平气流风选法等;按气流运动方式不同又分为吸式风选法、吹式风选法及循环式风选法等。

物料在受到垂直上升的气流作用时,其运动状态由本身大小、密度和空气速度决定:空气作用力和浮力之和大于其重力时,物料上升;空气作用力和浮力之和小于其重力时,物料下降;空气作用力和浮力之和等于其重力时,物料则处于悬浮状态。

物料处于悬浮状态时的风速就称为物料的悬浮速度。稻谷的悬浮速度为 8 ~ 10 m/s,糙米的悬浮速度为 12 m/s,稻壳的悬浮速度为 3 ~ 4 m/s,米糠的悬浮速度为 2 ~ 3 m/s。

(2)筛选法

筛选法是根据杂质与谷粒在粒度大小、形状等方面的差异,选择合适筛孔尺寸的筛面组合,使杂质和谷粒的混合物通过筛面时,分别成为筛上物和筛下物,从而达到稻谷和杂质分离的目的。

筛选法必须具备 3 个基本条件:过筛物必须与筛面接触;选择合适的筛孔形状及大小;筛选物料与筛面应有相对运动。

筛选法在稻谷制米加工中使用极为广泛,不仅用于清理,更多地用于同类型物料的分级。常见筛选设备有溜筛、圆筛、振动筛、平面回转筛等。

(3)密度分选法

密度分选法是借助谷粒与杂质密度的不同,利用运动过程中产生自动分级的原理,采用适当的分级面使之分离。密度分选法有干法、湿法之分,一般干法使用较普通。干法密度去石机是典型设备之一,它有吸式和吹式两种类型。密度去石机由偏心连杆带动作往复运动,干法密度去石机的工作原理实际上综合考虑了稻谷和杂质在密度、容重、摩擦系数、悬浮速度等物理性质上的差异。

(4)磁选法

磁选法是指利用磁力清除谷粒中磁性杂质的方法。当物料通过磁场时,粮粒为非磁性物质,自由通过磁场,而磁性金属杂质在磁场中被磁化而与磁场产生相互吸引,从而清除磁性金属杂质。通常使用永久磁铁作磁场,常见磁选器有栅式、栏式和滚筒式设备。

(5)精选法

精选法是指根据谷粒与杂质长度的不同,利用具有一定形状和大小的袋孔的工作面进行分离的方法。精选法中分离工作面形式有滚筒和碟片两种形式。当物料进入旋转的滚筒中时,不断地与滚筒内表面接触,促使短粒物料进入袋孔内,当滚筒转到一定角度时,短物料便依靠自身重力脱离袋孔,落入滚筒中部的收集槽,长粒物料在滚筒底部运动,从而使长短粒分离。碟片分离的工作原理同滚筒相似。

(6)光电分选法

光电分选法是利用谷物和杂质对光的吸收或反射、介电常数的不同进行分离的方法,这种方法是近几年开发的,其中包括工业上已经使用的有色选法。

任务2　砻谷及砻下物的分离技术

一、砻谷工艺流程和要求

1. 砻谷工艺流程

稻谷经过清理,然后脱除稻谷颖壳的工序称为脱壳,也称为砻谷,脱去稻谷颖壳的机械称为砻谷机。砻谷是根据稻谷籽粒结构的特点,对其施加一定的机械力破坏稻壳而使稻壳脱离糙米的过程。由于砻谷机本身机械性能及稻谷籽粒强度的限制,稻谷经砻谷机一次脱壳不能全部成为糙米,因此,砻下物含有未脱壳的稻谷、糙米、谷壳等。砻下物分离就是将稻谷、糙米、稻壳等进行分离,糙米送往碾米机械碾白。未脱壳的稻谷返回到砻谷机再次脱壳,而稻壳则作为副产品加以利用。砻谷工段的组成如图2—2所示。

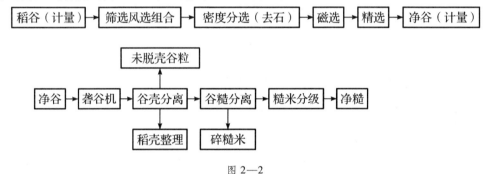

图 2—2

2. 砻谷的要求

砻谷时,在确保一定脱壳率的前提下,要求应尽量保证糙米子粒完整,减小子粒损伤,以提高大米出率和谷糙分离的效果,具体要求是:稻壳中含饱满子粒不超过 30 粒/kg,谷糙混合物种含稻壳量不超过 0.8%,糙米含谷量不超过 40 粒/kg,回砻谷含糙量不超过 10%。

二、稻谷的脱壳

砻谷是根据稻谷结构的特点,由砻谷机施加一定的机械力而实现的。根据脱壳时的受力和脱壳方式,稻谷脱壳可分为挤压搓撕脱壳、端压搓撕脱壳和撞击脱壳三种。

1. 挤压搓撕脱壳

挤压搓撕脱壳是指谷粒两侧受两个不等速运动的工作面的挤压、搓撕而脱去颖壳的方法。胶辊砻谷机最为常用,其工作部件是一对富有弹性的橡胶辊或聚酯合成胶辊,两辊作相向不等速运动,依靠挤压力和摩擦力使稻壳破裂并与糙米分离,两辊间的压力可以调节。品种不同的稻谷需要的压力不同,压力过大,会使米粒变色、变脆,并缩短本来就有限的辊筒寿命。一般来说,每使用 100 ~ 150 h 就需更换辊筒。

2. 端压搓撕脱壳

端压搓撕脱壳是指谷粒长度方向的两端受两个不等速运动的工作面的挤压、搓撕而脱去颖壳的方法。砂盘砻谷机最为常用,它的基本构件是上下平行安置的两个砂盘,上盘固定,下盘转动,谷物在两盘间隙内受到挤压、剪切和撕搓等作用而脱壳。砂盘砻谷机的最大优点是结构简单、造价低,砂盘可自行浇注,但对糙米的损伤大,碎米率高,脱壳率低。

3. 撞击脱壳

撞击脱壳是指高速运动的粮粒与固定工作面撞击而脱去颖壳的方法。离心砻谷机是应用撞击脱壳机理的典型设备。谷物进入设备后落在离心盘上,受离心力的作用,谷粒被高速甩向设备的内筒壁而产生很大的撞击力,将稻壳撞裂。

三、谷壳的分离与收集

稻谷经过砻谷机脱壳后,糙米、稻谷、谷壳混合在一起,由于谷壳的容积大、密度小、散落性差,一般采用风选法进行谷壳分离。一般砻谷机的下部均带有谷壳分离装置,即砻下物流经分级板产生自动分级,稻壳浮于砻下物上层,由气流穿过砻下物时带起,从而使稻壳从砻下物中分离出来。

谷壳分离是指从砻下物中将稻壳分离出来的过程。砻下物经稻壳分离后,每 100 kg 稻壳中含饱满粮粒不应超过 30 粒;谷糙混合物中含稻壳量不应超过 1.0%(胶砻为 0.8%);糙米中含稻壳量不应超过 0.1%。分离出来的谷壳全部回收,进行综合利用,不要排放到大气中,污染环境,谷壳收集的方法一般可分为重力沉降和离心沉降两种。

四、谷糙分离

1. 谷糙分离的基本原理

谷糙分离的基本原理就是利用稻谷和糙米的粒度、密度、摩擦系数、悬浮速度等物理性质的较大差异,借助谷糙混合物在运动过程中产生自动分级,即稻谷上浮糙米下沉,采用适宜的机械运动形式和装置将稻谷和糙米进行分离。

2. 谷糙分离的方法

常用的谷糙分离方法主要有筛选法、密度分离法和弹性分离法三种。

①筛选法 筛选法是利用稻谷和糙米间粒度的差异及其自动分级特性,配备以合适的筛孔,借助筛面的运动进行谷糙分离的方法。常用的设备是谷糙分离平转筛。

谷糙分离平转筛使谷糙混合物在做平面回转运动的筛面上产生自动分级,粒度大、密度小、表面粗糙的稻谷浮于物料上层,而粒度小、密度大、表面较光滑的糙米沉于底层。糙米与筛面接触并穿过筛孔,成为筛下物,稻谷被糙米层所阻隔而无法与筛面接触,不易穿过筛孔,成为筛上物,从而实现谷糙分离。

②密度分离法 密度分离法是利用稻谷和糙米在密度、表面摩擦系数等物理性质的不同及其自动分级特性,在做往复振动的粗糙工作面板上进行谷糙分离的方法。常用的分离设备是重力谷糙分离机。

重力谷糙分离机借助双向倾斜并做往复振动的粗糙工作面的作用,使谷糙混合物产生自动分级,稻谷"上浮",糙米"下沉",糙米在粗糙工作面凸台的阻挡作用下,向上斜移从工作面的斜上部排出。稻谷则在自身重力和进料推力的作用下向下方斜移,自下出口排出,从而实现谷糙的分离。

③弹性分离法 弹性分离法是利用稻谷和糙米弹性的差异及其自动分级特性而进行谷糙

分离的方法。常用的设备是撞击谷糙分离机。

撞击谷糙分离机借助具有适宜反弹面的分离槽进行谷糙分离。谷糙混合物进入分离槽后,在工作面的往复振动作用下,产生自动分级,稻谷浮在上层,糙米沉在下层。由于稻谷的弹性大又浮在上层,因此与分离槽的侧壁发生连续碰撞,产生较大的撞击力使稻谷向分离室上方移动。糙米弹性较小,且沉在底部,不能与分离槽的侧壁发生连续碰撞,在自身重力和进料推力的作用下,顺着分离槽向下方滑动,从而实现稻谷、糙米的分离。

任务3　碾米及成品整理技术

一、碾米工艺流程和要求

碾米是应用物理(机械)或化学的方法,将糙米表面的皮层部分或全部剥除的工序。糙米的皮层组织含有较多的粗纤维,直接食用糙米将妨碍人体的正常消化。同时,糙米的吸水性和膨胀性都比较差。因此,必须通过碾米工序将糙米皮层去除。但是,糙米的皮层中也含有较多的营养成分,如粗脂肪、粗蛋白、矿物质、维生素等,在将糙米皮层全部去除的同时,这些营养成分也会随之大量损失。根据糙米籽粒的结构特点,要将背沟处的皮层全部碾除,势必造成淀粉的损失、破碎的增加,使出米率下降。因此,碾米时按国家标准规定的大米等级标准保留适量的皮层,不仅对供给人体所需营养成分有利,而且可以提高大米的出率。

对碾米基本要求是在保证成品米符合规定质量标准的前提下,提高纯度,提高出米率,提高产量,降低成本和保证安全生产。

用于碾米的设备称为碾米机。碾米机的主要工作部件是碾辊,碾辊、米筛和压筛条(又称米刀)共同构成碾白室。米筛装在碾辊的外围,与碾辊间的间隙即为碾白间隙。碾辊转动时糙米在碾白室内受机械力作用而得到碾白,碾下的米糠通过米筛筛孔排出碾白室。

二、碾米工艺

1. 碾米的基本原理

物理碾米具有悠久的历史,但就其基本理论的研究而言,还是一门年轻的科学。碰撞、碾白压力、翻滚和轴向输送是最基本的,因此被称之为碾米四要素。

(1)碰撞

碰撞运动是米粒在碾白室内的基本运动之一,有米粒与碾辊的碰撞、米粒与米粒的碰撞、米粒与米筛的碰撞。

米粒与碾辊碰撞,获得能量,增加了运动速度,产生摩擦擦离作用和碾削作用。作用的结果使米粒变形,变形表现为米粒皮层被切开、断裂和剥离,同时米温升高,米粒所获得能量的一部分就消耗在这方面。米粒与米粒碰撞,主要产生摩擦擦离作用,使米粒变形,除去已被碾辊剥离松动的皮层,同时动能减少,运动速度减小,运动方向改变。米粒与米筛碰撞,主要也产生摩擦擦离作用,使米粒变形,继续剥除皮层,动能减少,速度减小,方向改变,从米筛弹回。

在以上三类碰撞中,米粒与碾辊的碰撞起决定作用。碰撞过程中,米粒的动能和速度是衰减的,这些衰减的动能和速度不断地从碾辊得到补偿,不断地将米粒碾白,直至达到规定的精度。在整个碾白过程中,由于每个米粒所受到的碰撞次数和碰撞程度不同,因此各米粒的速度与变形情况也不同,致使各米粒最后的精度和破损程度也不同。

（2）碾白压力

碰撞运动在碾白室内建立起的压力,称为碾白压力。碰撞剧烈,压力就大;反之就小。不同的碾白形式,碾白压力的形成方式也不尽相同。

①摩擦擦离碾白压力　在进行摩擦擦离碾白时,碾白室内的米粒必须受到较大的压力,即碾白室内的米粒密度要大。碾白压力主要由米粒与米粒之间、米粒与碾白室构件之间的相互挤压而形成。起碾白作用的压力,有碾白室的内压力和外压力,内压力的大小及其分布状况恰当与否,决定了碾米机的基本性能,外压力起调节与补偿内压力的作用。

摩擦擦离碾白压力的变化,集中反映在米粒密度的变化上。因此,通过调节米粒的密度,可以控制与改变碾白压力的大小。

②碾削碾白压力　碾削碾白时,米粒在碾白室内的密度较小,呈松散状态,所以在碾削碾白过程中,碾白室内米粒与碾辊、米粒与米粒、米粒与米筛之间的多种碰撞作用比摩擦擦离碾白过程中的碰撞作用强,米粒主要是靠与碾辊的碰撞而吸收能量,并产生切割皮层和碾削皮层的作用。

（3）翻滚

米粒在碾白室内碰撞时,本身有翻转,也有滚动。除碰撞运动外,还有其他因素可使米粒翻滚。米粒在碾白室内的翻滚运动,是米粒进行均匀碾白的条件,米粒翻滚不够时,会使米粒局部碾得过多（称为"过碾"）,造成出米率降低,也会使米粒局部碾得不够,造成白米精度不符合规定要求。米粒翻滚过分时,米粒两端将被碾去,也会降低出米率。因此,需对米粒的翻滚程度加以控制。

（4）轴向输送

轴向输送是保证米粒碾白运动连续不断的必要条件。米粒在碾白室内的轴向输送速度,从总体来看能稳定在某一数值,但在碾白室的各个部位,轴向输送速度是不相同的,速度快的部位碾白程度小,速度慢的部位碾白程度大。影响轴向输送速度的因素有多种,它同样可以加以控制。

2. 碾米的基本方法

碾米的基本方法可分为物理方法和化学方法两种。目前世界各国普遍采用物理方法碾米（亦称机械碾米）,只有极个别米厂采用化学方法碾米。

（1）物理碾米法

物理碾米法是运用机械设备产生的机械作用力对糙米进行去皮碾白的方法,所用的机械设备称为碾米机。碾米机的主要工作部件是碾辊。根据制造材料的不同,碾辊分为铁辊、砂辊（白）和砂铁结合辊三种类型,根据碾辊轴的安装形式,碾米机则分为立式碾米机和横式碾米机两种。立式碾米机多采用砂辊（白）和铁辊,横式碾米机采用砂辊、铁辊和砂铁结合的辊。根据碾辊的类型和安装形式不同,碾白作用的性质也就不同。按碾白作用力的特性,碾白方式分为摩擦擦离碾白和碾削碾白两种。

①摩擦擦离碾白　摩擦擦离碾白是依靠强烈的摩擦擦离作用使糙米碾白的。

糙米在碾米机的碾辊与碾辊外围的米筛所形成的碾白室内进行碾白时,由于米粒与碾白室构件之间及米粒与米粒之间具有相对运动,相互间便有摩擦力产生。当这种摩擦力增大并扩展到糙米皮层与胚乳结合处时,便使皮层沿着胚乳表面产生相对滑动并将皮层拉断、擦除,使糙米碾白。

②碾削碾白　碾削碾白是借助高速旋转的且表面带有锋利砂刃的金刚砂碾辊,对糙米皮层不断地施加碾削力作用,使皮层削去,糙米得到碾白。

以上两种碾白方式仅是根据碾米过程中对去皮起主要作用的因素进行区分的。实际上糙米碾成白米的过程是十分复杂的,所受的机械物理作用是多种的和互相交叉的。摩擦擦离作用与碾削作用并不单一地存在于碾米机内,任何一种碾米机内这两种作用都有,差别只在于以哪一种为主而已。我国使用的大部分碾米机基本上都属于混合碾白的类型。

（2）化学碾米法

化学碾米法包括纤维酶分解皮层法、碱去皮层法、溶剂浸提碾米法等,但真正付诸工业化生产的只有溶剂浸提碾米法。

三、成品整理

成品整理主要包括擦米、凉米、白米分级、抛光、色选等工序。

1. 擦米

碾白后的米粒表面上黏附有糠粉,影响米粒的外观色泽,也不利于大米的稳定储藏。擦去米粒表面糠粉的工序称为擦米。擦米与碾米不同,由于白米的强度较低,擦米作用不应强烈,防止产生过多碎米。出机白米经擦米后,产生的碎米不应超过1%,含糠量不应超过0.1%。

2. 凉米

凉米的目的是降低米温,以利于储藏。尤其在加工高精度大米时,米温要比室温高出15~20℃,在打包之前必须经过凉米工序。凉米一般在擦米之后进行,并把凉米与吸除糠粉有机地结合起来。凉米后要求米温降低3~7℃,爆腰率不超过3%。

降低米温的方法很多,如采用喷风碾米,米糠采用气力输送,在成品输送中进行自然冷却等。目前使用较多的凉米专用设备是流化床,它不但可以降低米温,而且还有去湿和吸除糠粉的作用。物料经进料斗进入流化床,在气流和进料推力的作用下沿带孔的床板向前运动,在此过程中米温得到降低,并失去部分水分,最后由出米口排出。穿过床板孔眼的米粞由米粞口排出,带有糠粉的气流进入离心分离器分离出糠粉。

3. 白米分级

将白米分成不同含碎等级的工序称为白米分级。其目的在于根据对成品质量的要求,分离出超过标准的碎米。白米分级的主要设备有白米分级平转筛和辊筒精选机。

4. 抛光

抛光实质上就是湿法擦米。它是将达到一定精度的白米,经着水、润湿后,送入专用设备（白米抛光机）内,在一定温度下,米粒表面发生胶质化,使得米粒晶莹光洁、不黏附糠粉、不脱落米粉,从而改善其储藏性能,提高其商品价值。

5. 色选

色选是利用光电原理,从大量散装产品中将颜色不正常的或受病虫害的个体以及外来夹杂物检出并分离的工序。色选所用的设备为色选机。在不合格产品与合格产品因粒度十分接近而无法用筛选设备分离或因密度基本相同而无法用密度分选设备分离时,色选机的优势就凸显出来了。

拓展知识

一、稻谷加工设备的操作

1. 砻谷机

（1）砻谷机的操作

①流量　在其他条件一定的情况下,过高的流量,使两辊间稻谷的数量增加且排列无序、稻谷接触胶辊的机会低,脱壳率下降,糙碎增加,胶耗上升,产量可能降低。过低的流量,辊间稻谷数量少,接触胶辊的机会多,产量可能降低,胶耗增加。

②辊压　在线速差一定时,合适的辊压,则具有较高的脱壳率,糙米表面损伤少,糙碎爆腰低,胶耗少;过高的辊压,则可能使脱壳率下降,糙米表面损伤严重,糙碎爆腰上升,胶耗增加;过低的辊压,稻谷在辊间所受挤压力低,从而使搓撕力下降,脱壳率降低。

③胶辊硬度和安装　合适的胶辊硬度,具有良好的脱壳率,胶耗也低;过高的胶辊硬度,易造成糙米破碎和爆腰;过低的胶辊硬度,易使胶辊橡胶老化,脱壳时使糙米表面染黑,胶耗增加;加工粳稻应选硬度高的胶辊,加工籼稻应选硬度低的胶辊。

④吸稻壳风量　合适的吸稻壳风量,既可保证较高的吸稻壳效率,同时减少跑粮现象发生。过高的吸稻壳风量,虽然可提高吸稻壳效率,但也易造成粮粒被吸走,动耗大;过低的吸稻壳风量,则造成吸稻壳效率下降。

（2）砻谷机工艺效果的评定

砻谷机的脱壳率、完整率和碎米率是评定其工艺效果的主要指标,同时还应结合产量、单位电耗、胶耗等进行综合评定。

脱壳率是指稻谷经砻谷机一次脱壳后,脱壳的稻谷数量占进机稻谷数量的百分率。

完整率是指稻谷经砻谷机脱壳后,完整米粒占脱壳产品中整米和碎米总和的百分率。

碎米率是指稻谷经砻谷机脱壳后,碎米占脱壳产品中整米和碎米总和的百分率。

根据碾米工厂操作规定如下。

胶辊砻谷机的脱壳率:粳稻 80% ~ 90%,籼稻 75% ~ 85%。

砻下物碎米含量:早籼稻谷不超过 5%,晚籼稻、粳稻谷不超过 2%。胶辊砻谷机带有稻壳分离的,谷糙混合物中含稻壳量不应超过 0.8%,每千克稻壳中含饱满粮粒不应超过 30 粒。

2. 谷糙分离机

（1）设备的操作

①流量　在其他条件一定时,合适的流量,工作面上混合物的运动速度平稳,料层厚度变化不大,自动分级效果好,谷糙分离效果优良;过高的流量,料层变厚,运动速度下降,自动分级效果降低,糙米难以下沉接触工作面,因此谷糙分离效果差;过低的流量,则造成稻谷接触工作面的机会增加,同样影响谷糙分离效果。

②工作面横向角度的大小　在其他条件一定时,工作面的横向角度主要影响混合物的运动速度和糙米沿工作面上爬的难易。过大的横向角度,物料下滑速度加快,糙米上爬难度加

大,因此回砻谷含糙过多,产量可能降低,谷糙分离效果下降;过小的横向角度,虽然降低了糙米上爬的难度,但物料料层厚度加厚,运动速度降低,自动分级效果下降,谷糙分离效果也差。

③出料口出料挡板的位置　在重力谷糙分离机的出料口设立了两块挡板,一块为糙米挡板,一块为回砻谷挡板,挡板的作用就是改变各出口物料的质量和数量。合适的挡板位置,对确保糙米和回砻谷的质量和数量有利。因此,应根据工作面上物料的分离效果合适地选择两块挡板的位置。

④工作面表面的清洁程度　重力谷糙分离机工作面上设立了各种形状的凸点,其作用就是增加工作面的粗糙度以促进物料的自动分级效果和阻挡糙米的下滑。实际生产中由于砻谷机胶辊上橡胶的脱落和其他因素的影响,工作面上往往粘有许多的杂质,如不及时进行清理,则易造成自动分级效果下降和谷糙分离效果降低。因此应经常清理工作面。

(2)谷糙分离工艺效果的评定

各种谷糙分离筛的工艺效果,应从分离出净糙和回砻谷的质量、糙米产量以及设备本身的回流量等四个方面进行评定。

①净糙含谷量　净糙含谷量是谷糙分离的主要指标。1 kg净糙的含谷量不应超过40粒。保证谷糙分离的净糙含谷标准,是保证大米质量的重要前提。

②回砻谷含糙　回砻谷含糙量不超过10%。如果含糙超过标准,将使大量糙米进入砻谷机,这将会降低砻谷机产量,浪费动力,增加胶耗,影响成品质量。

③回流量　现有的谷糙分离设备除分出净糙和回砻谷两部分物料外,还有一部分返回设备本身的物料,即谷糙混合物。这部分物料的多少称回流量。回流量越少,设备利用率越高。回流量一般为净糙产量的40% ~ 50%。

④净糙米质量标准　经过清理、砻谷和谷糙分离各工序后,进入碾米工序的净糙米质量,其含杂总量不应超过0.5%,其中:含矿物质不应超过0.5%,含稻谷不超过40粒/kg;含稗粒不应超过120粒/kg。

3. 碾米机

(1)碾米机的操作

①流量　在碾白室间隙和碾辊转速不变的条件下,适当加大物料流量,可增加碾白室内的米粒流体密度,从而提高碾白效果。但流量过大,不仅碎米会增加,而且还会使碾白不均,甚至造成碾米机堵塞;相反,如果流量过小,则米粒流体密度减小,碾白压力随之减小,不仅降低碾白效果,而且米粒在碾白室内的冲击作用加剧,也会导致碎米增加。

②米刀的厚度　米刀的厚度主要影响碾白室内局部的碾白压力。适当地增加米刀厚度,有助于提高碾白效果、促进米粒的翻滚,增加出机米的精度和碾白均匀度;过厚的米刀,局部碾米压力过大,则碎米多;米刀过薄,局部碾米压力过小,碎米少,但出机米精度低。

③米筛筛孔大小　合适的米筛筛孔大小既有助于米糠的排出又可防止跑粮现象的发生。过大的米筛筛孔,虽然有利于米糠的排出,增加出机米外观色泽,但易发生跑米现象;过小的筛孔,米糠排出不畅,出机白米含糠严重,色泽差。

④出料机构的控制　出料机构的控制是指压力门压砣质量或弹簧弹力的控制,其作用就是改变整个碾白室的碾米压力。质量过大或弹力过大,整个碾白室的碾米压力上升,米流密度增大,米粒翻滚性能下降,碾米时碎米多;质量过小或弹力过小,则碾米压力降低,出机米精度难以保证。

⑤喷风风量 过大的喷风风量,有利于米糠的排出,出机白米含糠少,米温低,但米粒翻滚剧烈,碎米多、爆腰严重;过小的喷风风量,则喷风碾米的优点就不能体现。

(2)碾米机工艺效果的评定

①精度

大米精度是评定碾米工艺效果最基本的指标,评定大米的精度应以统一规定的精度标准或标准米样为准,用感官鉴定法观察碾米机碾出的米粒与标准米样在色泽、留皮、留胚、留角等方面是否相符。

a.色泽 加工精度越高,米粒颜色越白。由于刚出机的米粒色泽常常发暗,冷却后才能返白,因此在比较时,刚出机白米的颜色可能比冷的标准米样稍差,对此需要注意。

b.留皮 留皮是指大米表面残留的皮层。加工精度越高,留皮越少。观察时,一般先看米粒腹面的留皮情况,然后再看背部和背沟的留皮情况。

c.留胚 加工精度越高,米粒留胚越少。

d.留角 角是指米粒胚芽旁边的米尖。加工精度越高,米角越钝。

大米精度主要决定于米粒表面留皮程度。为了较准确地评定大米的精度,可用品红碳酸溶液等将标准米样和成品米染色后加以比较,观察留皮的程度是否相符。

②碾减率

糙米在碾白过程中,因皮层及胚的碾除,其体积、质量均有所减少,减少的百分率便称之为碾减率。

一般碾减率约5%～12%,其中皮层及胚约4%～10%,胚乳碎片约0.3%～1.5%,机械损耗约0.5%～1.0%,水分损耗约0.4%～0.6%。

③含碎率、增碎率与完整率

a.含碎率 含碎率是指出机白米中含碎米的百分率。

b.增碎率 增碎率是指出机白米中的碎米率比进机糙米的碎米率所增加的比率。

c.完整率 完整率是指出机白米中完整无损的米粒占试样质量的百分率。

④糙出白率与糙出整米率

a.糙出白率 糙出白率是指出机白米占进机(头道)糙米的质量分数。

b.糙出整米率 糙出整米率是指出机白米中,完整米粒占进机糙米的百分率。

⑤含糠率 含糠率是指在白米或成品米试样中,糠粉占试样的百分率。

二、特种米加工技术

1. 蒸谷米的加工

蒸谷米就是把清理干净后的谷粒先浸泡再蒸,待干燥后碾米,此法出米率高米少,容易保存,耐储藏,出饭率高,饭松软可口,可溶性营养物质增加,易于消化和吸收。

(1)蒸谷米的特点

稻谷经水热处理后,子粒强度增大。加工时,碎米明显减少,出米率提高。糙出白大致上可提高1%～2%,砻谷机效能可提高1/3。同时,蒸谷米的米糠出油率比普通大米的米糠出油率高。加工后米粒透明、有光泽。胚乳内维生素与矿物质的含量增加,营养价值提高,维生素 B_1、维生素 B_2 的含量要比普通白米高4倍,尼克酸高8倍。

（2）蒸谷米的生产

除稻谷清理后经水热处理（浸泡、汽蒸、干燥与冷却）以外，其他工序与普通大米生产工艺流程基本相同，蒸谷米生产工艺流程如下所示。

原粮→ 清理→ 浸泡→汽蒸→ 干燥与冷却→ 砻谷→ 碾米→ 色选→ 蒸谷米

①清理

稻谷中杂质如不除掉，浸泡时杂质分解发酵，污染水质，谷粒吸收污水会变味、变色，严重时甚至使营养价值减少到无法食用的程度。要想获得质量良好的蒸谷米，最好在稻谷清理之后按粒度与密度不同进行分级，如果采用相同的浸泡和汽蒸时间，则薄的子粒已全部糊化，而厚的子粒只有表层糊化。如增加浸泡和汽蒸时间并提高温度，厚的子粒虽能全部糊化，但薄的子粒又因过度糊化而变得更硬、更坚实，米色加深，黏度降低，影响蒸谷米质量。分级可首先按厚度的不同，采用长方孔筛或钢丝网滚筒进行，然后再按长度和密度的不同，采用碟片精选机和密度分级机等进行分级。

②浸泡

稻谷在蒸煮前不经浸泡的加工方法称为干蒸谷法，蒸煮前用冷水或热水，在常压或减压下进行浸泡的加工方法称为浴蒸谷法。现代蒸谷米生产工艺通常采用后者。浸泡是稻谷吸水并使自身体积膨胀的过程。淀粉全部糊化时，水分必须在30%以上。如稻谷吸水不足，水分低于30%，则汽蒸过程中稻谷蒸不透，影响蒸谷米质量。

常压浸泡基本上可分为常温浸泡和高温浸泡两种方法。

常温浸泡法中，有的是将稻谷倒入水槽中，浸湿后随即捞起，将湿谷堆起，进行闷谷，使水分逐渐向稻谷内部渗透，被子粒吸收；有的是将稻谷置于水泥池内浸泡 2～3 d，然后进行汽蒸。但是浸泡时间不能过长。

高温浸泡法为常用的方法，是预先将水加热到 80～90℃，然后放入稻谷进行浸泡，浸泡过程中水温略低于淀粉的糊化温度（通常约70℃），浸泡 3 h，可完全消除发酵带来的不利影响。

减压浸泡时，稻谷置入真空浸出器中，抽成真空，再放入 60～70℃ 的温水浸泡 1～2 h，浸泡时间依真空度、水温、谷粒大小而定。

③汽蒸

稻谷经过浸泡以后，胚乳内部吸收相当数量的水分，此时应将稻谷加热，使淀粉糊化。通常情况下，都是利用蒸汽进行加热，此即为汽蒸。汽蒸的目的在于改变米胚乳的物理性质，保持渗入的养分，提高出米率，改进储藏特性和食用品质。

汽蒸的方法有常压汽蒸与高压汽蒸两种。

常压汽蒸是在开放式容器中通入蒸汽进行加热，采用100℃的蒸汽就足以使淀粉糊化。此法的优点是：设备结构简单，稻谷与蒸汽直接接触，汽凝水容易排出，操作管理方便。缺点是：蒸汽难以分布均匀，蒸汽出口处周围的稻谷受到的蒸汽作用比别处的稻谷大，存在汽蒸程度不一的现象，能耗大。

高压汽蒸是在密闭容器中加压进行汽蒸。此法可随意调整蒸汽温度，热量分布均匀。容器内达到所需压力（0.7～1.41 kgf/cm²，kgf 是非法定计量单位，1 kgf = 9.81 N）时，几乎所有谷粒都能得到相同的热量。但设备结构比较复杂，投资费用比较高，需要增加汽水分离装置，操作管理也较复杂。

④干燥与冷却

稻谷经过浸泡和汽蒸之后，水分很高，一般为34%～36%，并且粮温很高，约100℃。这种高水分和高温度的稻谷,必须经过干燥除去水分,然后进行冷却,降低粮温。干燥与冷却的目的是使稻谷水分降到14%的安全水分范围,以便储藏和加工,使碾米时能得到最大限度的整米率。

国内蒸谷米厂的干燥方法,主要采用急剧干燥的工艺和流态化的设备,并以烟道气为干燥介质直接干燥。介质温度很高(400~650℃),所以干燥时间较短,干燥产量较高。此法主要缺点是:稻谷受烟道气的污染,失水不均匀,米色容易加深。

国外主要采用蒸汽间接加热干燥和加热空气干燥,干燥条件比较缓和。同时,将蒸谷的干燥过程分为两个阶段:在水分降到16%~18%以前为第一阶段,采用快速干燥脱水。当水分降到16%~18%以下为第二阶段,采用缓慢干燥或冷却。在进行第二阶段干燥之前,一般经过一段缓苏时间,这样不仅可以提高干燥效率,而且还能降低碎米率。

冷却过程实际上也是一种热交换过程,使用的工作介质通常为室温空气,利用空气与谷粒之间进行热交换,达到降温、冷却的目的。只有当稻谷的温度稳定在室温,米粒已变硬呈玻璃状组织时才能碾制。

2. 免淘洗米加工

免淘洗米是一种炊煮前不需淘洗的大米。米粒在水中淘洗时,随水流失米糠及淀粉2%左右。营养成分损失也很大,其中损失无氮浸出物1.1%~1.9%、蛋白质5.5%~6.1%、钙18.1%~23.3%、铁17.7%。国内很多地区已生产并销售免淘洗米。

免淘洗米必须无杂质、无霉、无毒,才能在炊煮前免于淘洗。此外,为了提高免淘洗米的食用品质和商品价值,还应尽可能地减少不完善粒、腹白粒、心白粒及全粉质粒的含量,减少异种粮粒的含量,提高成品的整齐度、透明度与光泽。免淘洗米精度相当于特等米标准,此外米粒表面要有明显光泽。

(1)免淘洗米生产工艺

生产免淘洗米的原料既可是稻谷也可是普通大米,目前,国内生产免淘洗米大都是在原有加工普通大米的基础上,增加部分设备进行的。以标一米为原料生产免淘洗米的工艺流程如图2—3所示。

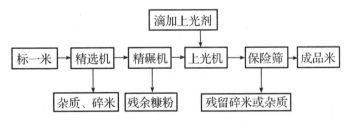

图2—3

(2)免淘洗米生产工艺要点

①除杂

根据我国大米质量标准,标一米中允许含有少数的稻谷、种子及矿物质,为了保证免淘洗米断谷、断稗的要求,必须首先清除标一米中所含的杂质,常用的设备是平面回转筛、密度去石机等。

②碾白

碾白的目的是进一步去除米粒表面的皮层,使之精度达到特等米的要求,使用的设备有砂辊喷风碾米机、铁辊喷风碾米机等。

③抛光

抛光能使米粒表面形成一层极薄的凝胶膜,产生珍珠光泽,外观晶莹如玉,煮食爽口细腻。在抛光的过程中可通过加水或含有葡萄糖的上光剂,以溶液状态滴加于上光机内。

白米先进入雾化室内进行微量着水,使糠粉集结在米粒表面,然后通过抛光室内辊筒的旋转,使米粒翻滚摩擦,同时由于高压风机的喷风作用,使糠粉从筛孔喷出抛光室,从而得到洁净晶莹的免淘洗米。整个过程只加水助抛,不加任何添加剂,抛后水分不增加。

④分级

成品分级主要是将抛光后的大米进行筛选,除去其中的少量碎米,按成品等级要求分出全整米和一般的免淘洗米。目前广泛使用的设备是平面回转筛、振动筛等。

3. 水磨米加工

水磨米是我国一种传统的精洁米产品,素有水晶米之称,为我国大米出口的主要产品。水磨米生产工艺的关键在于将碾米机碾制后的白米继续渗水碾磨,产品具有含糠粉少、米质纯净、米色洁白、光泽度好等优点,因此可作为免淘洗米食用。

水磨米生产工艺流程如下所示,其中碾白工序、擦米工序与加工普通大米相同,下面就渗水碾磨、冷却、分级等工序加以介绍(图2—4)。

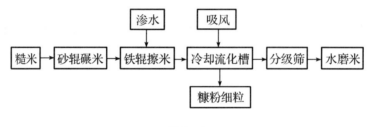

图 2—4

(1)渗水碾磨

渗水碾磨不同于碾米机对米粒的碾白作用,它只对米粒表面进行磨光,因此米粒在机内所受的作用力极为缓和。碾磨中渗水的目的主要是利用水分子在米粒与碾磨室工作构件之间、米粒与米粒之间形成一层水膜,有利于碾磨光滑细腻。渗水的另一目的是借助水的作用对米粒表面进行水洗,使黏附在米粒表面上的糠粉去净。碾磨时最好渗入热水。因为热水可以加速水分子的运动,使水分子迅速渗透到米粒与碾磨室工作构件之间、米粒与米粒之间,更好地起到水磨作用。此外,热水有利于水分的蒸发,使渗水碾磨时分布在米粒表面上的水分在完成磨光任务后能迅速蒸发,不使水分向米粒内部渗透,以保证大米不因渗水碾磨而增加水分。

(2)冷却

为了降低渗水碾磨后的米温,水磨米需进入流化槽进行冷却。流化槽主要工作部件是冲孔底板。冲孔底板上的孔眼有的地段密一些,有的地段疏一些,从而使水磨米由进料斗向出料斗移动的同时,接受自下而上的室温空气的冷却作用。使用流化槽进行冷却时,不仅可降低水磨米温度、使水磨米失去水分,而且还可以吸走米流中的浮糠。

(3)分级

渗水碾磨后的水磨米中常夹有糠块粉团,应在冷却后进行筛理,筛去大于米粒的糠块粉团和细糠粉。使用的设备有溜筛、振动筛等。

【项目小结】

本章主要介绍了稻谷的分类、工艺品质、稻谷及大米制品生产加工的基本原理和方法、生产工艺流程、主要生产设备的结构及影响工艺效果的主要因素。

重点内容是稻米的加工。应掌握稻谷在清理、脱壳、谷壳分离、谷糙分离碾米和整理时的技术;了解蒸谷米、免淘米、水磨米的生产方法。

【复习思考题】

1. 稻谷按粒形和粒质分为几类? 各类稻谷的特点是什么?

2. 清理杂质的基本原理和方法是什么?

3. 稻谷脱壳的方法有哪几种? 谷壳分离的目的是什么? 谷糙分离的目的是什么?

4. 碾米的目的和要求是什么? 碾白有几种方式? 稳中有降有什么优缺点?

5. 大米的加工精度有哪些?

项目3　植物油脂加工技术

【知识目标】了解压榨法制油、浸出法制油、植物油精炼的原理,掌握浸出法制油、植物油精炼的技术及工艺流程。

【能力目标】掌握浸出法制油、植物油精炼的操作及人造奶油、起酥油的制取技术。

一、植物油料的分类

植物油料种类很多,资源非常丰富。凡是油脂含量达10%以上,具有制油价值的植物种子和果肉等均称为油料。

根据植物油料的植物学属性,可将植物油料分成4类。

草本油料:常见的有大豆、油菜籽、棉籽、花生、芝麻、葵花籽等。

木本油料:常见的有棕榈、椰子、油茶籽等。

农产品加工副产品油料:常见的有米糠、玉米胚、小麦胚芽。

野生油料:常见的有野茶籽、松子等。

根据植物油料的含油率高低,可将植物油料分成两类。

高含油率油料:菜籽、棉籽、花生、芝麻等含油率大于30%的油料。

低含油率油料:大豆、米糠等含油率在20%左右的油料。

二、植物油料的子实结构与化学组成

1. 油料种子的形态结构

油料子粒由壳及种皮、胚、胚乳或子叶等部分组成。不同的油料子实具有不同的形态结构。种皮包在油料子粒外层,起保护胚和胚乳的作用。种皮含有大量的纤维物质,其颜色及厚薄随油料的品种而异。胚是种子最重要的部分,大部分油料的油脂储存在胚中。胚乳是胚发育时营养的主要来源,内存有脂肪、糖类、蛋白质、维生素及微量元素等。但是有些种子的胚乳在发育过程中已被耗尽,因此可分为有胚乳种子和无胚乳种子两种。无胚乳种子,营养物质储存在胚内。

2. 油料种子的主要化学成分

油料种子的种类很多,不同油料种子的化学成分及其含量不尽相同,但各种油料种子中一般都含有油脂、蛋白质、糖类、脂肪酸、磷脂、色素、蜡质、烃类、醛类、酮类、醇类、油溶性维生素、水分及灰分等物质。

（1）油脂

油脂是油料种子在成熟过程中由糖转化而形成的一种复杂的混合物,是油料种子中主要的化学成分,油脂是由 1 分子甘油和 3 分子高级脂肪酸形成的中性酯,又称为甘油三酸酯。在甘油三酸酯中脂肪酸的相对分子质量占 90% 以上,甘油仅占 10%,根据脂肪酸与甘油结合的形式不同,可分成单纯甘油酯和混合甘油三酸酯。在甘油三酸酯分子中与甘油结合的脂肪酸均相同则称之为单纯甘油三酸酯;若组成甘油三酸酯的 3 个脂肪酸不相同则称为混合甘油三酸酯。构成油脂的脂肪酸主要有饱和脂肪酸和不饱和脂肪酸两大类。最常见的饱和脂肪酸有软脂酸、硬脂酸、花生酸等;不饱和脂肪酸有油酸、亚油酸、亚麻酸、芥酸等。甘油三酸酯中不饱和脂肪酸含量较高时,在常温下呈液态而称之为油;甘油三酸酯中饱和脂肪酸含量较高时,在常温下呈固态而称之为脂。

油脂中脂肪酸的饱和程度常用碘价反映,碘价用每 100 g 油脂吸收碘的克数表示。碘价越高,油脂中脂肪酸不饱和程度越高。按碘价不同油脂分成 3 类:碘价 <80 为不干性油;碘价 80 ~ 130 为半干性油;碘价 >130 为干性油。植物油脂大部分为半干性油。

纯净的油脂中不含游离脂肪酸,但油料未完全成熟及加工、储存不当时,能引起油脂的分解而产生游离脂肪酸,游离脂肪酸使油脂的酸度增加从而降低油脂的品质。常用酸价反映油脂中游离脂肪酸的含量。酸价用中和 1 g 油脂中的游离脂肪酸所使用的氢氧化钾的毫克数。酸价越高,油脂中游离脂肪酸含量越高。

（2）蛋白质

蛋白质是由氨基酸组成的高分子复杂化合物,根据蛋白质的分子形状可以将其分为线蛋白和球蛋白两种。油籽中的蛋白质基本上都是球蛋白。按照蛋白质的化学结构,通常又将其分为简单蛋白质和复杂蛋白质(或简称肮族化合物)两类,其中最重要的简单蛋白质有白肮、球肮、谷肮和醇溶肮等几种,而重要的复杂蛋白质则有核肮、糖肮、磷肮、色肮和脂肮等几种。

（3）磷脂

磷脂即磷酸甘油酯,简称磷脂。两种最主要的磷脂是磷脂酰胆碱(俗称卵磷脂)和磷脂酰乙醇氨(俗称脑磷脂)。

油料中的磷脂含量在不同的油料种子中各不相同。以大豆和棉子中的磷脂含量最多。磷脂不溶于水,可溶于油脂和一些有机溶剂中。磷脂有很强的吸水性,吸水膨胀形成胶体物质,从而在油脂中的溶解度大大降低。磷脂容易被氧化,在空气中或阳光下会变成褐色至黑色物质。在较高温度下,磷脂能与棉子中的棉酚作用,生成黑色产物。磷脂还可以被碱皂化,可以被水解。另外,磷脂还具有乳化性和吸附作用。

（4）色素

纯净的甘油三酸酯是无色的液体。但植物油脂带有色泽,有的毛油甚至颜色很深,这主要是各种脂溶性色素引起的。油籽的色素一般有叶绿素、类胡萝卜素、黄酮色素及花色苷等。

（5）蜡

蜡是高分子的一元脂肪酸和一元醇结合而成的酯,主要存在于油籽的皮壳内,且含量很少。但米糠油中含蜡较多。蜡的主要性质是熔点较甘油三酸酯高,常温下是一种固态黏稠的物质。蜡能溶于油脂中,溶解度随温度升高而增大,在低温会从油脂中析出。

（6）糖类

糖类是含有醛基和酮基的多羟基的有机化合物,按照糖类的复杂程度可以将其分为单糖和多糖 2 类。糖类主要存在于油料种子的皮壳中,仁中含量很少。糖在高温下能与蛋白质等物质发生作用,生成颜色很深且不溶于水的化合物。在高温下糖的焦化作用会使其变黑并分解。

（7）维生素

植物油料含有多种维生素,但制取的油脂中主要有脂溶性的维生素 E,维生素 E 能防止油脂氧化酸败,增加植物油的储藏稳定性。

（8）其他物质

油籽中除含有上述化学成分外,还含有甾醇、灰分以及烃类、醛类、酮类、醇类等物质,这些物质的含量很小且对油脂生产的影响很小。

任务 1　植物油脂提取技术

一、油料的预处理

油料自投料至进入取油设备前的所有工序,统称为油料预处理。油料的预处理包括:油料的清理除杂、油料剥壳去皮及仁壳分离、油料破碎、软化及轧胚、熟胚的制备,以及新发展的油料生胚挤压膨化处理等。预处理的目的,是为了获得适合于直接压榨取油,或直接溶剂浸出油工序所要求的各项指标参数的预处理料,即熟胚。

1. 油料的清理与除杂

油料在收获、晾晒、运输和储藏中难免会混进一些砂石、泥土、茎叶及铁器等杂质,这些杂质在油料预处理过程中应予以除去,以有利于提高出油率,减少油分损失;提高榨油机的处理能力及提高油和饼粕的质量;减少机件磨损,降低生产成本。

根据油料与杂质之间的粒度、密度、形状、表面状态、弹性、硬度、磁性以及气流中的悬浮速度等物理性质的差异,杂质清理的方法主要有筛选、磁选、风选与水选四种。

（1）筛选

筛选是利用油料和杂质在颗粒上的差别,借助含杂油料和筛面的相对运动,并通过筛面上的筛孔将大于或小于油料的杂质清选除去的方法。植物油加工厂中常用的筛选设备有振动筛、平面回旋筛和旋转筛等。

（2）磁选

磁选是利用永久磁铁或电磁铁,清除油料中磁性金属杂质的清理方法。油料中的金属杂质虽然很少但危害性较大,易造成机器设备的损坏,尤其是造成高速运转设备的损坏,所以应予以除去。

（3）风选

风选是利用油料与杂质之间悬浮速度的差别,借助风力除杂的方法。常用设备风力分选器,它在消除油料中轻杂质和灰尘的同时还能除去部分石子和土块等较重杂质,适用于棉籽和葵花籽等油料的清理。

（4）水选

水选是利用水与油料直接接触,洗去附着于油料表面的泥灰,并利用原料与杂质在水中沉降速度的不同,将油料中的石子、沙砾和金属等重杂质分离除去的方法。本方法常用于香麻油加工时的芝麻清洗工序。

2. 油料的剥壳、去皮

凡油料都含皮、壳。不过通常把含壳率高于 20% 的称为带壳油料,如棉籽、葵花籽等。含壳(皮)率低于 20% 者,如大豆、芝麻等,除要求提取食用植物蛋白外,一般制油工艺中均不必考虑脱皮工序。剥去皮壳后再进行油脂制取,可以提高出油率,减少油分损失,提高油脂和饼粕的质量,充分发挥制油设备的能力,减少设备的磨损和维修费用,降低生产用电力消耗。

(1)大豆脱皮

大豆约含有 8% 的种皮,若以大豆制备高蛋白浸出粕,则需将富含纤维素的种皮脱去。脱皮率要高,粉末度要小,其中的蛋白质热变性要低。大豆在预清理后应干燥至含水量 9% 左右。大豆脱皮工艺流程如下:

大豆→ 初清 → 干燥 → 调质 → 清理 → 破碎 → 喂料器 → 吸风分离 →皮仁(进一步加工)

(2)花生脱红衣

花生仁脱红衣和胚是制取食用脱脂花生粉或花生蛋白粉的关键技术之一。花生脱红衣的工艺流程如图 3—1。

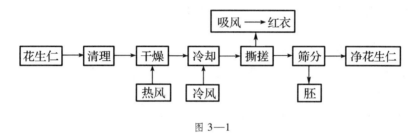

图 3—1

3. 油料的破碎、软化与轧坯

油料子粒在进入压榨制油或其他取油设备之前,必须先将其制备成合适于取油的料坯,以便使油脂能够被有效地制取出来。这一过程包括油料的破碎、软化和轧坯工序。

(1)油料的破碎

对于颗粒较大的油料如大豆、花生仁、椰子干、预轧饼块等,须破碎成一定大小的颗粒,才能使轧坯、成型、压榨等后续工序有效进行。油籽破碎的要求是,破碎料粒度均匀,颗粒大小符合规定的要求,粉末少而不出油。

(2)油料的软化

油料软化,就是对经过破碎或小颗粒油料,尤其是对于含油量低和水分低的油料,进行适当的水分和温度调节。软化的主要作用主要是防止轧坯时的粉末过多或者粘辊,同时,也能对油料进行适度调质。软化设备有层叠式软化锅、卧式蒸绞龙等。通过这些设备,既可以实现直接向物料中喷蒸汽以增温增湿,又可以间接加热使物料升温去湿,从而达到软化的目的。

(3)油料的轧坯

轧坯是利用机械作用将油料由粒状压成片状的过程。轧坯后的油料薄片称为生坯,生坯经蒸炒后称为熟坯。油料细胞表面是一层比较坚韧的细胞壁,油脂和其他物质包含在内。因此,提取细胞内的油脂,就必须破坏其表面的细胞壁。在轧坯时,由于轧辊的压力及油料细胞之间的挤压作用,部分细胞壁受到破坏。另外,将颗粒油料轧成薄片,使其表面积增大,厚度减薄,在随后的蒸炒中易于吸水吸热,这样可以更加彻底地破坏细胞和蛋白质,以利于油脂的提取,这就是轧坯的目的。

轧坯的具体要求是,轧片要薄而均匀,少成粉,不露油,手握薄片发松,松手发散。轧坯粉末度太大,就会严重影响后续的溶剂浸出制油工序,因此应严格控制轧坯后的粉末度指标。粉末度用筛孔 φ1 mm 的筛检验,筛下物不超过 15%。料坯的厚度要求:大豆 0.5 mm 以下,棉仁 0.4 mm 以下,油菜籽 0.35 mm 以下,花生仁 0.5 mm 以下。油脂工业中常用的轧坯设备有并列对辊式、双对辊式等轧坯机。

4. 熟坯的制备

(1)蒸炒法

将轧坯后的生坯经过加水、加热、烘干等湿热处理而变成熟坯的过程称为蒸炒。基本过程包括:将生坯先行加水或直接通蒸汽湿润蒸坯,然后间接加热脱水炒坯。蒸炒是压榨法或预榨制油中提高出油率必不可少的工序。其作用可归纳为:"凝聚油脂、调整结构、改善油品"。蒸炒的方法主要有湿蒸炒和干蒸炒两种。

(2)挤压膨化法

利用挤压膨化机将粉末状或经过轧坯的片状油料,即通过混合、挤压(加热挤压)、胶合、减压膨化成型、切割以及冷却、干燥等过程,使物料形成具有某种结构和形状的熟坯,以利于制油或其他方面(食品、饲料)的用途。

几种油料的挤压膨化工艺流程如图3—2。

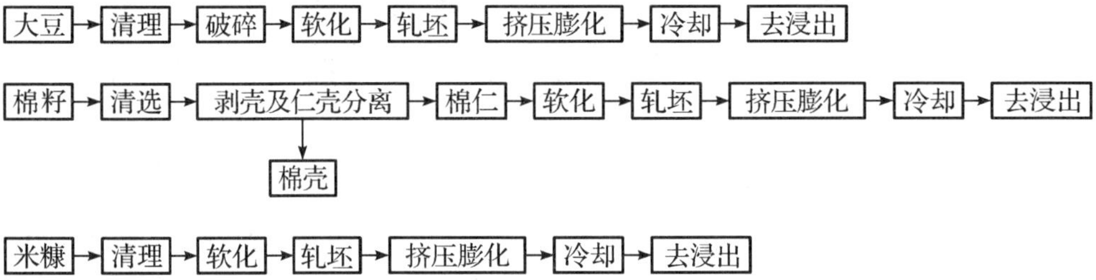

大豆 → 清理 → 破碎 → 软化 → 轧坯 → 挤压膨化 → 冷却 → 去浸出

棉籽 → 清选 → 剥壳及仁壳分离 → 棉仁 → 软化 → 轧坯 → 挤压膨化 → 冷却 → 去浸出

剥壳及仁壳分离 → 棉壳

米糠 → 清理 → 软化 → 轧坯 → 挤压膨化 → 冷却 → 去浸出

图 3—2

二、植物油脂的提取方法

目前常用的油脂提取方法主要是机械压榨法和溶剂浸出法,另外还有水代法和水酶法。

1. 机械压榨法

机械压榨法制油是一种古老的机械提油法。根据压榨机设备的不同可将其分为土榨、液压榨油机和螺旋榨油机三种类型。机械压榨法制油就是借助机械外力把油脂从料坯中挤压出来的过程。

(1)压榨法制油的压榨过程

在压榨取油过程中,榨料坯的粒子受到强大的压力作用,致使其中油脂的液体部分和非脂物质的凝胶部分分别发生两种不同的变化,即油脂从榨料空隙中被挤压出来和榨料粒子经弹性变形形成坚硬的油饼。

油脂从榨料中被分离出来的过程:在压榨的开始阶段,粒子发生变形并在个别接触处结合,粒子间空隙缩小,油脂开始被压出,随着压榨的进行,粒子进一步变形结合,其内空隙缩得更小,油脂大量压出。到了压榨的结束阶段,粒子结合完成,其内空隙横截面突然缩小,油路显著封闭,油脂已很少被榨出,解除压力后的油饼,由于弹性变形而形成膨胀,其内形成细孔,有时有粗裂缝,未排走的油反而被吸入。

油饼的形成过程:在压榨取油过程中,料坯粒子间随着油脂的排出而不断挤紧,由粒子间的直接接触、相互间产生压力而造成某粒子的塑性变形,尤其在油膜破裂处将会相互结成一体,形成油饼。榨料已不再是松散体而开始形成一种完整的可塑体,称为油饼。

（2）压榨法制油的基本原理

压榨过程中,压力、黏度和油饼成型是压榨法制油的三要素。压力和黏度是决定榨料排油的主要动力和可能条件,油饼成型是决定榨料排油的必要条件。

①排油动力　榨料受压之后,料坯间空隙被压缩,空气被排出,料坯密度迅速增加,料坯互相挤压变形和位移。这样料坯的外表面被封闭,内表面的孔道迅速缩小。孔道小到一定程度时,常压液态油变为高压油。高压油产生了流动能量。在流动中,小油滴聚成大油滴,甚至成独立液相存在于料坯的间隙内。当压力大到一定程度时,高压油打开流动油路,摆脱榨料蛋白质分子与油分子、油分子与油分子的摩擦阻力,冲出榨料高压力场之外,与塑性饼分离。

②排油深度　压榨取油时,榨料中残留的油量可反映排油深度,残留量愈低,排油深度愈深。排油深度与压力大小、压力递增量、黏度影响等因素有关。

压榨过程中,合理递增压力,才能获得好的排油深度。在压榨中,压力递增量要小,增压时间不可过短。这样料间隙逐渐变小,给油聚集流动以充分时间,聚集起来的油又可以打开油路排出料外,排油深度方可提高。

压榨过程中,榨料温度升高,油脂黏度降低,油脂在榨料内运动阻力减少,有利于出油。调整适宜的压榨温度,使黏度阻力减少到极值,即可提高排油深度。

③油饼的成型　如果榨料塑性低,受压后,榨料不变形或很难变形,油饼不能成型,排油压力建立不起来,坯外表面不能被封闭,内表面孔道不被压缩变小,密度不能增加。在这种状况下,油不能由不连续相变为连续相,不能由小油滴聚为大油商,常压油不能被封闭起来变为高压油,也就产生不了流动的排油动力,排油深度也就无从谈起。所以适当控制温度,减少排油阻力,提高排油深度,料坯才能受压形成饼。

饼能否成形,与以下因素有关:物料含水量要适当,温度适当,物料有一定的受压变形可塑性,抗压能力减小到一个合理数值;排渣、排油量适当;物料应封闭在一个容器内,形成受压力而塑性变性的空间力场。

（3）影响压榨制油效果的因素

压榨取油效果的好坏主要包括榨料结构与结构压榨条件两方面。

①榨料结构性质对出油效果的影响

榨料中被破坏细胞的数量愈多愈好,有利于出油。

• 颗粒大小　榨料颗粒大小应适应,如果粒子过大,易结皮封闭油路,不利于出油;如粒子过细,也不利于出油,因压榨中会带走细粒,增大流油阻力,甚至堵塞油路。同时颗粒细会使榨料塑性加大,不利于压力提高。

• 榨料的可塑性　榨料的可塑性必须不低于某一限度,以保证粒子有相当完全的塑性变形,塑性不能过高,否则榨料流动性大,不易建立压力,压榨时会出现"挤出"现象,增加不必要的回料。同时塑性高,早成型,提前出油,易成坚饼而不利出油,而且油质也差。

一般地说,随着水分含量的增加,可塑性也逐渐增加。当水分达到某一点时,压榨出油情况最佳。一旦略为超过此含量,则会产生很剧烈的"挤出"现象,即"突变"现象。另一方面,如果水分略低,也会使可塑性突然降低,使粒子结合松散,不利于油脂榨出。

• 温度 一般地说,榨料加热,可塑性提高;榨料冷却,则可塑性降低。压榨时,若温度显著降低,则榨料粒子结合就不好,所得饼块松散不易成型。但是,温度也不宜过高,否则将会因高温而使某些物质分解成气体或产生焦味。

• 蛋白质变性 蛋白质过度变性,会使榨料塑性降低,从而提高榨油机的"挤出"压力,这与提高水分和温度的作用相反。压榨时,由于加热与高压的联合作用,会使蛋白质继续变性,但是温度、压力不适当,会使变性过度,同样不利于出油。因此,榨料蛋白质变性,既不能过度而使可塑性太低,也不能因变性不足而影响出油效率和油品质量。

②压榨条件对出油效果的影响

压榨条件即工艺参数(压力、时间、温度、料层厚度、排油阻力等)是提高出油效率的决定因素。

• 榨膛内的压力 对榨料施加的压力必须合理,压力变化必须与排油速度一致,即做到"流油不断",螺旋榨油机的最高压力区段较小,最大压力一般分布在主榨段。对于低油分油料子粒的一次压榨,其最高压力点一般在主压榨段开始阶段;而对于高油分油料子粒的压榨或预榨,最高压力点一般分布在主压榨段中后段。同时,长期实践中总结的施压方法——"先轻后重、轻压勤压"是行之有效的。

• 压榨时间 压榨时间长,出油率高。然而,压榨时间过长,会造成不必要的热量散失,对出油率的提高不利,还会影响设备处理量。控制适当的压榨时间,必须综合考虑榨料特性、压榨方式、压力大小、料层厚薄、含油量、保温条件以及设备结构等因素;在满足出油率的前提下,尽可能缩短压榨时间。

• 温度的影响 若压榨时榨膛温度过高,将导致饼色加深甚至发焦,饼中残油率增加,以及榨出油脂的色泽加深。用冷的、不加热的榨油机压榨,不可能得到成型的硬的压榨饼和榨出最多的油脂。因此,合适的压榨温度范围,通常是指榨料入榨温度(100~135℃)。不同的压榨方式的油料有不同的温度要求。

(4)榨油设备

目前压榨设备主要有两大类:液压式榨油机和连续式生产的螺旋榨油机。

①液压式榨油机

液压式榨油机是利用液体传送压力的原理,使油料在饼圈内受到挤压,将油脂取出的一种间隙式压榨设备。该机结构简单,操作方便,动力消耗小,油饼质量好,适用于油料品种多、数量又不大地区的小型油厂。但其劳动强度大,工艺条件严格,已逐渐被连续式压榨设备所取代。国内常用的液压式榨油机有90型榨油机等。

②螺旋榨油机

螺旋榨油机是国际上普遍采用的较先进的连续式榨油设备。其工作原理是:旋转着的螺旋轴在榨膛内的推进作用,使榨料连续地向前推进,同时由于榨料螺旋导程的缩短或根圆直径增大,使榨膛空间体积不断缩小而产生压力,把榨料压缩,并把料坯中的油分挤压出来,油分从榨笼缝隙中流出。同时将残渣压成饼块,从榨轴末端不断排出。

螺旋榨油机取油的特点是:连续化生产,单机处理量大,劳动强度低,出油效高,饼薄易粉碎,有利于综合利用,故应用十分广泛。

2. 溶剂浸出法制油

浸出是植物油厂用溶剂提取油料中的油脂的俗称,浸出法制油又称萃取法取油,属固—液萃取原理。浸出法制油就是利用溶剂将含有油脂的油料料坯进行浸泡或淋洗,使料坯中的油脂被萃取溶解在溶剂中,经过滤得到含有溶剂和油脂的混合油。加热混合油,使溶剂挥发并与油脂分离得到毛油,毛油经水化、碱炼、脱色等精炼工序处理,成为符合国家标准的食用油脂。挥发出来的溶剂气体,经过冷却回收,循环使用。

(1)浸出法制油的原理

油脂浸出过程是油脂从固相转移到液相的传质过程。这一传质过程是借助分子扩散和对流扩散两种方式完成的。

①分子扩散

分子扩散是指以单个分子的形式进行的物质转移,是由于分子无规则的热运动引起的。当油料与溶剂接触时,油料中的油脂分子借助于本身的热运动,从油料中渗透出来并向溶剂中扩散,形成了混合油;同时溶剂分子也向油料中渗透扩散,这样在油料和溶剂接触面的两侧就形成了两种浓度不同的混合油。由于分子的热运动及两侧混合油浓度的差异,油脂分子将不断地从其浓度较高的区域转移到浓度较小的区域,直到两侧的分子浓度达到平衡为止。

②对流扩散

对流扩散是指物质溶液以较小体积的形式进行的转移。与分子扩散一样,扩散物的数量与扩散面积、浓度差、扩散时间及扩散系数有关。在对流扩散过程中,单位时间内通过单位面积的这种体积越多,对流扩散系数越大,物质转移的数量也就越多。

油脂浸出过程的实质是传质过程,是由分子扩散和对流扩散共同完成的。在分子扩散时,物质依靠分子热运动的动能进行转移。适当提高浸出温度,有利于提高分子扩散系数,加速分子扩散。而在对流扩散时,物质主要依靠外界提供的能量进行转移。一般是利用液位差或泵产生的压力使溶剂或混合油与油料处于相对运动状态下,促进对流扩散。

(2)浸出法制油对溶剂的要求

物质的溶解一般遵循"相似相溶"的原理,即溶质分子与溶剂分子的极性愈接近,相互溶解程度愈大,否则,相互溶解程度小甚至不溶。分子极性大小通常以"介电常数"来表示,分子极性愈大,其介电常数也愈大。植物油脂的介电常数在常温下一般在 3.0 ~ 3.2 之间。故所选用的浸出溶剂也应极性较小。

根据油脂浸出工艺及安全生产的需要,用做浸出油脂的溶剂,应符合以下几项要求。

①与油脂有较强的溶解能力   在室温或稍高于室温的条件下,能以任何比例很好地溶解油脂,对油料中的其他成分,溶解能力要尽可能地小,甚至不溶。这样一方面能把油料中的油脂尽可能多地提取出来;另一方面使混合油中少溶甚至不溶解其他杂质,提高毛油质量。

②既要容易汽化,又要容易冷凝回收   要求溶剂容易汽化,沸点要低,汽化潜热要小。这样容易脱除混合油和湿粕中的溶剂,使毛油和成品粕不带异味,同时脱除混合油和湿粕中的溶剂蒸汽容易冷凝回收,要求沸点不能太低,否则会增加溶剂损耗,实践证明,溶剂的沸点在 65 ~ 70℃ 范围内比较合适。

③具有较强的化学稳定性   溶剂在生产过程中是循环地被加热、冷却。一方面要求溶剂本身物理、化学性质稳定,不起变化;另一方面要求溶剂不与油脂和粕中的成分发生化学变化,更不允许产生有毒物质;另外对设备不产生腐蚀作用。

④在水中的溶解度小　要求溶剂与水互不相溶,便于溶剂与水分离,减少溶剂损耗,节约能源。溶剂在使用过程中不易燃烧,不易爆炸,对人畜无毒。应选择闪点高、不含毒性成分的溶剂。

（3）常用的浸出溶剂

我国目前普遍采用的"6号溶剂油"俗称浸出轻汽油。轻汽油是石油原油的低沸点分馏物,为多种碳氢化合物的混合物,没有固定的沸点,通常只有一沸点范围（馏程）。其质量标准规定如下:

馏程初沸点	不低于60℃
98%馏出温度	不高于90℃
水溶性酸和碱	无
含硫量	不大于0.05%
机械杂质和水分含量	无
油渍试验	合格

6号溶剂油的理化性质以及组成如下:

色泽及透明度	无色透明
气味与滋味	刺鼻
相对密度	0.6742
平均相对分子质量	93
碘价	4.2 g碘/100 g
组成	%
芳烃:苯	0.046
甲苯	0.017
8碳芳烃	0.0025
烯烃	1.55
环烷烃:5碳环烷烃	1.56
6碳环烷烃	16.43
7碳环烷烃	0.16
烷烃:5碳烷烃	2.57
6碳烷烃	74.08
7碳烷烃	3.52

6号溶剂油对油脂的溶解能力强,在室温条件下可以任何比例与油脂互溶;对油中胶状物、氧化物及其他非脂肪物质的溶解能力较小,因此浸出的毛油比较纯净。6号溶剂油物理、化学性质稳定,对设备腐蚀性小,不产生有毒物质,与水不互溶,沸点较低易回收。6号溶剂油轻汽油最大缺点是容易燃烧爆炸,并对人体有害,损伤神经。工作场所每升空气中的溶剂油气体的含量不得超过0.3 mg。另外,6号溶剂油的沸点范围较宽,在生产过程中沸点过高和过低的组分不易回收,造成生产过程中溶剂的损耗增大。

（4）浸出制油的工艺类型

①直接浸出　油料经一次浸出其中的油脂之后,油料中残留的油脂量就可以达到极低值,这种取油方式称为直接浸出取油。该取油方法常限于加工大豆等含油量在20%左右的油料。

②预榨浸出　对一些含油量在 30% ~ 50% 的高油料加工,若采用直接浸出取油,粕中残留油脂量偏高。为此,先采用压榨取油,提取油料内 85% ~ 89% 的油脂,并将产生的饼粉碎成一定粒度后,再进行浸出法取油。这种方法称作预榨浸出。棉籽、菜籽、花生、葵花籽等高油料,均采用此法加工。

(5)油脂浸出方式

按溶剂与油料的混合方式,可分为浸泡式、喷淋式、混合式 3 种。

①浸泡式　油料浸泡在溶剂之中,完成油脂溶解出来的过程。

②喷淋式　溶剂喷洒到油料料床上,溶剂在油料间往往是非连续的滴状流动,完成浸出过程。

③混合式　溶剂与油料接触过程中,既有浸泡式,又有喷淋式,两种方式同在一个设备内进行,这种浸出方式称混合式。

目前国内使用的罐组式浸出器、U 形拖链式和 Y 形浸出器,均属浸泡式;履带式浸出器是典型的喷淋式浸出器;平转、环形浸出器,均属混合式浸出器。

(6)浸出法制油的工艺

浸出法制油工艺一般包括预处理、油脂浸出、湿粕脱溶、混合油蒸发和汽提、溶剂回收等工序。

①油脂浸出　经预处理后的料坯送入浸出设备完成油脂萃取分离的任务。经油脂浸出工序分别获得混合油和湿粕。

②湿粕脱溶　从浸出设备排出的湿粕,一般含有 25% ~ 35% 的溶剂。必须进行脱溶处理,才能获得合格的成品粕。

湿粕脱溶通常采用加热解吸的方法,使溶剂受热汽化与粕分离。湿粕蒸烘一般采用间接蒸汽加热,同时结合直接蒸汽负压搅拌等措施,促进湿粕脱溶。经过处理后,粕中水分根据需要而定,残留溶剂量不超过 0.07%。

③混合油蒸发和汽提　从浸出设备排出的混合油是由溶剂、油脂、非油物质等组成,经蒸发、汽提,从混合油中分离出溶剂而获得浸出毛油。

混合油蒸发是利用油脂与溶剂的沸点不同,将混合油加热至沸点温度,使溶剂汽化与油脂分离。混合油沸点随混合油浓度增加而提高,相同浓度的混合油沸点随蒸发操作压力降低而降低。混合油蒸发一般采用二次蒸发法。第一次蒸发使混合油质量分数由 20% ~ 25% 提高到 60% ~ 70%,第二次蒸发使混合油质量分数达到 90% ~ 95%。

混合油汽提是指混合油的水蒸气蒸馏。混合油汽提能使高浓度混合油的沸点降低,从而在较低温度下使混合油中残留的少量溶剂尽可能地完全地被脱除。混合油汽提是在负压条件下进行的,为了保证混合油气提效果,用于汽提的水蒸气必须是干蒸汽,避免直接蒸汽中的含水与油脂接触,造成混合油中磷脂沉淀,影响汽提设备正常工作,同时可以减少汽提液泛现象。

④溶剂回收　油脂浸出生产过程中的溶剂回收包括溶剂气体冷凝和冷却、溶剂和水分离、废水中溶剂回收、废气中溶剂回收等。

(7)影响浸出法制油的主要因素

影响浸出法制油的因素主要包括 6 个方面。

①料坯和预榨饼的性质

料坯结构应具有均匀一致性,料坯的细胞组织应最大限度地被破坏并且具有较大的孔隙度,以保证油脂向溶剂中迅速地扩散。料坯应具有必要的机械性能,容重和粉末度小,外部多孔性好,以保证混合油和溶剂在料层中良好的渗透性和排泄性。

料坯的水分应适当。料坯入浸水分太高会使溶剂对油脂的溶解度降低,溶剂对料层的渗透发生困难,同时会使料坯或预榨饼在浸出器内结块膨胀,造成浸出后出粕困难。料坯入浸水分太低,会影响料坯的结构强度,从而产生过多的粉末,同样削弱了溶剂对料层的渗透性,而增加了混合油的含粕沫量。一般认为料坯入浸水分低一些为好。

②浸出的温度

提高浸出温度,分子热运动增强,可以促进扩散作用,油脂和溶剂的黏度减小,因而提高了浸出速度。但若浸出温度过高,会造成浸出器内汽化溶剂量增多,油脂浸出困难,压力增高,生产中的溶剂损耗增大,同时浸出毛油中非油物质的量增多。一般浸出温度控制在低于溶剂馏程初沸点 8~10℃左右,如用浸出轻汽油作溶剂,浸出温度为 50~55℃。

③浸出时间

浸出过程在时间上可以划分为两个阶段。第一阶段提取位于料坯内外表面的游离油脂,第二阶段提取未破坏细胞和结合态的油脂。浸出时间应保证油脂分子有足够的时间扩散到溶剂中去。但随着浸出时间的延长,粕残油的降低已很缓慢,而且浸出毛油中非油物质的含量增加,浸出设备的处理量也相应减小。在实际生产中,在保证粕残油量达到指标的情况下,尽量缩短浸出时间,一般为 90~120 min。在料坯性能和其他操作条件理想的情况下,浸出时间可以缩短为 60min 左右。

④料层高度

一般说来,料层提高,可以提高浸出设备的生产能力,同时料层对混合油的自过滤作用也好,混合油中含粕沫量减少,混合油浓度也较高。但料层太高,溶剂和混合油的渗透、滴干性能会受到影响。高料层浸出要求料坯的机械强度要高,不易粉碎,且可压缩性小。应在保证良好效果的前提下,尽量提高料层高度。

⑤溶剂比和混合油浓度的影响

浸出溶剂比是指使用的溶剂与所浸出的料坯质量之比。一般来说,溶剂比愈大,浓度差愈大,对提高浸出速率和降低粕残油愈有利,但混合油浓度会随之降低。混合油浓度太低,溶剂回收工序的工作量增大。溶剂比太小,又达不到或部分达不到浸出效果,而使干粕中的残油量增加。因此,要控制适当的溶剂比,以保证足够的浓度差和一定的粕中残油率。一般的料坯浸出,溶剂比多选用 0.8:1~1:1。混合油质量分数要求达到 18%~25%。对于料坯的膨化浸出,溶剂比可以降低为 0.5:1~0.6:1。

在浸出生产中,应在保证粕残油量小于 1% 的前提下,尽量提高混合油浓度,有利于减少浸出毛油中的残溶量,有利于降低混合油蒸发和汽提的蒸汽消耗及溶剂冷凝的冷凝水消耗,并能减少溶剂的周转量,而减轻了溶剂回收的负荷,使浸出生产的溶剂损耗降低。但是,混合油浓度越高,料坯与混合油中的油脂浓度差越小。浓度差是浸出过程的主要推动力,因此浸出速率也越小。同时混合油浓度越高,其黏度越大,也会降低浸出速率。降低饼粕中的残油率,混合油浓度低一些较好。混合油浓度太低会增加混合油蒸发、汽提和溶剂回收的困难。

⑥沥干时间和湿粕含溶剂量

料坯经浸出后,尚有一部分溶剂(或稀混合油)残留在湿粕中,须经蒸烘将这部分溶剂回收。为了减轻蒸烘设备的负荷,在浸出器内要有一定的时间让溶剂(或稀混合油)尽可能地与粒分离,这种使溶剂与粕分离所需的时间,称为沥干时间。生产中,在尽量减少湿粕含溶剂量的前提下,尽量缩短沥干时间。沥干时间一般为 15~25 min。

综上所述,油脂浸出过程能否顺利进行是由许多因素决定的,而这些因素又是错综复杂、相互影响的。所以,在浸出生产过程中要能辩证地掌握这些因素并很好地加以运用,提高浸出生产效率,降低粕中残油。

3. 超临界流体萃取法制油

(1)超临界流体萃取法制油的原理

超临界流体萃取技术是用超临界状态下的流体作为溶剂对油料中油脂进行萃取分离的技术。一般物质,当液相和气相在常压下平衡时,两相的物理特性如密度、黏度等差异显著。但随着压力升高,这种差异逐渐缩小。当达到某一温度 T_c(临界温度)和压力 p_c(临界压力)时,两相的差别消失,合为一相,这一点就称为临界点。

在临界点附近,向超临界气体加压,气体密度增大,逐渐达到液态性质,这种状态的流体称为超临界流体。超临界流体具有介于液体和气体之间的物化性质,其相对接近液体的密度使它有较高的溶解度,而其相对接近气体的黏度又使它有较高的流动性能,扩散系数介于液体和气体之间。一般地,超临界流体中物质的溶解度在恒温下随压力 $p(p>p_c$ 时)升高而增大,在恒压下,其溶解度随温度 $T(T>T_c$ 时)增高而下降。这样有利于从物质中萃取某些易溶解的成分。

油脂工业用 CO_2 作为萃取剂,CO_2 的临界温度为 31.1℃,临界压力 7.3 MPa,当温度高于31.1 ℃,压力大于 7.3 MPa 时,CO_2 即处于超临界流体状态。CO_2 超临界流体萃取技术与普通分离技术相比有许多优点。

(2)超临界流体萃取工艺

超临界流体萃取工艺是以超临界流体为溶剂,萃取所需成分,然后采用升温、降压或吸附等手段将溶剂与所萃取的组分分离。所以,超临界流体萃取工艺主要由超临界流体萃取溶质和被萃取的溶质与超临界流体分离两部分组成。根据分离过程中萃取剂与溶质分离方式的不同,超临界流体萃取可分为恒压萃取法、恒温萃取法和吸附萃取法 3 种加工工艺形式。

任务 2 植物油脂的精炼

一、植物油脂精炼的要求

用压榨、浸出等方法提取的未经精制的油脂称为毛油。毛油的主要成分是甘油三酸酯,俗称中性油。此外,毛油中还存在非甘油三酸酯的成分,这些成分统称为杂质。油脂精炼的要求就是去掉杂质、保持油脂生物性质、保留或提取有用的物质。实际上,精炼并非将所有的杂质去除,而是有选择性地除杂。按照毛油中杂质的组成和性质可以将杂质分为 4 类。

①不溶性固体杂质

泥沙、料坯粉末、饼渣、纤维、金属等固体杂质。

②胶溶性杂质

磷脂、蛋白质、糖类等,其中最主要的是磷脂。

③油溶性杂质

游离脂肪酸、色素、甾醇、生育酚、醛、酮、烃类等。

④水分

水分不仅影响油脂的透明度而且会促使油脂水解酸败;不溶性杂质和酸性物质都是油脂变质的促进因素;游离脂肪酸影响风味、加重劣化;磷脂能使油脂浑浊,而且在加热时会产生黑色沉淀物、起泡等;各种色素直接影响油色,有的色素还会促进油脂酸败;胶质、含硫、磷化合物以及皂脚等的存在,对后续精炼工艺如汽提造成脱酸困难、氢化催化剂中毒;很多金属离子(铜离子、铁离子)不仅是油脂在高温下的促氧化剂,而且直接对人体有害。此外,毛油中有些"杂质",如生育酚、谷维素等既是油脂的天然抗氧化剂,也对人体有益,在精炼时可以保留。

二、植物油脂精炼的方法

植物油精炼的方法可分为三类:即物理精炼、化学精炼和物理化学精炼。物理精炼又称机械精炼,是通过沉淀、过滤和离心分离的方法将毛油中的水分和机械杂质去掉;化学精炼包括碱炼、酸炼,碱炼主要是去除游离脂肪酸,酸炼是去除蛋白质及黏液物;物理化学精炼包括水化、吸附和蒸馏等,水化主要除去磷脂,吸附主要除去色素,而蒸馏则是为了去除臭味物质。

1. 物理精炼

(1)静置沉淀法

①静置沉淀原理 是利用油和杂质的相对密度不同,借助重力的作用,达到自然分离的一种方法,又称重力沉降法。

②静置沉淀设备 有油池、油槽、油罐、油箱等。

③静置方法 静置沉淀时,在 $20 \sim 30$℃温度下将毛油置于静置沉淀设备内,使之自然沉淀。沉降法主要用来分离机榨毛油中的饼渣、油脚、皂脚、粕末等杂质。它是利用悬浮杂质和油脂密度的不同,较轻的油浮于上面,较重的杂质沉于器底,使悬浮物与油脂分离。粒子的沉降速度取决于颗粒大小、密度、黏度以及温度等因素。有时为了加速沉降,在油中有必要添加 $CaCl_2$ 或 Na_2SO_4 等破乳剂使乳浊液破坏。因沉降法除杂的时间长、效率低、沉降物中含油高($60\% \sim 80\%$),因而一般仅适用于间歇式罐炼场合。另外提高油的温度,可以加快某些杂质的沉淀速度。但是,提高温度也会使磷脂等杂质在油中的溶解度增大而造成分离不完全,故应适可而止。

(2)过滤

①过滤原理:过滤是在一定压力(或负压)和温度下,将毛油通过带有毛细孔的过滤介质(滤布),使杂质截留在过滤介质上,让油脂通过滤饼层而达到分离的一种方法。过滤分离不仅用于毛油中悬浮杂质的去除,在油脂脱色、脱蜡、分提及氢化后分离催化剂等也应用过滤的方法。

②过滤设备:过滤设备有间歇式和连续式两类。

(3)离心分离

离心分离是借助于离心机转鼓高速旋转所产生的离心力来分离悬浮杂质的一种方法。与过滤法相比,离心分离法具有分离效率高、滤渣含油率低(可达 10% 以下)、生产连续化、处理量大(有高达 1200t/d)等特点。常用的设备是卧式螺旋沉降式离心机。

2. 化学精炼和物理化学精炼

化学精炼和物理化学精炼包括脱胶、脱酸、脱色、脱臭、脱蜡和脱脂等。

（1）脱胶

脱除毛油中胶溶性杂质的过程叫脱胶。毛油中的胶溶性杂质,以磷脂为主,所以脱胶又称为脱磷。其他胶质还有蛋白质、黏液质以及胶质与多种微量金属离子（Ca^{2+}, Mg^{2+}, Fe^{3+}, Cu^{2+}）形成的配位化合物和盐类。胶质的存在不仅影响油的品质和储藏稳定性,而且影响到后续碱炼脱酸工序。脱胶的方法很多,应用最普遍的有水化脱胶与酸炼脱胶。对于磷脂含量高或需要将磷脂（水化性磷脂为主）作为副产品提取的毛油,一般在脱酸前用水化脱胶法;而要达到较高的脱酸要求（包括物理精炼）则采用酸炼脱胶法。

①水化脱胶工艺

水化工艺可分为间歇式、半连续式和连续式。

间歇罐式水化工艺在同一罐内完成水化和油脚分离全过程。按操作条件可分为高温、中温和低温水化法。其操作步骤基本相同,仅有工艺条件上（温度与加水量）的差别。以高温水化为例,其典型工艺过程如图3—3。

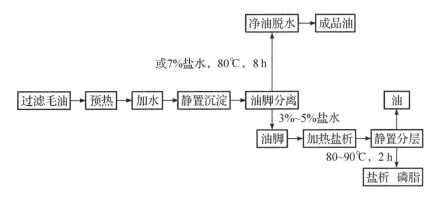

图 3—3

连续式水化工艺是指水化和分离两道工序均采用连续化生产设备。其基本工艺如图3—4。

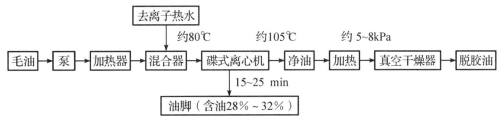

图 3—4

连续式水化工艺优点是处理量大、精炼率高、油脚含油少。但从本质上讲,它仅能去除易水化的磷脂。

②酸炼脱胶工艺

加酸脱胶是利用加入磷酸等进行脱胶的方法。磷酸脱胶可以除去油中非水化磷脂,因而适合于高级食用油的精炼。

一般磷酸脱胶的连续生产工艺的基本过程如图3—5。

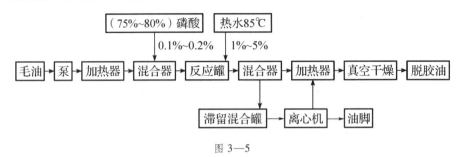

图 3—5

磷酸脱胶油耗少、色泽浅、能与金属离子形成络合物、解离非水化性磷脂而使油中含磷量明显降低(可达 30×10^{-6})。磷酸处理可以作为独立的脱胶工序,也可以与碱炼相结合。对于磷脂含量高的毛油(如大豆油),也有采用先水化脱除大部分磷脂后,再用磷酸处理,然后进行碱炼。

(2)脱酸

油脂脱酸的目的,就是用碱来中和游离脂肪酸,使游离脂肪酸生成肥皂而从油中分离析出。肥皂具有很好的吸附作用,它能吸附相当数量的色素、蛋白质、磷脂、黏液及其他杂质,甚至悬浮的固体杂质也可被絮状肥皂夹带着一起从油中分离出来。脱酸的方法很多,在工业生产上应用最广泛的是碱炼法。

①碱炼的基本原理

a. 碱液与毛油中存在的游离脂肪酸发生中和反应,生成钠皂,反应式如下:

$$RCOOH + NaOH \longrightarrow RCOONa + H_2O$$

b. 皂脚具有很强的吸附能力,能吸附其他杂质后沉淀。

c. 毛棉油中所含的游离棉酚会与烧碱反应,变成酚盐。这种酚盐在碱炼过程中更易被皂脚吸附沉淀,因而能降低棉油的色泽,提高精炼棉油的质量。

碱炼能增加中性油的炼耗,其原因主要在于:钠皂与中性油之间的胶溶性;中性油被钠皂包裹;皂脚凝聚成絮状物时对中性油的吸附。

②用碱量(按纯氢氧化钠质量计)的计算

a. 理论用碱量

$$W_{理} = 7.13 \times 10^{-4} \times W_{油} \times A_V$$

式中　　$W_{理}$——理论用碱量,kg;

　　　　$W_{油}$——毛油质量,kg;

　　　　A_V——毛油酸价。

b. 超碱量:对于间歇式碱炼品质较好的毛油,超碱量为毛油质量的 0.05% ~0.25%,碱炼劣质毛油时超碱量一般控制在毛油质量的 0.5% 以内;对于连续碱炼,超碱量一般按理论碱量的 10% ~50% 进行选择。

总用碱量为上述二者之和。

目前,国内应用最多的碱炼工艺是间歇式碱炼和离心机连续碱炼。

③间歇式碱炼

间歇式碱炼是指毛油加碱中和、皂脚分离及碱炼后油的水洗、油 - 水分离和干燥等操作步骤,是油脂分批在碱炼锅内间歇式进行操作的一种工艺。该工艺适合于小规模工厂及油脂品种经常更换的工厂采用。间歇碱炼工艺流程如图 3—6。

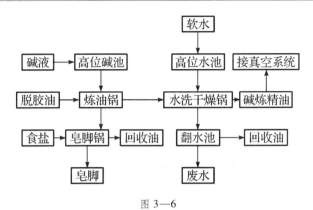

图 3—6

④连续式碱炼

连续式碱炼可分为管式离心机碱炼和碟式离心机碱炼,其中碟式离心机碱炼处理量较大。碟式离心机碱炼工艺根据碱炼原料中是否含有溶剂可分为常规碱炼和混合油碱炼工艺,根据油—碱混合时间的长短可分为长混碱炼、多级混碱炼(其中又可分为中混、短混和超短混)工艺,按碱炼的加碱次数还可分为一次碱炼和两次碱炼。

a.长混碱炼工艺

工艺流程如图 3—7。

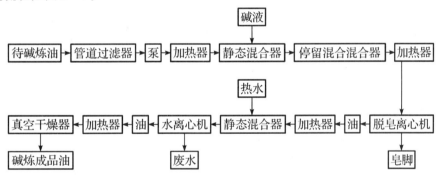

图 3—7

工艺过程及参数:待碱炼油经管道过滤器去除杂质后,进入加热器加热到 $25 \sim 40 ℃$,然后进入静态混合器与碱进行混合,碱液浓度为 $12 \sim 20 °Bé$,超碱量占理论碱量的 $10\% \sim 50\%$,从静态混合器出来的混合物在混合器内停留 $3 \sim 6 min$,然后经加热器加热到 $60 \sim 80 ℃$,再进入脱皂离心机,使皂脚从油中分离出来,此时分离的油中含皂量在 $500 \times 10^{-6} \sim 1500 \times 10^{-6}$。得到的油进入加热器到 $90 ℃$ 左右,与油量的 $10\% \sim 15\%$ 的热水进行混合,然后送到水洗离心机分离出废水,得到含皂量低于 70×10^{-6}、含水为 $0.2\% \sim 0.5\%$ 的油。油经加热器加热至 $95 ℃$ 左右后,进入真空干燥器进行脱水,干燥后的油在冷却器冷却到 $70 ℃$ 以下,经泵送入碱炼成品油储罐储存。

长混碱炼工艺的特点是采用了长的反应时间、高的超碱量和低的反应温度就能够达到良好的碱炼效果。

b.多级混碱炼工艺

工艺流程:当待碱炼油质量较差且质量不稳定时,采用不同的混合时间,以求达到最佳的碱炼效果,其工艺流程如图 3—8。

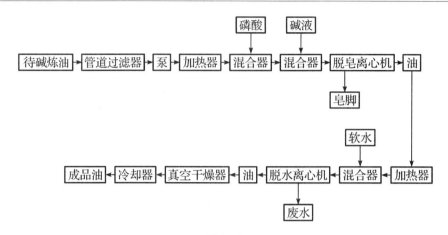

图 3—8

工艺过程及参数:多级混碱炼采用高温、浓碱和短时间的精炼工艺。该工艺首先进行磷酸处理以便去除胶体杂质,酸处理时用 80% 的磷酸,加入量为油量的 0.05% ~ 0.2%,温度为 70 ~ 80℃。酸处理可采用静态混合器和刀式混合器。所采用的碱液浓度较高,当待碱炼油的游离脂肪酸含量小于 5% 时,可以使用 20°Bé。所用超碱量一般为理论碱量的 10% ~ 25%。在计算确定加碱量时,应加上中和酸处理过程中所加磷酸所需的碱液量,一般可按 1:10 的比例折算成游离脂肪酸,即 0.1% 的磷酸对应的游离脂肪酸量约为 1%。

对于一般品质的待碱炼油,可采用中混工艺,其混合时间约为 30s;当待碱炼油质量较差时,较长的混合时间均难以引起持久的乳化或准备进行复炼时,可选用短混工艺,其混合时间约为 3s;对于质量差的待碱炼油,为避免产生持久乳化,则应采用超短混工艺,混合时间约为 0.3s 左右。

c. 两次碱炼(复炼)工艺

工艺流程:油脂两次碱炼有两种情况:第一种是油料在生长过程中因气候条件变化,油料的损坏或霉变,毛油中的游离脂肪酸含量大、色泽深、杂质多或毛油存放时间长而导致酸败变质的情况;第二种是为了提高成品油的品质,而进行复炼。其工艺流程如图 3—9。

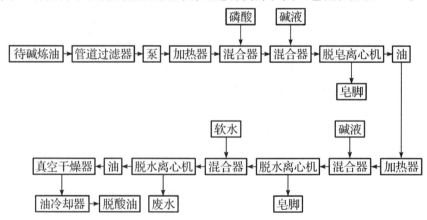

图 3—9

工艺过程及参数:复炼工艺是在短混工艺的基础上再增加一道碱炼过程,复炼时的碱浓度一般为 6 ~ 12°Bé,加碱量为油体积的 1% ~ 3%。复炼可改善碱炼油的洗涤性能,对改善油品的质量和色泽、降低残皂量及提高成品油的风味有明显的效果,但复炼也会增加一部分精炼损耗,一般约为 0.2% ~2.4%。

（3）脱色

①脱色的目的　各种油脂都带有不同的颜色,这是因为其中含有不同的色素所导致的。叶绿素使油脂呈黑绿色;胡萝卜素使油脂呈黄色;在储藏中,糖类及蛋白质分解而使油脂呈棕褐色;棉酚使棉籽油呈深褐色。

油脂中的色素可分为天然色素和非天然色素。天然色素主要包括胡萝卜素、类胡萝卜素、叶绿素和叶红素等。非天然色素是油料在储藏、加工过程中的化学变化引起的,如酯类及蛋白质的分解使油脂呈棕褐色;铁离子与脂肪酸作用生成的脂肪酸铁盐溶于油中,使油成深红色;叶绿素受高温变化成赤色。叶绿素红色变体在脱色工序中是最难除去的。

②脱色的方法　有日光脱色法（又称氧化法）、化学药剂（双氧水）脱色法、加热脱色法和吸附脱色法等。目前应用最广泛的是吸附脱色法,即将某些具有强吸附能力的物质（酸性白土、漂土和活性炭）加入油脂,在加热的情况下吸附除去油中的色素及其他杂质（蛋白质、黏液、树脂类及肥皂等）。所使用的脱色剂,通常是活性白土。

③吸附剂的性质　酸性白土对于色素及胶类物质的吸附力很强。同时,对离子或极性原子团也有很强的吸附能力。但在水溶液和酒精溶液中,酸性白土则不能吸附色素及其他杂质。这是因为水和酒精的羟基首先被白土吸附,使白土失去了吸附色素的活性所致。相反,由于苯、煤油和油脂分子中都不含羟基,所以能保持白土的活性。酸性白土是硅酸铝与胶状硅酸的混合物,它们以特殊形式混合（或结合）而成,呈酸性。用人工制成的活性白土,是以酸处理天然白土所得的产品。在油脂脱色时,白土与油接触的时间不能太长,否则将使油的酸价升高。在使用酸性白土时,不论用酸性白土或活性白土脱色,脱色后的油都会残留泥土味,作为食用还需进行脱臭处理。

④间歇脱色工艺

间歇脱色过程中,油和吸附剂的混合、加热、作用和冷却等,都是在脱色锅内分批进行的,也分批进行过滤而分离出吸附剂。这种工艺适合于小吨位油品的脱色处理,一般不宜超过30t/d。该工艺操作简单、投资少,而且不必使用连续密闭过滤机,但劳动强度大、生产周期长。

⑤连续脱色工艺

连续式脱色工艺中,吸附剂的定量供给、油与吸附剂的混合吸附、油与脱色剂的分离等操作,都是在连续作业的过程中进行的。脱色和过滤是在同一个密闭的真空系统中进行的,两台过滤机交换使用,以使工序连续进行。其工艺流程如图 3—10。

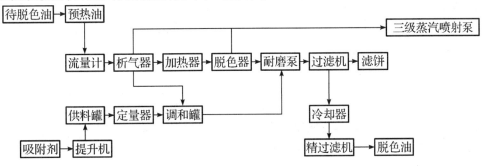

图 3—10

工艺过程及工艺参数:待脱色油经预热器加热至85℃左右进入析气器,在100kPa真空度条件下除氧脱水,使水分及挥发物含量降低至0.1%以下;然后在泵的作用下,80%以上的油脂经加热器加热至脱色温度后进入脱色器,另约20%的油脂送去吸附剂调和罐。吸附剂经提升机提升至吸附剂储罐后,经定量器定量输送至吸附剂调和罐。与少量油脂调和成吸附剂浓浆后,借脱色器的负压作用吸入脱色器。在脱色器内,吸附剂与油脂充分混合完成吸附平衡。吸附剂添加量为:单用活性白土时,用量为油量的1%~3%,活性炭为油量的0.1%~0.5%(均为质量分数)。脱色温度为90~110℃,脱色器真空度不低于100kPa,脱色时间15~25min。对完成吸附平衡后的油脂、吸附剂悬浮物,用耐磨泵打入板框压滤机过滤除去吸附剂,清油经冷却器降温至70℃左右,经精过滤机进一步除去残留的固形物后得到脱色油。

(4)脱臭

①脱臭的目的 油脂脱臭的主要目的是除去油脂中引起臭味的物质及易于挥发的其他物质,改善油脂的气味和色泽,提高油脂的稳定性。油脂脱臭是根据引起油脂风味、气味、色泽的物质的挥发度上的差异进行的。脱臭是在高真空及高温的条件下,向油脂中喷入直接蒸汽的蒸馏法。

②脱臭的方法 有真空蒸汽脱臭法、气体吹入法、加氢法和聚合法等。目前国内外应用最广、效果最好的是真空蒸汽脱臭法。

真空蒸汽脱臭法的原理是水蒸气通过含有臭味组分的油脂,汽—液接触,水蒸气被挥发出来的臭味组分所饱和,并按其分压比率逸出而除去。

③连续式脱臭工艺

连续式脱臭工艺是基于薄膜理论,油在塔内自上而下,直接蒸汽自下而上与油均匀地在填料表面上形成薄膜,逆流传质汽提,并且直接蒸汽反复与油接触。结构填料塔结构简单,比表面积大,液体和气体在填料表面上分散性好,传质快,压降小,无沟流、短路现象。又由于结构填料塔脱臭系统中汽提蒸汽并不像板式塔以鼓泡方式与油接触,因此没有飞溅损失,中性油损失小,脱臭时间短,产品质量好。其工艺流程如图3—11。

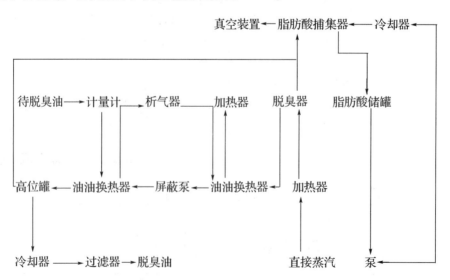

图3—11

工艺过程及参数:待脱臭油经计量后进入油油换热器,用脱臭热油预热至 70 ~ 80℃(开车时在预热器用加热蒸汽预热),经析气器除去混入油中的空气及水分等挥发物,再经油油换热器预热至 150 ~ 180℃后进入加热器,用导热油加热至 200℃左右进入脱臭器,脱臭器极限压力为 133 ~ 266 Pa,脱臭温度 230 ~ 260℃,不超过 270℃。直接蒸汽压力为 0.2 ~ 0.4 MPa,经加热器加热后进入脱臭器对油脂进行汽提。完成脱臭的热油,经油油换热器用待脱臭油预冷至 180℃左右,再经屏蔽泵抽出送入油油换热器,进一步用待脱臭油冷却至 120℃左右,再经高位罐进入冷却水冷却至 60 ~ 70℃,最后经过滤器过滤即得脱臭油。

为了钝化可能有的微量金属,提高油脂的氧化稳定性,可在析气器和高位罐中分别加入占油量 0.01%左右的柠檬水溶液(尝试为 5% ~ 10%)。

自脱臭器抽出的混合蒸汽,经脂肪酸捕集器用脂肪酸喷淋捕集,回收其中的脂肪酸、维生素 E 等副产品,脂肪酸的温度控制在 60℃左右,喷淋量视具体情况而定,一般为 3 t/h 左右。捕集器中的未凝结汽被抽入冷凝器以除去其中的可凝性蒸汽,不凝性气体则由真空泵排入大气。

任务 3 植物油脂制品的加工

一、调和油的加工

调和油是根据天然食用油的化学组分,以大众高级食用油为基质油,加入一种或一种以上具有功能特性的食用油,经科学调配得到具有增进营养功效的食用油。

1. 调和油的种类

调和油的品种很多,根据我国人民的食用习惯和市场需求,可以生产出多种调和油。

①风味调和油 把菜籽油、米糠油、棉籽油等经全精炼,然后与香味浓郁的花生油、芝麻油按一定比例调和,制成"轻味花生油"或"轻味芝麻油"供应市场。

②营养调和油 将玉米胚芽油、葵花籽油、红花籽油、大豆油配制而成,其亚油酸和维生素 E 含量都高,是比例均衡的营养健康油,供应高血压、冠心病患者以及患必需脂肪酸缺乏症者。

③煎炸调和油 利用氢化油和经全精炼的棉籽油、菜籽油、猪油或其他油脂调配成脂肪酸可组成平衡、起酥性能好、烟点高的炸油。

2. 调和油的原料及配方

调和精炼油的原料油主要是高级烹调油或色拉油,并使用一些具有特殊营养功能的一级油,如玉米胚油、红花籽油、紫苏油、浓香花生油等。各种油脂的调配比例主要是根据单一油脂的脂肪酸组成及其特性调配成不同营养功效的调和油,以满足不同人群的需要。在满足一定营养功效的前提下,尽量采用当地丰富的、价廉的油脂资源,以提高经济效益。

3. 调和油的生产

调和油在一般的全精炼油车间均可调制。调制风味调和油时,先计量全精炼的油脂,将其在搅拌的情况下升温到 35 ~ 40℃,按比例加入浓香味的油脂或其他油脂,继续搅拌 30 min,即可储藏或包装。如要调制高亚油酸营养油,则需在常温下进行调和,并加入一定量的维生素 E。如要调制饱和程度较高的煎炸油,则调和时温度要高些,一般为 50 ~ 60℃,最好再按规定加入一定量的抗氧化剂。

二、人造奶油的加工

1. 人造奶油的定义

人造奶油一般是采用精炼植物油为原料,经过加氢使之成为固体,然后添加牛奶、水、香料、乳化剂、食盐等辅料,经乳化、急冷、捏合而成的具有类似天然奶油特点的一类可塑性油脂制品。其外观呈鲜明的淡黄色,可塑性固体质地均匀、细腻,风味良好,无霉变和杂质,其脂肪含量在75%～80%以上,含水量为16%～20%,食盐含量小于3%,同时可含有少量乳化剂、维生素、乳酸等添加剂。

2. 人造奶油的分类

人造奶油按产品的用途不同,可分成两大类:家庭用人造奶油和食品工业用人造奶油。

(1)家庭用人造奶油

①高脂肪(硬型)人造奶油　脂肪含量80%左右,是油包水(W/O)型,其熔点与人的体温接近,塑性范围宽,亚油酸含量10%左右。

②软型人造奶油　配方中使用较多的液体油,亚油酸含量达到30%左右,改善了低温下的延展性。

③高亚油酸型人造奶油　含亚油酸可达到50%～63%。从营养与稳定性两个方面,都需要考虑添加维生素E加以平衡。

④低热量型人造奶油　即涂抹脂产品。该产品也属于W/O型乳状液,其外观、风味与口感与一般人造奶油没有区别,只不过其配方中通常含有乳蛋白和各种稳定剂。

⑤流动性人造奶油　是一种以色拉油为基质的人造奶油,添加0.75%～5%的硬脂制成。

⑥烹调用人造奶油　主要用于煎炸、烹调,要求加热时风味好、不溅油、烟点高。

(2)食品工业用人造奶油

人造奶油大部分是用在食品加工方面。如糕点、面包、饼干、冷饮等产品使用各种品种的人造奶油。

①通用型人造奶油　要求较宽的塑性范围。这类人造奶油是万能型的,一年四季都具有可塑性和酪化性,熔点一般较低,口溶性好,具有起酥性,一般用于加工糕点饼干、重油蛋糕与面包等食品。

②专用型人造奶油　面包用人造奶油,要求适宜的塑性范围,吸水性和乳化性好,不影响面团发酵,又具有抗面包老化的作用;起层用人造奶油,要求可塑范围大,能与面片一起辊轧;油酥点心型人造奶油,蛋糕专用,要求优良的酪化性、奶油化性能。

③逆相(O/W型)人造奶油　一般人造奶油是油包水型(W/O)的乳状物,逆相人造奶油是水包油型(O/W)的乳状物。由于水相在外侧,水的黏度较油小,加工时不粘辊,延展性好。

④双重乳化型人造奶油　这种人造奶油是一种O/W/O乳化物。由于O/W型人造奶油与鲜乳一样,水相为外相,因此风味清淡,但容易引起微生物侵蚀,而W/O型人造奶油不易滋生微生物而且起泡性、保形性和保存性好。O/W/O型人造奶油同时具有W/O和O/W型的优点,既易于保存,又清淡可口,无油腻味。

⑤调和型人造奶油　是把人造奶油与天然奶油(25%～50%)按一定比例进行调和,用于

糕点和奶酪加工,特别是酪化性能良好的搅打奶油加工,属于高档油脂。

人造奶油产品储存温度 15 ~ 16℃ ,3 ~ 4 个月质量稳定不变。

3. 人造奶油的原料、辅料及配方

(1)原料油脂

①动物油　牛脂、猪脂、羊脂,起酥性非常好,氧化稳定性及酪化性差。

②动物氢化油　鲸油、鱼油等海产动物油脂,其口溶性良好,稳定性差,高温加热会引起发臭。

③植物油　大豆油、棉籽油、椰子油、棕榈油、棕榈仁油、红花油、玉米油、葵花籽油、玉米胚芽油、花生油等。

④植物氢化油　用以上植物油经选择性氢化得到的油脂。

以上油脂必须是经很好碱炼、脱色、脱臭等处理的精炼植物油。

(2)辅料

①乳成分　一般多使用牛奶和脱脂乳。新鲜牛奶须经过灭菌处理后直接使用,也可用发酵乳强化人造奶油的风味,还可以利用其乳化能力。其用量以乳的固形成分 1% 左右为宜。我国目前在配料中一般加些脱脂奶粉或植物蛋白。

②食盐　家庭用人造奶油几乎都加食盐,加工糕点用人造奶油多不添加食盐。食盐能起到防腐和调味的作用。

③乳化剂　为了形成乳状液和防止油水分离,制人造奶油必须使用一定量的乳化剂。常使用的乳化剂为卵磷脂、单硬脂酸甘油酯、单脂肪酸蔗糖酯、山梨糖醇酐脂肪酸酯、丙二醇酯等。一般很少单独使用一种乳化剂,而是两种以上并用。乳化剂不仅可生成稳定的乳化物,而且有抗老化的作用。卵磷脂可防烹调时油脂飞溅。卵磷脂的用量为 0.3% ~0.5% ,单硬脂酸甘油酯为 0.1% ~0.5% 。

④防腐剂　为了阻止微生物的繁殖,人造奶油中需加防腐剂。我国允许用苯甲酸或苯甲酸钠,用量为 0.1% 左右。此外,可降低乳清中的 pH ,减少霉菌繁殖机会。

⑤抗氧化剂　为了防止原料油脂的酸败和变质,通常加维生素 E,BHT,BHA,PG 等抗氧化剂,也可添加柠檬酸作为增效剂。

⑥香味剂　为了使人造奶油的香味接近天然奶油香味加入少量像奶油味和香草一类的合成食用香料,来代替或增强乳香。可用来仿效奶油风味的香料有好几十种。它们的主要成分为丁二酮、丁酸、丁酸乙酯等。

⑦着色剂　人造奶油一般无需着色,天然奶油有一点微黄色,为了仿效天然奶油,有时需加入着色剂。主要使用的着色剂是 β 胡萝卜素,也可使用柠檬黄等。

4. 人造奶油的加工工艺

人造奶油的加工可根据产品的要求,乳化、冷却,使产品具有可塑性、稠度,将原料油及辅料按一定比例匹配,经乳化、冷却,使产品具有可塑性、稠度、酪化性、起酥性等特殊性质。

(1)基本工艺流程

原料油 + 辅料调和→ 乳化→ 急冷→ 捏合→ 包装→熟成

(2)工艺技术要点

①熔化调和　将熔化后的氢化植物油、精炼植物油按配方用量加入到乳化釜中,加热至

55～60℃,再将油溶性添加物(乳化剂、着色剂、香味剂、油溶性维生素等)用油溶解后倒入调和锅,搅拌使其完全溶化成均匀的油相。

②溶解调和 将奶粉、食盐、白糖、色素、防腐剂等加入已装有60～70℃热开水的调和缸中,搅拌使其完全溶解成均匀的水相备用。

③乳化 搅拌中将上述已调和好的水相加入到乳化釜内的油相中进行乳化,乳化温度55℃左右,时间15～30min,乳化操作将要结束时加入香精和抗氧化剂。

④急冷捏合 乳化好的乳状液放到骤冷捏合机中,利用液态氮急速冷却,边速冷边捏合,速冷温度-10～-20℃。

⑤冷却成型 将捏合后的乳状物进行冷却成型便得人造奶油产品。

⑥包装、熟成 从捏合机内出来的人造奶油,要立即送往包装机。有些成型制品先经成型机后再包装。包装好的人造奶油,置于比熔点低10℃的仓库中保存2～5天,使结晶完成,这项工序称为熟成。

三、起酥油的加工

起酥油是指精炼的动、植物油脂、氢化油或上述油脂的混合物,经急冷、捏合制造的固态油脂或不经过急冷、捏合制造的固态或流动态的油脂产品。起酥油具有可塑性、乳化性等加工性能。外观呈白色或淡黄色,质地均匀;无杂质,滋味、气味良好。

起酥油一般不宜直接食用,而是用在食品加工的煎炸、焙烤烹调方面,或者作为食品馅料、糖霜与糖果的配料。因此起酥油必须有良好的加工特性。

1. 起酥油的种类

(1)按原料种类分类

有植物性起酥油、动物性起酥油、动植物混合型起酥油。

(2)按制造方法分类

①全氢化型起酥油 原料油全部由不同程度氢化的油脂所组成,其氧化稳定性特别好。不过由于天然不饱和脂肪酸含量较低,对营养价值有些影响,而且价格也较高。

②混合型起酥油 氢化油(或饱和程度高的动物脂)中添加一定比例的液体油作为原料油。这种起酥油可塑性范围较宽,可根据要求任意调节,价格便宜。

(3)按使用添加剂的不同分类

有非乳化型起酥油、乳化型起酥油。

(4)按性能分类

①通用型起酥油 应用范围广,主要用于加工面包、饼干等。

②乳化型起酥油 含乳化剂较多,通常含10%～20%的单脂肪酸甘油酯等乳化剂。其加工性能较好,常用于加工西式糕点和配糖量多的重糖糕点。用这种起酥油加工的糕点体积大,松软,口感好,不易老化。

③高稳定型起酥油 可长期保存,不易氧化变质。全氢化起酥油多属于这种类型。

2. 起酥油的加工特性

由起酥油是作为食品加工的原料油脂,其功能特性主要包括可塑性、起酥性、酪化性、乳化性、吸水性、氧化稳定性和油炸性。对其加工特性的要求因用途不同而重点各异。其中可塑性是最基本的特性。

（1）可塑性

可塑性是指在外力作用下可以改变其形状,甚至可以像液体一样流动,若使固态油脂具有一定的可塑性,必须在其成分中包括一定的固体油脂和液体油,固体油脂以极细的微粒分散在液体油中。由于内聚力的作用,使全部油脂结合在一起,由于固体微粒间的空隙很小,以致液体不能从固态脂中渗出。固体微粒越细、越多,可塑性越小;固体微粒越粗、越少,可塑性越大。因而固体和液体的比例必须适当才能得到所需的可塑性。

（2）起酥性

起酥性是指烘焙糕点具有酥脆易碎的性质。各种饼干就是酥脆点心的代表。用起酥油调制食品时,油脂呈薄膜状分布在小麦粉颗粒的表面,阻碍面筋质相互粘结,使烘烤出来的点心松脆可口。一般说来,可塑性适度的起酥油,起酥性好。油脂过硬,在面团中呈块状,制品酥脆性差,而液体油在面团中,使制品多孔,显得粗糙。油脂的起酥性用起酥值表示,起酥值越小,起酥性越好。

（3）酪化性

起酥油加到混合面浆中经高速搅打起泡时,空气中的细小气泡被起酥油吸入,油脂的这种含气性质称为酪化性。酪化性的大小可用酪化价表示。把 1 g 油脂中所含空气的毫升数的100 倍表示酪化价。

起酥油的酪化性要比奶油和人造奶油好得多。加工蛋糕若不使用酪化性好的油脂,则不会产生大的体积。蛋糕的体积与面团内的含气量成正比。

（4）乳化性

油和水互不相溶,但在食品加工中经常要将油相和水相混在一起,而且希望混合均匀而稳定,通常起酥油中含有一定量的乳化剂,因而它能与鸡蛋、牛奶、糖、水等乳化并均匀分散在面团中,促进体积的膨胀,而且能加工出风味良好的面包和点心。

（5）氧化稳定性

起酥油的氧化稳定性好。这是因为原料中使用了经选择性氢化的油。其中全氢化型植物性起酥油效果最好,动物性油脂则必须使用 BHA 或生育酚等抗氧化剂。

3. 起酥油的原料及辅料

（1）原料油脂

生产起酥油的原料油有两大类:植物性油脂如豆油、棉籽油、菜籽油、椰子油、棕榈油、米糠油及它们的氢化油;动物性油脂如猪油、牛油、鱼油及它们的氢化油。油脂都是经很好精炼的,氢化油必须是选择性氢化油。

（2）辅料

①乳化剂

a.脂肪酸甘油酯:添加量为 0.2% ~1.0%。使用它可以提高起酥油的乳化性、酪化性和吸水性。与面粉、鸡蛋、水等分散均匀,增大食品体积。此外,单脂肪酸甘油酯与淀粉形成复合体,利于保持水分,防止食品老化。

b.脂肪酸蔗糖酯:它和单脂肪酸甘油酯有类似的作用。

c.大豆磷脂:一般不单独使用,多与单脂肪酸甘油酯等其他乳化剂配合使用。通用型起酥油中,大豆磷脂和脂肪酸甘油酯混合时的添加量为 0.1% ~0.3%。

d.脂肪酸丙二醇酯:通常丙二醇和单脂肪酸甘油酯混合使用时具有增效作用,添加量为5% ~10%。

e.脂肪酸山梨糖酯:是山梨糖的羟基与脂肪酸结合成的酯,具有较强的乳化能力。在高乳化型起酥油中添加量为5% ~10%。

②抗氧化剂

起酥油中的抗氧化剂使用生育酚、叔丁基羟基茴香醚(BHA)二叔丁基羟基甲苯(BHT)、没食子酸丙酯(PG),添加量必须在食品卫生法规定的范围内。

③消泡剂

用于煎炸的起酥油需要消除气泡,一般添加聚甲基硅酮,添加量为 2 ~ 5 mg/kg,加工面包和糕点用起酥油不使用消泡剂。

④氮气

每100 g 速冷捏合的起酥油应含有 20 mL 以下氮气。对熔化后使用的煎炸油就不需压入氮气。

4. 起酥油的工艺流程

起酥油的生产一般是将精炼后的食用油经速冷、捏合、充氮、熟化等工序(图3—12)。

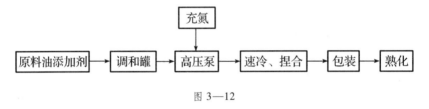

图 3—12

5. 可塑性起酥油的生产工艺

生产起酥油所用的精炼固体和液体油脂,应根据产品的用途、生产季节,按一定的比例调节产品所需的熔点和固体脂指数。可塑性起酥油的连续生产工艺具体过程如下。

几种原料油按一定比例经计量后进入调和罐,添加剂先用油溶解后倒入调和罐。混合油在调和罐内预先冷却到50℃,再用齿轮泵(两台齿轮泵之间倒入氮气)送到急冷机。用液氮将油脂迅速冷却到过冷状态(25℃),部分油脂开始结晶。然后通过捏合机连续混合并在此结晶,出口时油脂温度为30℃。急冷机和捏合机都要在2.1 ~ 3.8MPa 压力下操作。当起酥油通过最后的背压阀时,压强突然降到大气压而使充入的氮气膨胀,因而起酥油获得光滑的奶油状组织和白色外观。刚生产出来的起酥油是液状的,当充填到容器后不久就将呈半固体状。制成的成品包装后,再进行后熟。提高了油脂的可塑性和稳定性。

拓展知识

一、蛋黄酱加工

蛋黄酱是用食用植物油、蛋黄或全蛋、醋或柠檬为主要原料,并辅之以食盐、糖及香辛料,经调制、乳化混合制成的一种黏稠的半固体食品。可浇在色拉(西式凉拌菜)、海鲜上,也可涂在面包、热狗等烘烤食品上,还可拌在米饭上,别具风味,深得人们的欢迎。

1. 工作原理

油与水是互不相溶的液体,使两者形成稳定混合液的过程叫乳化。通常把油相以极细微粒分散于水中形成的乳化液称为水包油型(O/W)乳化液;反之则称为油包水型(W/O)乳化液,蛋黄酱就是一种 O/W 型近于半固体状的乳化液。

乳化剂分子是由亲油的非极性基团和亲水的极性基团组成,乳化剂不仅可以降低油水两相间的表面张力,有利于分散相微粒化,同时乳化剂分布在微粒表面,防止了微粒的并合,并能使形成的乳化液更稳定。蛋黄中含有 30% ~33% 的脂肪,其中磷脂占 32% ~33%,而磷脂中 73% 为卵磷脂。蛋黄酱正是利用了卵磷脂的乳化性能制成的。卵磷脂带有亲油基团和亲水基团,当它与油和醋(含水分)这两个不相溶的物质在机械搅拌、剪切时,亲油、亲水基团就将油、水形成了水包油型乳状液(O/W 型),从而形成了稳定的蛋黄酱。

2. 原辅料及其配方

蛋黄酱主要原料有植物油、蛋黄、食醋,辅料有砂糖、食盐、味精等调味料及白胡椒粉、辣椒粉等香辛料。

①植物油　在蛋黄酱中一般要求含量大于 65%(以质量计),常用的有大豆油、棉籽油、菜籽油、玉米油、橄榄油等经精加工脱色、脱臭及氢化处理(除去高凝固点脂肪)的色拉油。这些植物油均含有丰富的人体必需而又不能为机体合成的亚油酸、亚麻酸等必需脂肪酸,它有助于降低体内过剩的胆固醇。

②蛋黄　蛋黄是蛋黄酱特有风味的主要成分,又是乳化剂,一般在蛋黄酱中的用量为 6% ~8%(以质量计)。选用新鲜的鸡蛋,蛋黄指数应大于 0.4,其他禽蛋亦可。

③食醋　醋是蛋黄酱独特风味的另一重要组成成分,一般多用糟醋、苹果醋、麦芽醋等酿造醋,风味好;但要求色泽浅,食用醋精为无色也可对水使用。食醋(含醋酸 5% 左右)用量 10% 左右。

④调味料及香辛料　调味料一般用砂糖 1% ~2%,食盐 1% ~2%,少许味精;香辛料主要有芥末、胡椒粉、辣椒粉、姜粉等,用量以 1% ~1.5% 为宜。

3. 生产工艺(图 3—13)

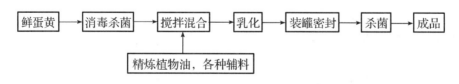

图 3—13

蛋黄酱生产工艺操作要点如下。

①蛋黄的制备　选用新鲜蛋,用 1% 高锰酸钾溶液清洗,打蛋后分离出蛋黄。

②蛋黄处理　将蛋黄用容器装好,放在 60℃ 的水浴中保温 3 ~5 min 作巴氏杀菌,以清除蛋内的沙门氏等菌。将蛋黄放在组织捣碎机内先搅拌 1 min 左右,再加入砂糖搅拌至食盐、糖溶解。

③加调味料　味精、花椒油、八角油等调味料一次加入搅拌 1 min 左右。

④搅拌乳化　将植物油和醋按量分次交替加入搅拌直至产生均匀细而稳定的蛋黄酱为止。乳化时将油在水相中分散成几十至几微米的微粒,其表面积将增大 10^3 ~10^4 倍,需消耗

大量表面能,而蛋黄酱的黏度又很大,故乳化需强烈剪切作用的机械,通常用搅拌机和胶体磨。

⑤装罐密封 倒出蛋黄酱分装于已清洗过的玻璃罐,每瓶250g,密封盖。杀菌方式为15 ~30 min/120℃反压冷却,反压力为(0.118~0.147 MPa)。

二、磷脂加工

磷脂是含有磷酸基质的总称。磷脂是天然的表面活性剂,存在于所有的动植物细胞内。磷脂已成为世人公认的高价值产品,具有很高的营养价值和广泛的商业用途。

浓缩磷脂的生产

从油脂精炼、水化脱胶工艺所得的油脚,就是生产浓缩磷脂的原料。根据生产工艺不同可将浓缩磷脂分为:塑性的和流质的,脱色的和不脱色的,一次脱色的和二次脱色的。

①一次脱色与流质化 经离心机脱出的胶质所得到的油脚,打入混合罐内,添加漂白剂、流化剂进行搅拌混合10~30 min,并升温60~70℃进行脱色,脱色剂一般用双氧水,用量1%~4%。流化剂(脂肪酸或大豆油、氯化钙、豆油脂肪酸乙酯)一般添加量为2%~5%。

②干燥 为了防止微生物作用,脱色后的胶体应尽快干燥,然后冷却,即为一次脱色浓缩磷脂产品。

③二次脱色与流质化 经干燥后再进行一次脱色和流质化处理,第二次的脱色剂仍可用双氧水(含量30%,用量1%~3%),但也有用两种(过氧化氢和过氧化苯甲酰)混合使用效果更好。最后流质化处理,当生产66%~70%丙酮不溶物的流质化磷质时,不加脂肪酸而只加氯化钙,在20℃条件下具有流动性即可。

【项目小结】

本章详细阐述了植物油脂提取、精炼的基本原理、方法和基本操作技能,以及对常见食用油脂产品的加工生产进行了扼要介绍。其中溶剂浸出法制油技术、油脂脱胶、脱酸、脱色、脱臭以及人造奶油和起酥油的制取是本章重点和难点内容。

【复习思考题】

1. 油脂提取的方法有哪几种?试比较各种方法的特点?
2. 影响压榨制油的因素有哪些?
3. 影响浸出法制油的因素有哪些?
4. 油脂精炼的目的和内容是什么?
5. 油脂脱胶、脱酸、脱色、脱臭的原理和方法是什么?
6. 制取人造奶油和起酥油的原理和工艺过程是什么?

模块 2 面类食品加工技术

项目 4 焙烤食品加工技术

【知识目标】了解面包、饼干、糕点等焙烤食品加工的原辅料的要求与选择,掌握面包、饼干、糕点加工工艺流程、原理、技术要点,熟悉影响产品质量的因素和控制方法。

【能力目标】使学生在掌握一定的焙烤食品工艺学理论知识的基础上,重点培养学生的实践操作技能,对产品加工中常出现质量问题进行分析与控制,同时了解焙烤食品生产中的卫生管理及其他相关知识。

焙烤食品是指以谷物或谷物粉为基础原料,加上油、糖、蛋、奶等一种或几种辅料,采用焙烤工艺定型和成熟的一大类固态方便食品。

产品的范围十分庞杂,它主要包括面包、饼干、糕点三大类。由于各个国家的民族生活习惯的不同,估计目前全世界约有 60% 的人吃面包为主,更多的则是属于点心类食品。由于焙烤制品越来越在人们生活中占有重要的位置,所以品种越来越丰富多彩。近年来,市场上出现的用巧克力涂布的焙烤制品就是与糖食制品结合的典型,还有与油炸食品及肉类制品结合的产品上市。

焙烤食品分为许多大类,而每一类中又分为数以百计的不同花色品种,它们之间既存在着同一性,又有各自的特性。焙烤制品一般具有下列特点。

①所有焙烤制品均以谷类为基础原料。

②大多数焙烤制品以油、糖、蛋等或其中 1~2 种作为主要原料。

③所有焙烤制品的成熟或定型均采用焙烤工艺。

④焙烤制品是不需经过调理就能直接食用的食品。

⑤所有焙烤制品均属固态食品。

焙烤食品已发展成为品种多样、丰富多彩的食品。例如,仅日本横滨的一家食品厂生产面包就有 600 种之多,故而分类也很复杂。通常有根据原料的配合、制法、制品的特性、产地等各种分类方法。

按生产工艺特点分类可分为以下几类。

①面包类 包括主食面包、听型面包、硬质面包、软质面包、果子面包等。

②饼干类 有粗饼干、韧性饼干、酥性饼干、甜酥性饼干和发酵饼干等。

③糕点类 包括蛋糕和点心,蛋糕有海绵蛋糕、油脂蛋糕、水果蛋糕和装饰大蛋糕等类型;点心有中式点心和西式点心。

④松饼类 包括派类、丹麦式松饼、牛角可松和我国的千层油饼等。

按发酵和膨化程度可分为以下几类。

①用酵母发酵的制品 包括面包、苏打饼干、烧卖等。

②用化学方法膨松的制品　指蛋糕、炸面包圈、油条、饼干等。总之是利用化学疏松剂如小苏打、碳酸氢铵等产生二氧化碳使制品膨松。

③利用水分气化进行膨化的制品　指天使蛋糕、海绵蛋糕一类不用化学疏松剂的制品。

任务1　面包加工技术

面包是以小麦粉、酵母、盐和水为基本原料,再添加其他辅料,经调粉、发酵、整形、醒发、烘烤等工序生产的一类方便食品。

面包制作技术最早出现在公元前3000年前后的古埃及。古埃及人偶然发现和好的面团在温暖处放久后,会导致面团发酵、膨胀、变酸。再经烤制可以得到远比"烤饼"松软的一种新面食,这就是世界上最早的面包。大约在公元前3世纪面包制作技术传出了埃及。公元2世纪末罗马的面包师行会统一了制作面包的技术。17世纪人类发现酵母菌后,面包发酵技术得到改善和发展。直到19世纪,小麦品种的改良、面粉加工的发展使面包加工技术日趋成熟。

面包的品种繁多。按用途分为主食面包和点心面包;按口味分为甜面包和咸面包;按柔软度分为硬式面包和软式面包;按成型方法分为普通面包和花色面包;按配料不同分为水果面包、椰蓉面包、巧克力面包、全麦面包、奶油面包、鸡蛋面包等。

一、面包的加工方法与工艺流程

1. 一次发酵法

原辅材料处理→面团调制→发酵→整形→醒发→饰面(刷蛋液)→烘烤→冷却→包装→成品

2. 二次发酵法(图4—1)

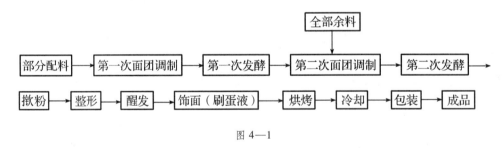

图4—1

3. 快速发酵法

原辅材料处理→面团调制→静置→分割→中间醒发→成型→最终发酵→饰面(刷蛋液)→烘烤→冷却→包装→成品

4. 冷冻面团法

原辅材料处理→面团调制→发酵→整形→冷冻→解冻→醒发→饰面(刷蛋液)→烘烤→冷却→包装→成品

以上方法比较起来:一次发酵法加工面包生产周期短、风味好、口感优良,但成品瓢膜厚、易硬化;二次发酵法加工面包的瓢膜薄、质地柔软,老化慢,但生产周期长、劳动强度大;快速发酵法加工面包生产周期短、出品率高,但成品发酵香味不足、瓢膜厚、易老化;冷冻面团法是面包加工的一种新的工艺方法,有利于实现面包生产的规模化和现代化。

二、面包加工技术

1. 原料的选择与处理

原材料的选择与处理是面包加工的重要工序之一。选择符合加工工艺要求,经过合理处理后的原料,对于提高面包质量具有十分重要的意义。

（1）面粉

面粉是面包加工的基础原料,一般要求面粉中蛋白质含量 11% ~ 13%,油脂 1.5%,水分 14%,灰分 0.5%,碳水化合物 73%,粉质洁白,能过 100 目筛,不含砂尘、无霉味、不结块,捏团后能散开。湿面筋率在 26% 以上。弹性和延伸性好。糖化力（面粉中淀粉转化为糖的能力）和产气能力（面粉在发酵过程中产气的能力）高。α - 淀粉酶含量低。

小麦粉的处理与馒头加工相同。

（2）酵母和水

面包加工用水、酵母的选用和处理与馒头加工基本相同。

（3）辅料与食品添加剂

①白砂糖:白砂糖除了起到营养调味、为酵母生命活动提供碳源等作用外,还可以通过在烘烤时高温下的美拉德反应,赋予面包一定风味和色泽。在使用前应首先用温水溶解,然后过滤除去杂质。

②油脂:在面包加工中,加入适量的起酥油,能够保持面包水分、延长货架期,同时可以增加面包体积,使面包内部的蜂窝均匀而细密、表皮光亮而美观。在使用时应根据季节和温度的变化,选用不同熔点的油脂,冬季或气温较低,宜选用熔点较低的油脂;夏季或气温较高,则相反。

③食盐:面包中加入食盐一方面可以增加产品风味,另一方面可以增强面团筋力。在使用前应首先用温水溶解,然后过滤除去杂质。

④改良剂:面包改良剂由两部分组成。一部分是高活性、高浓度、高效力的氧化剂、乳化剂、酶、酵母营养物质等;另一部分是起稀释作用的面粉或脱脂豆粉等填充料。面包改良剂主要作用是为酵母提供所需营养,促进面团发酵和成熟,保证产品在烘烤过程中持续膨胀,增加产品色泽等。

2. 面团调制

面团调制是面包加工的关键工序之一,面团调制原理与面条类基本相似,主要区别在于技术要求的不同。

（1）面团调制的技术要求

一次发酵法和快速发酵法是先将水、糖、蛋、面包改良剂置于调粉机中充分搅拌,使面包改良剂均匀地分散在水中,糖全部溶解;然后,将已均匀混入的即发酵母和奶粉的面粉倒入调粉机中搅拌成面团;当面团已经形成、而面筋还未充分扩展时加入油脂;最后加盐,继续搅拌直至面团不粘手、均匀而有弹性时为止。

二次发酵法面团调制分两次投料,第一次面团调制是先将 30% ~ 70% 的面粉、适量的水和全部酵母在调粉机中搅拌 10min,调成软硬适当的面团,而后进行第一次发酵,制成种子面团。第二次面团调制是将发酵成熟的种子面团和剩下的原辅料（不包括油脂）在调粉机中一起搅拌,快成熟时放入油脂继续搅拌,直至面团不粘手、均匀而有弹性时为止。

(2)面团调制中应注意的问题

①小麦蛋白质的含量:一般情况下,小麦粉中的蛋白质所吸收的水分约占小麦粉总吸水量的60%~80%,小麦粉的吸水率与其蛋白的含量成正比,一般加水量为小麦粉总量的50%~60%(包括液体原料的水分)。

②加水量:加水量过高,会使面团过软,面团发黏,导致操作困难,发酵时易酸败,成品形态不端正,成为次品;加水量过低,会使面团太硬,影响发酵,造成制品粗糙,质量低劣。

③水的温度:调制面团时,水温除影响糖、盐等辅料的溶解外,主要用来调整面团温度,适应酵母繁殖生长。调制好的面团温度,冬季一般应控制在25~27℃,夏季28~30℃。因此,夏季可以用凉水调粉,冬季用温水调粉,但水温最高不得超过50℃,否则会造成酵母死亡。

④搅拌:搅拌要均匀,防止面团发生粉粒现象;注意搅拌终点(即面筋完全扩展)的判断,搅拌时间一般在15~20min左右,它取决于小麦粉及辅料加入的量与质,也与搅拌的方式和水温关系密切。小麦粉筋力强,搅拌时间较长,反之,则短。

⑤油脂的添加:当油脂和小麦粉一起混合时,油脂会吸附在小麦粉颗粒表面形成一层油膜,阻碍水分子向蛋白质胶粒内渗透,面筋得不到充分吸水、胀润,使面团较软、弹性降低,黏性减弱,故面团中油脂用量增加,加水量要相应地减少。为防止油阻隔水与蛋白质结合,一般采用后加油法。

⑥其他因素:一是奶制品能使面团的吸水性发生变化,添加小麦粉量1%的奶粉,使面团吸水率增加1%;二是蛋品对面粉和糖的颗粒黏结作用很强,可使油、水、糖乳化均匀且分散到面团中去,但鸡蛋的含水量应算入总水量中,否则面团会因加水量过多而变软;三是食盐的适量加入能增加面筋的弹性,但若加2%食盐的面团,它与不加食盐的面团相比,吸水率减少3%,导致面团生成迟延,因此食盐含量多的面团,需要搅拌时间越长。

3. 面团的发酵

面团发酵是在适宜条件下,面团中的酵母利用营养物质进行繁殖和代谢,产生二氧化碳气体和风味物质,使面团膨松,形成大量蜂窝,并使面团营养物质分解为人体易于吸收物质的过程。它是面包加工过程中的关键工序。

(1)面团发酵的技术要求

面包发酵一般在发酵室进行,发酵室需要控制适宜的温度和湿度,理想温度大致为27~28℃,相对湿度为75%~80%。温度过高虽有利于发酵的进行,但易引起杂菌生长;温度过低会降低发酵速度。

面包发酵通常采用一次发酵法和二次发酵法。一次发酵法温度一般控制在25~27℃,相对湿度为75%~80%。由于一次发酵法在面团调制同时加入所有原料,其中奶粉、盐等对酵母发酵有抑制作用,所以发酵时间稍长,约为4~5h。一次发酵法发酵到总时间的60%~75%需要翻面,即将四周的面拉向中间,使一部分的二氧化碳放出,减少面团体积。面粉筋力强、蛋白质含量高的面团可适当增加翻面次数。

二次发酵法的第一次发酵是第一次调制完毕的面团在温度23~26℃、相对湿度70%~75%下发酵3~4h,使酵母扩大培养;第二次发酵是将第一次发酵成熟的面团加入剩余的原材料,调制成面团后,在温度28~31℃,相对湿度75%~80%下经过2~3h发酵即可成熟。

（2）面团发酵的基本原理

酵母菌的生命活动中产生大量二氧化碳气体,促进面团体积膨胀,得到柔软、疏松多孔似海绵的组织结构。发酵中产生酒精等多种风味物质,使成品具有其特有的口感和风味。发酵中的水解作用使大分子营养物变小,利于消化吸收。

（3）面团发酵中应注意的问题

要生产出好的面包,发酵面团必须具备两个条件:一是旺盛的产生二氧化碳的能力,二是保持气体不逸散的能力。

①面团的温度:温度是酵母生命活动的重要因素。面包酵母最适温度是 $25 \sim 28℃$。温度低于 $25℃$,发酵速度慢,生产周期长;相反,温度过高,会为杂菌生长提供有利条件,影响产品质量。如乳酸菌最适温度为 $37℃$,醋酸菌最适温度为 $35℃$。因此,发酵温度一般控制在 $28℃$ 左右,不可超过 $35℃$。

②酵母的质量和数量:酵母发酵力是反映酵母质量的重要指标。在酵母用量相同的前提下,酵母发酵力高就代表发酵速度快,反之发酵速度就慢。活性干酵母的发酵力应在 $600 \ mL$ 以上。

在发酵力相同的前提下,发酵速度的快慢取决于酵母的用量,增加酵母的用量可以加快发酵速度。但酵母使用量过高,酵母的繁殖能力不升反降,因此酵母用量一般为面粉使用量的 $1\% \sim 2\%$。

③面团的含水量:在面团发酵过程中,面团含水量少,较硬的面团对气体抵抗力较强,从而抑制面团的发酵速度。含水量高的发酵面团中面筋网络比较容易形成,容易被二氧化碳气体所膨胀,同时具有较好的持气能力,加快面团的发酵速度。但加水量过多,由于面团会变得过于柔软,气体保持力反而下降。因此面团含水量适当高一些,对发酵是有利的。

④面团的酸度:在面团发酵过程中,也伴随着乳酸发酵、醋酸发酵、酪酸发酵、丁酸发酵等杂菌的生长和繁殖,导致面团酸度增高。当面团 pH5.5 时持气能力最合适,随着发酵的进行,pH 低于 5.0 时,气体保持能力急剧下降。因此,为了保持面团适宜的酸度,一方面应保证酵母的纯度;另一方面在发酵过程中必须通过控制温度,防止产酸菌的生长和繁殖。

⑤揿粉:面团发酵到一定程度时,将发酵面团四周的面向上面翻压,放出部分二氧化碳气体的同时,也混入部分空气,并达到面团各部分的均匀混合。这一过程叫做揿粉。在揿粉的过程中,不仅促进面团面筋的结合和扩展,增加了面筋对气体的保持力,而且由于放出部分二氧化碳气体,混入部分空气,防止了二氧化碳浓度过高对发酵的抑制。

除此之外,影响发酵的因素还有原辅材料的质量、面团调制的程度、酶类等。

（4）面团发酵程度对面包品质的影响

①发酵成熟面团

发酵成熟面团指调制好的面团,经过适当时间的发酵,蛋白质及淀粉粒充分吸水,使面团具有薄膜状的伸展性,有最大的气体保持力和适宜的风味的面团。成熟适度的面团制成的面包具有皮质脆薄,色泽明亮,内瓤蜂窝均匀且有白色光泽、芳香、柔软。

②嫩面团

嫩面团是指发酵不足的面团。嫩面团制成的面包皮色太深,瓤心蜂窝不匀,且呈白色,膜厚,香味淡薄。

③老面团

老面团是指成熟过度的面团。老面团制成的面包皮色太浅,没有光泽却有皱纹,瓤心蜂窝壁薄,气孔不均匀而有大气泡,有酸味和不正常异味。

(5)发酵成熟面团的判断

①肉眼观察方法:操作者用肉眼观察,发现面团的表面已出现略向下塌陷的现象,则表示面团已发酵成熟。

②手按法:操作者检查面团时将手指轻轻插入面团表面顶部,待手指拔出后,看其面团的变化情况。

• 成熟面团:用手指轻轻按下面团,手指离开后面团凹处既不弹回也不下落,仅在面团的凹处四周略微向下落,则为发酵成熟面团。

• 嫩面团:用手指轻轻按下面团,手指离开后面团凹处很快恢复原状。则表示面团发酵不足,需要延长发酵时间。

• 老面团:用手指轻轻按下面团,手指离开后面团的凹处很快就向下陷落,即表示面团发酵过度。

4. 整形

面团整形是将发酵好的面团做成一定形状的面包坯。其包括切块、称量、搓圆、中间醒发、成型、装盘(模)等工序。

面团整形通常在整形室进行,由于整形处于基本发酵和后发酵的过程之间,面团发酵并没有停止,温度和湿度的较大波动对面包品质将有较大影响,因此整形室一般要求温度保持在25~28℃,相对湿度保持在65%~70%。

(1)切块、称量

切块、称量是将发酵成熟的面团,按成品的质量要求,切成一定质量的面块,并进行称量,切块称量时必须计入10%~12%的烘烤质量损失,避免超重和不足。操作时由于面团发酵仍然在进行中,因此最好在15~25 min内将面团分割完毕。分割与称量有手工操作和机械操作两种。

(2)搓圆与中间醒发

搓圆是将分割后的不规则小块面团搓成圆球状,以利于做型。经过搓圆之后,使面团内部组织结实、表面形成一层光滑的薄膜,具有良好的保持气体能力。搓圆分为手工操作与机械操作两种。

中间醒发是面块的静置过程,在70%~75%相对湿度和28~29℃条件下醒发10~20 min,面坯轻微发酵,使分块切割时损失的二氧化碳得到补充,同时使经过搓圆而紧张的面团得到舒张,有利于面包的成型。

(3)成型

成型是将静置后的圆形面团按照面包品种要求,用手工或机械将面团压片、卷成面卷、压紧然后做成各种形状。手工适于制作花色面包,机械适于制作主食面包。

(4)装盘(模)

装盘(模)是将面团整形后装入特制的面包盘(模)中,进行醒发。花色面包用手工装入烤盘,主食面包可从整形机直接落入烤听。要注意面坯结口向下,盘(模)应预先刷油或用硅树脂处理。

5. 面团的醒发

醒发(也称后发酵),它是把整形好的面包坯,再经最后一次发酵,以使其达到应有的体积和形状,符合烘烤要求。

（1）醒发的技术要求

醒发通常在醒发室（箱）内完成,理想的温度 38～40℃,因为温度过高、醒发速度就快;反之,醒发速度就慢;相对湿度 85%～90%,湿度低,面坯容易结皮干裂;湿度过高,面坯的表面容易凝结水滴,产生斑点。时间一般应控制在 50～65 min,醒发程度为原来体积的 2～3 倍,手感柔软,表面半透明。

（2）醒发成熟度判断

面团醒发是否成熟,关系到面包品质的优劣,要凭操作者的经验来进行判断。判断办法如下。

①按醒发前后面包体积变化量来判断,一般以醒发成熟后的面团体积比搓圆后的体积增加 2～3 倍为宜,否则面包会出现体积较小或品质变劣。

②按面团体积大小来判断,一般以醒发成熟的面团约为其烤成的面包大小的 80% 为宜,剩余 20% 的体积让其在烤炉内膨胀。

③按照面坯的透明度、触感等办法来判断,成熟的面包坯,接近于半透明;用手轻轻接触,面团破裂塌陷,则说明面包坯已醒发过度,反之,如果有硬感,则说明面包坯醒发不成熟。

6. 面包的烘烤

面包的烘烤是醒发后的生面包坯在烤炉内成熟、定型、上色,并产生面包特有的膨松组织的过程。

（1）面包烘烤的技术要求

面包的烘烤温度通常在 180～220℃ 之间,时间在 12～35 min 之间。但烘烤温度和时间与生坯重量、体积、高度和面团配方等因素有关,很难作统一规定,应根据面包体积的大小灵活掌握,面包体积小,应提高温度,缩短烘烤时间;面包体积大,应适当降低温度,增加烘烤时间。

工业化生产一般采用三段温区控制。

①体积膨胀阶段:面包坯入炉初期,烘烤应在温度较低和相对湿度较高（60%～70%）的条件下进行,面火不超过 120℃,底火为 180～185℃。底火高于面火,利于水分的蒸发和面包体积的最大膨胀。当面包内部温度达到 50～60℃ 时,淀粉糊化和酵母活性的丧失,面包体积基本达到要求,时间约占总烘烤时间的 25%～30%。

②面包定型阶段:底火、面火可同时提高,面火达 210℃,底火不高于 210℃,时间占总烘烤时间的 35%～40%。

③上色阶段:面火高于底火,面火为 220～230℃,下火为 140～160℃,使面包产生褐色表皮,同时增加面包香味。时间占总烘烤时间的 30%～40%。

（2）面包烘烤的原理

目前面包烘烤主要采用远红外线加热。加热方式有传导、辐射、对流 3 种方式,其中,辐射加热最为主要,传导次之,对流加热最少。

①面包坯的体积和微生物变化

面包坯入炉后,由于烘烤而引起的微生物的变化,酵母菌在 35℃ 时生命活动最强,发酵产气能力最强,促使面包的体积很快地增大,当温度加热到 45℃ 以上时,发酵能力逐渐减慢,当温度到 50℃ 以上时,酵母菌开始死亡。同时,面包内部积累的二氧化碳、发酵产生的酒精因受热而变成气体,以及水的汽化作用又进一步促使面包的体积增大。

面包发酵过程中的产酸菌,随着面包温度的升高其生命活动出现了一个由弱增强,而后减弱,最后逐渐死亡的过程。

②面包坯的水分和重量变化

当面包坯入炉烘烤后,因炉内绝对湿度和温度很高,则蒸汽在面包表皮凝结成水,面包坯的重量不降反升,随着面包坯温度的升高,面包坯中蒸发出大量水分,面包会出现 7% ~ 10% 的重量损耗。

③面包坯中的生物化学变化

随着温度的升高,面包坯中的淀粉开始糊化,蛋白质由于变性而逐步释放出水分,开始软化、液化,失去骨架作用。糊化的淀粉从面筋中夺取水分,膨胀到原来的几倍并固定在面筋的网状结构内,成为面包的骨架,同时蛋白质在蛋白酶的作用下分解成多肽和氨基酸等。在烘烤温度达到 150℃ 以上时,多肽和氨基酸等与还原糖发生美拉德反应,使面包上色和产生特殊风味。随着温度升高,面包表面的糖类发生焦糖化反应。

(3)面包烘烤应注意的问题

①炉内湿度:湿度过低,面包皮会过早形成并增厚,产生硬壳,可选择有加湿装置的烤炉。湿度过高,易使面包表皮坚韧、起泡。

②炉温:炉温不足,面包的体积就会变得过大,但皮色成为灰白而带韧性。反之,炉温过高,面包的体积会过小,同时产生黑色焦斑和坚厚的面包皮。

③烘烤时间:烘烤时间因品种、形态、大小的不同而有差异,应随烤炉温度和面包体积而定。

④烘烤均匀度:如果烤炉的面火过大底火不足,就会使面包的顶部产生深褐色,灰白的四边或者灰白的底面,反之,如果面火不足,底火过旺,也会造成面包底部发生焦化或边部的色泽较深的现象。

7. 面包的冷却

刚出炉面包由于温度高,水分分布不均匀,表现在表皮含水低,内部高,即皮脆瓤软,无弹性,这时进行包装或切片,易造成面包的破碎和变形;还会在包装内出现水珠,给霉菌生长创造条件。所以出炉后的面包应先经过冷却,然后再进行切片或包装。

面包冷却可采用自然冷却或通风的方法。冷却车间一般温度在 22 ~ 26℃,相对湿度 85%,空气流速在 30 ~ 240m/min,冷却后面包中心温度降至 35℃ 左右。

8. 面包的包装

冷却后的面包长时间暴露在空气中,其中的水分损失会越来越多,引起面包重量和体积下降、干硬掉屑、口味变劣、失去面包风味,导致面包老化;同时还会受到细菌和杂质污染而发霉变质,影响产品的卫生。此外,面包的包装可防止运输途中的破损变形,增加产品美观等。因此面包在出售前一般要进行包装。

面包的包装材料要选择无毒、无异味,允许与食品接触的包装材料。现在采用塑料制品和纸制品包装较多。包装间一般温度在 22 ~ 26℃,相对湿度在 75% ~ 80%,要求空气洁净。

三、面包的质量标准

1. 面包的感官质量标准

(1)外观质量标准

面包的外观检查内容包括:重量、体积、形态、色泽、杂质和包装六个方面。

①重量:用1000g托盘天平称量,10个面包的总重量不应高于或低于规定重量的10%。

②体积:以 cm³ 为单位,听子面包以长×高×宽计算其体积。圆形面包以高与直径计算其体积。其体积应符合标准中的规定。

③形态:听子面包两头应同样大小,圆形面包的外形应圆整,形态端正,不摊架成饼状。

④色泽:按照标准色样比较,有光泽,不焦不生,不发白,无斑点。

⑤杂质:表面清洁,四周和底部无油污和杂质。

（2）内部质量标准

面包的内质感官检查主要查内部组织、口味,具体方法与要求如下。

①内部组织:用刀横断切开,面包的蜂窝细密均匀,无大孔洞,蜂窝壁薄而透明度好。富有弹性,瓤色洁白,撕开成片。带有果料的面包,果料分布要均匀。

②口味:面包口感柔软,有酵母特有的酒醇香味,无酸味或其他异味。

2. 面包卫生质量标准

（1）理化指标（表4—1）

表4—1　面包理化指标

项　目	指　标
酸价(以脂肪计)(KOH)/(mg/g)	≤5
过氧化值(以脂肪计)/(g/100g)	≤0.25
总砷(以 As 计)/(mg/kg)	≤0.5
铅(以 Pb 计)/(mg/kg)	≤0.5
黄曲霉毒素 B_1/(μg/kg)	≤5

（2）微生物指标（表4—2）

表4—2　面包微生物指标

项　目	指标	
	热加工	冷加工
菌落总数/(cfu/g)　≤	1 500	10 000
大肠菌群/(MPN/100g)　≤	30	300
霉菌计数/(cfu/g)　≤	100	150
致病菌	不得检出	

四、面包的老化与延缓

1. 面包的老化

面包在储存过程中发生的显著变化,叫面包的老化,也称陈化。面包老化是指面包在贮藏过程中质量降低的现象,表现为表皮失去光泽、芳香消失、水分减少、瓤中淀粉硬化掉渣、可溶性淀粉减少、口感粗糙、消化吸收率减低等。面包老化缩短了其货架期,从而造成了较大的经济损失。

2. 面包老化的机理与延缓方法

关于面包的老化机理,到目前为止,学术界仍有不同的见解,并且各有支持理论。但比较统一的观点是认为面包的老化主要是由淀粉引起的,其他因素为次要因素。

(1)淀粉的变化

α化的淀粉重结晶是面包老化过程中的一个非常明显的现象。在面包中,直链淀粉和支链淀粉均能引起老化,这两种淀粉均是面包老化的主要因素,只不过是速度不同而已。直链淀粉结晶速度快,而支链淀粉结晶速度慢,因此,面包出炉后,贮存初期的老化主要是由直链淀粉引起的,但由于直链淀粉和支链淀粉在小麦粉中所占的比例约为24%和76%,所以,贮存后期的老化则主要是由支链淀粉而引起。

(2)水分含量

面包的老化速率与其水分含量密切相关。烘烤后的面包在贮藏过程中,由于水分含量的降低,老化速率呈线性增加。实验表明,水分少时(22%~26%),老化速率快;水分多时(35%~37%),老化速率慢。因此,控制面包中水分的扩散,可以起到抑制面包老化的作用。生产中通过适当添加乳化剂,提高面包瓤的持水能力,保持其中水分含量,延长贮存时间。

(3)面筋蛋白质的质和量的影响

蛋白质含量高,会减弱淀粉颗粒的重结晶作用,延缓面包的老化。由于面筋质量差的面粉比面筋质量好的面粉有更强的亲水性能,质量差的面筋在面团中与淀粉颗粒之间的相互作用较强,因此,用质量差的面粉制作的面包老化速率更快。通常选育优良的小麦品种,提高面粉质量,尤其是面筋蛋白的质量。

(4)改进加工工艺

面团的软硬程度对面包的保存性有很大的影响。在调粉中适当多加水的软面团比硬面团抗老化性强,但是面团过软也会影响制品的质量,容易发生烤不熟现象;高速搅拌的制品比低速搅拌的制品保存性好。用高速搅拌的面团烤出的面包柔软,且老化速率慢;适当的发酵时间对保存性也有显著效果。发酵时间太短,面团未成熟,面包老化速率快,但发酵时间过长,面团成熟过度,烤出的面包干燥快,也容易发生老化;酵母用量过多,面包易老化。

(5)调整贮存温度

面包老化与温度有直接关系。贮藏环境温度在30℃以上时,老化进行得缓慢,-7~20℃是面包老化速率最快的温度区间。因此,面包出炉后应尽量避免通过此温度区间。若要使面包长时间保持新鲜状态,需进行冷冻。在-20~-18℃时,面包中80%水分已冻结,面包长时间贮藏不发生老化,但该方法耗能大,贮藏的面包食用前还需加热解冻,操作繁琐。为延缓面包老化,延长贮存时间,一般对面包进行加热处理,使其贮藏在较高的温度环境中,如40~60℃或稍低。在冬天气温低的情况下,此法尤为实用。

(6)使用具有一定的气密性的包装材料

包装可以保持面包卫生、防止水分散失、保持面包的柔软性和香味,延缓面包老化,但不能制止淀粉β化。

(7)添加酶制剂和乳化剂

淀粉酶的添加使淀粉粒中的支链淀粉在糊化过程中侧链变短。面包在贮藏过程中,其中的支链淀粉的分枝部分相互并合重新构成结晶结构的机会就会降低,从而延缓了面包的老化。

在面包烘焙中,乳化剂一般与脂类物质配合使用,能降低油和水之间的界面张力,使它们均匀地分散于面团中,防止油相与水相分离。同时乳化剂还具有抗老化作用,也就是使缠绕在乳化剂分子上的直链淀粉分子不易恢复成晶体结构。

任务 2 饼干加工技术

饼干是以小麦粉(或糯米粉)为主要原料,加入(或不加入)糖、油及其他辅料,经调粉、成型、烘烤制成的水分低于 6.5% 的松脆食品。饼干口感酥松,水分含量少,体积轻,块形完整,易于保藏,便于包装和携带,食用方便。

饼干品种花色繁多,目前,我国饼干行业执行的中华人民共和国轻工行业标准《饼干通用技术条件》(QB 1253—2005)中,按加工工艺的不同把饼干分为酥性饼干、韧性饼干、发酵饼干、压缩饼干、曲奇饼干、夹心饼干、威化饼干、蛋圆饼干、蛋卷及煎饼、装饰饼干、水泡饼干及其他类饼干 12 类。

一、不同类型饼干的加工工艺流程

不同品种饼干的配方及生产工艺中操作的方法各异,但是,不论是韧性饼干、酥性饼干,还是发酵饼干,都具有如下的基本工艺流程。即:

原辅材料的选择与处理→面团调制→面团辊轧→成型→烘烤→冷却→包装→成品

(1)韧性饼干加工工艺流程(图 4—2)

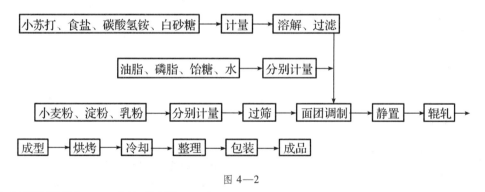

图 4—2

(2)酥性饼干加工工艺流程(图 4—3)

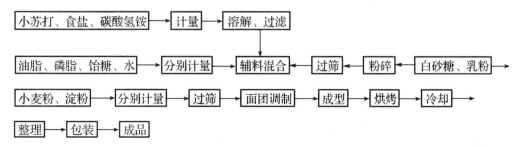

图 4—3

(3)发酵饼干加工工艺流程(图 4—4)

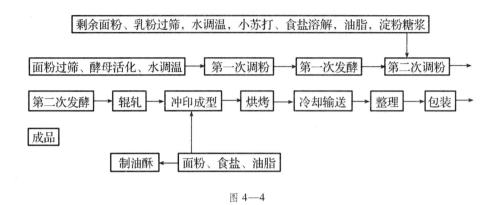

图 4—4

二、饼干加工技术

1. 原材料的选择与处理

生产饼干的原料主要有面粉、糖、油脂、淀粉、疏松剂、食盐等。原辅材料的质量和预处理的方法、效果直接影响着产品的质量。

（1）面粉

饼干用粉一般选用灰分含量低,粗细度要求能够通过 150 μm 网筛,筋力小的低筋面粉。根据不同类型饼干的特点,在湿面筋的含量上略有区别,以下是常见饼干对面粉的要求。

①韧性饼干

生产韧性饼干的小麦面粉,宜选用面筋弹性中等,延伸性好,面筋含量较低的面粉,一般以湿面筋含量在 21% ~28% 为宜。如果面筋含量高、筋力强,则生产出来的饼干易收缩、变形、口感发艮,表面起泡,因此,对面筋含量过高的小麦面粉,宜加入适量淀粉进行稀释、调整;如果面筋含量过低、筋力弱,则饼干会出现裂纹,易破碎。

②甜酥性饼干

生产甜酥性饼干的面粉要用软质小麦加工的弱筋粉,要求湿面筋含量在 19% ~22%,如果筋力过强,仍需用淀粉调整。

③发酵饼干

发酵饼干一般采用二次发酵法生产技术,两次投料所选用面粉也有一定差别,在第一次面团发酵时,由于发酵时间较长,为了使面团能够经受较长时间的发酵而不导致面团弹性过度降低,应选用湿面筋含量在 30% 左右、筋力强的面粉;第二次面团发酵时,时间较短,宜选用湿面筋含量为 24% ~26%、筋力稍弱的面粉。如果面筋过低,饼干出现酥而不脆;面筋过高,饼干易收缩变形,口感脆而不酥。

（2）淀粉

当小麦粉的筋力过高时,需要添加淀粉以稀释面筋蛋白,降低面团的筋力。常添加的淀粉有小麦淀粉、玉米淀粉和马铃薯淀粉。

淀粉在使用前的处理方法和面粉基本相同。

（3）油脂

饼干生产要求选择具有优良的起酥性和较高的稳定性的油脂,不同品种的饼干对油脂的要求又有所差别。

①韧性饼干生产时用油量较少,常用到奶油、人造奶油、精炼猪板油等。由于韧性饼干通常在调粉操作时添加的亚硫酸盐类改良剂能促使油脂酸败,故不宜选用不饱和脂肪酸较高的植物油,如花生油、向日葵油等。

②酥性饼干与甜酥性饼干生产时油脂用量较大,既要考虑油脂稳定性优良、起酥性较好,又要求选用熔点较高的油脂,否则极易造成因面团温度太高或油脂熔点太低导致油脂流散度增加,发生"走油"现象。对于高油脂产品最适宜的油脂有人造奶油及植物性起酥油。

③发酵饼干生产使用的油脂要求酥性与稳定性兼顾,尤其是起酥性方面比韧性饼干要求更高。精炼猪油起酥性对制成细腻、松脆的发酵饼干最有利。植物性起酥油虽然在改善饼干的层次方面比较理想,但酥松度稍差,因此可以用植物性起酥油与优良的猪板油掺和使用达到互补的效果。

④其他

为了丰富饼干的品种、改善品质和增添风味。常用的辅料还有砂糖、食盐、乳制品、可可、可可料、巧克力制品、咖啡、食品添加剂等。对于砂糖和食盐等水溶性辅料,一般采用水溶解、过滤除杂处理;乳粉用前用水调成乳状液或与面粉混合均匀后加水;食品添加剂一般用小麦粉稀释后使用。

2. 面团调制

面团的调制是饼干生产中十分关键的环节之一。面团调制得是否适宜,不仅决定着辊压、成型操作能否顺利进行,而且对产品外部形态、花纹、疏松度以及内部的组织结构等质量产生重要影响。生产不同类型的饼干所需面团的加工性能不同,在面团调制工艺上区别也很大。

(1)韧性面团的调制

韧性饼干的生产常采用冲印成型,需要经多次辊轧操作,要求头子分离顺利,这就决定着韧性面团的面筋质既要充分形成,又要求面团有较好的延伸性,可塑性,适度的结合力及柔软、光滑的性能,同时面筋质的强度和弹性不能太大。

由于韧性面团在调制完毕时具有比酥性面团更高的温度,因此韧性面团俗称热粉。

①面团调制的技术要求

韧性面团在调粉时一般是一次将面粉、水和辅料投入调粉机中进行搅拌。如果需要面团塑性较大时,可按酥性面团的方法,即将油、糖、乳、蛋等辅料与热水或热糖浆在调粉机中搅匀,再加入面粉。在使用改良剂,则应在面团初步形成时加入。由于面团温度高,为了防止疏松剂的分解和香料的挥发损失,一般在调制过程中加入。

②韧性面团形成过程及原理

韧性面团在调制过程中,经搅拌首先形成了具有较好面筋网络的面团,但仍需要在调粉机继续搅拌下,使已经形成的面筋结构受到破坏,使面团变得柔软松弛、弹性减低、延伸性增强,即降低面团弹性、增强可塑性的过程。从而达到韧性面团的工艺要求。

③韧性面团调制中应注意的问题

韧性面团所发生的质量问题,绝大部分是由于在调粉操作没有很好地完成面团调制的面团弹性降低、可塑性增强阶段,被错误判断为面团已经成熟而进入辊轧和成型工序的结果。因此,要调制成加工工艺需要的面团,除掌握好加料顺序外,还需要注意以下几个问题。

a. 淀粉添加量:韧性面团调制时,常需添加一定量的小麦淀粉或玉米淀粉。添加淀粉一方面可以稀释面筋浓度,限制面团的弹性,增加面团的可塑性,缩短调粉时间;另一方面也能使面团光滑,黏性降低,花纹保持能力增强。一般淀粉的使用量为小麦粉的 5% ~10%。

b. 面团温度:合适的面团温度,有利于面筋的形成,缩短搅拌时间,也有利于降低其弹性、韧性、黏性和柔软性,使辊轧、成型操作顺利,提高制品质量。但面团温度过高,会出现面团易走油和韧缩、饼干变形、保存期变短,疏松剂提前分解,影响焙烤时的胀发率等问题;温度过低,所加的固体油易凝固,面团变得硬而干燥,面筋形成、扩展困难,面带容易断裂。因此韧性面团调制后的温度一般控制在 38 ~40℃。冬季气温低,通常使用 85 ~95℃的糖水直接冲入小麦粉中,或将面粉预热的办法来提高面团的温度。夏天则需用温水调面。

c. 加水量和面团软硬度:韧性面团通常要求调得比较柔软,柔软的面团可以缩短面团调制时间,增大延伸性,减弱弹性,提高成品疏松度和面片压延时表面光洁度高;且面带不易断裂,操作顺利。面团加水量应控制在 18% ~24%。

d. 饼干改良剂的使用:生产韧性饼干的配方中,由于油糖比例小,加水量较大,面团的面筋能够充分吸水胀润,操作不当常会引起面团弹性大而导致产品收缩变形。添加面团改良剂就是要达到减小面团筋力、降低弹性,增强塑性,使产品的形态完整、表面光泽,缩短面团的调制时间的目的。常用的面团改良剂多是含有 - SO_2 基团的各种无机化合物。如亚硫酸氢钠、亚硫酸钙、焦亚硫酸钠和亚硫酸等。

e. 调粉时间与转速:要达到韧性面团的工艺要求除了要用热水调粉外,还要保证调粉第二阶段的正确完成。第二阶段完成的标志是面团的硬度开始降低。通常采用卧式双桨搅拌机,调制时间控制在 20 ~25 min,转速控制在 25 r/min 左右。

f. 面团的静置:面团经长时间的调粉机桨叶的拉伸、揉捏,在面团内部产生一定强度的张力,并且各处张力大小分布很不均匀,在面团强度较大时,应在调粉后静置 10 ~20min,或更长时间使处于紧张状态的面筋松弛,弹性减低,以保持面团性能的稳定。另外,静置期间各种酶的作用也可使面筋柔软。

g. 糖、油等辅料的影响:韧性面团温度较高,有利的方面是加快面筋质的形成,但也可以使糖、油等辅料对面团的性质产生负面的影响。在温度较高时,糖黏着性增大,也使面团黏性增大;而脂肪随温度增高,流动性增大,从面团中析出,导致面团的走油。因此如果出现面团发黏,发生粘辊、脱模不顺利时,往往说明糖的影响大于油脂的影响,这时可以降低调粉温度来减少糖在面团中的作用。但温度不能过低,否则又会引起面筋难以形成,面团强度过低,而无法进行后续加工。

④面团调制结束的判断

面团调制结束的判断,通常建立在多次实践的基础上,利用经验进行判断。一种方法是观察调粉机的搅拌桨叶上粘着的面团,当可以在转动中很干净地被面团粘掉时,即接近结束。另一种方法是用手抓拉面团时,不粘手,感到面团有良好的伸展性和适度的弹性,撕下一块,其结构如牛肉丝状,用手拉伸则出现较强的结合力,拉而不断,伸而不缩。

(2)酥性或甜酥性面团的调制

由于酥性饼干外形呈现浮雕状斑纹,成品图案清晰,成型后饼坯花纹保持好。这就要求酥性面团不仅具有较大程度的可塑性和有限的黏弹性。还要求面团在轧制成面片时有一定结合力,以便机器连续操作和不粘辊筒、模具。

酥性或甜酥性面团因其温度接近或略低于常温,比韧性面团的温度低得多,俗称冷粉。

①面团调制的技术要求

酥性面团调制时首先应将油、糖、水(或糖浆)、乳、蛋、疏松剂等辅料投入调粉机中充分混合、乳化均匀的乳浊液。在乳浊液形成后加入香精、香料,以防止香味大量挥发。最后加入面粉调制 6 ~ 12 min。这样面粉在一定浓度的糖浆及油脂存在的状况下吸水胀润受到限制,不仅限制了面筋性蛋白质的吸水,控制面团的起筋,而且可以缩短面团的调制时间。

②酥性面团形成过程及原理

在酥性面团调制时主要是减少水化作用,控制面筋的形成。避免由于面筋的大量形成导致面团弹性和强度增大,可塑性降低,引起饼坯的韧缩变形,防止面筋形成的膜引起焙烤过程中表面胀发起泡。因此面团调制时是先将砂糖、油、奶粉等与水混和,然后再投入面粉搅拌,这样有效利用糖油的反水化作用来限制面筋质的形成。

③酥性面团调制中应注意的问题

a. 糖、油脂用量:在酥性面团调制中,糖和油脂用量都比较高,这样能够充分发挥糖和油脂的反水化作用,限制面团起筋。一般糖的用量可达面粉的 32% ~ 50%,油脂用量更可达40% ~ 50% 或更高一些。

b. 加水量与面团的软硬度:在酥性面团调制中,通过控制加水量限制面粉的水化作用,是控制面筋形成的重要方法之一。加水多,面筋蛋白就会大量吸水,为湿面筋的充分形成提供充分条件。为了防止面筋大量形成,加水量要与调粉时间相配合,虽然调粉时间短,能够防止面筋的形成,但当面团较硬(水分少)时要适当增加调粉时间,面筋既不能形成过度,也不能形成不足。如果调粉时间太短,面团将是散砂状。加水量一般控制在 3% ~ 5%,使面团的最终含水量在 16% ~ 20%。需要注意的是调粉中既不能随便加水,更不能一边搅拌一边加水。

c. 淀粉的添加:加入淀粉可以抑制面筋的形成,降低面团的强度和弹性,增加面团的可塑性。对于用面筋含量较高的面粉调制酥性面团时需加入淀粉,但淀粉的添加量不宜过多,过多使用就会影响饼干的胀发力和成品率。一般只能使用面粉量的 5% ~ 8%。

d. 头子量:在冲印和辊切成型操作时,面带切下饼坯必然要留下部分边料,在生产中还会出现一些无法加工成饼坯的面团和不合格的饼坯,这些统称为头子。在生产过程中,常常要把它再掺到下次制作的面团中。但头子的加入会增加了面团的筋力,影响酥性面团的加工性能和成品的酥松度。这是因为头子已经过辊轧和长时间的胀润,面筋形成量比新鲜面团要高得多。但在面筋筋力十分弱,面筋形成十分慢的情况下,头子的加入可以弥补面团筋力不足而改善操作。所以头子的添加应根据情况灵活使用,注意适量。一般加入量以新鲜面团的 1/10 ~ 1/8 为宜。

e. 调粉时间:调粉时间是决定面筋形成程度和限制面团弹性的直接因素。调粉时间不足会导致面筋形成量不够,面团松散而无法形成面片;游离水过多引起面团黏性太大而粘辊、粘帆布从而影响正常操作和产品质量等。调粉时间过长,会增大面团的筋力,出现面片韧缩、花纹不清、表面粗糙、易起泡、凹底、体积小、成品不酥松等问题;一般调粉时间在 5 ~ 18 min。

f. 静置时间:酥性面团是否需要静置应根据面团的具体情况而定。如果在调制时面筋形成不足,可以通过静置期间的水化作用继续进行,增加面团结合力和弹性,降低面团黏性。对于面筋形成不足适当地静置是一种补救的办法。如果面团已达正常,面团无需静置。

g. 面团的温度:温度也是影响面团调制的关键因素之一,酥性面团的调粉温度一般在 22 ~28℃左右。面团温度太低,不利于面筋吸水胀润,使面片内部结合力较弱,表面黏性增大而易造成粘辊筒和印模的问题,影响操作;反之,面团的温度提高会增加面筋蛋白质的吸水率,增强面团筋力,同时还会导致高油脂面团中的油脂外溢,给后续操作带来困难。

调粉时面团的温度一般利用水温来控制。夏季气温高,可用冰水调制面团。

(3)发酵面团的调制

①发酵饼干对面团的要求

发酵饼干是利用生物疏松剂——酵母在生长繁殖过程中产生二氧化碳气体,二氧化碳气体又依靠面团中面筋的保气能力而保存于面团中。二氧化碳在烘烤时受热膨胀,加上油酥的起酥效果,形成发酵饼干特别疏松的内部组织和断面具有清晰的层次结构。为了实现以上目的,这就要求调制后的发酵面团的面筋既要充分形成,具有良好的保气性能,还要有较好的延伸性,可塑性,适度的结合力及柔软、光滑的性质。

②面团调制与发酵的技术要求

面团的调制和发酵一般采用二次发酵法。

a. 第一次调粉和发酵:第一次调粉首先用温水活化鲜酵母或用温水活化干酵母,然后加入到过筛后的面粉中,最后加入用以调节面团温度的温水,在卧式调粉机中调制 4 ~ 6 min。冬季使面团的温度达到 28 ~ 32℃,夏季 25 ~ 28℃。调粉完毕的面团送入发酵室进行第一次发酵。第一次调粉时使用的面粉,应尽量选择高筋粉。

第一次发酵要求发酵室的理想发酵温度为 27℃,相对湿度为 75%。发酵时间为 6 ~ 10 h。发酵完毕后,面团 pH 有所降低,约为 4.5 ~ 5 左右。通过面团较长时间的发酵,主要使酵母在面团中大量地繁殖,为第二次发酵奠定基础。

b. 第二次调粉和发酵:第二次调粉是在第一次发酵好的面团(也称作酵头)中加入其余的面粉和油脂、精盐、糖、鸡蛋、乳粉等除疏松剂以外的原辅料,在调粉机中调制 5 ~ 7 min,搅拌开后,慢慢撒入小苏打使面团的 pH 达中性或略呈碱性。小苏打也可在搅拌一段时间后加入,这样有助于面团光滑。第二次调粉时使用的面粉,应尽量选择低筋粉,这样有利于产品口感酥松,形态完美。调粉结束冬季面团温度应保持在 30 ~ 33℃,夏季 28 ~ 30℃。

第二次发酵又称为延续发酵,要求面团在温度 29℃、相对湿度 75% 的发酵室中发酵 3 ~ 4 h。

③面团调制中应注意的问题

a. 面团温度:面团的温度调整得是否适当,直接关系到酵母的生存环境。酵母繁殖最适宜的温度是 25 ~ 28℃,最佳发酵温度是 28 ~ 32℃。但要维持适宜的发酵温度,保证酵母既能大量繁殖又能使面团发酵产生足够的二氧化碳气体,必须考虑周围环境和发酵本身的放热。调制好的面团随着发酵的不断延续,会因酵母本身生命活动过程中所产生的热量而使面团温度有所上升,因此夏季宜把面团的温度调得低一些(一般低 2 ~ 3℃),防止面团过热,引起过多的乳酸菌、醋酸菌发酵,使面团变酸;冬季则不然,由于周围环境的温度通常都低于 27℃,温度过低,则会引起发酵不足、胀发不良等问题而延长发酵时间和生产周期,因此调制面团时,应将温度控制得高一些。

b. 加水量:加水的多少取决于面粉的吸水率等因素。第一次调粉、发酵时,由于酵母的繁殖速度随面团加水量增加而增大,面团可适当地调得软一些,以利于酵母增殖。对于第二次调粉,虽然加水量稍多可使湿面筋形成程度高,面团发得快,体积大,但由于发酵过程中有水生成,加之油糖及盐的反水化作用,就会使面团变软和发黏,不利于辊轧和成型操作,所以调制的面团应稍硬些。但加水量也不能过少,使面团硬度过大,以免导致成品变形。

c. 用糖量:糖作为酵母的碳源也是酵母生长和繁殖的重要因素。在第一次调粉、发酵时,一般需加入 1% ~1.5% 的饴糖或蔗糖、葡萄糖,用来弥补面粉本身的淀粉酶活力低,可溶性糖分不能充分满足酵母生长和繁殖的需要,从而加快酵母的生长繁殖和发酵速度。但糖浓度较高时会产生较大的渗透压,造成酵母细胞萎缩和细胞原生质分离而大大降低酵母的活力,因此也可以通过加入淀粉酶以提高淀粉酶的活力。第二次调粉、发酵时,酵母所需的糖分主要由面粉中的淀粉酶水解淀粉而得到,加糖量应根据成品的口味和工艺上考虑。

d. 油脂的影响:发酵饼干使用油脂较多,加入油脂对饼干生产的影响具有双重性,有利的方面是能够使制品疏松,增加制品风味。不利的方面是大量的油脂会在酵母细胞周围形成一层难以使营养物质渗入酵母细胞膜的薄膜,抑制酵母的发酵。因此,一般采用少部分油脂在调粉时加入,大部分在辊轧面团时采用夹油酥的方法。为了解决流散度高的液体油对酵母发酵的更为显著的抑制作用,通常使用优良的猪板油或其他固体起酥油。

e. 用盐量:发酵饼干的食盐加入量一般为面粉总量的 1.8% ~2.0% 。食盐的加入对饼干生产也具有双重作用,适量的加入能够起到增强面筋弹性和韧性,提高淀粉的分解率,供给酵母充足的碳源,改善产品口味,抑制杂菌的作用。但过高的食盐浓度会抑制酵母的活性,使发酵作用减弱。所以,第一次调粉发酵中不加盐,通常在第二次调粉时才加入盐,也可以在第二次调粉时只加入食盐的 30% ,其余的 70% 在油酥中拌入或在成型后撒在表面,以防数量过多的食盐对酵母的发酵作用产生影响。

除此之外,面粉性能、酵母质与量对发酵的影响也十分重要。

3. 面团辊轧

饼干面团调制完成后经静置或不静置而进入辊轧操作,面团的辊轧就是将调粉后内部组织比较松散的面团通过相向、等速旋转的一对轧辊(或几对轧辊)的反复辊轧,使之变成厚度均匀一致并接近饼坯的薄厚、横断面为矩形的层状均整化组织的过程。

(1)面团辊轧的基本原理

饼干面团在辊轧过程中,面带经过多道压延辊的辊轧,使面带在其运动方向上的延伸比沿轧辊轴线方向的拓展大得多,因此在面带运动方向上产生的纵向应力要比轴线方向上的应力大,出现面带内部应力分布不均匀,如果面带直接进入成型必然会导致成型后的饼坯收缩变形。具体解决办法是在进行多次来回辊轧的同时,把面带进行多次 90° 转向,并在进入成型机辊筒时再次调转 90°,以最大限度地减少由于内部应力分布的不平衡而导致的饼干变形。

面团经过多道压延辊的辊轧,相当于面团调制时的机械揉捏,一方面能够使面筋蛋白通过水化作用,继续吸收一部分造成黏性增大的游离水;另一方面使调粉时未与网络结合的面筋水化粒子达到与已形成的面筋的结合,组成整齐的网络结构,促使面筋进一步形成。有效地降低了面团的黏性,增加面团的可塑性。

面团经过反复辊轧、翻转、折叠的结果,使面团形成了结构均整、表面光洁的层状组织,不仅有利于成型操作实现饼坯的形态完整,花纹清晰、保持力强和饼干产品的色泽一致。而且面团中排出了多余的气体,使面带内气泡分布均匀,组织细腻。

(2)不同面团辊轧的技术要求

①韧性饼干面团辊轧

对于韧性饼干面团一般都应经过辊轧工序,经过辊轧工序所生产的成品具备不易变形、内部结构均匀、表面光洁的优点。

韧性饼干面团一般要经过 9～14 次辊轧,多次折叠,翻转 90°,面带由厚到薄的过程,以达到面带组织规律化,呈层状排列,头子能够比较均匀地掺入到面团的目的。为了顺利完成辊轧操作,应注意以下几个问题。

a. 压延比不宜超过 3∶1,即面带经过一次辊轧不能使厚度减到原来的 1/3 以下。比例大不利于面筋组织的规律化排列,影响饼干膨松。但比例过小,不仅影响工作效率,而且有可能使掺入的头子与新鲜面带掺和不均一,使产品疏松度和色泽出现差异,以及饼干烘烤后出现花斑等质量问题。

b. 头子加入量一般要小于 1/3,但弹性差的新鲜面团适当多加。

c. 韧性面团,一般用糖量高,而油脂较少,易引起面团发黏。为了防止粘辊,可在辊轧时均匀地撒少许面粉,但要避免引起面带变硬,造成产品不疏松及烘烤时起泡的问题。韧性饼干的辊轧如图 4—5 所示,辊筒中间面带的厚度单位为 mm。

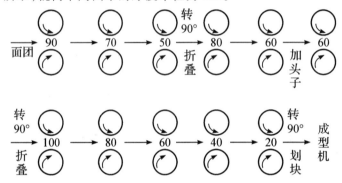

图 4—5　辊切成型机成型部分工作原理示意图

②发酵饼干面团辊轧

对于发酵面团均需经过辊轧,因为发酵饼干生产需要夹酥,排除多余的二氧化碳气体;成品要求具有多层次的酥松性,只有经过对面团的多次辊轧才能实现。

面团的辊轧作为发酵饼干生产不可缺少的重要环节,其操作与韧性饼干基本相同。区别在于夹油酥前后压延比的变化。未加油酥前,压延比不宜超过 3∶1,面带夹入油酥后,一般要求在 2∶1～2.5∶1 之间。压延比过大,油酥和面团变形过大,面带的局部出现破裂,引起油酥外露,影响饼干组织的层次和外观,并使胀发率减低。发酵饼干的辊轧如图 4—6 所示,轧辊中间面带的厚度单位为 mm。

③酥性饼干面团辊轧

对于多数的酥性或甜酥性饼干的面团一般不经辊轧而直接成型。究其原因,酥性或甜酥性面团糖油用量多、面筋形成少、质地柔软、可塑性强,一经辊轧易出现面带断裂、粘辊,同时在辊轧中增加了面带的机械强度,面带硬度增加,造成产品酥松度下降等。

虽然大多厂家对于酥性面团不再使用辊轧工序,但当面团黏性过大,或面团的结合力过小,皮子易断裂需要辊轧时,一般是在成型机前用 2～3 对轧辊即可,要求加入头子的比例不能超过 1/3,头子与新鲜面团的温度差不超过 6℃。

④头子的掺入对辊轧工序的影响

在生产过程中,当面团结合力较差时,掺入适量的头子可以提高面团的结合力,对成型操作十分有利。但在添加时应注意头子的比例、温度差及掺入时的操作是否得当对辊轧工序的影响。

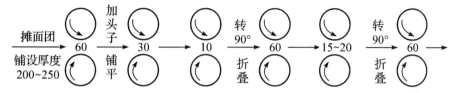

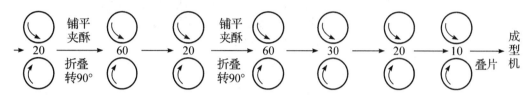

图4—6 发酵饼干的辊轧示意图

a. 掺入比例的影响

头子与新鲜面团的比例应在1：3以下。由于头子在较长时间的辊轧和传送过程中往往出现面筋筋力增大,水分减少,弹性和硬度增加的情况。因此在冲印或辊切成型时,要求正确操作尽量减少头子量和饼坯的返还率。

b. 温度差的影响

面团在不同的温度下呈现不同的物理性状,如果头子与新鲜面团温度的差异较大就会使得头子掺入后,面带组织不均匀,机械操作困难,如出现粘辊、面带易断裂等。但受操作环境影响,头子的温度与新鲜面团的温度往往不一致,这就要求调整头子的温度,在掺入时二者温差越小越好,最好不要超过6℃。

c. 掺入时的操作的影响

由于头子的加入只是将其压入新鲜面带,不会像面团调制时那样充分搅拌揉捏,因此要求头子掺入新鲜面团时尽量均匀地掺入。对于掺入后还通过辊轧工序的头子,将其直接均匀铺在新鲜面带上。如果不经辊轧工序,头子应铺在新鲜面团的下面防止粘帆布和产品表面色泽差异。如果头子掺入不当,往往会造成粘辊、粘帆布、产品色泽不均、变形、酥松度不一等后果。

4. 成型

饼干面团经过辊轧成面带或直接进入成型工序,饼干的成型方式以所用设备的不同,一般分为冲印成型、辊印成型、辊切成型、挤条成型、钢丝切割成型、挤浆成型等。不同饼干成型的方法主要依据企业设备情况和生产饼干品种和配方进行选择。

(1)冲印成型

冲印成型是一种将面团辊轧成连续的面带后,用印模直接将面带冲切成饼坯和头子的成型方法。作为一种传统而又被广泛使用的成型方法,不仅能用于生产韧性饼干,而且也能用于发酵饼干和部分酥性饼干的生产,使用范围广,具有辊切、辊印成型不可比拟的优势。

①冲印成型的构造及工作原理

冲印成型机前装配有2～3对轧辊,后有头子分离装置,其工作原理如图4—7所示。

冲印成型方式的发展历经了两个时期。早期是间歇式冲印成型机,这种成型方法的致命缺陷是与现代连续式钢带不能很好地配合,目前已基本被淘汰;现在常用的是摆动式冲印成型机,其成型原理是冲头垂直冲印帆布运输带上的面带,将面带分切成饼坯和头子的同时,与帆布带下面能够活动的橡胶下模合模,并随着连续运动的帆布输送带,分切的饼坯和头子向前移动一段距离,然后冲头抬起成弧线迅速摆回到原来位置开始下一个冲印动作。如此下去,周而复始,不断将面带冲成饼坯。这种成型方式解决了与连续式钢带载体相配合的问题。

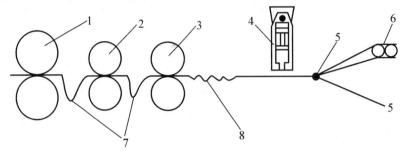

图4—7 冲印成型机工作原理示意图

1—第一对轧辊;2—第二对轧辊;3—第三对轧辊;4—冲印机;

5—头子分离;6—头子输送带;7—辊轧面带下垂度;8—辊轧后面带褶皱

冲印饼干坯的印花和分切是靠印模进行的。印模主要分两大类,一种是凹花有针孔印模,能够解决韧性和发酵面团由于面筋弹性较强或面团持气能力较强导致烘烤时饼坯表面胀发变形较大、凸出的花纹不能被很好保持、表面胀起大泡的问题。因此,这种印模适用于韧性饼干和发酵饼干。另一种是无孔凸花印模,这种印模对于面团面筋形成很少、组织比较疏松,在烘烤时内部产生的气体能比较容易逸出,面团可塑性好,能够保持冲印时留下表面形状的酥性面团成型良好,因此,适用于酥性饼干。

印模的构造分四个部分,即冲头、刀口、针柱和压板。冲头是与饼坯表面形状相近,花纹相反,稍小一点的一块模板,又称为芯子,其作用是冲印时赋予饼坯花纹图案;刀口是紧贴冲头外边的套筒的锋利下端,其作用是将印有花纹的面片与面带切断而得到饼坯;针柱固定在套筒的底板上,随刀口上下运动,其作用是将饼坯穿孔;压板也称推板,在刀口外边,其作用是在刀口上升时,压板向下将头子推出,防止头子粘在刀口上带上去。

冲印成型印花和分切过程中是冲头向下先接触面带,将面带冲印出花纹,随即刀口和针柱向下,将冲印有花纹的面带穿孔并切断分成饼坯和头子,然后刀口和针柱上升,冲头上升,冲头依靠弹簧把饼坯弹出,最后冲头上升,而推板将头子推出,完成一次冲印过程。

冲印成型被切下来的头子需要与饼坯分离。头子分离是通过饼坯传送带上方的另一条与饼坯传送带成20°左右夹角、向上倾斜的传送帆布带运走,再被另一传送带送回第一对轧辊前的帆布带上进行下一次辊轧。如图4—7所示。韧性和发酵面团头子分离并不困难,但强度较小的酥性面团,需要调整好饼坯传送带与头子传送带的角度和分离处的距离,避免发生断裂。

②影响冲印成型的因素

冲印操作要求面带不粘辊筒,不粘帆布,冲印清晰,头子分离顺利,落饼时无卷曲、变形现象。不管面团是否经过辊轧,都不能直接冲印成型,必须在成型机前的2～3对轧辊上压延成规定厚度,方能冲印成型。为达此目的,除面团符合工艺要求制外,在冲印成型操作还应注意以下要素。

a. 合理选择轧辊直径和配置辅助设施。由于第一对轧辊前的物料由头子和新鲜面团的团块堆成,面带薄厚不匀、厚度较大或者没有形成面带的面团,用较大直径的轧辊便于把面团压延成比较致密的面带。因此,第一对轧辊直径(300~350 mm)的选择必须大于第二和第三对轧辊(215~270 mm)。在第一对轧辊前加装撒面粉或涂油装置以防止粘辊和粘帆布。轧辊上装配刮刀,不断将表面粉层刮去,以防止轧辊上的面粉硬化和积厚,影响压延后面带表面的光洁度。

b. 对于不经辊轧的韧性面团和酥性面团,面团和头子在第一对辊筒前的输送带上要均匀铺设。具体方法是把面团和头子撕成小团块状,在帆布上铺成 60~150 mm 厚的面带,由于头子比新鲜面团干硬,头子尽量铺在底层,不易粘帆布。

c. 做好轧辊间隙调节,实现轧辊间转速的密切配合。只有单位时间通过每一对轧辊的面带体积基本相等,三对轧辊与冲印部分连续操作才能顺利进行,才能够保证面带不重叠涌塞或面带不被拉断、拉长。轧辊间隙和轧辊间转速的密切配合起着决定性的作用,轧辊间隙一般应根据面团的性质、饼坯厚度、饼干规格进行调节,随时加以校准。轧辊间隙的调整使面带的截面积发生改变,要使每一对轧辊面带的体积基本相等,轧辊的速度也必须调整,进行密切配合。反之,必然要发生积压或断带现象。

在调整轧辊间隙时,一方面要考虑到同前道工序轧辊和帆布的输送速度的配合,另一方面对于酥性面团和韧性面团,各对轧辊的压延比一般不要超过 4∶1,发酵饼干对组织要求较高,压延比更要小,这样才能使经过发酵形成的海绵状组织压延成层次整齐、气泡均匀的结构。夹酥面带,压延比过大,还会造成层次混乱和油酥裸漏等质量缺陷。

d. 做好轧辊速度的调节与轧辊间隙密切配合,防止几道轧辊间面带绷得太紧,面带纵向张力增强而引起冲印后饼坯在纵向的收缩变形;或使抗张力较小的面带因受纵向张力的影响,造成断裂。为了防止面带纵向张力过大和断裂,应在面带压延和运送过程中,每两对轧辊之间的面带应保持一定的下垂度,既可消除压延后产生的张力,又能防止意外情况引起的断带。如图 4—7 所示。在第三对轧辊后面的小帆布与长帆布连接处也要使面带形成波浪形褶皱状余量,以松弛面带张力。褶皱的面带在长帆布输送过程中会自行摊平,并不影响正常成型。如图 4—7 所示。

(2)辊印成型

辊印成型是目前在中小企业应用较多的成型方法。这是因为辊印成型的饼干花纹图案十分清晰、口感好、香甜酥脆;辊印设备占地面积小,产量高,无需分离头子,运行平稳,噪音低。但是辊印成型也有它的局限性,它不适合韧性饼干和发酵饼干的成型,仅适于高油脂的、面团弹性小、可塑性较大的酥性或甜酥性饼干的成型。

①辊印成型机的结构

辊印成型机的成型部分由喂料槽辊、花纹辊和橡胶脱模辊三个辊组成。结构示意图如图 4—8 所示。喂料槽辊上有用以供料的槽纹,以增加与面团的摩擦力;花纹辊又称型模辊,它的上面有均匀排布的凹模,转动时将面团辊印成饼坯;在花纹辊的下方有一橡胶辊用来将饼坯脱出。

②辊印成型机的工作原理

面团由成型机加料斗底部开口落到一对直径相同喂料槽辊和花纹辊中间,两辊作相对转动,面团在重力和两辊相对运动的压力下不断充填到花纹辊的印模中去,印模中的饼坯向下运动时,被紧贴在花纹辊的刮刀刮下去多余面屑,形成饼坯的底面。花纹辊同时与其下面包着帆布的橡胶脱模辊作相对转动,当花纹辊中的饼坯底面与橡胶辊上的帆布接触时,就会在重力和帆布带的粘合力的作用下,从花纹辊的印模中脱出。然后由帆布输送带送到烘烤网带或钢带上进入烤炉。

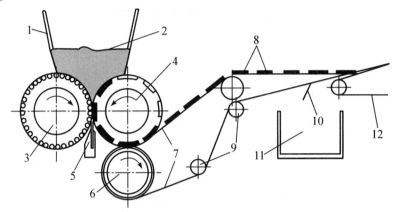

图 4—8 辊印成型机结构示意图
1—加料斗;2—面团;3—喂料槽辊;4—花纹辊;5—刮刀;6—橡胶脱模辊;
7—脱模带;8—饼坯;9—张紧辊;10—刮刀;11—面屑落斗;12—饼坯输送带

③影响辊印成型的因素

a. 面团的影响:辊印成型要求使用稍硬、弹性较小的面团。但若面团过硬及弹性过小,不利于进料和印模的充填,会出现压模不实,造成脱模困难,饼坯残缺或裂纹,破碎率增大。面团过软或弹性大会形成紧实的团块,易造成喂料不足,脱模困难,或因刮刀刮不清而出现饼坯底部不平整,脱出的饼坯出现毛边等质量问题。

b. 刮刀刃口的位置:在辊印成型过程中,分离刮刀的位置直接影响饼坯的质与量,当刮刀刃口位置较低时,印模内刮去面屑后的饼坯略低于花纹辊表面,从而使得单块饼坯的重量减少;当刃口位置较高时,又会使饼坯重量增加。

c. 橡胶辊的压力:橡胶辊的压力大小也对饼坯成型质量有一定影响。若压力过小,不利于印模中的饼坯的松动,会出现饼坯粘模现象;若压力太大,会使饼坯厚度不匀。因此,橡胶辊的调节,应在能顺利脱模的前提下,尽量减小压力。

(3)辊切成型

辊切成型是目前国际上较流行的饼干成型设备。辊切成型机械不仅有占地小、效率高的特点,还对面团有广泛的适应性,不仅适宜于韧性、发酵饼干,也适应酥性、甜酥性饼干的生产。

①辊切成型机的结构

辊切成型机由两大部分组成,机体前半部分由多道压延辊组成;后半部分的成型部分由一个带针柱、压花纹的花纹辊和一个分切饼坯的刀口辊及橡胶辊组成。结构示意图如4—9所示。

②辊切成型的工作原理

首先面团被多道压延辊压延成规定厚度、表面光滑的面带,然后由帆布输送带送往成型部分;在成型部分,面带经过与橡胶辊作相对转动的花纹辊时压出花纹,而后经过与橡胶辊作相对转动的刀口辊时切出饼坯和头子,最后由斜帆布输送带完成头子和饼坯的分离。

(4)其他成型方式

①挤浆成型

挤浆成型加工的面团一般是半流体,有一定的流动性,因此多用黏稠液体泵将糊状面团间断挤出滴加在烘烤炉的载体(钢带或烤盘)上进行一次成型,进炉烘烤。杏元饼干的生产利用挤浆成型方式成型。

②钢丝切割成型

通过挤压机械将面团从成型孔中挤出,每挤出一定长度,用钢丝切割成相应厚度的饼坯。挤出时还可以将不同颜色的面团同时挤出,而形成多色饼干。该成型方式是利用成型孔的形状生产出不同外形的饼干。

③挤条成型

利用挤条成型机械将面团从成型孔中挤出形成条状,再用切割机切成一定长度的饼坯。挤条成型孔断面是扁平的。

此外,还有一些如挤花成型等特殊的成型方式。

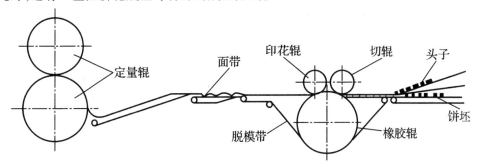

图 4—9　辊切成型机成型部分工作原理示意图

5. 烘烤

烘烤是成型后的饼坯进入烤炉成熟、定型而成饼干成品的过程。它是决定产品质量的重要环节之一。烘烤远不只是把饼干坯烘干、烤熟的简单过程,而是关系到产品的外形、色泽、体积、内部组织、口感、风味的复杂的物理、化学及生物化学变化过程。

(1)饼干烘烤的基本原理

目前饼干烘烤主要采用红外线加热。加热方式是通过传导、辐射、对流方式进行的,其中,辐射加热最为主要,传导次之,对流加热最少。在烘烤过程中发生了一系列的变化。

①水分变化与温度变化

在烘烤过程中,饼坯的水分是随着温度的变化而变化,具体过程可分为三个阶段。

a. 饼坯的吸湿、升温阶段:时间约为 1.5 min。由于炉口温度较高,且绝对湿度高,刚入炉的冷饼坯一碰到炉内湿热的空气,水蒸汽就会在饼坯表面冷凝成露滴,导致饼坯水分有所增加,饼坯的吸水对淀粉吸水糊化、饼干上色有积极影响。从这一角度考虑,应尽量增加烤炉前段的相对湿度,保证饼干的表面光泽。随着饼坯向炉内运动,饼坯温度迅速达到 100℃,饼坯表面一部分水分蒸发,一部分水分却由于高温蒸发层的蒸汽分压大于饼坯内部低温处的蒸汽分压,而从外层向饼坯中心转移。在这一阶段,饼坯中心的水分较入炉前略有增加,饼干表层游离水被部分排除;饼坯表层温度升高到约 120℃,中心温度也达到 100℃ 以上。

b. 快速烘烤阶段:约需时间 2 min。随着饼坯表层水分不断蒸发减少,在饼坯内外形成了水分差,推动内部的水分逐层向外扩散,水分蒸发向饼坯内部推进。这一阶段饼坯水分下降的速度很快,大部分游离水和部分结合水被除去。饼坯温度继续升高,表层温度在140℃以上,中心温度也达到110℃左右。

c.饼干上色阶段:饼干获得诱人的棕黄色,上色反应以美拉德反应为主。在这个阶段,去除的主要是结合水,水分下降速度比较慢,水分的蒸发已经极其微弱。饼坯表层温度可达180℃,中心温度也在100℃以上。

②厚度变化

饼坯在烘烤中产生了大量的二氧化碳、氨气和水蒸气,这些气体受热膨胀。由于面筋的持气性,使之不能很快逸散到饼坯之外,而在饼坯内产生了很大的膨胀力,使饼坯的厚度急剧增加。烘烤完毕,饼坯厚度明显增加。饼干成品和生饼坯相比,酥性饼干一般增厚1.6~2.5倍,韧性饼干增厚约2~3倍。当饼坯表层温度达到100℃以上后,疏松剂分解完毕,表面的淀粉和蛋白质受热凝固,使厚度略有收缩,饼干完成定型。

饼干的厚度变化决定于胀发力的大小。而胀发力又受到面团的软硬度、面筋的抗张力、疏松剂的产气性能、炉温的高低、炉腔内湿度的大小等因素的影响。当面团调得软,烤炉温度又高,炉内湿空气流动缓慢,饼坯的胀发力就大;面团调得硬度及筋性较大时,面团的抗张力大于气体的膨胀力,饼坯的厚度就不会有太大的增加。因此,气体的膨胀力稍大于面团的抗张力时,制出的饼干较为理想。若气体的膨胀力过大,就会使饼干结构过于松散,容易破碎,成品率下降;与之相反,当面团的抗张力过大,就易出现饼干僵硬,在无孔洞的载体上烘烤,饼干还会出现凹底的现象。

③生物化学变化

与面包基本相近,主要包括疏松剂的分解、淀粉的糊化、蛋白质的热凝固、上色反应、酶的活力变化、酵母的变化等。

(2)不同饼干烘烤的技术要求

根据烘烤工艺要求,烘烤炉分为几个温区。前段部位为180~200℃,中间部位为220~250℃,后段部位为120~150℃。饼干坯在每一部位中有着不同的变化,即膨胀、定型、脱水和上色。烤炉的运行速度要根据饼坯厚薄进行调整,厚者温度低而运行慢,薄者则相反。

①韧性饼干的烘烤

韧性饼干面团在调制时使用了比其他饼干较多的水,且因搅拌时间长,淀粉和蛋白质吸水比较充分,面筋的形成量较多,结合水多,所以在选择烘烤温度和时间时,原则上应采取较低的温度和较长时间。在烘烤的最初阶段下火温度升高快一些,待下火上升至250℃以后,上火才开始渐渐升到250℃。在此以后,进入定型和上色阶段,下火应比上火低一些。一般整个烘烤时间在4~6 min。

②酥性饼干的烘烤

一般来说,酥性饼干的烘烤应采用高温短时间的烘烤方法。温度为300℃,时间3.5~4.5 min。但由于酥性饼干的配料中油、糖含量高、配方各不相同、块形大小不一、厚薄不均,因此烘烤条件也存在相当差异。对于配料普通的酥性饼干,需要依靠烘烤来胀发体积,饼坯入炉后宜采用较高的下火、较低而逐渐上升的上火的烘烤工艺,使其能保证在体积膨胀的同时,又不致在表面迅速形成坚实的硬壳;对于油、糖含量高的高档酥性饼干,除在调粉时适当提高面筋的胀润度之外,还应一入炉就要使用高温,迫使其凝固定型。避免在烘烤中发生饼坯不规则胀大的"油摊"现象,防止可能产生破碎。烘烤后期温度逐渐降低,以利于饼干上色。

③发酵饼干的烘烤

发酵饼干坯中聚集了大量的二氧化碳,烘烤时,由于受热膨胀,使饼坯在短时间内即有较大程度的膨胀,这就要求在烘烤初期下火要高些,上火温度要低些,既能够使饼坯内部二氧化碳受热膨胀,又不至于导致饼坯表面形成一层硬壳,有利于气体的散失和体积胀大。如果炉温过低,烘烤时间过长,饼干易成为僵片。在烘烤的中期,要求上火渐增而下火渐减,因为此时虽然水分仍然在继续蒸发,但重要的是将胀发到最大限度的体积固定下来,以获得良好的烘烤胀发率。如果此时温度不够高,饼坯不能凝固定型,胀发起来的饼坯重新塌陷而使饼干密度增大,制品最后不够疏松。最后阶段上色时的炉温度通常低于前面各区域,以防成品色泽过深。发酵饼干的烘烤温度一般选择下火在330℃,面火250℃左右。

发酵饼干的烘烤不能采用钢带和铁盘,应采用网带或铁丝烤盘。因为钢带和铁盘不容易使发酵饼干产生的二氧化碳在底面散失,若用钢丝带可避免此弊端。

(3)烘烤设备

烘烤炉的种类很多,小规模工厂多采用固定式烤炉,而大中型食品工厂则采用传动式平炉。平炉采用钢带、网带为载体。平炉是隧道式烤炉的发展,炉膛内的加热元件是管状的,燃料可以用煤油、天然气或电热。传动式平炉长度一般在40～60m。

6. 冷却

刚出炉的饼干温度和水分都处于较高水平,除硬饼干和发酵饼干外,其他饼干都比较软,特别是糖油量较高的甜酥饼干更软,只有在饼干中的水分蒸发、温度下降,油脂凝固以后,才能使其形态固定下来。包装过早将会导致饼干水分过高而出现霉变、皮软未定型而弯曲变形和内部出现裂纹、饼干长时间处于较高温度而加剧油脂的氧化、酸败等不良后果。因此,饼干烘烤后必须冷却到38～40℃后才能进行包装。

(1)饼干冷却的技术要求

冷却环境内最适宜的温度是30～40℃,相对湿度保持在70%～80%范围内。

采用自然冷却时,冷却传送带的长度一般为炉长的1.5倍才能使饼干的温度和水分达到规定的要求。

(2)饼干冷却时应注意的问题

饼干不宜在强烈的冷风下冷却。如果饼干刚出炉立刻暴露在较低温下冷却,降温迅速,就会出现水分急剧蒸发,饼干内部产生较大内应力,饼干外部易出现变形,甚至内部出现裂缝。

7. 饼干的包装

饼干冷却到要求的温度和水分含量后应立即包装。精致的包装不仅可以增加产品美观,吸引广大的消费者,而且能够避免饼干中水分的过度蒸发或吸潮;保持饼干卫生清洁,阻止饼干受到虫害或环境有毒、有害、有异味物质的污染;有效地降低饼干储运和销售过程中的破损;阻断饼干与空气中氧的接触,减缓因油脂氧化带来的饼干酸败变质等。

饼干的包装形式分为袋装、盒装、听装和箱装等不同包装,包装材料应符合相应的国家卫生标准。各种包装应保持完整、紧密、无破损,且适应水、陆运输。饼干外包装标签标注内容应符合 GB 7718 规定,标明产品名称、企业名称(或企业标示)、生产日期、保质期、重量、防潮、防日晒、防碎和向上等标记。

三、饼干的质量标准

①饼干的感官质量标准

各类饼干的感官质量标准见附表1。

②饼干的理化标准

各类饼干的理化标准见附表2。

③饼干卫生标准

各类饼干的卫生要求见附表3。

四、饼干的质量控制

①香精要在调制成乳浊液的后期再加入，或在投入面粉时加入，以便控制香味过量的挥发。

②面团调制时，夏季气温较高，搅拌时间应缩短2~3min；面团温度要控制在22~28℃左右。油脂含量高的面团，温度控制在22~25℃。夏季气温高，可以用冰水调制面团，以降低面团温度。

③面粉中湿面筋含量高于40%时，可将油脂与面粉调成油酥式面团，然后再加入其他辅料，或者在配方中抽掉部分面粉，换入同量的淀粉。

④酥性面团中油、糖含量多，轧成的面片质地较软，易于断裂，不应多次辊轧，更不要进行90°转向。

⑤面团调制均匀即可，不可过度搅拌，防止面团起筋。

⑥面团调制操作完成后应立即轧片，以免起筋。

任务3　糕点加工技术

糕点是以面粉、大米、食糖、油脂等为主要原料，以蛋、乳、果仁等为辅料，经过面团调制、成型、熟制、装饰等加工而成的，具有一定色、香、味、形的粮油方便食品。

目前，糕点产品主要有中式糕点和西式糕点两大类。

西式糕点简称西点，是指从外国传入我国的糕点的统称。西式糕点突出特点是：使用的油脂主要为奶油，乳品和巧克力用得也较多，成品具有浓郁的奶油味。传统的西点主要包括面包、蛋糕和点心三大类。

中式糕点是我国传统糕点的统称。目前，中式糕点尚无统一分类规定，大致有以下几种分类方法。

按制作方法可分为：烘烤制品、油炸制品、蒸煮制品及其他制品，每一类又因配方中含油、糖比例不同，面皮制作方式不同，又可分为酥类、松酥类、松脆类、酥层类、酥皮类、松酥皮类、糖浆皮类、硬酥类、水油皮类、发酵类、烤蛋糕类、烘糕类12类。

按地理位置及生产特点分为南点、北点及苏式、京式、广式、潮式、川式糕点等。

一、糕点加工的工艺流程

1. 糕点加工的基本工艺流程

虽然不同种类糕点的配方及生产中操作的方法各异，但是，各类糕点都具有如下的基本工艺流程。

原料选择与处理→面团的调制→成型→熟制→冷却→装饰→包装→成品

2. 各类糕点加工的工艺流程

①酥脆类(包括酥类、松酥类、松脆类)

原料选择与处理→面团调制→定量分块→成型→烘烤→冷却→包装→成品

②酥层类(图 4—10)

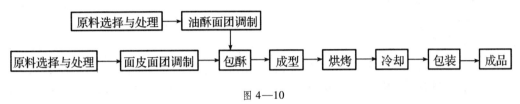

图 4—10

③酥皮类(图 4—11)

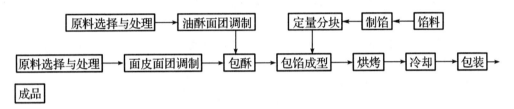

图 4—11

④单皮类(包括糖浆皮类、水油皮类、松酥皮类、硬酥类)(图 4—12)

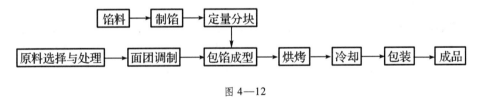

图 4—12

⑤发酵类

原料选择与处理→发酵面团调制→包馅或不包馅→成型→烘烤→冷却→包装→成品

⑥烤蛋糕类

原料选择与处理→调糊→浇模→烘烤→脱模→冷却→包装→成品

⑦烘糕类

原料选择与处理→拌粉→装模成型→烘烤→脱模→冷却→包装→成品

二、糕点的加工技术

1. 糕点常用面团的调制

面团调制是糕点加工中的重要工序,它与产品质量息息相关。面团调制是按不同产品配方和加工方法,采用不同的搅拌方式将原辅料混合,调制成所要求面团或面糊的过程。

(1)水油面团

水油面团又称水皮面团、水油皮面团。它是由水、油和面粉调制而成的面团,也有的加入少量鸡蛋或少量淀粉糖浆代替部分水分调制。该面团具有一定的筋性和良好的延伸性,大多数作为酥皮面团的外皮包酥用,也有些糕点品种是用此皮单独包馅制成。

①面团调制的技术要求

目前水油面团广泛采用冷热水调制方法。首先将部分沸水倒入油、糖等原辅料中,均匀乳化后加入面粉,搅拌成块状。然后摊开面团,冷却片刻后,分3~4次加入冷水搅拌,使面团起筋并光滑细腻,最后摊开面团,静置、退筋散热。

此外,水油面团的调制还有冷水调制法和温水调制法等。

②面团调制中应注意的问题

a. 面团的用油量应根据面粉的面筋含量确定。即面粉面筋含量高应多用油,反之要少用油。

b. 加水的温度应根据季节和气候变化确定水温。水温过高,淀粉糊化,面团黏度增加,不易操作;水温过低,影响面筋的胀润度,使面团筋性增加,面团发硬,延伸性降低,影响成型。

c. 需要延伸性强的面团应分次加水;反之可一次性加水。

（2）酥性面团

酥性面团又称甜酥性面团。它是用适量的油、糖、蛋及其他辅料与面粉调制而成的面团。该面团具有良好的可塑性,但缺乏弹性和韧性,属于重油类产品。其产品特点是非常酥松。其加工方法与酥性饼干面团基本相同。

（3）油酥面团

油酥面团是完全用油脂和面粉调制而成的面团,配方中油脂与面粉之比一般为1:2。此种面团不单独制成产品,而是作为酥皮面团的夹酥。

①面团调制的技术要求

由于油酥面团完全是用油调制而成的面团,是借助于油对面粉颗粒的吸附而形成团块,无黏弹性,具有良好的可塑性,酥松柔软。因此,面团调制时要求首先将油倒入调粉机内,再加入面粉,搅拌几分钟,停机将面团取出。然后将面团分块,用手用力擦制,即所谓擦酥。擦酥要求擦匀擦透。

②面团调制中应注意的问题

a. 由于面粉加水后面筋蛋白会吸水形成面筋,从而导致面团硬化而严重收缩。同时在包酥时容易与水油面皮连结在一起,无法形成层次,最后造成成品口感坚硬。因此,油酥面团调制时切忌加水。

b. 油酥面团调制禁止使用热油擦酥,否则会造成油酥发散,面团黏度增大,无法操作。

c. 油酥面团存放时间长会变硬,使用前可再擦揉一次。

（4）糖浆面团

糖浆面团又称浆皮面团。它是用蔗糖（或饴糖）制成糖浆与面粉调制而成的面团,也可采用拌糖法调制面团。该面团有一定的韧性和良好的可塑性,适合制作浆皮包馅类糕点,成型时花纹清晰。

①面团调制的技术要求

糖浆面团的调制要求先将糖浆投入调粉机内,然后加入油脂、疏松剂,搅拌成乳白色悬浮状液体时,再加入面粉搅拌均匀。由于糖浆和油的反水化作用,使面筋蛋白质不能充分吸水,限制了面筋大量形成。因此调制好的面团柔软、细腻,具有良好的可塑性。

②面团调制中应注意的问题

a. 糖浆使用时必须用凉浆,不可使用热浆。

b. 糖浆和油必须充分搅拌、乳化均匀,否则面团易走油、粗糙、起筋,工艺性能下降。

c. 面粉应分次加入,以调节面团的软硬度,面团的软硬度可通过增减糖浆来调节,切不可加水。

d. 糖浆浓度是决定面团软硬度和工艺性能的重要因素,而水又是调节糖浆浓度的主要成分。面团中糖浆浓度过高极易使皮料发硬,成型困难,成品表面出现不正常的纹络和裂口现象。如果糖浆浓度过高,可在糖浆中加入少量水进行稀释后再用于面团的调制。

e. 糖浆面团制成后面筋吸水胀润仍在进行,面团会很快韧性增强,由软变硬,可塑性降低。因此,面团最好在 1 小时之内用完。

（5）面糊

面糊又称蛋糕糊、面浆。主要用来制作各类蛋糕。

①蛋糕糊调制的技术要求

面糊的调制方法也有多种,如蛋糖调制法、糖油调制法、粉油调制法等。

a. 蛋糖调制法:浆料在调制时,应先将鸡蛋、砂糖、疏松剂等辅料在搅拌机中混合均匀,边搅打边缓缓加水。在浆料打擦高度和泡沫稳定性良好时,再加入面粉,轻轻地混合成浆料。

b. 糖油调制法:将油脂(奶油、人造奶油等)搅打开,加入过筛的砂糖充分搅打至呈淡黄色、蓬松而细腻的膏状,再将全蛋液呈缓慢细流状分数次加入油脂、糖的混合物中,充分搅拌均匀,然后加入过筛的面粉,轻轻混入浆料中,不要过分搅拌以尽量减少面筋生成。最后,加入水、牛奶,混匀即成油脂面糊。另外,除上述全蛋搅打的糖油法外,蛋白和蛋黄还可以分开搅打。

c. 粉油调制法:将油脂(奶油、人造奶油等)与过筛的面粉一起搅打成蓬松的膏状,加入砂糖搅拌,再加入剩余过筛的小麦粉,然后分数次加入全蛋液混合成面糊,在加完蛋后加入牛奶、水等液体。

②面团调制中应注意的问题

a. 面粉的品质:选用低筋的小麦粉,起筋量少,既有利于增加浆料在烘烤时的流动性,充满模具,又有利于浆料内气体的受热膨胀,使产品获得疏松、多孔的结构。

b. 淀粉的添加:加入适量的淀粉,不但可以降低筋力,改善制品的结构,而且能够增加制品表面的光泽。

c. 浆料温度:调制结束时浆料温度以 20 ~ 25℃ 为宜。气温高时,为了防止浆料持气性能下降,料温要适当降低。

d. 加水量:加水量的多少不仅直接影响到产品的品质,而且也影响后续操作。加水量太少,则面浆黏度太大,流动性差,不易充满烤模,造成成品缺损;加水量太多,则浆料太稀,浇片时流动性大,易产生大量的边皮,同时由于面糊易向四周流散,导致制品太薄,容易脆裂。浆料浓度一般控制在 16 ~ 18°Bé。

e. 油脂的影响:在调浆时加入适量的油脂,既可提高制品的表面光泽和风味,又可在烘烤时防止粘模。但由于油脂具有消泡性,它的加入不利于产品的膨松。

f. 调浆时间:调浆时间过长,会使浆料起筋、制品不酥脆;时间过短,原辅料不能充分地混合均匀。因此调浆时应搅拌至小麦面粉、淀粉、油脂和水等充分混合,并含有大量空气的均匀状浆料为止。

g. 疏松剂:小苏打和碳酸氢铵是常用的疏松剂,为了避免制品因使用多量的小苏打和碳酸氢铵而带来的碱味,避免产品色泽发黄,通常还要添加适量的明矾来避免。

h. 搅拌条件:搅拌机应具有可变速性,搅拌器应选用多根不锈钢丝制成的圆"灯笼"形,这种形式的搅拌器有利于把空气带入浆料内部,同时还具有分割气泡的作用,调制浆料面团效果好。开始搅打时,转速应快一些,以 125 ~ 130r/min 为好,为防止转速过快打过头,5min 后转速减慢,以 70r/min 为好。

(6)其他面团

此外还有米粉面团、发酵面团,对于米粉面团、发酵面团两种面团的调制技术在其他章节有详细介绍,这里不再赘述。

2. 馅料加工

很多糕点为包馅产品,馅料的加工突出反映了不同地域糕点的特色。

(1)馅料加工的技术要求

馅按制作方式可分为拌馅和炒馅两大类。

①拌馅:将糖、油、水及其他辅料放入调粉机内拌匀,再加入熟面粉、糕粉等进行搅拌,拌匀至软硬适度时,即制成拌馅。所用面粉要求用熟制面粉,以使糕点的馅心熟透不夹生。

②炒馅:将面粉与馅料中其他原料经加热炒制成熟制成的馅料。

(2)馅料加工中应注意的问题

①炒制时宜用小火,使水分充分挥发,糖油充分吸收,火若太旺,馅料会出现焦苦味。

②炒馅过程中逐次加入油、糖使混为一体,馅料光泽好、观感油润,同时能够防止糊锅底。

③手工炒制,必须用铲沿锅底勤翻动,以防糊锅底。

④馅料加工后的软硬度应与面团相近。

3. 成型

成型是将调制好的面团(糊)加工制成一定形状。糕点的成型基本上是由糕点的品种和产品形态所决定,成型的好坏对产品品质影响很大。糕点的成型方法比较灵活,制成产品的形状各种各样。成型方法分为手工成型、印模成型和机械成型三种。

(1)手工成型

手工成型比较灵活,不使用模具或借助一定工具,将面团制成各种各样的形状,对操作人员的技术和熟练程度要求较高。手工成型的基本操作主要有以下几种方法。

①搓

手搓是将分割后的小块面团搓成各种形状的糕点坯,部分品种需要与其他成型方法(如印模、刀切或夹馅等)互相配合使用。常用的是搓条。操作时要求用力均匀,保证产品粗细均匀,长短一致,外表光滑,内部组织均匀细腻,制品重量、形状保持一致。

②擀

以擀面杖或滚筒作工具,将面团压延成面皮。分单擀和复擀两种。擀的目的是调整面团的组织结构,使面坯内部组织均匀细腻,利于后续加工操作(如印模等)。操作时用力要均匀,实而不浮,双手由中部逐渐向两端移动,要求面皮厚薄均匀。

单擀用滚筒或擀面杖将面团压延成单片,使面团均匀扩展,不进行折叠压延。这种擀法一般用于制干点或饼坯、饼干等,中、西式酥层皮也用单擀。

复擀是将经第一次单擀以后的面皮折叠后再压延,可重复数次。目的是为了强化面坯内部组织结构,使产品分层状。复擀一般适用于薄面皮制品。

③卷

卷制操作是先把面团压延成片,在面片上可以涂上各种调味料(如油、盐、果酱、葱香油等),或者铺上一层软馅(如豆沙),然后卷成各种形状。卷的成形要求被卷生坯厚薄要均匀一致,卷叠后粗细要均匀,卷的两端要整齐,卷紧,如有夹馅则不能露馅或露酥。一般适用酥层类糕点制作,如莲花酥、京八件等。

④包馅

包馅是将定量的馅料,包入一定比例的各种面皮中的过程。操作时要求饼皮中间略厚,四周圆边稍薄。当包入馅心后,底部受撑力变薄,圆边因收口变厚,封口后严密圆正、不重皮、皮馅均匀。包馅后将生坯置于台板,封口向上,饼面向下。主要适用于包馅类糕点(如糖浆皮类、甜酥性皮类)。

⑤包酥

包酥是制作酥皮糕点的最常用方法,又叫制酥、破酥,即用皮面包入油酥面团制成具有层次结构的酥皮的过程。包酥方法可分为小包酥和大包酥两种。

小包酥是把油酥和皮面分别分成对等的小块,以一个皮料包一个油酥,皮料擀成片,卷成小卷,将小卷的两端向中间折叠,按成饼状即为生坯饼皮。小包酥的皮酥层次多,层薄且清晰均匀,口感柔软、酥松,但生产效率低,适用于生产高档、做工精细的品种。

大包酥用卷的方法制作,即将一块皮面擀成长方形大片,再将一块油酥铺到面片上,用面片把油酥包严,但要防止面片重叠。包好后擀成大片,然后顺长度方向切成2片,从刀切处分别往外卷,卷成长条后摘成小剂,按成小片即为生坯饼皮。大包酥效率高,但层次少且层厚,适合于大批量生产。

⑥挤浆与注模成型

挤浆是将调好的面浆装入下端装有花嘴的喇叭形挤注袋中,将袋嘴朝下,左手紧握花嘴,右手捏住布袋上口,靠手的挤压力使浆料均匀地挤在烤盘上。挤浆成型的面浆应具有一定保持形状的能力。操作中要求灵活掌握,每次挤压浆料相同,形状整齐一致。如蛋黄酥、牛舌饼等的成型。

注模成型是将调好的面糊浇注到一定体积、一定形状的容器中。主要用于面糊类糕点的成型,如海绵蛋糕、油脂蛋糕等。

此外手工成型还有切片成型、折叠成型等方式。

(2)印模成型

印模成型是用具有一定形状或配以一定花纹图案的模具按压面团(皮),使制品具有一定外形和花纹的成型方法,如月饼、干点心类等。常用的有木模、金属模等。

(3)机械成型

利用机械成型,大大地提高了生产效率,降低了劳动强度,而且计量准确,外观规格整齐,产品质量稳定。目前西点中机械成型的品种较多,中点的机械成型的品种较少。常见的糕点机械成型主要有:压延、切片、注模、辊印、包馅等。

①压延机:常见的压延设备有往复式压片机、自动压延机等。

②切片机:切片机工作原理是由刀片升降偏心轮使刀片上下作切削运动,边切边进行传动。操作时要求厚薄均匀,切到底,不过分粘连。切制对象大多是米粉制糕片。

③注模机:注模机是将流动性物料挤出成一定形状的设备。

④包馅机:糕点中许多品种需要在成形的同时包入馅料,大型工厂大都采用机器包馅,现采用的包馅机多为单机,皮馅大小可自由调整,生产出的产品外观整齐,重量准确,产品封口结实。

⑤辊印机:辊印有两种形式,一种是饼干式的先轧片后冲印成型,另一种用松散面团的印酥成型机。辊印操作要求对面团的含水量严格控制,否则易产生粘模、粘辊现象。

4. 熟制

糕点生坯成型后,需要进行熟制。熟制是糕点十分关键的工序。成品的色泽、外形、口感等,都是熟制过程中决定的,特别是与熟制的火候有着直接的关系。行业中有"三分做功,七分火功"的说法,就是说明糕点加工中熟制的重要性。糕点成熟的方法主要有烘烤、油炸和蒸煮三种。以下仅对烘烤工艺作以阐述。

烘烤是糕点熟制的常用方法,它是将成型的糕点生坯送入烤炉内,经过一定时间和温度的烘烤,使产品成熟定型的过程。掌握烘烤技术,主要是灵活掌握炉温、烘烤时间及炉内湿度等控制技术。

(1)炉温与面、底火

不同品种的糕点应选择不同的炉温烘烤。常采用以下三种炉温。

①低温:低温温度范围在170℃以下。主要用于白皮类、酥皮类和水果蛋糕等糕点的烘烤。产品具有保持原色的特点。对于生坯中含水较多,但制品要求含水量少,应采用低温烘烤,这样有利于水分充分蒸发且制品熟而不焦。否则生坯表面蛋白质变性和淀粉糊化迅速形成硬壳,导致内部水分蒸发不出来,造成外焦内生。

②中温:中温温度范围在170~200℃。主要用于色泽要求稍重或表面不易上色的糕点烘烤。对于含水量较高,体积要求膨胀的糕点,适宜用中温烘烤。如蛋糕类、部分酥皮和混糖类糕点等。

③高温:高温温度范围在200~240℃。主要用于色泽要求稍重的浆皮类、酥类制品的烘烤。例如,桃酥、提浆月饼等品种。对于含水量较少,油、糖含量高,要求制品外形规整,宜用高温烘烤。

炉温是用面、底火来调整的。炉中面、底火温度要根据产品的要求来定,同时还应根据炉体结构情况来确定。例如烤制白皮类糕点,面火应采用低温,底火应采用中温;烤制烧饼类,面、底火均采用高温;烤制表皮油润,明亮富有光泽的糕点,面、底火均采用中温。对于烘烤中要求胀发程度大的,要求炉温先低后高,而烘烤胀发程度小的,大多数要求先高后低。

(2)烘烤时间

烘烤时间与炉温高低、糕点品种、馅心种类、坯体形状、大小、薄厚等因素有关。一般情况下,炉温低,烘烤时间长;炉温高,烘烤时间短。因此,烘烤时应根据实际情况,选择适当的温度和烘烤时间,使制品达到质量要求。

炉温选择适当,烘焙时间掌握不好,也不能烤出理想的制品。如果炉温高,时间短,易造成制品表面结壳,外焦内生;若炉温低,时间长,则因淀粉在糊化前,水分受长时间烘焙而过分蒸发,影响淀粉彻底糊化,造成制品干硬、组织粗糙、色泽暗淡、油分外失、形状不良等现象。若炉温高,时间长,则制品出现严重外糊内硬,甚至炭化;若炉温低,时间短,制品不熟且易变形。

（3）炉内湿度

炉内湿度的大小直接影响着制品的品质。炉内湿度合适,制品上色好,皮薄,不粗糙,有光泽;炉内湿度太大,易使制品表面出现斑点;炉内湿度太低,制品上色差,表面粗糙,皮厚,无光泽。炉内湿度受炉温高低、炉门封闭情况和炉内制品数量多少等因素影响。一般对于干脆、酥性以及含油量较高的糕点,其湿度要求小些;对于松软性、含水量高或含油量较低的糕点,其烘烤时的湿度要求较大些。

此外,烤盘的品种和装盘方式也一定程度上影响着制品的品质。如烤盘的厚度影响传热效果,我国目前多选用 0.5 ~ 0.75mm 的铁板;饼坯在烤盘内摆放间距大,过于稀疏,极易造成烤盘裸露多的地方火力集中,使制品表面干燥、灰暗,甚至焦煳。

5. 冷却、包装

糕点刚出炉时表面温度一般在 180℃ 左右,中心温度也在 100℃ 左右,大多数制品冷却需要到 35 ~ 40℃ 进行包装,但也有少数制品须经冷却重新吸收水分还潮后,才包装。

6. 装饰

很多糕点在包装前需要进行装饰。装饰不仅能使糕点更加美观,也能增加糕点的风味、营养和品种。装饰手法多样,变化灵活,可繁可简。装饰操作需要扎实的基本功,熟练的技术,同时也需要一定的美术基础、审美意识和艺术的想象力。

（1）装饰材料的选择与制备

装饰材料主要有糖浆类、糖霜类、膏类、果冻、果酱等,大多用于糕点外表装饰或夹馅。不同种类的糕点须选用不同的装饰材料,一般质地硬的糕点选用硬性的装饰材料,质地柔软的糕点选用软性的装饰材料。例如重奶油蛋糕可用脱水或蜜饯水果、果仁、糖冻等装饰,轻奶油蛋糕可用奶油膏装饰,海绵蛋糕和天使蛋糕可用奶油膏、稀奶油、果冻装饰。

①糖浆

糖浆是将糖和水按一定比例混合,经加热熬制成黏稠的糖液,糖液在加热沸腾时,1 分子蔗糖会水解为 1 分子果糖和 1 分子葡萄糖,所以熬制得到的糖浆是转化糖浆。在中式糕点中,糖浆主要用来调制浆皮面团和糕点挂浆。

糖浆基本制作方法:首先在锅内倒入糖和水,在搅拌、低温加热下,使糖完全溶解,然后用大火继续加热至糖液沸腾,可在此时加入有机酸、葡萄糖或淀粉糖浆等。料加完搅拌均匀后停止搅动,迅速将糖浆烧至所需要的温度,当达到温度时立即移离火源,浸入冷水中数秒,以防止因容器吸收的热量使温度再度升高,而导致糖浆老化。糖浆熬制好后,必须待其自然冷却,最后贮存一段时间后再使用,这样可使蔗糖转化得更加彻底。

熬糖浆一般采用铜锅,更为理想的是蒸汽熬糖锅,可以避免砂糖结底焦化。

②糖霜

糖霜类装饰料的基本成分是糖和水,可以添加其他成分如蛋清、明胶、油脂、牛奶等,即制成各种不同的品种。使用时可采用浸蘸、涂沫或挤注等方法对糕点进行装饰。糖霜类装饰材料主要有白马糖、糖皮等。

a. 白马糖基本制作方法:先将糖和水放入锅中,用慢火使细砂糖溶化、煮沸,然后在不搅拌情况下用大火继续加热至115℃离火,以免影响转化而再结晶;待糖浆至65℃时倒入搅拌器中用钩状搅拌头中速搅拌,直到全部再度变为细小结晶,松弛30min。把已松弛完成的结晶糖放在工作台上用手揉搓,至光滑细腻为止,放在塑料袋中或有盖的容器中,继续熟成24h后使用。

装饰使用时可用水浴温化,温度不可超过40℃。如果需要降低其硬度,可加入7%~10%的稀糖浆。

b. 糖皮基本制作方法:首先将水、颗粒糖和葡萄糖放进锅中,加热至沸腾制成糖浆;再把用温水软化的明胶放入糖浆中,搅拌至明胶熔化,待糖浆稍微冷却,加入糖霜,搅拌均匀,最后加入糖粉,混合到光滑的糊为止。

糖皮具有一定的可塑性,既可擀成皮,又可捏成一定的形状。常用于蛋糕外层的包裹如彩格蛋糕等。可做成花、鸟、动物等模型,用于高档西点的装饰。

c. 奶油膏

奶油膏是由糖粉和固体脂混合而成的软膏,光滑、细腻,且具有一定可塑性。奶油膏主要有油脂型(如奶油膏)和非油脂型(如蛋白膏)两类。广泛用于西点的裱花装饰,还可用于馅料和粘接用。

基本奶油膏制作方法:将糖粉、奶粉、奶油、人造奶油、盐、香草香精、乳化剂等原料放入搅拌机内,使用桨状或钢丝状搅拌头,先慢速搅拌成团,再中速或快速打发。打发结束后,改用慢速,把牛奶或果汁缓慢加入至适当浓度即可。

(2)装饰方法

①裱花装饰

裱花装饰是西点常用的装饰方法。如生日蛋糕。主要原料为膏类装饰料(如奶油膏)。操作时,将装饰料装入挤注袋(用尼龙布缝制或用防油纸折成)中,尖端出口处事先放入裱花嘴或将纸袋尖端剪成一定形状。由于不同形状的裱花嘴以及手挤的力度、速度和手法,挤出的装饰料可以形成不同的花纹和图形。成形的基本种类主要有:类似用笔书写字体和绘图,挤撒成无规则的细线;挤成圆点和线条;裱成各种花形。

②表面装饰

表面装饰是对糕点表面进行装饰的方法。表面装饰又可分为许多种,常见的有涂抹法、包裹法、模型法、拼摆法、撒粉法等。

③夹心装饰

夹心装饰是在糕点的中间夹入装饰材料进行装饰的方法。夹心装饰不仅美化了糕点,而且改善了糕点的风味和营养,增加了糕点的花色品种。糕点中有不少品种需要夹心装饰,如蛋糕、奶油空心饼等。另外,夹心装饰也用于面包、饼干中。

④模具装饰

模具装饰是用模具本身带有的各种花纹和文字来装饰糕点,是一种成型装饰方法。如中式糕点的月饼。

三、不同品种糕点的加工实例

1. 烤蛋糕类糕点的加工

蛋糕是以蛋、糖、面粉或油脂等为主要原料,通过搅拌的机械作用或膨松剂的化学作用,而制得的松软可口的焙烤食品。

蛋糕的种类很多,按其使用原料、搅拌方法及面糊性质和膨发途径,通常分为面糊类蛋糕、乳沫类清蛋糕、戚风类蛋糕三类。

(1)面糊类蛋糕

面糊类蛋糕又称油底蛋糕,它是通过油脂在搅拌过程中结合拌入的空气,而使蛋糕在炉内膨胀。

①基本配方

面粉 500 g,白砂糖 700 g,鸡蛋 700 g,盐 15～20 g。油脂的使用范围 30～70%,泡打粉通常约 6%。

②加工过程与方法

a. 面糊的调制:将过筛的面粉与泡打粉放入搅拌机中,加入人造奶油或奶油中速搅打蓬松,再加糖、盐继续搅打,鸡蛋分 4～5 次加入,继续用中速搅拌,最后加入处理后的果料,慢速拌匀即可。

b. 装盘(装模):烤模内壁涂上一层薄薄的油层,将面糊依次注入模中。大规模生产使用注模机成型,小规模生产可以用手工舀注或布袋挤注。蛋糕糊入模后,表面如需撒上果仁、籽仁、蜜饯等,可在入炉时撒上,过早撒上容易下沉。

c. 烘烤:面糊混合好后应尽可能快地放到烤盘中,进炉烘烤。焙烤入炉温度宜在 180℃ 以上,逐渐升温,10 min 以后升至 200℃,出炉温度为 220℃,焙烤时间约 10～15 min。

d. 冷却、脱模:油蛋糕自烤炉中取出后,一般继续留置烤盘内约 10 min 左右;待热度散发后,烤盘不感到炽热烫手时就可把蛋糕从烤盘内取出。

e. 蛋糕成熟检验

蛋糕在炉中烤至该品种所需基本时间后,应检验蛋糕是否已经成熟。测试蛋糕是否烘熟,可用手指在蛋糕中央顶部轻轻触试,如果感觉硬实、呈固体状,且用手指压下去的部分马上弹回,则表示蛋糕已经熟透。也可以用牙签或其他细棒在蛋糕边角处插入,拔出时,若测试的牙签上不沾附湿黏的面糊,则表明已经烤熟,反之则未烤熟。

③注意问题

a. 油脂的选用具特有香味,无异味的优质黄油,其颜色均匀为淡黄色,有光泽。从切开的断面来看,内部组织无食盐结晶、无大空隙、无水分,稠度和延伸性适宜。

b. 鸡蛋选用新鲜的鸡蛋是保证蛋糕质量的关键。鸡蛋的保存温度应在 17～22℃ 之间,这是保证冬季和夏季蛋糕制作质量的关键。

c. 油性蛋糕的糖油不要打发过度,否则会造成蛋糕酥松,失去油性蛋糕的风味。

(2)乳沫类清蛋糕

乳沫类清蛋糕是靠蛋在搅打过程中与空气融合,进而在炉内产生蒸汽压力而使蛋糕体积起发膨胀。根据蛋的用量的不同,又可分为海绵蛋糕与天使蛋糕,使用全蛋的称为海绵蛋糕;若仅使用蛋白的称为天使蛋糕。

下面以海绵蛋糕为例阐述乳沫类蛋糕的加工。

①基本配方

面粉 500 g,白砂糖 800 g,鸡蛋 900 g,泡打粉 5 g,适量水。

②加工过程与方法

a. 面糊的调制:将蛋、糖在水浴上加热至43℃,加热过程中需不断搅拌。然后加速搅打至浓稠,改用中速拌打数分钟。继而把面粉、泡打粉一起混匀过筛,加入搅打后的蛋液中,改用慢速搅拌均匀。最后把液态油或融化后奶油加入,慢速搅拌均匀即可。

b. 装盘(装模):烤盘内壁涂上一层薄薄的油层,在涂过油的烤盘上垫上白纸,或撒上面粉(也可用生粉),以便于出炉后脱膜。

c. 烘烤:一般烤制温度以180~220℃为好,烤制时间为30 min左右。

d. 冷却:乳沫类蛋糕出炉后应立即倒置放置,放在蛋糕架上,使正面向下,待冷却后从烤盘中取出,这样可防止蛋糕过度收缩。

③注意问题

a. 打蛋速度要快,不能停,必须打至蛋液变成乳白色、黏稠。加粉后,不能多搅,否则会起筋,生产出的蛋糕质地不松软。

b. 沙拉油必须在面粉拌入后加入轻轻拌匀,如果使用奶油必须先熔化,并保持温度40~50℃左右,如果温度过冷奶油又将凝结,无法与面糊搅拌均匀。

c. 搅拌时所有盛蛋的容器或搅拌缸,搅打器等必须清洁不含任何其他油迹以免影响蛋的起泡。

d. 盛装海绵蛋糕面糊的烤盘其底部及四周均须擦油,以使蛋糕出炉后易于取出,烤盘防粘油的调制为猪油90%和高筋面粉10%拌匀即可。

e. 烤海绵蛋糕的温度应尽量使用高温,可保存较多水分和组织细腻,炉温过低蛋糕干而组织粗糙。

f. 烘烤中的蛋糕不可从炉中取出或使其受震动,如因烤炉温度不匀需要将蛋糕换边时要特别注意小心。

g. 天使蛋糕蛋糕糊调制时,应加入酒石酸钾与蛋白、盐用中速搅打至湿性发泡。

(3)戚风蛋糕

戚风蛋糕是把蛋黄和蛋白分开,即蛋白与糖及酸性材料按乳沫类打发,其余干性原料、流质原料与蛋黄则按面糊类方法搅拌。所谓戚风,是英文的译音,港澳地区译作雪芳。意思是像打发蛋白那样柔软。所以将这类蛋糕称之为戚风蛋糕。

①基本配方

面粉500 g,白砂糖800 g,鸡蛋900 g,酒石酸氢钾5 g,食盐10 g,泡打粉15 g。

②加工过程与方法

a. 面糊的调制:首先将面粉、泡打粉筛匀,与盐、75%的糖一起放入搅拌机内中速拌匀;然后依次加入油、蛋黄、溶于水后奶粉溶液、香草香精、果汁、香蕉并中速拌匀,待用。其次是将蛋白与酒石酸钾中速搅打至湿性发泡,加入剩余的糖后继续搅打至干性发泡;接着取出1/3蛋白糊加入拌匀的面糊中,用手轻轻拌匀,最后倒入剩余的蛋白糊,轻轻拌匀即可。

b. 装盘(装模):烤盘不可擦油,装至烤盘的5~6分满,不可装太多,否则烘烤时会溢出烤盘。如果用平底烤盘烤制蛋糕或烤制杯子蛋糕时,为了烘烤后容易脱模,需要垫纸。

c. 烘烤:烘烤温度较其他蛋糕低,体积较大或较厚的品种,165℃烘烤40~50 min,体积较小或薄的品种,170℃烘烤20~35 min,一般上火小,下火大。

d. 冷却:蛋糕出炉后应马上翻转倒置,使表面向下,完全冷却后,再从烤盘中取出。

③注意问题

a. 戚风蛋糕是将蛋白蛋黄分开搅拌,蛋清是偏碱性,pH 达到 7.6,而蛋清在偏酸的环境下也就是 pH 在 4.6~4.8 时才能形成膨松稳定的泡沫。因此可以利用酒石酸钾等的酸性来中和蛋白的碱性,也可以用白醋或者柠檬汁。

b. 搅拌是很重要的环节,如果搅拌不好,容易出现消泡,最后蛋糕就膨胀不起来。加入面粉后,搅拌不要过于用力,不要把面糊打出筋,面糊要光滑细致有流动性。如果搅拌成很稠的面糊就说明已经起筋。

c. 湿性发泡是指勾起蛋糕糊的尾端呈弯曲状,此时即为湿性发泡,约 7 分发。干性发泡是指勾起蛋糕糊的蛋白尖已经变直了,呈倒三角形状,非常坚挺。可以用刮刀来试,拉起一点蛋白,呈倒三角状态,有一个小小的尖,如果倒三角的尖端很长,说明还没有打到干性发泡。

d. 蛋糕糊倒入模具后,不必刻意刮平,烤盘可以往桌子上轻轻摔几下,摔掉里面的大气泡后要马上放入烤箱。

e. 在出炉前 5 min,为防止蛋糕表层开裂,可以用竹签插几个洞。

2. 酥脆类糕点——桃酥的加工

酥脆类糕点具有无馅心,制品组织不分层次的特点。根据其面团的原料和调制方法不同可分为酥类、松酥类、松脆类制品。

酥类糕点使用较多油脂、糖,调制成酥性面团,经成型、烘烤而制成的组织不分层次、口感酥松的制品。典型产品是各种桃酥。

松酥类糕点又称混糖类糕点,它是使用较多油脂、糖,选加蛋品、奶品等辅料,调制成松酥性面团,经成型、烘烤而制成疏松的制品。有的品质酥脆,有的品质绵软。典型产品有面包酥、橘子酥、冰花酥、双麻等。

松脆类糕点使用较少的油脂、较多的糖浆或糖调制成糖浆面团,经成型、烘烤而制成的口感松脆的制品。典型产品有广式的薄脆、苏式的金钱饼等。

三类糕点生产工艺基本相同,主要区别在于面团原料的不同。这里就以酥类糕点的典型产品——桃酥为例阐述该类糕点的加工。

(1)基本配方

面粉 1000 g,糖粉 400 g,冻猪油 400 g,碳酸氢氨 12 g,泡打粉 12 g,鸡蛋 120 g,芝麻(适量)。

(2)加工过程与方法

①面团调制

首先将糖粉、鸡蛋、油、碳酸氢胺、泡打粉置于搅拌机内搅拌均匀,再加入面粉调制成软硬适度的面团,擦透拌匀。但调制时间不宜过长,防止面团起筋。

②定量分块、成型

将调制好的面团分成小剂,用手拍成高状圆形,按入模内,按模时应按实按平,按平后磕出,成型要规格。将磕出的生坯间距适当地放入烤盘内,最后中间按一个凹眼,分别撒芝麻。

③烘烤

将烤炉温度升至 160℃左右。将生坯表面刷一层蛋液,进炉烘烤。待饼坯摊成扁圆形,表面出现七、八条裂纹时,炉温升到 180~200℃,烤至成品表面奶黄色,出炉。

④冷却与包装

刚出炉的糕点温度很高,必须进行冷却,如果不冷却立即进行包装,糕点中的水分就散发不出来,影响其酥松程度,成品温度冷却到室温为好。

（3）注意问题

①面团要擦透和匀。

②生坯的摆放距离不能太小,以略大于生坯直径为宜。防止摊裂后粘连在一起。

③炉温不宜过高或过低。炉温过高,易造成外焦内不熟,达不到疏松的要求;温度过低,易出现色泽不鲜艳的现象。

④当饼坯摊成扁圆形时,应立即升高炉温,防止饼坯摊裂过大、过薄。

3. 酥皮类糕点——老婆饼的加工

酥皮类糕点是中式糕点的传统品种,采用夹油酥方法制成酥皮再经包馅或者不包馅,加工成型经烘烤而制成。产品有层次,入口酥松。酥皮类糕点按其是否包馅可分为酥皮包馅类制品和酥层类制品两大类。

下面以酥皮包馅类制品的典型产品——老婆饼为例阐述该类糕点的加工。

（1）基本配方

①皮面:面粉 1000 g,猪油 200 g,水 400 g;

②酥面:面粉 1200 g,猪油 600 g;

③馅料:白砂糖 375 g,水 375 g,白芝麻 40 g,椰蓉 25 g,糖冬瓜 50 g,糖膘肉 50 g,糕粉 250 g,调和油 40 g。

（2）加工过程与方法

①调制皮面:先将大油加温水化开,搅拌均匀达到一定的乳化程度,然后加入面粉搅拌,调制成面团。用湿毛巾盖上松弛 20 min 左右即可使用。

②制油酥面团:将面粉、油搅拌均匀,搓成油酥。

③制馅:将白砂糖和沸水混合至白砂糖稍溶,待糖水凉后备用;白芝麻用锅炒至金黄色,糖冬瓜、糖膘肉用刀切成细粒,然后放入搅拌机内拌匀,糖水随即加入拌匀;将糕粉慢慢加入拌匀,直至没有粉粒状;再加入调和油拌匀即可。

④包酥:将水油皮和油酥按 6∶4 比例分块,即水油皮占 60%,油酥占 40%。将水油皮包上油酥成圆球形,用擀面杖开成约 15 cm 长牛舌形,再卷成筒形,稍按扁,然后叠成三层,静置 10 min。后开成圆形,

⑤成型:将静置后的饼皮擀成圆形,包入老婆饼馅一份成圆形,松弛后擀成饼形。

⑥装盘:成型后的饼坯置于烤盘中,然后用蛋刷将蛋浆在饼面上扫刷均匀,一般待第一次稍干后再刷一次。最后用刀在饼面上开两个小口。

⑦烘烤:先把烤炉加热到 180～200℃,然后将生坯放入烤炉。烘烤 20 min 左右。待表面呈金黄色、饼墙呈白色并松发时出炉。

（3）注意问题

①包酥前,两种面团要分别调软再包捏,且软硬要一致。

②包酥擀片时,两手用力轻重要适当。包酥后的坯料要盖上湿布,防止外皮干硬。

③生坯入盘时要轻拿轻放,间距要均匀。

4. 单皮类糕点——京式状元饼的加工

单皮类糕点具有制品包馅,皮面没有层次的特点。根据其皮面的性质可分为糖浆皮制品、

松酥皮制品和水油酥皮制品。

糖浆皮类糕点又称浆皮糕点,它是用糖浆面团制皮,经包馅、成型、烘烤制成的包馅制品。由于面皮主要是用转化糖浆或其他糖浆调制而成,高浓度的糖浆能降低面筋生成量,使面团既有韧性,又有良好的可塑性,从而使制品外观光洁细腻,花纹清楚。同时,由于面团中含有转化糖或饴糖,具有良好的吸湿性和持水性,能使制品柔软,延长货架期。典型产品有广式月饼、提浆月饼等。

松酥皮类糕点又称混糖皮类糕点或硬皮类糕点,它是以较多的油、糖、蛋与面粉而制成的松酥面团制皮,经包馅、成型、烘烤制成的包馅制品。典型产品有苏州麻饼、重庆赖桃酥、京式状元饼等。

水油酥皮类糕点是用水油面团制皮,经包馅、成型、烘烤制成的包馅制品。这类糕点外感较硬,口感酥松,不易破碎。典型产品有京式自来红、福建礼饼等。

三类单皮类糕点生产工艺基本相同,主要区别在于皮面原料和调制方法的不同。在本节第二部分已对不同面团的调制进行了详细介绍,这里就以松酥皮类糕点的典型产品——京式状元饼为例阐述单皮类糕点的加工。

(1)基本配方

①皮料:面粉 1000 g,糖粉 280 g,熟猪油 220 g,碳酸氢氨 10 g,饴糖 280 g,鸡蛋 90 g。

②馅料:枣 1000 g,白砂糖 1200 g,熟面粉 300 g,植物油 300 g,玫瑰 100 g;核桃仁 80 g。

(2)加工过程与方法

①面团调制

先将糖粉、饴糖、熟猪油、鸡蛋搅拌乳化均匀,再加入碳酸氢铵、泡打粉搅拌,最后拌入过筛后的面粉,调制成软硬适宜的面团。

②制馅

a. 制枣泥:将枣精选洗净后,入蒸锅蒸制 5～6h,待枣熟透发黑取出,去核搅打成枣泥。

b. 炒制:在烧热的锅中放入少许植物油,再倒入枣泥和白砂糖,用微火炒制。在炒制时勤翻动,当枣泥呈干稠状时分次加入油,防止糊锅底。待油炒进去后,加入熟面粉,搅拌均匀加入玫瑰,拌匀、出锅、冷却。

c. 拌料:把核桃仁压碎,投入制好的枣泥馅中拌匀。

③定量分块

将皮面和馅心分别分块。要求皮、馅之比为 3.5∶6.5,大小、重量一致。

④包馅

要求做到皮、馅厚薄均匀,收口严整,不偏皮,分量准确。

⑤烘烤

包制好的糕点坯均匀摆放在烤盘中,一并放入烤炉烘烤。要求入炉温度在 180～220℃,烘烤 15～20min。

(3)注意问题

①面团和馅心调制要均匀。调料不均匀,会造成同批产品大小不一致,起发不均,畸形不整。

②面团软硬要适中。面团硬,制品酥松性差,体积偏小;面团过软,制品会摊泻,偏大走样。

③面团过硬,不宜加水,可通过加油或糖浆调整。

④包馅要做到馅心居中、不露馅、不偏褶,皮面厚薄均匀。

⑤烘烤时要严格控制炉温,掌握好制品的形状和成熟情况。

四、质量控制关键

1. 工艺过程质量控制

(1)原料的选择与处理

①面粉:糕点专用粉的蛋白质和湿面筋含量一般要求在9.5%～10%和22%～25%范围。面筋的含量低于21%时,易造成面皮强度过弱,引起面团易粘辊、难成型、成品糕点易碎等问题。

②油脂:油脂多少对糕点质量影响很大,当油脂少时,会造成产品严重变形、口感硬、表面干燥无光泽、面筋形成多,虽增强了糕点的抗裂能力和强度,但减少了内部松脆度。反之油脂多时,能助长糕点疏松起发,外观平滑光亮,口感酥化。糕点生产中常用的油脂有各种植物油、猪油、奶油、人造奶油等。不同焙烤食品应选用不同的焙烤油脂。对于烤制糕点,选用油性大、稳定性高的油脂,增加其保存期,氢化白油较为理想,猪油也常常被选用。

③糖:糖在糕点中的使用不仅可以改变糕点的色、香、味和形态还起着面团改良剂的作用,适量的糖可以增加制品的弹性,使制品体积增大,调节面筋胀润度,抑制细菌的繁殖,延长糕点储存期。糕点生产中常用的糖有白砂糖、绵白糖、红糖等。白砂糖在使用前需要用水溶解,再过滤、除杂或磨成糖粉过滤除杂,糖浆也需要过滤使用。

④蛋:蛋对改善和增加糕点的色、香、味、形及营养价值有一定的作用。糕点中常用的蛋类为鸡蛋及其制品。

⑤乳品:增加营养并使制品有独特乳香味。常用的乳品有鲜牛奶、炼乳、奶粉等。以奶粉为最多。

⑥果料、疏松剂及其他辅料:果料的加入增加了糕点的营养价值和风味;糕点生产中常用的疏松剂是化学疏松剂碳酸氢钠、碳酸氢铵、碳酸钠及发酵粉;除此以外,还有调味剂、香精、色素及营养强化剂等。

(2)面团调制

加工所需要的面团或面糊。面团(面糊)调制的主要目的如下。

①使各种原料混合均匀、发挥原材料在糕点制品中应起的作用;

②改变原材料的物理性质,如软硬、黏弹性、韧性、可塑性、延伸性、满足制作糕点的需要,便于成型操作。

糕点的种类繁多,各类糕点的风味和质量要求存在很大差异,因而面团(糊)原理及方法各不相同,为了叙述的方便,将糕点的皮、酥调制也列入面团(面糊)范围之内。

(3)面团成型技术

成型是将调制好的面团(糊)加上制成一定形状、一般在焙烤前。糕点的成型基本上是由糕点的品种和产品形态所决定,成型的好坏对产品品质影响很大。面团的物性对成型操作影响很大。调制出的面团一般有两种。

①面糊:水分多、有流动性,不稳定;

②面团:水分较少,有可塑性,比较稳定,可以根据面团的物性选用合适的成型方法。成型方法主要有手工成型、机械成型和印模成型。

手工成型比较灵活,可以制成各种各样的形状,所以糕点的成型仍以手工成型为主。成型主要有以下几种方式:

a. 手搓成型　手搓是用手搓成各种形状,常用的是搓条,适合发酵面团、米粉面团、甜酥面团等,有些品种需要与其他成型方法互相配合使用。手搓后,生坯外形整齐规则,表面光滑,内部组织均匀细腻。

b. 压延(擀)成型　用面棒(或其他滚筒)将面团压延成一定厚度面皮的形状。擀面过程要灵活,擀面杖活动自如。在延压面皮的过程中,要前后左右交替滚压,以使面皮厚薄均匀。

c. 包馅成型　包馅的面皮可用多种面团制成。要求面皮中间略厚、四周稍薄,圆周因收口变厚,这样包成的坯子厚薄均匀。

d. 挤注成型　多用于裱花。除用于西点装饰外,也用于部分糕点的成型。这类糕点的面团一般是半流动状态的。一般是用喇叭形的挤注袋,下端装有各种形状花嘴子,将膏状料装入挤注袋中、挤入各种模具中。这种成型方式能够发挥操作者的想象力,创造出各种形状和花纹。

e. 抹　将调制好的糊状原料,用工具平铺均匀,平整光滑的过程。抹的基本要领是:刀具掌握平稳,用力均匀。

f. 卷　是从头到尾用手以滚动的方式,由小而大地卷成,分单手卷和双手卷。

机械成型是在手工成型的基础上发展起来的,是传统糕点的工业化。

2. 糕点生产中常见的质量问题及补救方法

糕点中含水量较低的品种如甜酥类、酥皮类、干性糕点类以及糖制品等,在保管过程中,如果空气温度较高时,便会吸收空气中的水汽而引起回潮,回潮后不仅色、香、味要降低,而且失去原来的特殊风味,甚至出现软塌、变形、发韧、结块现象。含有较高水分的糕点如蛋糕、蒸制糕点类品种在空气中温度过低时,就会散发水分,出现皱皮、僵硬、减重现象,产生干缩。糕点干缩后不仅外形起了变化,口味也显著降低。糕点中不少品种都含有油脂,受了外界环境的影响,常常会向外渗透,特别是与有吸油性的物质接触(如油纸包装),油分渗透更快,这种现象称为走油。糕点走油后,会失去原有的风味。糕点是营养成分很高的食品,被细菌、霉菌等微生物侵染后,霉菌等极易生长繁殖,就是通常所见的发霉。糕点一经发霉后,必定引起品质的劣变,而成为不能食用的食品。

糕点存放时间过长,所含油脂在阳光、空气和温度等因素的作用下发生脂肪酸败。脂肪水解成甘油和脂肪酸,脂肪酸氧化产生醛和酮类物质,产生使人不愉快的酸败味,有些还对胃肠黏膜有刺激作用并可引起中毒。为了防止糕点的霉变或脂肪酸败,应注意原料检验。不能使用已有酸败迹象的油脂或核桃仁、花生仁和芝麻。糕点箱上应注明生产日期。含水分高于9%的糕点不宜用塑料包装,以防霉变。此外,某些糕点可以加入一定数量的抗氧化剂,但所用抗氧化剂应当符合食品添加剂卫生标准的要求。

拓展知识

一、烘烤食品设备的操作与维护

1. 烤炉

烤炉又称烤箱,是生产焙烤食品的关键设备之一。糕点成型后经过烘烤、成熟上色后便制成成品。烤炉的样式很多,按热来源分有电烤炉和煤气烤炉两大类;从烘烤原理来分有对流式和辐射式两种;从构造上分有单层、双层、三层等组合式烤炉,还有隧道平台式、链条传递式、立体旋转式烤炉等,形式多样,各有特点。

(1)电烤炉 目前国内通常使用的是双层或三层组合式电器烤炉。这种烤炉每一层都是一个独立的工作单元,分上火和下火两部分,由外壳、电炉丝(红外线管)、热能控制开关、炉内温度指示器等构建组成。高级的电烤炉,还配有喷水蒸气、定时器、报警器等设施。电烤炉的工作原理,主要是通过电能的红外线辐射能、炉膛热空气的对流以及炉膛内钢板的热能传导三种热传递方式将食品烘烤上色。在烘烤食品时,一般要将烤炉上、下火打开预热到炉内温度适宜时,再将成型的食品放入烘烤。

(2)煤气烤炉 煤气烤炉一般在底部和两边有燃烧煤气的装置,自动打火,温度调节在烤炉旁边,工作原理同电烤炉。

2. 微波炉

微波炉是一种及其方便的烘烤设备。它的工作原理,主要是通电后的一个磁控电子管将电能转为微波能量,然后透过炉身的开口将微波传送到食品,使食物内部分子来回剧烈运动,分子这种运动使食品内部产生大量热能,食物迅速受热膨胀。微波最先渗透到食物内部,食物内部最先成熟,然后逐步向外扩散。

3. 和面机

和面机是用来调制黏度极高的浆体或弹塑性固体等各种不同性质的面团。和面机调制面团的基本过程是:将各种原辅料倒入搅拌器内,开动转动开关,搅拌浆开始运动,搅拌浆的主要作用是快速有效地将各种材料混合均匀,在搅拌的同时,由于搅拌机的转动,面粉与水结合,先形成不规则的小面团,进而形成大面团,受到搅拌浆的剪切、折叠、压延、拉伸、拌打和摔揉,将面团面筋搅拌至扩展阶段,成为具有弹性、韧性和延伸性的理想面团。

和面机常见的有立式和卧式两种。处理能力为半包粉、一包粉、两包粉、三包粉等。

4. 打蛋机

打蛋机也称搅拌机,这种搅拌机在搅拌操作上变化较多,它装有不同的搅拌浆,用于不同种类的产品。可用于搅打各种黏稠性浆液和硬质面团。搅拌浆有三种形式:一种是钩状搅拌浆,主要用于面包搅拌制作。第二种是浆状搅拌浆,主要用于面糊类蛋糕、西点的搅拌。第三种是钢丝搅拌浆,主要用于乳沫类蛋糕、霜式等搅拌。打蛋机一般为直立式打蛋机,分三段变速。

搅拌机操作时,通过搅拌浆高速旋转,强制搅打时被调和物料充分接触,从而实现对物料的混均、乳化、充气等作用。处理能力为 1 L,10 L,20 L,30 L,40 L,60 L 等。

5. 分割机

分割机的主要作用是能自动而精确地将发酵面团按照它的体积分割成一定大小的面团。在分割过程中,分割速度对面团和机器都有影响,分割速度太慢,面团发黏易被夹住,而且温度容易上升,导致产品品质不规则。如果分割速度太快,不但机器寿命减短,而且还会破坏面团组织结构。

6. 搓圆机

搓圆机的主要作用是将由分割机分割出来的面团搓转成外观整齐、表面平滑、形状和密度一致的小圆球。经分割机分割的面团,由于受机械的挤压作用,其内部已失去一部分 CO_2,外观形态不整,因此,使用搓圆机是使切割后的面团表面光滑,保住气体的作用。

7. 辊压机

辊压机的主要作用是将面团轧成多层次的薄片,使面皮酥软均匀,用于制作丹麦面包、糕点的面皮起酥。

8. 成形机

该机主要是面包连续成形机,用于定量面团形成面包生坯。常见有吐司整形机和法棍成形机。

9. 切片机

切片机主要作用是将冷却后的面包加以切割成片。一般可分为两种,一种是与包装机连接在一起的全自动切片机,另一种是独立的半自动切片机。主要用于吐司切片。

10. 辊切饼干成型机

主要用于加工苏打饼干、韧性饼干、酥性饼干等。它的工作原理是:面片经轧片机压延,形成光滑、平整、连续均匀的面带,进入辊切成型,面带先印花辊,同步切出带花纹的生坯。

11. 蒸包机

用于糕点制作蒸熟产品。

12. 不锈钢炸锅

用于油炸面包、油炸糕点等最后成熟工艺。

13. 制馅机

用于肉类制成肉馅,用于装饰西点制品。

14. 糖粉机

将砂糖制成粉状,用于装饰西点或蛋糕所需粉状原料。

15. 醒发箱

醒发箱型号很多,大小不一。醒发箱的工作原理是电炉丝将水槽内的水加热蒸发,使面包在一定的恒温和湿度下充分发酵。其结构由不锈钢管及金属线支撑架子结构,四周用钢架固定。自动温度湿度及空气调节的设备,通常被安装在醒发箱的顶部,在调节系统内装有空气分散器,使温度和湿度分布均匀。

16. 电冰箱、电冰柜

主要用途是冷冻面团,使面团和辅料达到同一温度,便于操作。

二、烘烤食品行业的发展方向

随着改革开放的进程,人民生活水平不断提高,人民对生活质量的追求有了更高的要求,饮食结构也有了较大的变化,人们以不再满足于传统的糕点,而要求有新的品种来丰富他们的生活。因此,烘焙食品在国内的生产和市场销售方面呈现出前所未有的繁荣景象,但同国外相比,仍然有较大差距。

目前,欧美国家以现代食品科学技术为坚实基础,拥有相当发达的烘焙食品业。由于烘焙食品在西方国家具有重要地位,因此国外围绕这一领域在基础理论和应用方面进行了广泛深入的研究,取得丰硕成果。

目前,许多现代科学技术已大量应用于烘焙食品的生产实践中,使烘焙食品工业发生了根本性变化。

(1)烘焙食品的基础材料逐步专业化 面粉中的蛋白质一直是烘焙基础研究的重要对象,不同烘焙食品对面粉的要求也不同,我国开始生产不同规格的专用粉,例如面包专用粉、蛋糕专用粉、饼干专用粉等,同时也进口国外的专用粉,提高产品质量。

(2)烘焙食品的辅助材料质量不断提高 食品添加剂在烘焙食品中发挥极其重要的作用。烘焙类食品添加剂的开发、生产和应用目前在国外已成为现代食品生产中最富有活力的领域。酵母由过去的引进国外即发活性干酵母到国内自己生产酵母,这些酵母发酵能力强、后劲足,为面包质量的提高创造了条件。

(3)生产工艺的不断改进成熟,设备的专业化 由于生产工艺技术和设备总体水平落后,除部分外资企业外,国内大多数企业仍是采用传统的生产技术,一些新技术如两次发酵工艺、两次搅拌技术,连续发酵工艺和高热连续烤炉及自控设备等尚未得到普遍推广。发达国家已经普遍使用的保鲜面团、冷冻面团技术在我国虽然有较深入研究,但未形成规模生产能力。改革开放促进了国内外焙烤食品行业的技术交流。面包的一次发酵法、二次发酵法、三次发酵法;饼干的热粉韧性操作法、冷粉酥性操作法、滚印、冲印成型技术;蛋糕的分蛋打发技术等逐渐得以应用。同时引进国外先进的生产设备,丹麦面包生产线,吐司面包生产线等。为我国焙烤行业快速发展做出贡献。

(4)焙烤食品的原料多样化 世界上广泛使用的制作面包的原料除了小麦粉、黑麦粉以外,还有荞麦粉、糙米粉、玉米粉等。发达国家超级市场货架上的各种原料的、各个品种的烘焙产品是琳琅满目,任顾客挑选。而我国烘焙产品中,98%以上都是以精制面粉为原料,很少有以玉米和其他杂粮为主要原料的产品出现,这方面看,我国烘焙产品品种明显不足。以玉米为例,如玉米面包、玉米曲奇、玉米糕点、早餐谷物等;而我国的玉米食品种类很少,随着我国生物发酵和超微粉碎技术在玉米粉生产中的应用,我国的烘焙产品所需要的玉米原料将得到充分供应,我国也将会出现越来越多的玉米烘焙食品。同时,我国是杂粮多产国家,荞麦面、黑麦面、绿豆面、高粱面、米粉和燕麦面都可以作为烘焙原料,再辅以奶制品、水果制品、蔬菜制品、油、糖等配料,烘焙产品将会更加丰富多样,能够满足各种人群各种各样的需求。

(5)功能型焙烤食品的发展 由于西方国家的高糖、高脂膳食对健康带来的危害,功能性烤焙产品已在欧美国家兴起,低糖、低脂及无添加剂的焙烤食品受到欢迎。如玉米面包、荞麦面包可以适合糖尿病人食用,添加了低聚糖和糖醇的烘焙产品可以满足人们对健康追求,适用于糖尿病、肥胖病、高血压等患者食用。焙烤食品中添加植物纤维素(大豆蛋白粉、血粉、麸皮、燕麦粉、花粉等)可预防便秘和肠癌。

(6)经营模式的改进 成熟的烘焙市场离不开分工合作,如汉堡包都是由专业工厂代为加工的。相当多的专业工厂分别加工不同的产品共同构成行业内的有机整体,为行业的发展做出自己的贡献。所谓分工,就是一些操作麻烦以及自己无法做得好的产品,由专业工厂加工并经过复合配比以后交给加工企业。相当多的专业工厂分别加工不同的原料和产品,形成了专业而又丰富的烘焙原辅料,最终构成了烘焙行业。由专业工厂制作各种原辅料既可以达到较好的效果,又可省去很多人工和时间。同时,各种馅料、冷冻面团和预拌粉也将被大量采用,这些都需要由专业的工厂代为加工。可以预测,烘焙行业特别是烘焙原料将会出现更为细致的分工。

（7）烘焙食品行业的从业人员逐步专业化　从目前我国烘焙行业从业人员职业学历结构来看,受过中等正规烘焙专业教育的不多,受过高等正规烘焙专业教育的非常少。绝大部分都是从学徒开始,跟着师傅干活,久而久之成了熟练工。因此,我国烘焙业从业人员都是只有经验,没有理论,这使得从业人员不能很好地检验原料优劣、稳定产品质量、采用新工艺新技术。随着行业竞争的加剧,产品和技术不断地推陈出新,烘焙行业中人才问题日益突出。这种既缺乏理论基础知识,又缺乏先进经验,同时不具备管理能力和解决复杂技术问题的能力的现状,势必影响烘焙业的发展进程。虽然,操作工人在培训学校进行了短期培训,但烘焙基础知识和操作技能仍很欠缺,不能胜任本职工作。现在有一些高职院校开始招收烘焙专业的人员,不久的将来,现代烘焙业的中高级技术人才一定能带动烘焙业高速发展。

（8）加强行业管理,标准不断完善　焙烤食品工业的不断发展,促进了本行业的管理及科技水平的提高,各地科研部门成立了焙烤食品研究机构,许多大学、专科院校（职业技术学院）开设焙烤食品加工技术课程。有些学校专门开设培训技术人员,推广焙烤技术,这些对我国烘焙行业发展十分有利。

【复习思考题】

1. 面包加工有哪些方法？列出各种方法的工艺流程。
2. 简述面包发酵、醒发的技术要求？
3. 如何判断面团是否发酵成熟？
4. 简述面包发酵的原理？
5. 面包在烘烤中工艺条件如何控制？
6. 简述二次发酵法生产面包的工艺与技术要求？
7. 饼干包括哪些不同类型？
8. 不同饼干面团的投料顺序是什么？为什么？
9. 饼干成型的方法有哪些？成型原理是什么？
10. 饼干在烘烤过程中发生了哪些变化？
11. 饼干生产中走油和油摊有什么区别？
12. 简述韧性、酥性、发酵饼干生产的工艺流程和技术要求？
13. 简述不同类型糕点的工艺流程？
14. 简述不同种类面团的调制技术要求？
15. 简述蛋糕、桃酥、老婆饼的生产工艺和技术要求？

附表1　饼干的感官要求

产品分类		项　目				杂质
		形态	色泽	滋味与口感	组织	
酥性饼干		外形完整,花纹清晰,厚薄基本均匀,不收缩,不变形,不起泡,不应有较大或较多的凹底。特殊加工品种表面或中间可有可食颗粒存在(如椰蓉、巧克力等)	呈棕黄色或金黄色或该品种应有的色泽,色泽基本均匀,表面略带光泽,无白粉,不应有过焦、过白的现象	具有该品种应有的香味,无异味。口感酥松或松脆,不粘牙	断面结构呈多孔状,细密,无大的空洞	无油污、无不可食用杂质
韧性饼干	普通、冲泡、可可韧性饼干	外形完整,花纹清晰或无花纹,一般有针孔,厚薄基本均匀,不收缩,不变形,可以有均匀泡点,不得有较大或较多的凹底。特殊加工品种表面或中间有可食颗粒存在(如椰蓉、巧克力、燕麦等)	呈棕黄色、金黄色或该品种应有的色泽,色泽基本均匀,表面有光泽,无白粉,不应有过焦、过白的现象	具有该品种应有的香味,无异味。口感松脆细腻,不粘牙	断面结构有层次或呈多孔状	
	超薄韧性饼干	外形端正、完整,厚薄大致均匀,表面不起泡,无裂缝,不收缩,不变形。特殊加工品种表面或中间可有可食颗粒存在(如椰蓉、芝麻、砂糖、巧克力等)	呈棕黄色或金黄色,饼边允许褐黄色,有光泽,无白粉,不应有过焦、过白的现象	咸味或甜味适口,具有该品种特有的香味,无异味。口感松脆,不粘牙	断面结构有层次或呈多孔状	
发酵饼干	甜发酵饼干	外形完整,厚薄大致均匀,不得有凹底,不得有变形现象。特殊加工品种表面可有工艺要求添加的原料颗粒(如盐、巧克力等)	呈浅黄色或褐黄色,色泽基本均匀,表面略有光泽,无白粉,不应有过焦、过白的现象	味甜,具有发酵制品应有的香味或该品种特有的香味,无异味。口感松脆,不粘牙	断面结构的气孔微小、均匀或层次分明	

续表

产品分类		项　目				杂质
		形态	色泽	滋味与口感	组织	
发酵饼干	咸发酵饼干	外形完整,厚薄大致均匀,具有较均匀的油泡点,不应有裂缝及变形现象。特殊加工品种表面可有工艺要求添加的原料颗粒(如芝麻、砂糖、盐、蔬菜等)	呈浅黄色或谷黄色(泡点可为棕黄色),色泽基本均匀,表面略有光泽或呈该品种应有的色泽,无白粉,不应有过焦、过白的现象	咸味适中,具有发酵制品应有的香味及该品种特有的香味,无异味。口感酥松或松脆,不粘牙	断面结构层次分明	无油污、无不可食用杂质
	超薄发酵饼干	外形端正、完整,厚薄大致均匀,表面有较均匀的泡点,无裂缝,不收缩,不变形。特殊加工品种表面可有工艺要求添加的原料颗粒(如果仁、砂糖、盐、椰丝等)	表面呈金黄色、棕褐色或该品种应有色泽,饼边及泡点可为褐黄色,表面略有光泽,无白粉,不应有过焦、过白的现象	咸味或甜味适中,具有该品种特有的香味,无异味。口感松脆,不粘牙	断面结构有层次或呈多孔状	
压缩饼干		块形完整,无严重缺角、缺边	呈谷黄色、深谷黄色或该品种应有的色泽	具有该品种特有的香味,无异味,不粘牙	断面结构呈紧密状,无孔洞	
曲奇饼干	普通、可可曲奇饼干	外形完整,花纹或波纹清楚,同一造型大小基本均匀,饼体摊散适度,无连边	呈金黄色、棕黄色或该品种应有的色泽,色泽基本均匀,花纹与饼体边缘可有较深的颜色,但不应有过焦、过白的现象	有明显的奶香味及该品种特有的香味,无异味。口感酥松,不粘牙	断面结构呈细密的多孔状,无较大孔洞	
	花色曲奇饼干	外形完整,撒布产品表面应添加的辅料,辅料的颗粒大小基本均匀	表面呈金黄色、棕黄色或该品种应有的色泽,在基本色泽中可有添加辅料的色泽,花纹与饼体边缘可有较深的颜色,但不应有过焦、过白的现象	有明显的奶香味及该品种特有的香味。口感酥松或具有该品种添加辅料应有的口感	断面结构呈多孔状,并具有该品种添加辅料的颗粒,无较大孔洞	

113

产品分类		项　目				杂质
		形态	色泽	滋味与口感	组织	
威化饼干		外形完整,块形端正,花纹清晰,厚薄基本均匀,无分离及夹心料溢出现象	具有该品种应有的色泽,色泽基本均匀	具有品种应有的口味,无异味。口感松脆或酥化,夹心料细腻,无糖粒感	片子断面结构呈多孔状,夹心料均匀,夹心层次分明	无油污、无不可食用杂质
蛋圆饼干		呈冠圆形或多冠圆形,外形完整,大小、厚薄基本均匀	呈金黄色、棕黄色或品种应有的色泽,色泽基本均匀	味甜,具有蛋香味及品种应有的香味,无异味。口感松脆	断面结构呈细密的多孔状,无较大孔洞	
夹心饼干		外形完整,边缘整齐,不错位,不脱片。饼面应符合饼干单片要求。夹心厚薄基本均匀,无外溢。特殊加工品种表面可有可食颗粒存在	饼干单片呈棕黄色或品种应有的色泽,色泽基本均匀。夹心料呈该料应有的色泽,色泽基本均匀	应符合品种所调制的香味,无异味。口感疏松或松脆,夹心料细腻,无糖粒感	饼干单片断面应具有其相应品种的结构,夹心层次分明	
蛋卷、煎饼	蛋卷	呈多层卷筒形态或品种特有的形态,断面层次分明,外形基本完整,表面光滑或呈花纹状。特殊加工品种表面可有可食颗粒存在	表面呈浅黄色、金黄色、浅棕黄色或品种应有的色泽,色泽基本均匀	味甜,具有蛋香味及品种应有的香味,无异味。口感松脆或酥松		
	煎饼	外形完整,厚薄基本均匀。特殊加工品种表面可有可食颗粒存在				
装饰饼干	涂饰饼干	外形完整,大小基本均匀。涂层均匀,涂层与饼干基片不分离,涂层覆盖之处无饼干基片露出或线条、图案基本一致	具有饼干基片及涂层应有的光泽,且色泽基本均匀	具有品种应有的香味,无异味。饼干基片口感松脆或酥松,涂层幼滑、无粗粒感	饼干基片断面应具有其相应品种的结构,涂层组织均匀,无孔洞	

续表

产品分类		项 目				杂质
		形态	色泽	滋味与口感	组织	
装饰饼干	粘花饼干	饼干基片外形端正,大小基本均匀。饼干基片表面粘有糖花,且较为端正。糖花清晰,大小基本均匀。基片与糖花无分离现象	饼干基片呈金黄色、棕黄色,色泽基本均匀。糖花可为多种颜色,但同种颜色的糖花色泽应基本均匀	味甜,具有品种应有的香味,无异味。饼干基片口感松脆,糖花无粗粒感	饼干基片断面结构有层次或呈多孔状,糖花内部组织均匀,无孔洞	
水泡饼干		外形完整,块形大致均匀,不应起泡,不应有皱纹、粘连痕迹及明显的豁口	呈浅黄色、金黄色或品种应有的颜色,色泽基本均匀。表面有光泽,不应有过焦、过白的现象	味略甜,具有浓郁的蛋香味或品种应有的香味,无异味。口感脆、疏松	断面组织微细,均匀,无孔洞	

附表 2 饼干的理化要求

产 品 分 类		项 目							
		水分/% ≤	碱度(以碳酸钠计)/% ≤	酸度(以乳酸计)/% ≤	pH ≤	松密度/(g/cm³) ≥	饼干厚度/mm ≤	边缘厚度/mm ≤	脂肪/% ≥
酥 性 饼 干		4.0	0.4						
韧性饼干	普通韧性饼干	4.0					—	—	
	冲泡韧性饼干	6.5	0.4				—	—	
	超薄韧性饼干	4.0					4.5	3.3	
	可可韧性饼干	4.0	—		8.8		—		
发酵饼干	咸发酵饼干	5.0							
	甜发酵饼干	5.0		0.4					
	超薄发酵饼干	4.0					4.5	3.3	
曲奇饼干	普通、花色	4.0	0.3		7.0				16.0
	可可	4.0	—		8.8				16.0
威化饼干	普通威化饼干	3.0	0.3		—				
	可可威化饼干	3.0	—		8.8				
压缩饼干		6.0	0.4			0.9			
蛋圆饼干		4.0	0.3						

续表

产品分类		水分 /% ≤	碱度(以碳酸钠计)/% ≤	酸度(以乳酸计)/% ≤	pH ≤	松密度 /(g/cm³) ≥	饼干厚度 /mm ≤	边缘厚度 /mm ≤	脂肪 /% ≥
							项　目		
夹心饼干	油脂类	符合单片相应品种要求							
	果酱类	6.0	符合单片相应品种要求						
蛋卷和煎饼		4.0	0.3	0.4					
装饰饼干		符合基片相应品种要求							
水泡饼干		6.5	0.3						

附表3　饼干的卫生要求

项　目	分　类		检验方法
	非夹心饼干	夹心饼干	
	指　标		
酸价(以脂肪计)(KOH)/(mg/g)　≤	5		GB/T 5009.37
过氧化值(以脂肪计)/(g/100g) ≤	0.25		
总砷(以 As 计)/(mg/kg)　≤	0.5		GB/T 5009.11
铅(以 Pb 计)/(mg/kg)　≤	0.5		GB/T 5009.12
菌落总数/(cfu/g)　≤	750	2000	
大肠菌群/(MPN/100g)　≤	30		GB/T 4789.24
霉菌计数/(cfu/g)　≤	50		
致病菌(沙门氏菌、志贺氏菌、金黄色葡萄球菌)	不得检出		
食品添加剂和食品营养强化剂	按 GB 2760 和 GB 14880 的规定		

项目5　面制方便食品加工技术

【知识目标】掌握各种面制方便食品的加工工艺流程;掌握各种面制方便食品的加工原理、工艺要求;掌握各种面制方便食品的质量标准;掌握各种面制方便食品的质量问题、解决措施。

【能力目标】具有生产各种面制方便食品的能力;具有控制各种面制方便食品品质的能力;具有操作各种面制方便食品加工机械的能力;具有管理生产各种面制方便食品的能力。

中国的面点历史悠久,风味各异,品种繁多。面点小吃的历史可上溯到新石器时代,当时已有石磨,可加工面粉,做成粉状食品。到了春秋战国时期,已出现油炸及蒸制的面点,如蜜饵、酏食、糁食等。此后,随着炊具和灶具的改进,中国面点小吃的原料、制法、品种日益丰富。出现许多大众化风味小吃。如北方的饺子、面条、拉面、煎饼、汤圆等;南方的烧麦、春卷、粽子、圆宵、油条等。此外,各地依其物产及民俗风情,又演化出许多具有浓郁地方特色的风味小吃。如北京的焦圈、蜜麻花,豌豆黄、艾窝窝。上海的蟹壳黄、南翔小笼馒头、绍兴鸡粥。天津的嘎巴菜、狗不理包子、耳朵眼炸糕、贴饽饽熬小鱼、棒槌果子、桂发祥大麻花。太原的栲栳、刀削面、揪片等。西安的牛羊肉泡馍、乾州锅盔。兰州的拉面、油锅盔。新疆的烤馕、拉条子。山东的煎饼。江苏的葱油火烧、汤包、三丁包子、蟹黄烧麦。浙江的酥油饼、重阳栗糕、鲜肉棕子、虾爆鳝面。安徽的大救驾、徽州饼、豆皮饭。福建的蛎饼、手抓面、鼎边糊。台湾的杜小月担仔面、鳝鱼伊面、金爪米粉。河南的枣锅盔、白糖焦饼、鸡蛋布袋、血茶、鸡丝卷。湖北的三鲜豆皮、云梦炒鱼面、热干面、东坡饼。湖南的新饭、脑髓卷、米粉。广东的鸡仔饼、皮蛋酥、冰肉千层酥、广东月饼、酥皮莲蓉包、刺猬包子、粉果、薄皮鲜虾饺、玉兔饺、干蒸蟹黄烧麦等。广西的大肉棕、桂林马肉米粉、炒粉虫。四川的蛋烘糕、龙抄手、玻璃烧麦、担担面、鸡丝凉面、赖汤圆、宜宾燃面。贵州的肠旺面、丝娃娃、夜郎面鱼、荷叶糍粑。这些地方特色在养育着华夏儿女的同时对中国的饮食文化做出了积极贡献,但我们不能一一描述,这里仅断章取句,阐述部分主要品种的加工技术。

任务1　挂面加工技术

随着社会的发展,生产水平的提高,生活节奏的加快,传统挂面行业发展很快,品种逐渐增多,虽然由于地区的差异有些名称叫法不一,但加工工艺基本相似,基本种类有传统挂面、风味挂面和杂粮挂面。

一、挂面加工工艺流程(图5—1)

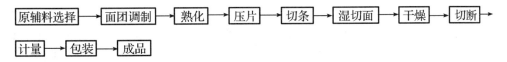

原辅料选择 → 面团调制 → 熟化 → 压片 → 切条 → 湿切面 → 干燥 → 切断 → 计量 → 包装 → 成品

图5—1　挂面加工工艺流程图

二、挂面加工工艺

1. 面条加工的原辅材料选择

（1）面粉

不同品种的面条，对小麦粉的要求也不尽相同，我国现有的富强粉（特一粉）、上白粉（特二粉）和标准粉均可用来生产挂面，产品品质随主要原料的不同而有所差异，我国目前也出台了相应挂面专业粉的标准，其基本参数包括：蛋白质含量 9.5% ~12%，湿面筋含量大于 26%，粉质仪稳定时间在 3min 以上，灰分含量小于 0.70%，降落值在 200s 以上为宜。优质面条要求灰分含量小于 0.55%，湿面筋含量大于 28%，稳定时间大于 4min，软化度小于 110BU。快食面对蛋白质含量要求更高，以专用粉蛋白质含量 11% ~13% 为宜。干面条一般较鲜湿面条对蛋白质含量的要求高，原因是蛋白质含量低易断条；煮面的外观评价（包括色泽、表观状态）与蛋白质含量、沉淀值、形成时间、稳定时间、评价值及抗延伸性呈显著负相关。

（2）水

我国对挂面加工用水尚无专门的标准，所使用的是饮用水标准。水的硬度、pH 等对面条的品质均有影响，生产挂面用的应该是软质水，和面用水的 pH 要求 6~8。

（3）食盐

一定量的食盐能收敛面筋结构而起到改良面团流变学特性的作用，因此能增加面条的强度，减少断条率；和面时食盐因具较强的渗透作用而促进了面粉快速均匀地吸水，从而加快了面团的成熟进程；在干燥时食盐具有一定保湿作用，能避免湿面条因烘干过快而引起酥面、断条的现象。挂面中食盐的添加量为 1% ~3%，具体添加量随生产季节的不同而有所变化，掌握的原则是"春秋适中，夏多冬少"。添加方法首先将食盐溶解于水中，作为食盐水使用。

（4）食碱

生产挂面用的食碱有碳酸钠和碳酸钾两种。它们与食盐一样，能引起面团中面筋组织结构出现收敛作用而产生强化效果，因而改善了面团的黏弹性并增强了面条的强度；食碱还带来一种特有的碱风味，吃起来特别爽口；此外，碱还有一个重要的作用就是中和湿面条可能出现的酸度，因而延长了湿面条的保存时间。碱的添加量为面粉重量的 0.15% ~0.20%，添加方法和调节原则与食盐一样。

（5）其他添加物

除了盐与碱外，可添加的物质包括面粉品质改良剂和营养强化剂。面粉品质改良剂包括增稠剂（如海藻酸钠、黄原胶、变性淀粉和交联马铃薯淀粉等）、氧化剂（如溴酸钾和维生素 C 等）和乳化剂（如单硬脂肪酸甘油酯等）。营养强化剂包括维生素、矿物质、氨基酸、蛋白质、膳食纤维及活性物质等。

2. 和面

（1）和面的基本原理

在小麦粉中加入适量的水，通过适当时间和适当强度的搅拌，使分散在小麦粉中的非水溶性蛋白质微粒逐渐吸水膨胀，水化聚合黏结，初步形成面筋。与此同时，小麦粉中在常温下不溶于水的淀粉微粒也吸水胀润，并被面筋网络包围，从而使原来松散而没有可塑性的小麦粉成为具有可塑性、黏弹性和延伸性的湿面团，为压片、切条准备条件，为良好的烹调性能打好基础。因此,对和面的工艺要求如下。

（2）和面的工艺控制

①回头粉的加入

在挂面生产过程中,在烘房后部有一部分掉落在地面的挂面干断头,在定长切断时要产生切余的头尾部分干断头。这些干断头必须再磨成粉,在和面时按一定比例添加到原料小麦粉中去。这种由干断头磨成的粉叫做回机面头粉,简称回机粉或回头粉。它经过磨粉机磨碎瞬时温度都很高,使干面头中的部分面筋质已因受热变性,使之在和面中可以产生的黏弹性和延伸性降低,必然要削弱面团的工艺性能。因此,在和面时添加回机粉必须加以限制,中国行业标准《挂面生产工艺技术规程》中规定了干面头回机量不得超过 15%。

②水的加入

水一般和其他添加剂混匀后加入,主要控制好水的数量和温度,水分加入的数量和面粉的品质有关,和面后面团水分应大于 30%,水的温度随季节不同变化很大,水温过低,蛋白质和淀粉吸水的时间要延长;水温过高,蛋白质容易热变性而影响面筋的形成,生产车间的室温低于 10℃时,最好用温水和面,水温宜控制在 20～30℃。

③和面搅拌强度与时间控制

和面时间的长短与和面机的搅拌强度有关,而搅拌强度与搅拌器的形状和转速有关,即与和面机型式有关。和面机的转速过快,搅拌强度过大,容易打碎逐步形成的面筋,并且容易使面团因强烈摩擦而过快升温,引起蛋白质的热变性,从而削弱面团的工艺性能,面团中干性材料的吸水也需要一个时间的空隙,综合两者因素,将和面时间控制在 15min 左右比较适宜。

（3）和面终点的判断

和面时间只是和面程度的一个参考,主要要看和面是否达到辊压的最佳状态来判定,一般要求小麦粉中的非水溶性蛋白质应最大限度地吸水,形成面筋网络包围淀粉微粒,面团吸水适当,湿度均匀,色泽一致,不含生粉,成砂样状态,手握成团,松开稍加搓动即能恢复砂样小颗粒状。搅拌与揉捏合一的低速搅拌机和成的面团成絮状,具有更好的可塑性、黏弹性和延伸性。

3. 面团的熟化

它是借助时间的推移,自动地改善面团工艺性能的过程。熟化是和面的延伸和深化,是面团的软化和均质化。因为和面时,在小麦粉中加入的水,要完全渗透到非水溶性蛋白质微粒的内部需要较长的时间,与此同时,在常温下,不溶于水的淀粉微粒,吸水浸润膨胀产生可塑性,也需要较长的时间,而在 15min 的和面时间内,还达不到这个要求,所以需要一个熟化过程。另外,经过和面工序以后,面团承受了搅拌、揉捏或压缩的打击,在内部产生了一定的应力,随着时间的推移,经过熟化,能够自动消除内应力,使面团组织松弛软化,利于下一道工序进行加工。更重要的是熟化改善了面团的微观结构,形成紧密的面筋网络,把淀粉微粒包围起来,在面团中均匀分布,达到均质化,减少煮面时淀粉微粒的溶出,改善烹调性能,提高面条质量。熟化在静态或低速搅拌下均可进行,一般是在慢速搅拌的熟化喂料圆盘中进行。熟化后的面团水分略低于和面后面团的水分且分布均匀,湿度适当,色泽一致,手握成团,略有柔软感,不结成大团块,面团的微观结构形成很好的面筋网络,把淀粉微粒包围起来。

4. 压片

（1）压片的基本原理

经过和面、熟化的颗粒状或絮状面团中,蛋白质虽已吸水膨胀相互凝聚形成了面筋网络,但在面团中的分布是不均匀的,其结构比较疏松,淀粉微粒吸水膨胀后也是松散的,面团的可塑性、黏弹性和延伸性还没有显示出来。通过多道压辊（又称轧辊）的压制,能促使面团中已形成的面筋进一步形成细密的网络,在面带中均匀分布并把淀粉微粒紧密包围起来。这样,面团的可塑性、黏弹性和延伸性才能通过压片显示出来。面条的良好烹调性能也是先通过和面熟化再通过压片逐步酝酿成熟的。

（2）压片工艺控制

①压辊直径的异同

由于在压片过程中,面带中面筋网络的进一步形成和细密化与加压的强弱有关,而作用在面带上的压力大小与压辊直径的大小和压辊间隙大小及压辊转速有关。压辊间隙大小与作用在面带上的压力大小成正比。在开始压片之时,要把颗粒状的松散面团或絮状面团压成面带,并促使面筋质进一步形成细密网络,所以初压的压力要大一些,压辊的直径也要相应大一些,转速要低。以后经几道压辊的面带厚度逐步压薄,面带的密度逐步增大,面筋网络逐步细密起来,随压力时间逐渐减小,压辊的直径也随之逐步减小,动力消耗也可相应减少。

一些老式压片机各道压辊的直径都相同,称为同径压片机。这种压片机制作比较方便,但它不符合压片原理。虽然同径压辊压片机也能压片,但是所压出的面带质量不如异径压辊压片机压制的面带质量。

②压薄率（压延比）的大小

在压片过程中,加压的强弱与面筋网络细密化有一定规律,在压力达到某个限度之前,压力越大,越能促进面筋网络的细密化。但如果对面带做急剧的过度压延,会使面带中已经形成的面筋网络受到机械破坏。所以,压片的一个重要参数是压薄率。压薄率也称压延比,它的定义是指在压片过程中,依次通过每一对压辊的面带,压前与压后之比的百分率。其计算式如下：

$$压薄率 = (压前面带厚度 - 压后面带厚度)/压前面带厚度 \times 100\%$$

③压片的道数

压片道数是指压片过程中压辊的对数。压片道数少,压薄率大;压片道数多,压薄率小。比较理想的压片道数为7~8道,其中头2道是相同的两对压辊,异径压延5~6道。

（3）压延的面带指标

压延的面带应该使面筋质进一步形成细密的网络在面带中均匀分布,在面团压成面带的过程中,面带均衡不跑偏,面带完整不破损,面带厚度不超标（指末道辊后的面带厚度符合质量标准所规定的厚度）。

5. 切条

（1）切条的基本原理

使符合压延标准的面带从一对互相啮合、相对旋转而具有相同齿槽宽度的面刀中通过,利用面刀齿辊凹凸槽的两个侧面,相互密切配合,相对旋转所产生的剪切作用,把面带纵向切成不同宽度的面条。

（2）切条的质量控制

切出的面条应该两个侧面光滑、无毛刺、无疙瘩和无并条现象。在制作挂面时,经过和面、熟化、复合和压延后,挂面成型的关键要看出条的刀具质量,刀具的好坏直接关系到面条有无毛刺、光洁度等条形质量。面刀齿跟凹凸槽的加工精度差会引起面条两个侧面不光滑,齿槽与梳刀装配不当则会出现毛刺,个别梳齿折断或齿辊与齿辊啮合深度不够则会出现并条,解决的办法是提高面刀的加工与装配精度。

6. 挂面的干燥

（1）挂面干燥的基本原理

挂面干燥是挂面生产工艺中十分重要的工序,它对保证挂面正常烹调性能和挂面产品的质量关系极大,如果干燥不当,会发生酥条,降低挂面成品质量,丧失正常烹调性能。挂面的干燥是生面条进行干燥,面条内部淀粉尚未糊化,蛋白质尚未热变性而凝固,面筋网络包围淀粉微粒的组织结构尚未完全形成。因而干燥的目的除了去除多余水分以外,还要固定面条的组织状态,保持良好的烹调性能。

干燥介质把热量传给湿挂面表面,再通过导热方式把热量传到它的内部,这是一个传热过程。水分子从湿挂面内部以液态或气态扩散到表面,再通过表面的气膜扩散到干燥介质中去,这是一个传质过程。所以干燥过程包括了传热与传质两个过程,两者同时发生,而互相关联、互相影响和互相制约。水分从湿挂面表面扩散到干燥介质中去,称为"外扩散",湿挂面内部的水分扩散到表面,称为"内扩散"。如果外扩散和内扩散的速度相等,挂面的干燥就不会发生质量问题,而挂面干燥的特殊性正在于外扩散大于内扩散,容易使湿挂面内部产生不均等的收缩应力,在面条内部产生了一种极轻微的"爆裂"现象,爆出了眼睛看不见的细微裂纹,一部分面筋网络被破坏,使面条受了内伤,当已干燥的挂面吸收空气中的水分后,会发生轻微膨胀,使原有的细微裂纹扩大,内伤暴露,用手握住一把挂面一捏,就碎裂为长短不一的短面条或碎面条,下锅一煮就变成面糊,这就是通常所说的"酥面"或"酥条"现象。

（2）干燥的工艺控制

①预备干燥阶段

这个阶段在隧道式烘干室中称为"冷风定条"阶段或前低温区。所谓冷风定条,就是借助不加温或微加温的空气来降低湿挂面的表面水分,初步固定挂面的形状,防止因自重拉伸而断条。根据湿面条表面自由水容易自然蒸发的特性,用大量流动空气来促使表面水分蒸发,只吹风排潮而不加热,就是在室温下用常温的风定条。但在严寒的冬季,如湿挂面进入烘干室后,烘干室内前部的温度小于 15℃,这时湿挂面表面自然蒸发缓慢,不容易定条,可考虑适当升温,但升温不能过快过高,一般控制在 20~30℃ 为宜。预备干燥阶段的湿挂面移动时间为干燥总时间的 15%~20%。湿挂面的水分应降低到 28% 以内。

②主干燥阶段

这个阶段是湿挂面干燥的关键阶段,可划分前后两个区。

前区是"保潮出汗"区,保潮出汗的作用与目的是控制外扩散速度,手段是保持较高的相对湿度和一定的温度。当湿挂面从预备干燥阶段进入主干燥阶段的前期时,开始升温,干燥介质的温度高于面条的温度,两者之间存在着温度差,干燥介质中的热能逐步传入挂面,传入的热能除了供给面条表面水分蒸发以外,还用于加热挂面。随着干燥过程的进行,热逐渐传入面条内部,缩小了表面与内部的温度差,加强了面条内部水分子的动能,提高了内扩散的速度。

与此同时,由于采取了调整温度和控制排潮的方法,在烘干室内部保持了相当高的相对湿度(75%上下),湿挂面表面水分蒸发的速度受到控制,使外扩散与内扩散的速度逐步趋向平衡。在这种情况下,湿挂面内部水分向表面扩散的道路畅通,如同人体在闷热的环境中出汗一样,使湿挂面内部的水分畅通无阻地逐步向表面扩散,出现了一种近似于"返潮"的现象,这就是"保潮出汗"的特殊表现。这个阶段的温度为 30～45℃,相对湿度在 75%上下,干燥时间约占干燥总时间的 25%左右,湿挂面的水分应该从 28%以内降低到 25%以内。

主干燥阶段后期的"升温降潮"区,或称高温区。经过前期"保潮出汗"以后的挂面,内外扩散基本平衡,内扩散的道路畅通,这时就可以进一步升高温度,适当排潮,降低相对湿度,在内外扩散基本平衡的状态下加速蒸发。这样,湿挂面的大部分水分将在这个区域蒸发。升温排潮区的温度为 45～50℃,相对湿度由 75%逐步降到 55%上下,湿挂面的水分从 25%以内降低到 16%左右,挂面已经基本干燥。干燥时间约占总时间的 39%。

③完成干燥阶段

这个阶段也称最后干燥阶段或降温散热阶段。经过主干燥阶段,挂面的大部分水分已经蒸发,挂面的组织已基本固定,这时可以逐步降低温度,继续不断地通风,在降温散热的过程中,蒸发掉一部分多余的水分,使之达到产品质量标准所规定的水分(≤14.5%)。理想的状态是把干燥后的挂面温度逐渐冷却到接近或略高于切断、包装车间的温度,如能在这种状态下结束干燥,则产品质量可以保证。这个阶段的干燥时间约占干燥总时间的20%～40%。

(3)干燥挂面的质量要求

已烘干的挂面平直光滑,不酥、不潮、不脆。成品挂面有良好的烹调性能和一定的抗断强度,水分≤14.5%。在梅雨季节,空气潮湿,挂面的含水率最好控制在≤14.0%。

7. 截断工艺及碎面头的处理

从烘干室移行出来干燥合格的挂面进入截断工序,按工艺要求把面条截成等长以利包装。

碎面头处理工序:从烘房中清理出来的干碎面头、切断后出现的干碎面头和包装时清除的碎面头都要处理后再按照一定比例回掺到原料面粉中使用。

8. 挂面的包装

挂面的包装包括人工计量包装、机械计量包装等形式,一般采用挂面用纸或预制的塑料袋进行定量包装。

三、挂面的质量标准

1. 技术要求

(1)规格(见表5—1)

表 5—1　挂面生产规格表　　　　　　　　　　　　单位:mm

长度(±10)	180	200	220	240	260
宽度	1.0	1.5	2.0	3.0	6.0
厚度(±0.05)	0.6	0.8	1.0	1.2	1.4

（2）感官要求

色泽：色泽正常，均匀一致；

气味：气味正常，无酸味、霉味及其他异味，花色挂面应具有能添加辅料的特色气味；

烹调性：煮熟后不糊、不浑汤，口感柔软爽口、不粘牙、不牙碜，熟断条不超过 10%。

2. 理化要求

水分含量：12.5% ～14.5%；

脂肪酸值（湿基）：不超过 80；

盐分：一般不超过 2%，因地方差异有所不同；

弯曲断条率：不超过 40%；

不整齐度：不高于 15%。

3. 卫生要求

无杂质，无霉变，无异味，无虫害，无污染；

食品添加剂符合国家标准。

四、挂面的质量控制

1. 在压片、切条中容易出现的问题与解决办法

（1）面带运行不平衡

在压片操作中，保持各道压辊之间面带运行平衡，是压片操作的首要问题，也是最容易发生面带运行不平衡的多发病和常见病。

在压片过程中，某两对压辊之间面带松弛下垂，而后两对压辊之间的面带却拉得很紧，很容易把面带拉断，导致压片工序不能正常进行，切条时面刀下方湿面头增多，影响生产。产生这种现象的原因是各道压辊之间的轧距没有调好，造成通过前一对压辊的面带流量与通过后一对压辊的面带流量不平衡，前道流量大于后道流量，面带松弛下垂；前道流量小于后道流量，则面带拉紧，甚至拉断。

（2）面带跑偏

在压片过程中发生面带跑偏这是常见现象。原因是一对压辊的两条轴线不平行。解决的办法是调整轧距，使一对压辊左右两端的轧距相等，两条轴线就平行了。

（3）面带拉断

面带拉断也是在压片过程中的常见现象。拉断次数多，湿断头多，压片就不能正常进行。是否有拉断现象发生或拉断次数的多少是衡量压片工技术水平高低的考核内容之一。发生拉断的原因是前道压辊的面带流量小于后道。解决的办法是调大前道的轧距或调小后道的轧距。

（4）面带破损

面带破损是指在压片过程中面带发生大小不一的孔洞或面带的两侧边线出现不规则的破损。发生这种现象后，面带通过面刀时湿断头增多，严重时一根面杆挂起来的湿面条只剩下不多几根，使回机的湿断条大量增加，明显减少了投料量。发生面带破损的原因是复合机上喂料

不足或瞬时断料。解决的办法是经常注意复合机喂料情况,发现大块面团和喂料口堵塞要及时清理防止断料。另外,面团水分过多容易结块,也是造成喂料不畅的原因,要注意调节面团水分。

(5)面带忽张忽弛

面带忽张忽弛是压片过程中的常见现象。张时,两对压辊之间的面带张得很紧,很容易因张得过紧而拉断。弛时,两对压辊之间的面带悬垂度很大,有时会下垂至机架。这都会影响压片的正常进行。产生面带忽张忽弛的原因是由于面团水分时高时低。面团水分高时面带松弛下垂,面团水分低时面带张紧易断,都是由于和面操作不当造成的。解决的办法是提高和面工的操作水平,稳定面团水分。

(6)湿面条发生毛刺、疙瘩或并条

切条时,湿面条两个侧面产生毛刺或疙瘩的原因与面刀的加工精度和装配精度有关。面刀齿根凹凸槽的加工精度差会引起面条两个侧面不光滑;齿槽与梳刀装配不当则会出现毛刺;个别梳齿折断或齿辊与齿辊啮合深度不够则会出现并条,解决的办法是提高面刀的加工精度与装配精度。

2. 防止酥面的干燥工艺

根据一般物体的干燥原理与挂面干燥的特殊性,已经知道发生酥面的原因是在干燥过程中,湿挂面的外扩散快于内扩散,因此防止发生酥面的方法是控制外扩散速度,使外扩散与内扩散基本平衡。主要措施是在主干燥阶段保持一定的相对湿度,国内外制面专家一致认为这是防止发生酥面的重要方法,这种特殊的烘干方法叫做"保湿烘干",或者叫"扩调湿干燥"。就是在干燥过程中,调节烘干室内部的温度与排潮量,保持一定的相对湿度,减慢湿挂面表面的水分蒸发,控制外扩散速度,促使内外扩散基本平衡,防止出现酥面。引进的挂面生产成套设备中采用的索道式烘干室,就是根据"保湿干燥"的原理设计的。它有温度和相对湿度自动控制的先进装置,在主干燥阶段始终保持75%左右的相对湿度,控制湿挂面的表面蒸发速度,可以有效地做到内外扩散的基本平衡,因而一般不会发生酥面。

任务2　方便面加工技术

方便面是随着现代生活的快节奏而出现的一种方便食品,又称为速煮面、即食面、快餐面等。1958年(昭和33年),日本日清公司首创方便面生产。我国的方便面生产始于1970年,通过几十年的发展,方便面已成为大部分家庭常备的方便食品,并成为我国第一大方便食品。

一、方便面的加工工艺流程

方便面加工工艺流程(如图5—2所示)

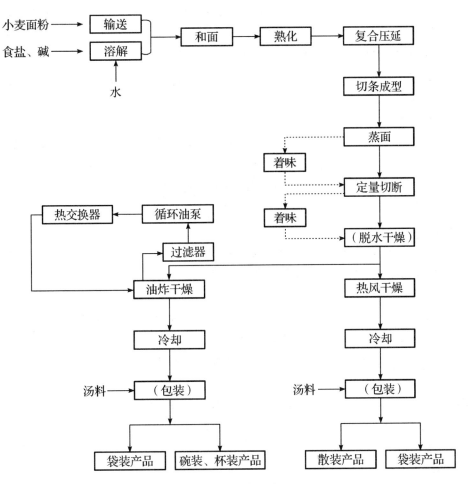

图 5—2 方便面生产工艺流程图

二、方便面加工工艺

1. 方便面的主要原辅料

（1）面粉

方便面的原料以选用优质高筋粉为宜,一般要求小麦面粉的湿面筋为 29% ～36%,蛋白质含量为 11% 左右,灰分低于 0.5%,水分含量为 12% ～14%。用符合要求的面粉生产出来的面条弹性好,成型性强,在复水时膨胀良好,不易折断或软糊,有如新鲜面条。如果采用部分中筋粉,虽可降低成本,但成品在复水后面质较软而且弹性差。

（2）水

硬度较高的水不适合生产方便面。因为硬水中的金属盐类会降低面粉的吸水率,影响面团的延展性和风味。生产实践中,一般用硬度小于 10 的水,水温控制在 25 ～30℃ 为好。

（3）油脂

方便面生产用油脂主要是在油炸工序,选用时首先考虑油脂的稳定性,在连续高温的油炸状态和与金属模具接触下极易氧化酸败,其次要考虑油脂的风味和色泽。油脂的质量要求为:

亚油酸不超过 8.2%,油酸量 39.6%,水分不超过 0.3%,熔点 30 ~ 40℃,酸价不超过 0.1,碘价 45 ~ 65,皂化价 190 ~ 200,AOM 值超过 60 h,含维生素 E100 mg/kg。目前日本和美国均采用 40% 动物油和 60% 植物油组成的混合油脂作为炸油,我国在生产中一般采用棕榈油,因为棕榈油中含不饱和脂肪酸较少,不太容易氧化变质,有利于方便面延长保存期。此外,用棕榈油干燥脱水出来的方便面色泽淡,风味佳。

（4）鸡蛋

一般高档的方便面均添加鸡蛋,它对提高和改善面条的质量具有特殊的作用。其作用有:①增加营养价值、增进风味、改善色泽。②使面条具有多孔性,结构膨松。③延缓面条中淀粉的老化。④鸡蛋也是一种天然的乳化剂,亦能阻止老化作用发生。

（5）面团添加剂

①食盐

食盐起到强化面筋的作用,使小麦粉吸水快而匀,面团容易成熟,增加面团的弹性,防止面团发酵,抑制酶的活性。一般的添加量为 2% ~ 3%。

②碱水

添加碱水到面粉中,可以增加面团的延伸性和可塑性,提高淀粉的糊化率,面条煮熟后不糊汤,味觉爽滑良好。碱的添加量以不超过面粉的 0.1% 为限,过多则使产品呈黄色,且有不愉快的碱味产生。常用的天然碱为碳酸钠（Na_2CO_3）和碳酸钾（K_2CO_3）的混合物。

③品质改良剂

使用品质改良剂可增加面团的弹性,缩短和面时间,减少吸油量,改善方便面口感,提高方便面的复水性能。常用的品质改良剂有:复合磷酸盐,羧甲基纤维素、瓜尔豆胶、海藻酸钠和分子蒸馏单甘酯。

④营养强化剂

⑤抗氧化剂

为防止油脂的氧化酸败,延长方便面的贮藏期,需添加适量的抗氧化剂。常用的抗氧化剂有丁基羟基茴香醚（BHA）、二丁基羟基甲苯（BHT）、没食子酸丙酯（PG）等。生产中常将几种抗氧化剂混合使用,用量大约为 0.1 g/kg。

2. 原料预处理

原料预处理包括面料的过筛和添加剂的溶解。一般是先将面粉提升（用提升机或气体输送）到较高位置后进行过筛除杂和除结块处理。将食盐、碱等水溶性添加剂溶解后使用,其他添加剂,如胶体物质等,要在胶化罐中处理。

3. 和面

和面就是将面粉、水及其他辅料均匀混合一定时间,形成具有一定加工性能的湿面团。

（1）基本操作

和面前一般将原辅料进行预处理,然后将原辅材料分成两个部分,其中一部分是面粉与部分辅料进行简单混合后加入搅拌机,另一部分是部分辅料与水均匀后放入液态配料罐。在和面时开动搅拌机,同时将液态配料罐中的水等辅料加入搅拌机,搅拌至工艺要求的程度。

（2）工艺控制

将面团搅拌成加工性能良好,面粉充分均匀吸水,颗粒松散,大小均匀,色泽呈均匀肉黄色,不含"生粉",手握成团,经轻轻搓揉成为松散的颗粒面团。主要控制指标有以下几方面。

①加水量

和面加水量是影响和面效果的主要因素之一。面粉中蛋白质、淀粉只有充分吸水形成面筋,才能达到较好的和面效果。加水量过多,在后续的压片、切条工序中会引起粘辊,同时经导箱形成的波浪花纹支撑能力差,蒸面时由于其透气性较差而降低糊化度,干燥时也易产生脱水不均匀现象;加水量不足,不仅不能形成加工性能良好的面团,而且还会引起蒸煮时淀粉糊化率降低,最后引起复水性降低,不少厂家产品复水性差都是由加水量不足、糊化不彻底引起的。加水量一般为 100 kg 面粉加水 30 kg 左右,操作中根据面粉含水量、蛋白质含量做相应调整。在不影响压片与成型的前提下尽量多加水,以提高产品质量。

②和面机的搅拌强度

搅拌速度快慢对和面效果具有显著影响。搅拌速度过快,易打碎面团中的面筋,同时使面团温度升高,引起蛋白质的热变性从而影响面团的加工性能;搅拌速度过慢,则延长和面时间。生产上普遍采用卧式双轴和面机,比较理想的搅拌速度是 70 ~ 110 r/min。

③和面时间

和面时间长短对和面效果有很大影响。时间过短,混合不均匀,面筋形成不充分;时间过长,面团过热,蛋白质变性,面筋数量、质量降低。比较理想的和面时间是 15 min 左右,最少不得少于 10 min。

④面团的温度控制

和面时面团温度过低,蛋白质、淀粉吸水慢,面筋形成不充分。若温度过高,易引起蛋白质变性,导致湿面筋数量减少。因为蛋白质的最佳吸水温度在 30℃。面团的最终温度与所有原辅料温度、搅拌条件都有关系,但搅拌条件比较固定,所以当室温在 20℃ 以下时,提倡用温水和面来调节面团温度。

4. 熟化

熟化,俗称"醒面",是借助时间推移进一步改善面团加工性能的过程。熟化的主要目的是使面粉中的蛋白质充分吸水胀润,进一步形成面筋网络,消除面团内部张力,平衡物质之间的水分分布。

(1)熟化操作

熟化操作大部分都是在机械作用下完成的,常见的有圆盘熟化喂料器、皮带熟化喂料机等形式,该设备在慢速搅拌条件下熟化,兼有下道工序喂料作用。

(2)熟化工艺控制

①熟化温度

熟化温度低于和面温度。一般为 25℃。熟化时注意保持面团水分。

②搅拌速度

熟化工艺要求在静态下进行,但为避免面团结成大块,使喂料困难,因此改为低速搅拌。搅拌速度以能防止结块和满足喂料为原则,通常是 5 ~ 8 r/min。

③熟化时间

熟化时间的长短是影响熟化效果的主要因素。理论上熟化时间比较长,但由于设备条件限制,通常熟化时间不超过半小时,但不应该小于 10 min。熟化时间太短,面筋网络未充分形成,制成的面饼不耐泡,易混汤。

5. 复合压延

复合压延简称"复压",将熟化后的面团通过两道平行的压辊压成两个面片,两个面片平行重叠,通过一道压辊,即被复合成一条厚度均匀坚实的面带。

(1)复合压延设备

复合压延设备的结构比较简单,一道压延设备是由一对辊筒组成,在方便面生产过程中一般要经过 6~7 道压延,故有 6~7 对辊筒,各道辊筒之间直径不等,第一道复合压延辊直径最大,第二道、第三道直到最后一道压延辊直径依次减小,这是因为直径不同对面团(带)的辊轧程度有较大差别,通常用下面几个参数来描述各对(道)辊筒的压延特性。

①辊筒的直径。辊筒的直径越大,辊轧时对面带产生的压力越大。要把个颗粒状松散的面团辊轧成面带,必须要有较大的压力,因此使用了较大直径的辊筒。随着面片逐渐被压薄,施加的压力也可减小,使用了较小直径的辊筒。在一次方便面辊轧过程中,最后的辊轧辊筒对面带的作用仅仅体现在进一步使面带更光滑,而没有压延效果。

②辊筒的转速。辊筒的转速取决于外界动力设备的功率输入,每道辊筒的两个辊筒转速大小一定是相同的,各道辊筒转速快慢决定了该辊筒的生产能力,由于下一道辊轧是处理的上一道的辊轧产物,所以相邻两道辊筒对物料的处理能力必须要匹配,防止面带的堆积和拉断。

③辊筒的间隙。辊筒的间隙大小决定了对面带的处理效果,通常用参数压延比来衡量。压延比是指面带通过一道辊轧前后厚度减少之百分数。

(2)复合压延的参数控制

常用参数控制举例如下。见表5—2。

表5—2 面团压延技术参数

辊轧机名称	辊筒直径/mm	转速/(r/min)	压延比/%
预轧机	240	5	100
复合机	300	8	50
头道压延机	240	15	41
二道压延机	180	30	29
三道压延机	150	45	22
四道压延机	120	70	15
五道压延机	90	100	10

(3)复合压延的面带质量要求

保证面片厚薄均匀,平整光滑,无破边,无孔洞,色泽均匀,并具有一定的韧性和强度。

6. 切条、分行与折花

(1)切条

经压片工序生产出符合要求的面带,通过切面机切出厚度 0.8 ~ 1.5mm、宽 1.2 ~ 1.5mm 的面条,切条是由面刀完成的。

（2）分行

分行是将面带切成面条后,把面束在面带宽度方向上将其等分成方便面宽度的行。

（3）折花

切条的面条继而被折花成型装置折成一种独特的波浪形花纹状。

①折花的基本原理

该工序在切条折花自动成型器内完成,切条折花自动成型器是装在面刀下方的一个设计精密的波浪型导向盒。切条后的面条进入导向盒,与盒内壁发生碰撞形成运动阻力,使面条卷曲起来,同时由于输送带的运动速度大大小于未折花面条的运动速度,限制了面条的伸展,于是在盒的导向作用下迫使面条不得不发生弯曲,有规律地折叠成细小的波浪型花纹,连续移动变速网带,就连续形成花纹。

②折花的主要作用

折花成型的波纹,波峰竖起,彼此紧靠,形状美观;条状波纹之间间隙大,使面条脱水及淀粉熟化速度快,不易黏结;油炸固化后面块结构结实,在贮运中不易破裂;食用时复水速度快。

③折花的工艺要求

面条光滑、无并条、粗条,波纹整齐,密度适当、分行相等,行行之间不连接。

7. 蒸面

蒸面是制造方便面的重要环节。蒸面是在一定温度下适当加热,在一定时间内通过蒸汽将面条加热蒸熟,它实际上是淀粉糊化的过程。糊化的程度对产品质量,尤其是复水性有明显影响。

蒸面在蒸面机内完成,常用的蒸面机是隧道式蒸面机,由网带、链条、蒸气喷管、排槽、上罩和机架几部分组成。

（1）工艺参数控制

①蒸面温度

不同的谷物淀粉,其糊化温度是不一样的。小麦淀粉的糊化温度为 59.5 ~ 64℃。要使小麦粉为原料的面条糊化,蒸面的温度一定要在 64℃ 以上。一定时间内,蒸面温度越高,糊化度越高,蒸面温度越低,糊化度越低。在生产中,通常进面口温度在 60 ~ 70℃,出口温度在 95 ~ 100℃。进口温度不宜太高,大的温度差可能超过面条表面及面筋的承受能力,而使糊化度降低。而出口温度一般较高,高的出口温度既提高糊化度,又可蒸发一部分水分,起到一定的干燥作用。

②蒸面时间

蒸面时间与糊化程度成正比,延长加热时间,可以提高产品的糊化度。实践证明,合适的蒸面时间是 60 ~ 90s,此时糊化度可达到 80% 左右。

在蒸面时,有时产品品种不同,蒸面时间也不同。如热风干燥方便面,由于其脱水速度慢,糊化的淀粉易回生,因而热风干燥方便面在储存过程中比油炸方便面易老化回生,加之其不具备油炸方便面的多孔性,因而复水性较差。为了改善其复水性,除了采取其他措施外,提高蒸面时的糊化度也是一个重要措施。所以,热风干燥方便面生产中,蒸面时间比油炸方便面长。但蒸面时间也不宜过长,否则不仅增加能耗,而且造成蒸面过度,破坏面条的韧性及食用口感。

（2）具体操作

工作时,控制好网带的运行速度,设置蒸箱的前后蒸汽压力,保证前温、后温达到工艺要求,保证面条在一定时间达到糊化要求。蒸箱的安装是前低后高,保证冷凝水回流,蒸汽压也是前低后高。在蒸箱低的一端,蒸气量较少,温度较低,进入槽内的湿面条温度较低,从而使一部分蒸汽冷凝结露,面条含水量增加,有利于淀粉的糊化(因为淀粉糊化的基本条件是首先充分吸水膨胀,然后在一定温度下加热)。在蒸箱高的一端,蒸汽量大,温度高,湿度低,有利于面条吸收热量,进一步提高糊化度。

（3）蒸制质量控制

通过蒸煮加工,方便面的面条比生坯要粗壮,大概为生面条的110% ~130%,淀粉糊化达到90%左右,蛋白质有较大程度的变性,熟坯的色泽由生坯的灰白色转变为微黄色,面条具有较强的延伸性和弹性。

8. 定量切断、折叠

通过蒸煮的分行折花面条是连续的,必须要经过定量切断才能形成与成品大小等量的方便面,定量主要依靠面条均匀的流速来控制,切断是通过循环旋转的切断刀来完成的,将方便面的流速与切断刀的循环调制到相匹配的参数就可以切出任一大小的等量方便面块。

折叠是将切断后的方便面折叠成双层的工艺操作。折叠能使方便面的面饼增厚,从而便于包装和增大面饼的破碎强度,折叠也有助于食用的泡制。

定量切断的工艺要求是定量基本准确,折叠要求折叠整齐,进入热风干燥机或自动油炸机时落盒基本准确。

9. 干燥

干燥就是使熟面块快速脱水,固定面块的几何形状,减少水分以防回生,利于包装、运输和贮藏。干燥方法主要有油炸干燥,热风干燥,微波干燥。

（1）油炸干燥

油炸干燥是制作油炸方便面的关键工序,油炸干燥是我国方便面生产中普遍采用的高温瞬时脱水方法。

①油炸干燥的基本原理

把定量切断的面块放入油炸盒中,通过高温的油槽,面块中的水迅速汽化逸出,面条同时形成多孔性结构,淀粉进一步糊化,浸泡水易进入油炸方便面的微孔,复水性较好,具有食用更方便的优点。

②油炸的工艺控制

a. 油脂的选择和质量。首先是油脂的安全性选择,油脂的热稳定性是安全与否的关键因素,一般条件下油脂稳定性和组成油的脂肪酸中饱和脂肪酸含量有关,稳定性高的油脂脂肪酸的饱和程度较高,其熔点也较高,但其流动性差,出油炸锅时会有一些油脂沥不下来而附在面条表面,导致含油量增加。相反,组成油脂的脂肪酸中不饱和脂肪酸含量高,其稳定性差,在高温油炸及产品储运中易氧化酸败。在生产中一般采用熔点在26 ~30℃的棕榈油。

b. 油位控制。油位太低,面块不能完全淹没,导致脱水慢,油炸不透;油位高,油脂循环量增加,循环时间延长,油脂高温加热时间长,加重了油脂的热变质程度。油位高低应保持稳定。

c. 油炸温度与时间。油温与油炸时间是影响油炸效果的重要因素。油温与油炸时间相互影响,面块的水分含量是确定两者的控制参数的因素之一,油温低,则油炸时间长;油温高,油炸时间短。但油炸时间太短,面块脱水不彻底,不易储存;时间太长,面块易起泡、炸焦,影响面饼品质,而且由于面块在油中浸泡时间长,使产品含油量增加,增加了成本。油脂的稳定性是确定油温的另一个重要因素,权衡两者关系,在适当的时间内,比较合理的温度是130~150℃。

整个油炸过程中将温度作用可划分为三个区段:低温区、中温区和高温区。在入油前端属低温区,油温一般为130~135℃,面块吸热,温度升高,开始脱水;而后进入中温区,油温一般为135~140℃,面块开始大量脱水,油渗入面条中;最后进入高温区,油温一般为140~150℃,面块含水已基本稳定,不再脱水,温度与油温相近。

d. 油脂的更新或添加。经过一定时间的油炸后油脂会发生两种变化,一是油脂的数量减少导致油位下降,二是油脂会因为长时间加热导致热变质。油脂酸败产物累计增加,油脂中焦糊面块(屑)残留累计增加,油脂的油炸性能大幅下降,这种油脂一般不适宜再作为油炸油脂使用,应该对油脂进行更新,但更新对企业来说会带来方便面成本的大幅增加,目前大部分方便面生产是充填一些新鲜的油脂,一来可以稳定油位,同时也可以调节油脂的油炸性能。

③油炸的工艺要求

油炸方便面应该符合国家相关标准,油炸均匀,色泽一致,面块不焦不枯,含油少,复水性良好。

(2)热风干燥

①热风干燥的基本原理

热风干燥是生产非油炸方便面的干燥方法。由于方便面已经过90℃以上的高温糊化,其中所含淀粉已大部分糊化,由蛋白质所组成的面筋已变性凝固,组织结构已基本固定,与未经蒸熟的面条的内部结构不同,能够在较高温度、较低湿度下,在较短时间内使用相对湿度低的热空气进行烘干,最后达到规定的水分。

热风干燥出来的方便面不会发生油脂的酸败现象,贮藏期长,同时生产成本低;但这种工艺所需的干燥时间较长,干燥后的面条没有微孔,复水性较差,复水时间较长,口感也相对较差。

②热风干燥的工艺控制

a. 热风温度。热风干燥介质的温度高,干燥速度快,反之则干燥速度慢。温度高能增加水分的蒸发速度,增加面条表面的水蒸汽分压,从而增加干燥速度。在生产中,一般要求热风温度为70~80℃。若采用强力热风干燥,干燥介质温度可达200℃,干燥时间缩短为10~20 s,面条中间水分快速迁移会使其膨化而产生许多细微小孔,复水性得以提高;但面条的黏性、韧性降低,没有嚼劲,口感较差,生产成本高,很少采用。

b. 热空气的相对湿度。相对湿度大,蒸汽分压高,面条的蒸汽分压与干燥介质中水蒸气分压之差是面条干燥脱水的动力,只有面条表面的水蒸气分压超过干燥介质中的水蒸气分压时,面条中的水分才会被蒸发,因此要使面条干燥必须使干燥介质中的的水蒸气分压尽量降低,即要使空气中的相对湿度尽量降低。在热风干燥方便面生产中,一般要求干燥介质的相对湿度低于70%。

c. 鼓风机静压力控制。方便面生产中,链盒式干燥机内有自上而下的九层装满面块的面盒,要同时对九层面块干燥,则需热风循环自上而下地反复进行,这就需要热风有一定的风压。

若风压太低,热风很难穿过九层面块,干燥效果较差;若风压太高,会大大增加动力消耗。根据生产实践,比较适宜的鼓风机静压力为 0.5 kPa。

③热风干燥的工艺要求

热风干燥的工业要求是产品的含水量达到产品质量标准规定的水分(12.0%)以下,以便于保存、包装、运输和销售,尽量使面块形状一致,干燥速度尽量提高,较快地固定 α 化状态,以防止方便面已糊化淀粉的回生,保证面条具有良好的复水性。

10. 冷却

(1)冷却的方法原理

油炸方便面经过油炸后有较高的温度,输送至冷却机时,温度一般还在 80～100℃左右。热风干燥方便面从干燥机出来的面条达到冷却机时,其温度也在 80～100℃左右,这些面块若不冷却直接包装会导致包装内产生水汽而造成吸湿发霉,因而对产品进行冷却是必要的。冷却方法有自然冷却和强制冷却。自然冷却方法不适用于工业化的连续生产,因而生产中采用强制冷却,借助鼓风机,将干燥后的面块散布在多网孔、透气性好的传送带上,进行强风冷却。

(2)冷却工艺控制

①冷却时间

在一定条件下,冷却时间越长,冷却效果越好,但无限制地延长冷却时间会使冷却设备庞大,或者生产能力降低。反之,冷却时间越短,冷却效果就越差。一般冷却时间为 3～5 min。

②网带的运行速度

网带的运行速度和冷却时间是相互影响的,网带运行速度越快,冷却时间越短,冷却效果越差,反之,网带行走速度越慢,冷却时间越长,冷却效果越好,但会降低产量。网带的行走速度是可以调整的,调速幅度为 3～9 m/min。

③冷却风速风量

冷却风速和风量是影响冷却效果的主要因素之一。风量大则冷却机内外能量交换量大,有利于快速降温。风速大则要求风压也要大,风压大对面块的冷却是有利的,因为只有保证一定的风压,才能吹透面块,将其热量带走。

(3)冷却工艺的要求

冷却后的面块温度接近室温或高于室温5℃左右。

11. 方便面的检验和包装

(1)检测

从冷却机出来的面块,必须经过检查、输送,然后才进行包装。检查项目除国家标准规定的指标外,还包括重量、色泽、形状、油炸、冷却情况等,此项工作需要在一输送带上解决。操作工需要将脱水不均匀、形状不符合要求的面块及时检出,重量检测可以采用人工抽检或自动检测,若重量不符合要求应及时通知前面工序进行调整。经过以上检测合格的面块可输送到包装机前,输送带可以继续起到冷却作用。

(2)包装

包装的形式有薄膜袋装、碗装和杯装等形式。

薄膜袋包装就是把冷却后的方便面块,通过面块供给输送装置送到薄膜之上,借助于薄膜传送装置和成型装置,把印有彩色商标的带状复合塑料薄膜从两侧折叠起来成为筒状,通过纵向密封装置把方便面间隔地卷包在内,再通过上下两条装有条状海绵的输送带,将卷在薄膜内的面块夹住送往横向密封装置,在面块两端定长横向密封切断。

碗装、杯装方便面是将面块以人工或机械的办法放入碗(杯)中,然后在碗(杯)中放入汤料、小勺等,碗(杯)与传送链一起运行,封盖机械或人工将盖放在碗上,并封上一层塑料透明薄膜,封口后放在远红外收缩包装主机内,使外衣塑料受热收缩,将碗紧紧地包封起来。

三、方便面的质量标准

1. 感官指标

色泽:均匀乳白或淡黄色,无焦、生现象,正反两面无颜色差别。

气味:正常,无哈喇味及其他异味。

形状:外形整齐,花型均匀。

烹调性:复水后,无断条、并条,不夹生,不粘牙。

2. 理化指标(表5—3)

表5—3　方便面理化指标表

品　名	项　目					
	过氧化值 (脂肪含量计) /(g/100g) ≤	水分 /(g/100g) ≤	酸价(脂肪含量计)(KOH) /(mg/100g) ≤	羰基价 (脂肪计) /(meq/kg) ≤	铅(Pb) /(g/kg) ≤	总砷(As) /(g/kg) ≤
油炸面	0.25	8.0	1.8	20	0.5	0.5
非油炸面	—	12.0	—	—		

3. 微生物指标(表5—4)

表5—4　方便面微生物指标表

项　目	面　块	面块和调料
菌落总数/(cfu/g)≤	1000	5000
大肠菌群(MPN/100g)≤	30	150
致病菌(沙门氏菌、金黄色葡萄球菌、志贺氏菌)	不得检出	

四、方便面汤料的生产

汤料是方便面生产的重要组成部分,对方便面的风味起关键作用。方便面所附带的调味汤料品种很多,如鲜虾、三鲜、麻辣、鸡肉、牛肉等汤料;形态上有粉末状,颗粒状,膏状和液状4种。

1. 粉末汤料生产工艺

粉末汤料是方便面汤料中用途广泛的汤料,国内生产的绝大部分方便面中一般都配有这种汤料。这种汤料是将购买的原料进行处理、配料、混合、筛分、包装即得到粉末汤料产品。其生产工艺流程如下:

原料预处理→粉碎→称量→混合→筛分→包装→成品

2. 液体汤料生产工艺

液体汤料(包括半固体汤料)种类不同,其加工过程也不尽相同,但其大致工艺过程是相同的。

一般液体汤料生产中首先对原料进行预处理,然后将各种调味料按一定比例分先后加入,拌和,加热浓缩及灭菌,冷却拌匀后进行包装即可。

其生产工艺流程见图5—3。

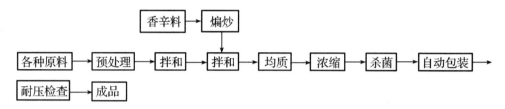

图5—3　液体汤料生产工艺流程图

3. 酱料调味汤料生产工艺

加工方法与液体汤料相近,只要加入一定量的固体汤料或一定量的增稠剂等,经加热、搅拌、杀菌、包装而成。

任务3　馒头加工技术

馒头是我国最主要的传统面食之一,是中国最典型的发酵面团蒸食,被誉为是古代中华面食文化的象征,是中国人的面包。把面粉、水、酵母等调匀,发酵后通过蒸笼蒸熟而成的食品都可以称为馒头,成品外形为半球形或长条形。馒头有不少品种,最主要是白馒头,还有甜馒头、咸馒头等。主食馒头即白馒头,基本上都是以面粉、酵母、水为原料制得的,有的会添加少量碱,加入盐和糖则分别制得咸馒头和甜馒头。在江南地区,一般将制作时加入肉、菜、豆蓉等馅料的包子叫做馒而普通的馒头叫白馒头。2008年1月1日开始实施的馒头国家标准给出了小麦粉馒头的概念和相关质量指标,其规定:小麦粉馒头以小麦粉和水为原料,以酵母菌为主要发酵剂蒸制成的产品。

一、馒头的加工方法及工艺流程

馒头加工有手工加工和机械加工两种形式,加工工艺方法比较灵活,各地所使用的工艺流程也有所区别,归纳起来,大概有以下几种工艺路线比较常见。

1. 直接成型法

直接成型法是将馒头加工的所有原辅料一次搅拌成面团后成型,醒发后蒸制成熟的产品。这种方法具有生产效率较高的优势,但由于没有发酵过程,馒头的发酵完全通过醒发来实现,所以使用酵母数量较大,产品口感风味也有所欠佳。工艺流程如下:

配料→面团调制→成型→醒发→蒸制→冷却→包装

2. 一次发酵法

一次发酵法是将大部分面粉和相应数量的水、全部的酵母调制成面团,通过发酵后加入剩余面粉进行第二次调制面团,再经过成型、醒发和蒸制成熟的产品。这种加工方法具有醒发时间短,馒头发酵充分,馒头品质有所改善的优点,但增加了调制面团的劳动强度。工艺流程如下:

配料→第一次调制面团→发酵→第二次调制面团→成型→醒发→蒸制→冷却→包装

3. 二次发酵法

二次发酵法是通过两次调制面团和两次发酵后,再经过成型、醒发和蒸制成熟的馒头产品。这种方法加工馒头显然耗时较长,劳动强度较大,但对酵母的用量明显减少,馒头产品的质量也相应有所提高。工艺流程如下:

配料→第一次调制面团→第一次发酵→第二次调制面团→第二次发酵→成型→醒发→蒸制→冷却→包装

4. 老面发酵法

老面发酵法是利用上一次发酵好的面团作为发酵的种子,采用面团调制、发酵、成型、醒发和蒸制成熟的工艺路线。这种方法多见于传统加工馒头和目前的一些农村地区,具有不需要添加新鲜酵母的好处,但发酵时间较长,容易造成发酵面团具有刺鼻的酸味。工艺流程如下:

配料→加入老面调制面团→发酵→成型→醒发→蒸制→冷却→包装

二、馒头的加工工艺

1. 原辅材料的选择与处理

(1)面粉

面粉是加工馒头的主要原料,多种谷物面粉都可以加工馒头,但小麦面粉是使用最多的面粉,这与小麦面粉良好的加工性能有关。目前出台了加工小麦面粉馒头的面粉行业标准 SB/T 10139—1993。大规模馒头生产均采用馒头专用粉加工馒头,馒头专用小麦面粉主要指标范围见表5—5。

表5—5　馒头专用粉质量指标表

等级	项目									
	水分/%	灰分/%	粗细度	湿面筋/%	稳定时间/min	降落值/s	含沙量/%	磁性金属含量/%	气味、口味	评分
精制	≤14.0	≤0.55	全部通过 CB36 号筛	25%～33%	≥3.0	≥250	≤0.02%	≤0.03%	正常	≥85
普通	≤14.0	0.70		25%～30%	≥3.0					≥75

面粉选择除了符合上述质量指标以外,还要进行必要的预处理才能达到加工馒头的最佳性能,预处理的基本方法有三:一是对小麦面粉进行后熟处理,即对小麦面粉中的－SH基团进行氧化以便减少激活蛋白分解酶的几率,确保面筋的加工性能全部发挥出来。这种处理可将新粉进行两周以上的贮藏自然成熟,也可人工添加氧化剂加速成熟进程。二是对小麦面粉进行温度调节,温度对面团的调制影响较大,调节温度的方法一般是通过选择恰当的贮藏环境来

实现。三是对小麦面粉进行过筛处理,过筛可以除杂,使面粉松散便于调制面团。

（2）水

①水在馒头制作中的作用

a. 蛋白质吸水胀润形成面筋网络,构成制品的骨架;淀粉吸水膨胀,加热后糊化,有利于人体的消化吸收。

b. 溶解各种干性原辅料,使各种原辅料充分混合,成为均匀一体的面团。

c. 调节和控制面团的黏稠度和湿度,有利于成型。

d. 通过调节水温来控制面团的温度。

e. 帮助生化反应。生化反应包括酵母都需要有一定量的水作为反应介质及运载工具,尤其是酶。水可促使酵母的生长及酶的水解作用。

f. 为传热介质,在熟制过程中热量能够顺利传递。

②水的选择

水质对面团的发酵和馒头的质量影响很大。在水质的诸多指标中,水的温度、pH 及硬度对面团的影响最大。

a. 水的硬度

在符合一般卫生指标的前提下,水的硬度对面团的影响较大。水中的矿物质一方面可提供酵母营养,另一方面可增强面团的韧性。但矿物质过量的硬水,导致面筋韧性太强,反而会抑制发酵产气。

b. 水的 pH

pH 是水质的一项重要指标,它与馒头的质量有十分密切的关系。pH 较低,酸性条件下会导致面筋蛋白质和淀粉的分解,从而导致面团加工性能的降低;pH 过高则不利于面团的发酵。有报道称用 pH 为 6 的面粉加工馒头对应水的 pH 为 7~8 时,馒头的质量最优,实际应用中,不同的面粉有着不同的水的 pH 要求,行之有效的方法是两者结合控制好面团的 pH。

c. 水的温度

水的温度与面团的温度息息相关,直径影响面团的发酵效果,是不可忽略的重要因素。我国由于地域广阔,各地的温差很大,这也导致了水温的不同,即便是同一地区,由于四季的更替,水的温度亦有很大的差别。因此,一般情况下,夏天和面时,水不需加热就可直接加入进行和面;春秋季节稍稍加热到30℃就可;冬天,水最好是加热到40℃左右为佳。但无论何时,建议水温不要超过50℃,以免造成酵母的死亡。

【项目小结】

本项目重点讲述了方便面制食品的加工技术及其质量控制,支撑该项目的任务共计四个,其中包括挂面加工技术、方便面加工技术、馒头加工技术和速冻水饺加工技术。每个任务及其具体内容是:挂面加工工艺流程、挂面加工工艺、挂面的质量标准和挂面的质量控制,方便面加工工艺流程、方便面加工工艺、方便面的质量标准和方便面的质量控制,馒头的加工工艺流程、馒头的加工工艺、馒头的质量标准和馒头的质量控制,速冻水饺加工工艺流程、速冻水饺加工工艺、速冻水饺的质量标准和速冻水饺的质量控制。

本项目以一种方便面制食品产品生产为任务目标,通过对该产品从工艺流程、加工工艺、质量标准和质量控制四个方面进行讲述,达到完成该任务的目的。任务内容在讲述过程中注重培养产品生产能力,做到了轻重简繁适度,对工艺流程只做描述,采用提纲挈领的方式讲述,而对于支撑工艺流程的加工工艺采用了细致入微的描述,通过对加工工艺的学习,使学习者能够具备参与实践生产的能力,真正做到了理论指导实践,具有较强的可操作性。

为了拓宽学生的知识视野,同时对本项目又能起到很好的内容补充,增补了拓展知识部分,这部分重点讲述了方便面制食品加工中所涉及的主要机械设备的操作与维护,符合现代食品生产模式对知识的要求,学习后为更好地参与实践生产奠定了基础。为了提升对方便面制食品学习的更多积极性,提供了方便面食品行业的发展方向,为从事行业的管理或创业者提供了参考。

【复习思考题】

1. 收集一种面制方便食品,描述其种类和特点。
2. 挂面生产如何选择面粉,对其所涉及的几个重要面粉指标进行解释。
3. 挂面生产中的酥条是怎么形成的,如何防止酥条的产生?
4. 如何控制挂面的质量标准。
5. 方便面加工的原辅材料有哪些,如何选择这些原辅料?
6. 成品方便面的国家质量指标有哪些,如何检测?
7. 查阅资料,比较油炸方便面与非油炸方便面的品质特征。
8. 描述馒头生产工艺流程。
9. 比较馒头加工与挂面加工的面粉调制特性。
10. 解释速冻的概念,理解速冻在食品领域的应用情况。
11. 如何生产合格的速冻水饺?
12. 阐述方便面生产的机械设备,并说明运转操作技术。

模块 3　米类食品加工技术

项目 6　米制方便食品加工技术

【知识目标】了解大米加工业的发展成就、瓶颈和战略，了解方便米饭、米粉、米饼等米制品的现状和发展前景，掌握方便米饭、米粉、米饼等米制品的加工原理和工艺流程，熟知其操作要点和质量标准。

【能力目标】学会方便米饭、米粉、米饼等米制品的操作工艺，掌握方便米饭、米粉、米饼等米制品的生产的设备的维护与使用。

近几年来，我国的米制品生产有了较快的发展。在市场上，除了销量较大的各类干（湿）米粉、汤圆、方便米饭、方便粥、方便米粉外，还有发糕米制品、粽子、年糕和以米果为主的各类膨化休闲食品等，这些米制品普遍受到了消费者的喜爱。

方便米饭是 20 世纪 80 年代末才在我国食品工业中兴起的一种方便食品。方便米饭是将蒸煮成熟的新鲜米饭迅速脱水干燥或罐制或冷冻而制成的一种可长期储藏的方便食品，食用时只需加入开水焖泡或微波加热即可，其方便卫生、保质期长、符合传统的饮食习惯和现代节奏的社会发展，使其成为仅次于方便面的第二大方便食品。

任务 1　方便米饭（软罐头）加工技术

软罐头（蒸煮袋）是一种具有优良的耐热性能的塑料薄膜或金属箔片叠层制成的复合包装容器，这种新型包装容器，体积小、柔软，便于携带、撕开、加热等，克服了过去使用金属罐带来的增加质量和体积，易于破损，不经济等缺点。

一、方便米饭（软罐头）的加工原理与工艺流程

软罐米饭加工是以大米为原料，以淀粉的糊化和回生现象为基础，经过处理、装罐、密封，还利用了高温灭菌原理，在高温灭菌的同时，破坏原料中的酶系，并使原料熟化，然后冷却而制成的。可使制品达到长期保存的目的。

软罐头起源于美国，是食品包装史上的第二次革新，被称为第二代罐头食品。软罐头方便米饭的生产工艺流程如图 6—1 所示。

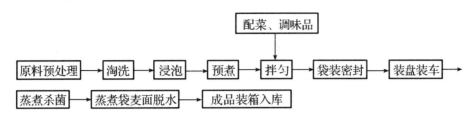

图 6—1　软罐头方便米饭生产工艺流程

二、方便米饭(软罐头)的加工工艺

(1)原料预处理:生产这种产品的主要原料是符合食品卫生要求的大米、糯米、调味料及各种副食品、油脂等。预处理是指大米经筛选除去杂质,副食品如鸡、肉等也要洗干净并炒煮好等。

(2)淘洗:主要是为了除去黏附在大米表面上的粉末杂质,同时也能冲去大米中的碎糠,应严加控制淘洗的次数,因为淘洗会降低成品的营养价值。

(3)浸泡:原料米在蒸煮前必须进行浸泡,以使米粒充分吸水湿润。浸泡用水为酸性,可以使米粒的白度增加。浸泡后加抗黏结剂漂洗可以减少米粒相互黏结,加交联淀粉提高米饭罐头的稳定性。

(4)预煮:将原料米预先煮成半生半熟的米饭。经过预煮,能克服蒸煮袋内上、下层米水比例差别的弊端。蒸煮时大米含水量在 60% ~65% 时,米饭粒较完整,不糊烂,储存期较稳定,不易回生;通常米和水的比例为 1:1 ~ 1:1.4。预煮时间掌握在 25 min 左右,米粒呈松软、晶莹即可。

(5)配料:混合将预煮以后的大米与烹饪好的配菜混合均匀。

(6)装袋密封:按一定质量,将搅拌均匀后的大米和配菜的混合物逐一装袋、密封。食品的温度在 40 ~50℃时进行充填为好,装填高度应在封口线下 3.5 cm 处,封口宽度为 8 ~10 mm。蒸煮袋密封要在较高的温度(130 ~230℃)下进行,压力是 0.3 MPa,时间 0.3 s 以上。

(7)装盘装车:将袋装的半成品人工装入长方形的蒸煮盘内均匀排列,然后一盘一盘地装入专用的蒸煮推车中,为下一道工序做准备。

(8)蒸煮杀菌:把装盘装车的半成品送入压力杀菌装置进行蒸煮杀菌,以使大米中的淀粉全部糊化,同时达到高温杀菌的目的。蒸煮杀菌时的温度一般为 105 ~135℃,时间为 35 min。

(9)蒸煮袋表面脱水:经高温蒸煮杀菌后取出的软包装袋表面附着水分,如不除去可能造成装箱困难。蒸煮袋表面脱水装置的主要工作构件为特殊海绵制成的一对轧辊,进袋、出袋使用输送带。如要求蒸煮袋表面完全干燥,可以用小型热风机吹拂,然后装箱即可。

三、方便米饭(软罐头)的质量标准

1. 感官指标

米粒组织形态基本成形,不存在杂质。外观黏稠均匀饱满、分散性好;保水能力略高且含水均匀;抗老化能力较强;米饭的味感香味浓、无异味。

2. 理化指标

净含量为 180g/袋,每袋允许偏差≤4.5% ,但每批平均不低于标示净含量;

铅(以 Pb 计) ≤1.0 mg/kg;

铜(以 Cu 计) ≤5.0 mg/kg;

砷(以 As 计) ≤0.5 mg/kg;

锡(以 Sn 计) ≤200 mg/kg;

汞(以 Hg 计) ≤0.3 mg/kg。

3. 微生物指标

应符合罐头食品商业无菌的要求。

4. 蒸煮袋指标

封边宽度 4~5 mm，封口强度 3 kgf/1.5mm 以上，封口处不得有皱折，口袋表面平整，不得有死折及折痕点，残留空气 <15 mL，耐压强度 50 kg/静压 1 mm^2 不破，跌落试验合格。

5. 保质期

常温下保存一年。

四、改善软罐米饭品质的质量控制点

1. 包装材料

要选用合适的包装材料,其应具有耐热、耐油、耐寒、耐腐蚀、气密性好、易封口、无毒、无味、化学性质稳定等特性。目前使用的多为以下三种复合材料:聚酯/聚丙烯;聚酯/铝箔;聚酯、铝箔/聚烯烃。

包装时要尽量提高真空度,这是因为物料为含油脂的混合物,氧化作用容易引起氧化酸败,空气的存在还会降低物料的传热性能,对加热灭菌是不利的,同时,空气加热膨胀性大,大量空气存在会在杀菌中出现破袋现象。

2. 封口

包装的封口位置不得有油迹污染或液汁污染,以免影响密封强度。袋装的装填高度应在封口线以下 3.5 cm 处,封口宽度为 8~10 mm。

良好的封口必须通过表观试验、熔合试验、破裂试验及拉力试验。

(1)表观试验 首先用肉眼观察是否有皱纹及污染情况,封口宽度是否为 8~10mm,然后将内容物挤向封边,并加一定压力,观察封边有无裂缝及渗漏现象。

(2)熔合试验 封口必须完全熔合,即袋内层形成一种完全的黏合,当封口内层发生剥离时,虽然熔合良好,但这种封口仍应属不合格。封口内层没有完全熔合时,虽然可以符合破裂试验及拉力试验的要求,但经过一定时间贮藏或振动及跌落就成为不合格品了。

(3)破裂试验 封口是否良好,可以通过破裂试验进行测定。破裂试验有两种,一是耐内压力试验,亦称爆破强度试验,即把空袋放在压缩空气源上,然后用压紧装置夹住,并对准袋口匀速压入压缩空气,在预定压力及时间内,封口最大分离宽度不应大于 1.6 mm。应当注意,杀菌条件和贮藏时间对封口处的分离度都会有影响,对三层复合的包装材料,热熔封口后,可以通入 26.87 Pa 的压力,在 30 s 通过。经过 24 h 后只有 20.69 Pa,30 s 通过,再经杀菌和贮藏后,袋只能在 13.73Pa,30s 通过。二是耐外压力试验,亦称静压力强度试验,在袋中装入水后,放在两块能指示水力负荷的板之间,在袋上加静负载,袋内部封口长度应能每 15mm 可承受

0.75 MPa 的压力,时间为 15 s。

(4)拉力试验 拉力试验应该辅以破裂试验,拉力测试对封口质量起保证作用,是一种强制性测试法。拉力试验有两种,一是静态拉力试验,即用一种万能拉力测试器来测试破坏每一样品封口总宽度所需的总力。对于三层复合材料其封口拉力要达到 0.286 kgf/10mm,不管是封口后或贮藏 3 个月,对拉力都无太大影响。二是动态拉力试验,剪 10 mm 宽的数条封口样条,一端夹在架子上,另一端悬挂各种不同质量的砝码,放入杀菌锅中以 121℃、30 min 杀菌,取出后根据落下砝码的质量,就知道了实际拉力强度。

3. 杀菌

目的有二:一是使大米中的淀粉进一步糊化,将大米进一步做熟;二是达到杀菌的目的。采用的设备一般为反压式杀菌锅,一般要求这种杀菌设备能方便地调整和设定杀菌温度、杀菌时间、杀菌压力,并具有自动调整、自动记录、加热均匀等特点。

(1)加压杀菌与冷却

为了保证软罐头在杀菌过程中不破袋,应使杀菌锅内杀菌和冷却时压力不波动,这是因为当冷却水刚通入杀菌锅的瞬间,锅内压力急剧下降,但软罐头内容物不能立即同时冷却,因而袋内压力仍然很高,势必造成破袋,因此,杀菌锅要充入一定的压缩空气以抵消压力差,使杀菌锅中的压力始终大于软罐头袋内的压力,一直到冷却结束。

(2)影响软罐头食品杀菌效果的主要因素

①袋内残留空气量:袋内空气残留量越大,热传导越差,尤其是当空气残留量在 20 mL 以上时会造成灭菌不足,而且杀菌时由于气体的膨胀引起破袋现象。另外,袋内残留空气还会影响食品中易于氧化的脂肪和维生素 C 等。

②杀菌锅内热分布及传热介质温度均匀性:在杀菌开始,准备计杀菌时间时,必须将锅内空气完全排尽,而且杀菌锅内的传热介质必须流动,水平流动或垂直流动均可,但不得有"死角"。加热介质温度必须均匀,上下温差要小于 0.5℃。

③软罐头厚度:软罐头食品厚度应有一定限制,厚度的变化往往导致杀菌时间的不足,而且袋与袋之间、袋本身厚度要均匀。如袋量为 200 g,尺寸为 170 mm × 130 mm,厚度则为 15 mm;如袋量为 300 g,尺寸为 200 mm × 170mm,厚度则为 20 mm。

④初始温度:软罐头杀菌操作前袋内食品的温度往往影响细菌致死率,所以杀菌条件的建立,均应有一定的给定初温。

⑤黏度:黏度会影响传热效率,黏度超过给定值则会影响细菌致死率。

⑥配方:内容物中如含有淀粉往往会把内容物包围起来,不但会改变热传导,而且又因膨胀而保护细菌不被杀死。在含糖和辣椒制品中,可能含有许多耐热性细菌,这些细菌不易被杀死。

⑦加酸食品:应注意食品的 pH,以免将低酸食品当作高酸食品进行杀菌。加酸食品杀菌条件比较温和。

⑧杀菌温度和时间:这对食品的安全性很重要,杀菌时间或杀菌温度哪怕是少几分钟或低 1~2℃都可能导致大批量食品败坏。

⑨食品的形状:容器中食物的形状和位置与杀菌效果密切相关,杀菌方式应与食品形态相适应。

⑩杀菌中的排气:开始应在 5 min 内大排气,杀菌过程中必须经小排气以使温度均匀。

任务 2　方便米粉的加工技术

"米粉"从词义来理解,应该是大米为原料所磨成的粉。但是,我们习惯上称的米粉却是以米为原料,经过洗米、浸泡、磨浆、搅拌、蒸粉、压条、干燥等一系列工序所制成的一种圆截面、长条状米制品。这种制品在我国的福建、广东等地称为米粉,如福建的"兴化粉"、广东的"沙河粉"等;在上海称为"米面",意为以米为原料制成的面条;在日本称为"米粉面",而且可分为米粉生面、米粉干面、米粉即席面等品种。米粉作为南方的特色食品之一,近年来不断被北方消费者所接受和喜爱。据不完全统计,我国半数以上的居民已把米粉作为早餐主食。米粉正逐步成为我国居民观念中一种集营养、卫生、方便、保健、耐储存、价格低廉于一体的理想方便食品。

一、方便米粉的加工原理与工艺流程

方便米粉把大米淀粉 α 化,同时大米蛋白经过热变性使之与淀粉颗粒结合,成为具有一定网络的片状结构,然后在一定的温度范围内进行干燥,使淀粉颗粒的 α 化定型,最后经包装,食用时将米粉在热水中的复水。要得到良好的复水特性,关键问题还是与淀粉结构有关。只要能保持糊化淀粉的 α 结构,而不回生变成 β(生淀粉)结构,米粉就会获得良好的复水性,从而减少食用时的冲调时间,食用更加方便。

1. 湿法加工米粉工艺流程

湿法加工米粉工艺流程如下:

大米→清洗→浸泡→滤水→磨碎→过滤脱水→制浆→蒸浆→挤压成型→烘干→米粉成品

2. 干法加工波纹米粉工艺流程

干法加工波纹米粉工艺流程如下:

大米→清洗→浸泡→滤水→粉碎→分离→搅拌→头榨成条→二榨成丝→成波纹→冷却→复蒸→冷却→降温→切断→烘干→米粉成品

二、方便米粉的生产工艺

(1)筛选:生产方便米粉的大米,应选用精制晚稻米,筛除大米中的杂物等,保证加工机械和米粉制品质量不受损。

(2)清洗:大米清洗设备用连续喷射洗米机。

(3)浸泡:目的是保证米粒充分吸收水分,软化原有坚硬的组织。浸泡不仅给大米的粉碎或磨浆提供良好的条件,更重要的是为淀粉组织重新组合提供了保证。清洗过的大米储存在浸泡桶内,加水至超过米面 5 cm 左右,浸泡 25 min ~ 4 h。浸泡时间的长短随大米的品种、气温的高低、添加料的多少和工艺参数的变化而定。浸泡好的大米含水率达28% ~ 45%。

(4)滤水:目的是除去米粒之间的存水,以免水分过多,造成粉碎后的粉料黏湿而堵塞粉碎机筛孔,不利于粉料的输送和分离。大米浸泡后打开浸泡桶底部的放水阀,放掉浸泡水,再空滤 1.5 h 左右。

(5)粉碎和分离:将大米粉碎成粉料。粉料颗粒细小,容易熟化,也有利于淀粉的重新组合。粉碎使用锤片式粉碎机、径锤式粉碎机和爪式粉碎机等。方便米粉生产线是将滤水后的大米用吸嘴吸入粉碎机,将其粉碎成能通过孔径为 0.8 ~ 1 mm 筛片的粉料。粉料经输粉管由气流送入旋风分离器进行分离,分离后的空气和粉料分别由旋风分离器上部和下部排出。

(6)搅拌:目的是将所有配料和水搅拌均匀,再喷入高压蒸汽把大米粉料在一定温度下大部分熟化,成为胶体,便于加工成条状。拌料由搅拌机完成。搅拌后的粉料含水率为 34% ~ 36%,温度为 60 ~ 85℃,熟化度为 70% 左右。

(7)头榨成条:目的是对胶体料施加压力,使其挤出直径相等、出条速度相同、质地较紧密的条料。经蒸汽搅拌后的熟热粉料直接送入头榨机的喂料口,由挤压螺旋杆送入挤压腔,在挤压腔里经过蒸汽间接加热、挤压、搓擦、剪切等共同作用,充分揉和,进一步熟化,通过孔板挤出四根条料。头榨挤出的条料温度达 70 ~ 90℃,熟化度达 70% 以上。

(8)二榨成丝:二榨是确定方便米粉规格和进一步加强粉料胶合的工序。头榨出来的条料必须使用挤压法迫使粉料通过一定孔径的榨丝板,成为米粉丝。把直径较粗的条料挤压成直径较细的米粉丝,能使其组织结构更紧密坚实。二榨时粉料在强大压力下反复进料、回料而揉和均匀。粉料之间、粉料与螺旋、榨桶、榨丝板相互摩擦产生大量热量,使物料进一步熟化。二榨出来的米粉丝,温度达 95 ~ 100℃,熟化度达 80% 以上。

(9)冷却:冷却在米粉生产中又称"熟成"。二榨出来的米粉丝如不冷却容易粘连在一起,严重影响米粉质量。冷却是在输送机的输送过程中自然冷却,时间为 10 min 左右。

(10)复蒸:为了进一步提高米粉的熟化度,增强米粉的韧性,减少煮粉时的糊汤现象,使米粉油光透亮,断条率低,吐浆值小,冷却后的米粉必须复蒸。

从二榨机出来的米粉带,在冷却输送机上冷却后再进入隧道式复蒸锅复蒸 2 ~ 3 min,复蒸温度 100 ~ 105℃,蒸汽压力 0.5 ~ 0.9 MPa。从复蒸锅到切断机留有一段网带输送的距离,以使复蒸后的米粉带再次冷却降温 10 min 左右,防止切断时压粘在一起。

(11)切断成型:为便于烘干、包装、计量、运输和食用,米粉要切制成一定形状。通常使用的切断设备有铡刀、排料式切丝机、回旋式切断机和龙门式切丝机等。复蒸过的米粉带,在输送过程中经过自然冷却定型 10 min 左右,由切断机按定长切断成块状。每块干重 100 g 左右,长度为 190 mm 左右。块状波纹米粉在冷却干燥过程中,长度方向有 5% 左右的收缩率。被切断成块的米粉经输粉网自动装入烘干机吊篮,输送进烘房进行干燥。

(12)烘干:米粉烘干时间应控制在 3 ~ 4 h,烘干温度应在 35 ~ 53℃,烘房内相对湿度应保持在 80% ~ 90%。当烘房内温度高于或湿度低于上述值时,米粉干燥快。但烘干的米粉会有大量明显可见的气泡,吃起来韧性差,易断碎。

米粉生产线(如图 6—2 所示)采用的烘干机一般有三种输送形式。第一种是适用于直条状米粉烘干的挑杆式;第二种是适用于块状或直条状米粉烘干的网带式;第三种是仅适用于块状米粉烘干的吊篮式。挑杆式烘干机烘干时,米粉垂挂在随链条移动的挑杆上进入烘房,由30 ~ 35℃ 的预热区,到 35 ~ 45℃ 的主干燥区,再进入 30℃ 左右的降温区。网带式烘干机的网带布置成 4 ~ 7 层,烘干时米粉可任意摆在网带上,米粉从烘干机的一端移动到另一端时依次翻落在下层网带上,由于这种烘干机的网带是单行程负载,因此烘干机的长度较长。米粉上下翻动干燥均匀,但米粉易变形和断碎。另外,这种烘干机的热风从一端吹进,从另一端排出,温度分布不均匀,热量损失大。吊篮式烘干机是将不锈钢丝网和钢板制成的吊篮铰系在输送链条上。波纹米粉块放在吊篮内随链条来回移动而被烘干。吊篮是全程负载,所以烘干机长度仅为网带式烘干机的一半左右。吊篮式烘干机要求米粉切成块状,摆放整齐。因烘干过程中,米粉块不翻动,烘干时间要长些。

图6—2　方便米粉生产线

三、方便米粉的质量标准

1. 感官指标

外观:片(条)形大致均匀,平直,松散,无结疤,无并条,无酥脆及霉变现象。

色泽:色泽光洁、有透明感、无斑点。

嗅昧:无霉味、无酸味及异味。

烹调性:煮熟后有韧性,不粘条,不糊汤,无严重断条。

杂质:无杂质。

2. 理化指标

含水量:≤14%;

酸度:<10;

三率:断条率 ≤9%;碎粉率 ≤2%;吐浆率 ≤5%;

铅(以 Pb 计):≤1.0(mg/kg);

砷(以 As 计):≤0.5(mg/kg);

食品添加剂:按 GB 2760。

3. 微生物指标

细菌总数:<500(个/g);

大肠菌群:≤30(个/100g);

黄曲霉毒素 B_1:≤5(μg/kg);

肠道致病菌:不得检出。

四、改善方便米粉品质的质量控制点

(1)大米清洗:清洗可以减少断条率,增加米粉的韧性;可以改善米粉的色泽,可以增加透明度;可以提高生产设备的连续性;可以使米粉不牙碜。因此要将大米清洗干净,含砂量小于0.02%。

(2)浸泡:浸泡后大米含水量严格控制在28%~45%。否则米粒未润透,米质软硬不一,使磨浆时出现粉状粗细不匀或米浆粗粒过多的现象,不利于粉条淀粉组织合成新的紧密结构和降低断条率。

(3)粉碎:要达到的技术要求是

①经磨浆后的米浆应全部通过 40~50 目绢筛确保粉末的粗细度;

②磨浆后米浆的含水量应在 40%~50%,粉碎后粉末的含水量应在 24%~28%。粉碎以后的粉末应当静置 1~2h,让粉末粒子之间的水分自然渗透平衡,这样就确保粉末的含水量。

(4)蒸料:就是把大米淀粉在相应的温度下糊化,使之成为胶体,以便于加工成米粉条。当水分充足,温度达 58~61℃时,淀粉开始吸水膨胀,结晶体慢慢地"溶解",持续一定时间后,淀粉粒子全部解体成为胶体。淀粉成为胶体后,黏性强,能挤成条。

蒸料的技术要求。

①增加米粉条的强度:在粉状物内添加 4%~10% 的蒸熟的碎粉条、米饭,而且这些碎粉条要浸泡成米浆再加入,其目的是用以增加米粉条的强度。

②控制蒸料糊化程度:料不能蒸得太熟或者太生。料蒸得太熟,榨出的米粉条容易粘连;料蒸得太生,榨出来的米粉条韧性差、断条率高、吐浆值(米粉条在烹调中淀粉溶解在水中的比值)大。蒸料熟度一般掌握在 85%~90%。

③控制蒸料后的含水量:蒸料时的水分添加量应根据粉状物含水率灵活掌握。原粉状物含水量低,可多添加一些水;原粉状物含水量高,蒸料时可少添加一些水。一般说,粉料中含水量高,则蒸料过程短、熟化快、韧性差、榨条难;粉料中含水量低,则蒸料过程所需时间长、熟化慢,榨机推料阻力大,容易损坏设备。通常控制物料蒸熟后含水量 28%~36% 较适宜。

④控制蒸料的温度:一般说,温度在 58~61℃大米淀粉就开始糊化,但在机械化大批量生产中,仅维持该温度会出现产量低、蒸料时间长的现象,不适应大批量生产。大批量生产要求大米淀粉糊化温度控制在 80~90℃。

⑤控制蒸料的时间:蒸料时间与大米淀粉糊化程度、色泽、吐浆值、水分等都有密切关系。蒸料时间短,料不能蒸熟,粉条泛白,产品断条率高,吐浆值也高。蒸料时间太长,色泽淡黄,米粒含水率高。因此,确定蒸料时间要综合考虑粉料含水率、蒸料方法、温度等因素。

⑥蒸后物料的保温:物料蒸熟后,不直接进入挤料机,应覆盖麻布(或采取其他相应的措施),保持物料温度,以防止冷却后水分散发过多而导致米料硬化,影响榨条。

挤料榨条:米粉经高温拌蒸后,经外力挤压才能使它们紧密坚实地胶合成整体,才能把它们做成条状。被挤压出的料条应该结构紧密坚实,且有良好的透明度。如果挤压出来的米料仍泛白色,说明机腔压力不足,进料不够,应增加进料流量。榨条是确定米粉条直径、形状、规格和进一步加强淀粉胶合性的重要工序。

冷却:米粉条从榨条机出来,温度最高可达 80℃,如果不冷却,米粉条容易粘连在一起,影响产品质量。强制降温可以疏松粉条,减少粘连结块,风干米粉条表面带有的黏性凝液。这样冷却,不会改变米粉条的品质;自然冷却会促使粉条 α 化淀粉向 β 化转变,会改变米粉条的品质。方便米粉条要求全部是 α 化淀粉,只要用开水一泡,就可以食用。如果方便米粉条中的 α 化淀粉转变为 β 化状态,米粉条很难用开水泡熟,即便泡透,吃起来还是有夹生感。

复蒸:经过第一次蒸料后大米淀粉糊化程度仅仅只达到 85%~90%。挤成条后,淀粉组织结构表面紧密,但淀粉粒子并没有完全相互胶合。只有再经过蒸煮,让米粉条继续受热吸水糊化,将糊化程度迅速提高到 95% 以上,米粉条才能稳定形状,达到断条率小、吐浆值低、韧性强等指标。

在米粉条生产中,淀粉糊化程度越高,产品的吐浆值和断条率就越低,烹调性就越佳。因此,在操作中应认真掌握蒸煮技术,严格控制蒸条温度、时间等。

成型:成型的好坏对产品的干燥脱水和产品的销售影响也很大。从生产技术上看,米粉条的成型必须做到松散、透气性能好,才便于干燥脱水;从产品销售的角度来讲,则要求造型美观大方、式样新颖、包装得体、携带方便,方能吸引顾客。

干燥:方便米粉条生产需要较快地固定 α 化淀粉,以防止 α 化状态的淀粉向 β 化转化。只有固定了 α 化淀粉,米粉条才具有良好的复水性能(在沸水内泡 3 min 即可食用)。采用热风干燥,特别要注意温度和时间,防止淀粉回生老化。

任务3 膨化米饼的加工技术

膨化米饼是指以大米等谷物粉、薯粉或淀粉为主要原料,利用挤压、油炸、砂炒、烘焙等技术加工而成的一种体积膨胀许多倍,内部组织成为多孔、疏松的海绵状结构的食品。它具有品种繁多、质地松脆、美味可口、食用方便、营养物质易于消化等特点。作为一种休闲食品,膨化食品深受广大消费者尤其是青少年的喜爱和欢迎。

随着食品工业的发展、新技术和新工艺的出现以及人们生活水平的提高,利用膨化技术以及膨化设备生产膨化食品在我国具有十分广阔的前景。微波膨化技术、烘焙膨化技术作为新型膨化技术已经引起人们的重视并逐步成为膨化技术发展的方向。膨化食品正朝着绿色、健康、营养、口味丰富、多品种、外观漂亮等方向发展。

一、挤压膨化米饼的加工原理与工艺流程

原料由许多排列紧密的胶束组成,胶束间的间隙很小,在水中加热后因部分胶束溶解空隙增大而使体积膨胀。当物料通过膨化机(如图 6—3 所示)供料装置进入套筒后,利用螺杆对物料的强制输送,通过压延效应及加热产生的高温、高压,使物料在挤压筒中被挤压、混合、剪切、混炼、熔融、杀菌和熟化等一系列复杂的连续处理,胶束即被完全破坏,淀粉糊化,在高温和高压下其晶体结构被破坏,此时物料中的水分仍处于液体状态。当物料从压力室被挤压到大气压力下后,物料中的超沸点水分因瞬间的蒸发而产生巨大的膨胀力,物料中的溶胶淀粉体积也瞬间膨化,这样物料体积也突然被膨化增大而形成了疏松的食品结构。

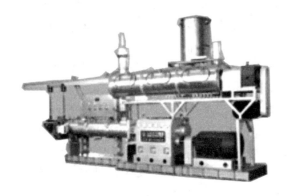

图 6—3 双螺杆挤压膨化机

挤压膨化米饼工艺流程如下：

原料配制→混合→挤压机成型(集混合糊化、捏合、挤压、切片于一体)→干燥→包装→半成品→烘烤膨化→调味→成品

二、膨化米饼加工工艺

(1)原料配制:可用不同米粉的混合物进行制作,其要求是具有足够的淀粉含量,使之在热油或空气中膨化时生成一定的结构,采用纤维、蛋白质和调料等添加剂来改变产品的特性。

(2)混合操作:当使用不同的原料时,通过间歇称重计量原料后,在螺旋桨叶混合机中混合或通过连续式混合机或在预调质器中混合。液料同样能在混合阶段加入,或直接加入挤压机中依靠挤压机的混合特性进行混合。一些装置能在此阶段产生蒸煮效果,而在下一阶段仅需一台低剪切、成型挤压机就可以进行挤压成型加工。

(3)挤压加工:用于挤压面团并使之转变成颗粒状产品的方法有多种,常用的三种方法如下:预蒸煮过的物料由一台低剪切的成型挤压机加工;高剪切挤压机用来蒸煮,并在冷却后挤压成型;高剪切机用来蒸煮,并紧接着输送至一台低剪切机中完成冷却和成型。

(4)干燥操作:颗粒中的水分含量22% ~ 40%,并且必须干燥至低于12%。由于它们具有实心结构,故难以进行干燥,这要求在低温下有较长的干燥时间。

(5)膨化操作:颗粒能通过迅速加热引起水分转化为蒸汽以爆破的方式产生膨化,这个过程可采用烘烤加热的方式来完成。

三、膨化米饼的质量标准

1. 感官指标

浅黄色,大小均匀,长短一致,香脆可口,咸甜适中,具有米等原料的固有风味。

2. 理化指标

砷(以 As 计):≤ 0.5 mg/kg;

铅(以 Pb 计):≤ 0.5 mg/kg;

黄曲霉毒素 B_1:≤ 5 μg/kg;

食品添加剂:按 GB 2760 规定执行;

水分:≤7g/100 g。

3. 微生物指标

①菌落总数:≤ 10000(cfu/g);

②大肠菌群:≤ 90(MPN/100g);

③致病菌:不得检出。

四、改善挤压膨化米饼品质的质量控制点

1. 投料组分的状况

大部分挤压膨化原料是脂肪少于1%的原料,颗粒度要求 60 目以上,有时添加其他大米可以获得风味平和、质地更脆的产品。

2. 添加水分的量

当进料水分上升时,挤压温度下降,使膨化度下降,制品中孔洞变大,壁变厚,烘烤时,产品质构松脆易碎。水分会导致其密度上升,淀粉不能完全膨化而变硬。这种产品在一定程度上更适合于油炸。当水分含量下降时,挤压温度上升,挤压物膨化度更高,孔变小,壁变薄,烘烤后制品松软不脆。水分含量很低时,制品变焦、变黑,产率也受原料水分的影响,随着水分含量的下降,膨胀率上升,但一般会影响成品质量。

水分必须在原料中均匀分布,水分不均匀会导致制品分层、局部边角焦化等质量缺陷。理想情况下,加入的水或溶液必须在挤压前充分平衡。推荐水分含量是 13% ~ 14%,从挤压机中出来的产品水分含量为 8%。

3. 挤压机操作控制

挤压机操作参数的控制包括:进入挤压机的原料温度和湿度的控制;挤压机每个区段的温度和压力的控制;挤压机中面团黏度最大点处的控制;挤压速度的控制;每个区段挤压物温度与时间的控制;产品温度上升到最大挤压温度时的时间控制及最终出口处温度的控制。

原则上讲,面团在挤压机中停留时间长,可吸收更多的能量,温度将上升。另外,压力越高,面团温度也越高,结果被挤压物膨化越大,孔越小,质构越软。相反,低的压力会导致低的膨化温度。其他条件都一样时,膨化度降低,孔洞变大,气泡壁容易破裂,质构坚硬。

有些方法可以调整挤压机压力,例如增大模孔直径或增加模孔数目可使压力下降,提高转速则可提高压力。

4. 模孔形状和大小的选择

由于模孔形状和大小关系到挤压机工作压力和温度,因此,不同的形状和大小要选择不同的操作参数。另外,当制品从挤压机中出来后,尽管其结构已经形成,但仍处在压力下,由于吸收水分,分子间键仍会调整而造成进一步收缩。因此,为了保持制品最大比体积,除了原料水分应维持在达到预期膨化度所必要的最低水分以及出口温度要尽量低以外,较小的模孔尺寸(至少有一个方向的尺寸要保持最小)是必要的。

5. 制品水分含量

挤压干燥的制品通常水分含量超过 8%,为了获得所要求的脆性,还必须在热风烤炉加热设备中脱水至 4%。然而水分含量并非越低越好,水分含量过低会导致脂肪酸败加速,某些情况下,水分含量过低还会导致制品的粉质口感(因为质构变得过分脆)。制品干燥的程度与其组成和表面积有关,对于淀粉类小吃食品,水分含量 4% 比较合理(4% 是以原料为基准计算的,并非是以加了油、盐、调味品的终产品为基准)。

6. 风味物质及食用色素的添加

风味物质的添加:在进口处添加的风味物质经挤压后会显著变化,主要是风味劣化、挥发性风味组分消失、风味物质高温下的相互作用和分解作用。研究显示,使用胶囊化风味物质可提高效果。一些情况下,风味物质会干扰质构的形成,特别在引入脂肪物质时。基于这些原因,实际加风味物质是在膨化和干燥之后。最普遍的组分是油、盐和干酪粉,添加物一般在不锈钢容器中混合,混合物在振动式涂布机上喷洒。

食用色素的添加:食用色素可在挤压前干混合操作中加入,色素溶液有时会在入加压室之前就与进料螺旋相碰。如果要避免加水,可以换用极性溶液如丙三醇或酒精。

挤压小吃食品,经常可观察到退色现象,这与四个主要因素相关:①过热;②与各种蛋白质反应;③与还原性离子如铁、铝等反应;④与还原糖反应。也有物理因素的退色,如:泡沫结构导致光线折射,使基色变浅,气泡越小,颜色越浅。

拓展知识

一、米制方便食品主要设备的操作与维护

1. 挤压膨化机

（1）挤压膨化机生产前的检查和准备

新机和使用后的挤压机运转结束后均须拆下模头等零件对内部进行清理。开机前要按生产产品的要求配以相应的螺杆、筒体和模头,并检查机器的各部分是否正常。

（2）挤压膨化机的启动

挤压膨化机与一般设备不同,不是一开车就能进入正常运行状态的,而需大约 20 min 到 1 h的启动调整过程,一个非常熟练的优秀操作工也至少需要 10 ~ 20 min 才能使挤压膨化机生产进入正常状态。在调试阶段的产品是不符合要求的废料,有的废料可以粉碎回用,所以挤压膨化机的启动时间应尽可能短些。但根据实际经验,启动的时间不能过短,过短时不容易掌握好,很容易使机器在未达到正常状态就发生异常,以致被迫停机。目前挤压膨化机的启动和停机都需要依赖操作者的经验。有外加热的机器在启动前应先加热,使筒体温度达到正常工作状态值。自热式挤压膨化机有时用喷灯对筒体和模头进行预热以减少启动时间。主机启动后应立即把物料送入挤压机中去,避免螺杆与筒体发生长时间的直接摩擦;待等到螺杆把物料向前推进充满筒体,并从模孔中挤出之后喂料量才能逐渐增加。喂料量以每隔 1 ~ 2 min 少量缓慢地增加,同时相应调节加水量,逐步达到最终产品要求的正常运行状态。由于要达到热平衡需要一个较长的时间,操作工在调节温度、喂料量、转速等参数时要缓慢地逐步进行,切不可操之过急,因为它们的变化有一个滞后的过程。在达到预定要求时还要观察产品的组织结构、口感等是否符合要求,进行检查并及时进行微调。

（3）稳定运行

由于挤压膨化机起动时间长,所以在稳定运行后连续生产时间尽量长为好,以提高其实际生产量。当生产进入稳定运行状态后,并非达到绝对平衡状态,只是相对比较平稳,各种变化相对比较缓慢,但操作工仍要经常注意观察各参数的变化。如发现参数变化须及时调整有关的自变量,调整时切记不能进行快速大幅度的调整,防止挤压膨化机出现工作状态失控,造成运行困难和被迫停机。

（4）故障处理

挤压膨化机操作工应该通过培训,掌握挤压膨化机结构、生产理论知识,并具有一定实际操作经验。但即使操作熟练,故障也还是会时有发生。通常的工作故障是由自变量的变化引起的,如喂料量、加水量、加热量等,或者是尚未达到正常工作状态及热平衡状态。例如,如果喂料斗中结拱,就会造成喂料量减少或断料,导致挤压膨化机工作波动。再如,物料组分在输送过程中离析或粒度发生变化也会影响机器的正常工作和产品质量。

当发现传动功率迅速增加时,可采取将喂料量稍微减少或加水量稍微增加的方法。当发现膨化率下降、膨化质量差时,可增加挤压温度或适当降低物料含水量。当发现膨化过度时,可降低挤压温度或增加物料含水量。产品形状不规则大多是物料与水分混合不均匀或模孔设计布置不合理,造成各模孔处的压力不等,导致通过模孔的流速不同所致。要消除这种现象,模孔各处的压力和流速必须相同,原料加水混合均匀,否则就很难避免。

对于"蒸汽反喷"的处理,一般在正常工作状态时,高温挤压过程产生的蒸汽不会从喂料口逸出。一旦蒸汽沿螺杆由进料口逸出,这种现象就叫"蒸汽反喷"。这种蒸汽流动干扰了螺旋槽内被挤压物料的前进,会造成短时间内出料减少或不出料。处理方法是冷却筒体,特别是降低出料端筒体的温度或增加喂料量,这种现象可能就会停止下来,使机器逐渐回复到正常运行状态。有时挤压机加工条件发生急剧变化,为了避免机械损坏和造成难以清理的局面,需要采取果断而强烈的措施,最有效的方法是加大原料水分。因为原料过干会引起阻塞或电机过载,在这种情况下操作人员宁可迅速加水也不要让机器阻塞。

(5)停机和清理

挤压膨化机停机与一般机器也不同,也是一个比较复杂的过程。停机时先向物料中加进过量的水,或者用特配的高水分物料更换原来的物料,停止外加热的热源,降低出料温度到100 ℃以下再终止喂料,但挤压机仍需继续低速运转直到模孔不出料为止。挤压机停转后须拆下模头(操作者须戴隔热手套,并注意机体温度和机内压力,以免烫伤或伤人),然后再低速启动螺杆,在敞开出料端情况下把机筒内剩余物料全部排出为止。对于单螺杆挤压机,由于其本身没有自洁能力,物料不可能自己排净,还必须分段拆下筒体与螺杆进行清洗。

(6)维护

根据不同型号和不同产品,维修的内容和时间也不一样,这里提出以下几点建议。

①定期检查传动系统、润滑冷却系统的油位和密封情况,以保证传动箱的滑润和冷却效果,同时保证润滑油和物料两者的隔离,决不允许相互污染。

②螺杆与筒体在工作中随时都要发生磨损,这是不可避免的,当零件磨损后,挤压量减少,生产能力下降,并会引起各参数的波动,影响挤压机的使用。磨损后可采用堆焊的方法修补后再加工到要求尺寸,这种修复方法至多可用3~5次。

③模头的磨损表现在模孔尺寸变大,也会出现各模孔磨损程度不同的情况,磨损严重的模头无法修理,只能更换新模头。

④切割器的切刀磨损后会变钝,维修方法是换上新刀片,磨钝的刀片可以磨锐备用。

⑤挤压膨化机要有足够的备件,特别是生产多种产品的挤压膨化机,备件数量更多,以保证挤压膨化机在生产不同产品时不会因配件不足而无法生产。

2. 杀菌锅

(1)热水循环式杀菌锅(图6—4)的特点:

①由于杀菌篮回转具有搅拌作用,再加上热水由泵强制循环,锅内热水形成强烈的涡流,使锅内温度分布更加均匀,同时提高了罐外传热效率。

②杀菌篮的翻转产生罐头的"摇动效应",使传热效率得以提高,导致杀菌和冷却时间大大缩短。对于内容物为流体或半流体的罐头效果更为明显。

③传热均匀且速度高,产品质量好且稳定。对于肉类罐头,其翻转可防止油脂和胶冻的析出;对于高黏度、半流体和热敏性食品,不会产生因罐壁处的局部过热而形成粘结现象。

图6—4　热水循环式杀菌锅

④过热水不降温情况下回收并重复利用,大幅度减少了蒸汽消耗量,运行费用低。

⑤自动化程度高,过程参数均自动调节控制,可防止包装容器的变形及破损。

⑥设备复杂,造价高,设备购置投资额度大。

⑦杀菌过程中热冲击较大。

⑧有效地改善产品的色香味,减少营养成分的损失。

(2)热水循环式杀菌锅工作过程

①制备过热水:向贮水锅泵冷水(或由杀菌锅压热水),当贮水锅的水达到一定水位时(第一次操作时,为冷水,其后操作为杀菌排出的热水),液位控制器动作,冷水泵自动停止运转。同时打开贮水锅加热阀,压力为0.5MPa的蒸汽对锅中的水进行快速加热,升温速度一般为4～6℃/min。当加热到设定温度时,贮水锅温度调节器发出信号,关闭加热阀。贮水锅热水温度的设定根据罐型等不同情况,一般应比杀菌温度高5～20℃。在贮水锅升温时,向杀菌锅装填杀菌篮。

②向杀菌锅送水:当杀菌篮装入杀菌锅后,关闭好锅盖,启动联锁控制的自动控制程序。上下锅的连接阀自动打开,贮水锅的热水被压入已封闭好的杀菌锅。为了使罐头受热均匀,连接阀应具有较大的流通能力。要求在50～90s内完成送水。当杀菌锅内水位到达一定程度后,液位控制器发出信号,连接阀自动关闭,延时1～5min后又重新打开,使上下锅压力接近。延时用于罐头的升温、升压,以避免由于外部压力过大造成的瘪罐损失。延时时间的长短依包装容器材料及其形式而定,承压能力强、传热性能好的包装容器可采用较短的延时。

③升温:杀菌锅里的过热水与罐头接触后,由于热交换,水温下降而罐头升温,为了达到设

定的杀菌温度,打开杀菌锅加热阀,蒸汽经汽液混合器与循环水混合后送入锅内,使锅内迅速升温。在进行加热的过程中,开动回转体和循环泵,使水强制循环以提高传热效率

④杀菌:通过控制蒸汽阀,使杀菌锅水温保持所设定的杀菌温度。循环泵、回转体连续运行。在升温及杀菌过程中,杀菌锅内的压力由贮水锅的压力来保持,而贮水锅的压力则通过调整气阀来实现。

⑤热水回收:杀菌完成后,冷水泵启动,向杀菌锅注入冷却水。同时,杀菌锅的高温水被压注回贮水锅,贮水锅水满后,连接阀关闭,并转入冷却工序。再同时,打开贮水锅的加热阀,对其中的水进行加热,重新制备过热水。

⑥冷却:根据产品本身的需要,冷却过程有三种操作方式:降压冷却、先反压冷却后降压冷却和先降压冷却后常压冷却。时间的确定以不致造成产品质量下降和破坏包装为原则。在降压冷却时,压力应有规律地递减。

⑦排水:冷却过程完成后,循环泵和冷水泵停止运转,进水阀关闭,开启溢流阀和排水阀进行排水。

⑧启锅:拉出杀菌篮,全过程结束。

(3)杀菌锅操作作业危害预防

杀菌锅操作作业危害预防见表6—1。

表6—1 杀菌锅操作作业危害预防

灾害类型	防 止 对 策 与 措 施
泄漏	1. 盖板是否锁紧 2. 盖板密合垫是否损坏 3. 盖板放射杆是否松动 4. 管路接头接合是否良好 5. 安全阀动作是否正常
爆炸	1. 压力表是否归零 2. 是否超压使用 3. 盖板辐射杆是否松动 4. 盖板是否确实锁紧 5. 蒸气管入口减压阀压力调整是否正确 6. 蒸气产生器压力调整是否正确 7. 锅体是否有裂痕 8. 安全阀设定压力是否正确
烫伤	1. 是否依操作状况使用正确之工具 2. 是否佩带正确之防护器具 3. 安全阀排放口位置是否正确 4. 蒸气管路保温是否良好 5. 温度高于80℃时不可取出内容物

3. 真空包装机

双室真空包装机见图6—5。

图 6—5 双室真空包装机

（1）使用前的准备

①真空包装机机器放置平稳,查看合盖是否顺利,松手后是否自动跳起,但跳起 DZ - 400/ 2L 机型,可调整工作室下面的调整螺栓使盖能够自动跳起,但跳起的力不能过大,DZ - 400/2S DZ - 500/2S DZ - 600/2S DZ - 800/2S 机型则调整左右螺旋扣。

②配备适应机型要求的电源。

③查看真空包装机真空泵油面的位置是否正确,如不正确应调整(详见真空泵使用说明书)。

④将本机良好接地。

⑤接通电源,打开电源开关,合盖,查看真空泵运转是否正常(如不抽气,应调换三相电源线中的任意两相线)。

（2）使用前的调整

①选择真空度:真空包装机(以 www. yupack. net 公司产品为例)抽气时间为 0 ~ 99.9 s,数字显示,连续可调,小型真空包装机抽气时间为数字旋转式 0 ~ 30 s 可调。调整抽气时间的长短,从而达到所需的真空度。

②选择加热温度:根据包装袋材料选择所需加热温度,将加热温度旋钮调到相应位置(高、中、低)。

③调整加热时间:加热时间 0 ~ 9.99 s,数字显示,连续可调,根据所用包装材料及加热温度,调整加热时间旋钮,选择合适的加热时间(小型真空机数字旋转式 0 ~ 30 s 可调)。

④根据需要选定封口硅橡胶条的硅胶字,设定封口日期等字符。

（3）使用

①打开电源开关。

②将包装袋压条翻开,把装入被包装物品的包装袋(物品至袋口不得小于 4 cm)放入工作室内,需封口处平整地放于硅橡胶条上,袋子不要重叠,翻过包装袋压条将包装袋口部压好。

③握住手把(或按上盖边缘)下压上工作室,合盖,本机将按程序自动完成真空包装过程并自动开盖,部分设备配备有急停开关。

④翻开包装袋压条,取出包装袋,即完成一次工作循环。

⑤停止工作时需关上电源开关,拔出电源插头。

(4)维护

①立柜式真空包装机应在温度 -10～50℃,相对湿度不大于85%,周围空气中无腐蚀性气体,无粉尘、无爆炸性危险的环境中使用。真空包装机为三相380V电源。

②为真空包装机确保真空泵正常工作,真空泵电机不允许反转。应经常检查油位,正常油位为油窗的1/2～3/4处(不能超过),当真空泵中有水分或油颜色变黑时,此时应更换新油(一般连续工作一两个月更换一次,用1#真空汽油或30#汽油、机油也可以)。

③杂质过滤器应该经常拆洗(一般1～2个月清洗一次,如包装碎片状物体应缩短清洗时间)。

④连续工作2～3个月应打开后盖对滑动部位及开关碰块加润滑油,对加热棒上的各连接活动处应视使用情况加油润滑。

⑤对减压、过滤、油雾三联件要经常检查,确保油雾、油杯内有油,过滤杯内无水。

⑥加热条、硅胶条上要保持清洁,不得粘有异物,以免影响封口质量。

⑦加热棒上,加热片下的二层粘膏起绝缘作用,当有破损时应及时更换,以免短路。

⑧用户自备工作气源和充气气源,本真空包装机工作压力已设定为0.3MPa,比较合适,无特殊情况不要调节过大。

⑨真空包装机在搬运过程中不允许倾斜放置和撞击,更不能放倒搬运。

⑩真空包装机在安装时必须有可靠接地装置。

⑪严禁将手放入加热棒下,以防受伤,遇紧急情况立即切断电源。

⑫工作时先通气后通电,停机时先断电后断气。

二、米制方便食品行业的发展方向

据有关资料报道,全世界水稻年产量达 4×10^8 t 左右,以年产量排序,主要产稻国为中国、印度、印度尼西亚、孟加拉国、泰国、日本、巴西等。亚洲稻谷产量约占全世界产量的92%,以大米为主食的人数约占全世界人口的1/3,还有4亿人口以大米为辅助粮食。

据史学家考证,水稻原产于我国云南地区,我国栽培的稻谷主要有籼稻、粳稻、早晚稻、水陆稻、黏糯稻。

在中国食品史上,稻米是江南人民自古以来的主要食品。烧饭、熬粥、做糕点、酿酒、制醋和做小食品都离不开它。所以随着历史的发展,稻谷产量和种植面积越来越大,作为"五谷"之一,它的位置也越来越排在前面。新石器时代位于五谷中的第四位,商周时期位于第五位,春秋时为第三位,秦汉时位居第四位,两晋时位居第三位,隋唐时位居第二位,宋元至现在位居第一位,为五谷之冠。目前我国是稻谷产量最多的国家,种植稻谷面积占世界种植面积的1/4,而总产量占世界总产量的1/3。

大米是我国最重要的粮食作物之一,正常年景年产稻谷2亿吨左右,约占我国粮食产量的2/5。现在,我国约有8亿人口以大米为主食,每年直接食用大米及其制品消耗大米1.3～1.4亿吨,江南和长江流域主要以大米为主食,基本上一日三餐离不开它,以大米为基料的食品种类繁多,不胜枚举。所以大米及其制品的消费市场是我国最大、最稳定的粮食消费市场,也是历来深受百姓喜爱的主食品种。

1. 大米加工业的发展成就

随着我国社会经济的快速发展，人民生活水平不断提高和生活节奏的加快，人们的消费趋向膳食方便化、营养化和多样化。为顺应消费市场的需要，我国食品工业的"工业化"在加快，成品、半成品在食物消费中的比重在上升。在粮食供应方面，人们对传统的米、面消费方式和消费习惯正在逐步改变，以米、面为主食品的"工业化"生产也在进一步加快，方便面、方便米粉、方便米饭、速冻米面制品、主食面包以及工业化生产的米粉、面条、馒头、花卷、包子等各种米面食品大量涌现。由此可见，我国以米、面为主要原料的主食品生产有着广阔的市场。近几年来，我国的米制品生产有了较快的发展。在市场上，除了销量较大的各类干（湿）米粉、汤圆、方便米饭、方便粥、方便米粉外，还有发糕米制品、粽子、年糕和以米果为主的各类膨化休闲食品等，这些传统米制品普遍受到了消费者的喜爱。

近几年来，我国大米加工业的发展势头较好。其主要标志是：一是年生产能力和大米总产量都较上年有较大增长；二是企业个数和大中型企业的数量较上年又有新的增加；三是现价工业总产值和产品销售收入又有一定的增长；四是大米加工企业的资产总计增幅较大，资产负债率有了明显下降；五是生产集中度明显提高；六是效益明显提高。为我国大米加工业的进一步发展奠定了基础，也为做大做强米制品产业打下了基础。

2. 大米加工业的发展的瓶颈

在充分肯定我国米制品生产取得成绩的同时，也要清醒地看到制约我国米制品产业做大做强的"瓶颈"很多，归纳起来主要有以下几个方面的问题。

（1）对传统米制品产业化重视不够

以中餐为代表的东方饮食文化闻名世界，其中传统的米、面主食品是其重要组成部分，为此，在我国大力发展米、面主食品的生产是理应重视的。但事实却相反，在我国食品工业的快速发展中，米、面主食品的生产并没有引起各方面的高度重视，没有得到应有的快速发展，甚至有被"洋食品"挤垮的可能。

（2）米制品生产企业的生产集中度低

纵观现今我国的各类米制品生产企业，普遍存在着规模小，有一定规模的企业屈指可数，生产环境差，生产技术与装备落后，工业化水平低，产品质量不稳定，品种较少，尤其是新产品少等问题。

（3）对米制品的研究开发工作重视不够

全国至今没有一个粮油科研院所或食品科学研究机构将米制品的开发研究列入本单位的科研重点工作，从而造成了目前我国米制品行业新技术、新设备和新产品研发能力低，科技含量不高的现状。

（4）产品缺乏标准

我国现有的米制品，其产品质量标准大多停留在企业标准上，缺乏高水准的行业标准和国家标准。

以上这些问题制约着我国米制品产业发展和做大做强，必须引起我们的高度重视，认真加以解决。

3. 米制品行业要重视品牌战略

质量是企业的基础，是企业的生命线，品牌就是企业的"牌子"，是"招牌"，是企业在商品市场的通行证,也是企业赖以生存的基础。一个以高质量为基础的品牌,一旦被人们认可,将为企业的发展提供可靠的保证。

近几年来有相当一部分粮油加工企业开始重视品牌,积极实施名牌工程,通过大力培育和宣传品牌,增强了企业的质量意识和品牌意识,推动了经营管理水平和产品质量的提高。经过大家的努力,自2001年起在"放心粮油"、"中国名牌"和"中国畅销品牌"的评选中取得了卓越的成绩。连续五年在"放心粮油"的评选中,全国已有1426个粮油加工企业、1504个品牌和2662个产品被中国粮食行业协会评选为"放心粮油"称号;在2004年和2005年的"中国名牌"评选中,全国粮食行业共获得了30个中国名牌,其中大米7个、面粉13个、食用油脂10个;在2006年商务部举办的"中国畅销品牌"评选中,中国粮食行业协会根据评审条件,经过专家审查,已向商务部推荐了28个企业的品牌作为"中国畅销品牌"。实践证明,获得上述荣誉称号的粮油产品品牌,在市场上深受百姓欢迎,市场占有率越来越高,企业的销售量和经济效益有较大幅度提高。

所以有人说:"一个著名品牌不仅可以壮大一个企业,带动一个产业,乃至可以造福一个地区,振兴一个民族",这是非常正确的。根据粮油工业企业的实践经验,米制品行业也要重视品牌,要创造条件争取将米粉等米制产品列入"放心粮油"的评选范围,然后再争创"中国畅销品牌"和"中国名牌"。这样才能将大米加工业进一步发展,才能做大做强。

【项目小结】

稻米是江南人民自古以来的主要食品,随着我国社会经济的快速发展,人民生活水平不断提高和生活节奏的加快,人们的消费趋向膳食方便化、营养化和多样化。我国大米加工业的发展势头较好,但只有把米制品形成了更多品牌,才能将大米加工业做大做强。

方便米饭是将蒸煮成熟的新鲜米饭迅速脱水干燥或罐制或冷冻而制成的一种可长期储藏的方便食品,食用时只需加入开水焖泡或微波加热即可,其方便卫生、保质期长、符合传统的饮食习惯和现代节奏的社会发展。

软罐米饭加工是以大米为原料,以淀粉的糊化和回生现象为基础,经过处理、装罐、密封,还利用了高温灭菌原理,在高温灭菌的同时,破坏原料中的酶系,并使原料熟化,然后冷却而制成的。可使制品达到长期保存的目的。

软罐米饭工艺流程(图6—6):

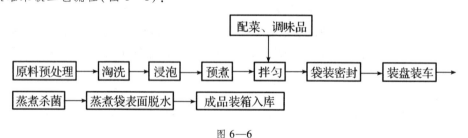

图6—6

方便米粉是以米为原料,经过洗米、浸泡、磨浆、搅拌、蒸粉、压条、干燥等一系列工序所制成的一种圆截面、长条状米制品。

方便米粉把大米淀粉α化,同时大米蛋白经过热变性使之与淀粉颗粒结合,成为具有一定网络的片状结构,然后在一定的温度范围内进行干燥,使淀粉颗粒的α化定型,最后经包装,食用时将米粉在热水中的复水。要得到良好的复水特性,关键问题还是与淀粉结构有关。只要能保持糊化淀粉的 α 结构,而不回生变成 β(生淀粉)结构,米粉就会获得良好的复水性,从而减少食用时的冲调时间,食用更加方便。

方便米粉工艺流程:

1. 湿法加工米粉工艺流程

大米→清洗→浸泡→滤水→磨碎→过滤脱水→制粒→蒸粒→揉粒→挤压成型→晾干、晒干或烘干→米粉成品

2. 干法加工波纹米粉工艺流程

大米→清洗→浸泡→滤水→吸米→粉碎→分离→搅拌→头榨成条→二榨成丝→成波纹→冷却→复蒸→冷却→降温→切断→烘干→米粉成品

膨化米饼是指以大米等谷物粉、薯粉或淀粉为主要原料,利用挤压、油炸、砂炒、烘焙等技术加工而成一种体积膨胀许多倍,内部组织成为多孔、疏松的海绵状结构的食品。

挤压膨化的原料由许多排列紧密的胶束组成,胶束间的间隙很小,在水中加热后因部分胶束溶解空隙增大而使体积膨胀。当物料通过膨化机供料装置进入套筒后,利用螺杆对物料的强制输送,通过压延效应及加热产生的高温、高压,使物料在挤压筒中被挤压、混合、剪切、混炼、熔融、杀菌和熟化等一系列复杂的连续处理,胶束即被完全破坏,淀粉糊化,在高温和高压下其晶体结构被破坏,此时物料中的水分仍处于液体状态。当物料从压力室被挤压到大气压力下后,物料中的超沸点水分因瞬间的蒸发而产生巨大的膨胀力,物料中的溶胶淀粉体积也瞬间膨化,这样物料体积也突然被膨化增大而形成了疏松的食品结构。

挤压膨化米饼工艺流程:

原料配制→混合→挤压机成型(集混合糊化、捏合、挤压、切片于一体)→干燥→包装→半成品→烘烤膨化→调味→成品

【复习思考题】

1. 为什么说我国大米加工业的发展势头较好?

2. 我国米制品行业要用什么战略来克服其发展中的瓶颈?

3. 为什么说我国发展方便米饭大有可为?

4. 简述软罐米饭的加工原理、工艺流程和操作要点。

5. 简述方便米粉的加工原理、工艺流程、操作要点和质量标准。

6. 膨化食品深受广大消费者的喜爱和欢迎的原因是什么?

7. 简述挤压膨化米饼的加工原理、工艺流程、操作要点和质量标准。

项目7　速冻食品加工技术

【知识目标】通过本项目的学习,使学生掌握速冻汤圆和速冻粽子等速冻米制品的加工原理、工艺流程及常见质量问题的解决方法,了解常用的速冻设备及速冻食品的发展方向。

【能力目标】通过本项目的学习,使学生能够正确地分析和解决速冻米制品生产过程中出现的实际问题。

速冻(Quick Freezing),即快速冻结,是使产品迅速通过其最大冰结晶区域(即-5~-1℃),当平均温度达到-18℃时,冻结加工方告完成的冻结方法。

一般来讲,速冻食品是指在-30℃或者更低的温度下进行冻结的食品。在此低温下,食品迅速通过其最大结晶区,使食品组织中的水分凝结成细小的冰晶(其直径不大于100μm),并均匀地分布在整个组织之中。当食品中心温度达到-18℃时,速冻过程即告结束。速冻食品在解冻后,仍能保持原有的组织结构(细胞组织未被破坏),汁液流失少,基本上保持了食品原有的色、香、味。速冻食品在贮存期,必须保持在-18℃以下稳定的低温条件下,温度波动不大于1℃,否则细小的冰晶体会继续增大,直至破坏速冻食品的细胞结构。

因此,速冻食品一般具有下述特征:① 食品冻结时的冷却介质温度应在-30℃或更低;② 食品冻结过程中形成的冰晶规格应不超过100μm;③ 食品冻结时通过最大冰晶生成带的时候应不超过30 min;④ 冻结结束时食品的中心温度应在-18℃以下;⑤ 食品冻结后的贮藏、运输、销售等都应在-18℃及以下温度进行。

与其他食品相比,速冻食品具有卫生质优、营养合理、品种繁多、食用方便以及成本较低等优点。速冻食品还具有调节季节性食品、调剂地区食品的作用,可降低原料消耗和能源,也可减少由于加工而带来的污染。在餐饮业,采用速冻面团还可大大节省加工步骤以节约能源,因此,速冻食品的发展越来越受到相关部门的重视。

对于速冻食品的分类,一般可按照速冻食品的性质及来源将其分为畜禽类速冻食品、水产类速冻食品、果蔬类速冻食品和调理类速冻食品四大类。其中,调理类速冻食品是冷冻食品加工业的重要组成部分,也是现代化食品加工业的重要标志之一。我国经济的快速发展、人民生活水平的不断提高以及家务劳动的社会化趋向,都为我国速冻调理类食品加工业的大发展提供了市场需求。调理类速冻食品是指以农产品、畜禽、水产品等为主要原料,经前处理及配制加工后,采用速冻工艺,并在冻结状态下贮藏、运输和销售的包装食品。米制品类速冻食品是调理类速冻食品中的一类,主要是指以糯米、粳米或糯玉米为主要原料,经过调味、包馅心等,再由机器或手工加工成各种形状并经速冻而成的产品。市场中常见的产品主要有速冻汤圆、速冻粽子及速冻年糕等。

任务1 速冻汤圆的加工技术

汤圆是我国人民的传统食品,最初是由家庭、茶楼等现煮现食。近年来,随着速冻技术的迅速发展,汤圆才作为一种速冻食品进入社会化大生产的行列。根据我国行业标准 SB/T 10423 - 2007 的定义,速冻汤圆是以糯米粉或其他糯性粉为主要原料制皮料,添加(或不添加)馅料,经和面、制芯(无芯产品除外)、成型、速冻、包装制作而成的且速冻后产品中心温度不高于 -18℃ 的球形产品。速冻汤圆作为一种速冻中式食品,既满足了现代人对方便、卫生、营养的要求,又适合国内消费者的口味,因此具有较大的市场潜力。目前,国内已有"三全"、"思念"、"科迪"、"龙凤"等上百个速冻汤圆品牌。

汤圆一般以甜味为主,大多根据汤圆的馅料命名,有芝麻汤圆、花生汤圆、豆沙汤圆、香芋汤圆、椰味汤圆等。而咸味汤圆较少,以鲜肉汤圆最为常见。

汤圆多呈圆形,包馅或不包馅,大小从 3 g 到 30 g 不等。汤圆的突出特点是绵软香甜、口感细腻、食用方便,是点心小吃的佳品,尤其是传统的元宵节,几乎家家户户都吃汤圆,另外由于"汤圆"寓意"团圆",因此春节期间是消费汤圆的旺季。

一、速冻汤圆加工工艺流程

速冻汤圆的加工工艺流程可表示如图 7—1。

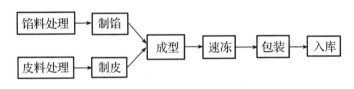

图 7—1 速冻汤圆加工工艺流程

二、速冻汤圆加工工艺

1. 馅料原料处理

汤圆馅料的原料主要有芝麻、花生、莲子、豆沙、白糖以及鲜肉汤圆用的猪肉等。

在上述几种原料中,芝麻的处理相对最为麻烦。芝麻汤圆要用到黑芝麻和白芝麻两种,通常黑芝麻含有较多的细沙杂质,因此对黑芝麻的清洗必须充分。

黑芝麻的清洗操作流程一般是:把芝麻放入 10 倍重量的清水中上下搅拌几分钟,让芝麻充分浸水,然后静置 30 min。由于芝麻的饱满程度不同,芝麻或漂浮、悬浮,或沉没于水中。完全漂浮于水面的芝麻没有肉质,只是空壳,不能食用,这部分芝麻连同浮于水面的草叶、草根等杂质先捞出弃去;然后用密网把悬浮于水中的优质芝麻慢慢捞出另放备炒;沉底部分不易同杂质分开,需要再次搅拌,并将盛桶倾斜静置,稳定后杂质会朝低端处沉积,高端处为干净芝麻。这样反复几次,基本可以把芝麻洗净。另外要引起注意的是洗好的芝麻不能盛放太多太久,因为洗好的芝麻特别容易发热,对其质量有影响。

在炒芝麻、花生或其他种类原料时,火候掌握的好坏关系到炒后的香味和脆性,要求芝麻或花生熟透、香脆且没有焦味、苦味,颗粒鼓胀。炒熟的芝麻或花生要趁热绞碎,冷却后再绞的效果不好,不易绞碎。甜味汤圆中切忌混有除糖以外的任何味道,因此不能使用五香花生或略带咸味的调味花生,最好使用生花生现炒现用。

对于核桃仁,要选用成熟度好、无霉烂、无虫害的,用含 1.0% ~ 1.5%(质量分数)$NaHCO_3$ 的沸水浸泡去皮,炸酥、碾碎至小米粒大小。

熟面粉是将小麦面粉于笼屉上用旺火蒸 10 ~ 15 min 制得,也可经烤熟或炒熟,其作用是调节馅心的软硬度,缓解油腻感。

2. 皮料的原料处理

汤圆皮料主要是由糯米粉组成的,因此对皮料的原料处理也就是对糯米的处理。糯米处理可分水清洗、浸泡、磨浆和脱水共 4 个环节。

水洗的主要目的是除去糯米中的杂质。

糯米的浸泡要求一半米一半水搅拌后浸泡,浸泡时间根据生产季节的气温高低而定,夏季浸泡 4 h 左右,冬季需要浸泡 8 h 或更长,甚至晚上开始浸泡第二天磨浆,浸泡时间达 12 h 以上。浸泡的目的是将硬质的糯米软化,以便于磨浆。如果浸泡时间不够,磨出的浆料则成稀液状,不会鼓胀。

磨浆是将浸泡过的糯米磨成细浆的过程,在磨浆下料时还要注意边加米边加水,使浸泡米始终在含水状态下进入磨浆机,否则磨出的米浆不够细腻,粗糙的米浆将直接影响成品汤圆的质量。磨浆时要注意出料阀的控制,好的浆料呈天然白色,细腻、滑润,并且充分吸水鼓胀,呈泡沫状。水磨后的浆液进入浓浆池之前应设置过筛工艺,一般采用 80 ~ 100 目的筛网,以确保其细度。

脱水指将浆液脱水成固体的工序,脱水的作用是将浆料中多余的水分脱去,一般脱水后的糯米浆为原料糯米重量的 160% ~ 180%,可根据这个得率在实际生产中调试并掌握脱水机适当的转速和脱水时间。

如果不是现用还需对脱水后的糯米浆进行干燥处理,以达到糯米粉的标准。

3. 制馅

随着消费者对汤圆质量要求的提高,从事汤圆生产方面的研究开发人员对汤圆的研究也日渐深入。一般来讲,好的汤圆馅料具备以下几个特点:成型时柔软不稀,冻结时体积不增大,水煮食用时流动性好呈流水状,味道香甜细腻。上述特点都是针对甜味汤圆馅而言的,咸味馅料如鲜肉汤圆馅的制作较简单,与水饺、包子的馅料制法相同。

汤圆馅料要达到成型时柔软不稀易成型,水煮食用时又要呈流动性好的液态,添加适当的食品添加剂就显得特别重要。实践证明,在馅料中添加 1% 左右冷冻果酱的效果良好,果酱粉通常由黄原胶和麦芽糊等原料人工合成制得,其亲油性大于亲水性,调配馅料时果酱粉充分溶解于所添加的油分中形成糊状。同时溶于油中的果酱浆有良好的黏稠性,与芝麻酱或花生酱(磨碎的芝麻或花生)及白糖混合后,提高了混合馅料的柔软性和延展性,符合成型要求。而馅料经加热水煮后油滴受热重新游离,糊性降低,稀释性提高,馅料则呈现有较好流动性的稀液,食用时口感细腻,自然溢出,并且可以感觉到馅料较多。

只是选择适当的果酱粉还不能保证制作出的馅料质量优良,多种原料的调配顺序也至关重要。在汤圆馅料的制备过程中,原料不同其制作工艺也不尽相同。

现以芝麻汤圆为例,说明馅料调配的工艺要点。一是将芝麻酱和白糖粉充分搅拌,因为芝麻在绞碎时会由于流出芝麻油而使芝麻酱呈细条状,而不是粉状,在搅拌时要把细条状的芝麻酱分散开来,直至呈粉末状分布于白糖粉中,否则芝麻味不均匀,影响质量。二是色拉油和甘油要先与果酱粉搅拌溶解,边搅拌果酱粉边加色拉油和甘油,使果酱粉充分溶解在油中,形成糊状液。在这个工序中要特别注意,搅拌要连续不能中断,否则果酱粉会结团不易分开。然后把上述两种混合料再混合搅拌均匀,即得到质量良好的芝麻馅。馅料在用于成型之前,最好在0℃左右的温度下放置几个小时,这样更有利于成型。

汤圆馅料在整个配制过程中几乎不添加水分,如果太干可以再适当添加色拉油,但考虑到成本问题,添加少量的水分也可以。如果馅料的水分太多,在速冻时特别是在速冻条件不理想时汤圆容易冻裂。汤圆冻裂的问题一直困扰着很多厂家,一般认为汤圆冻裂的原因是皮质问题,但也有研究认为,馅料的好坏也决定汤圆是否会冻裂。因为在速冻过程中,皮料首先冻硬,然后馅料才会冻硬。如果馅料中水分含量过高,在水变成冰时,体积膨胀,会造成整体馅料体积膨胀,从而使汤圆皮被胀破。另外,由于冷库及销售过程中的温度波动,冰的体积将进一步增大,因此在实际中,发现汤圆在贮藏或销售过程中还会进一步开裂,故馅料中水分的控制很重要。

选择油料时使用色拉油的原因是因为色拉油没有味道,适用于不能有异味的甜馅中。另外,低度的色拉油在低温时会凝固,也有利于成型。添加少量甘油的目的是增加馅料的乳化稳定性,也有利于提高增稠效果。

对于豆沙馅的制作工艺比其他汤圆馅料略为复杂,在选料上也有较大区别,一般不需添加甘油和增稠剂。其工艺为:

煮糖水 → 冷却 → 加小麦淀粉 → 煮沸 → 加红豆粉 → 加色拉油 → 冷却

成品豆沙馅的要求是光泽好、表面光滑、口感细腻。

4. 制皮

传统的手工汤圆在制作完成后很快就被食用,但工业化生产的速冻汤圆要经过速冻及长时间的冻藏和销售,汤圆皮是否会冻裂以及破裂的程度会直接影响各厂家汤圆的质量和声誉,因此用来防止汤圆裂皮的各种食品添加剂便应运而生,汤圆生产的工艺也越来越科学。综合各厂家的普遍做法,添加一定量的熟皮和少量的增稠剂是共同的技术措施,即煮芡法,不同的是熟皮的添加量以及增稠剂的品种选择有所不同。

熟皮是指蒸熟后的糯米浆。将糯米浆掰成小块平铺在带有小孔的蒸盘上蒸炊 15 min 即得熟皮,蒸盘带小孔的作用是排除在蒸炊过程中积留在蒸盘上的大量水液,这部分水液会降低熟皮的黏度,甚至影响到汤圆皮的软硬度,必须及时除去。熟皮呈淡黄色,具有较强的黏性,组织细密。熟皮用于汤圆皮中的目的是提高汤圆皮的组织细密性,提高汤圆皮的延展性,提高抗冻能力,有利于防止汤圆皮被冻裂。由于熟皮具有极强的黏性,在使用时要注意先将熟皮冷却并捏成小圆子,以细碎的形式分批次添加于正在搅拌的糯米浆中,如果一整团加入,熟皮会黏附缠绕在搅拌器上,造成搅拌不均匀,起不到应有的效果。熟皮添加量一般为汤圆皮总量的6% ~ 8%。

糯米浆属于米制品类,如果其延展性不好则容易断裂。因此在速冻汤圆的生产中使用适当的食品添加剂显得尤其重要,其中有利于提高黏弹性的增稠剂是较为常用的添加剂。

5. 成型

在工业化速冻汤圆的成型中,以机器成型为主,采用手工成型的相对较少。汤圆成型过程中有几个常见的问题要引起注意,最常出现的问题是汤圆漏底,馅料露出。出现这种问题大致有两方面的原因,即机器调节不当或皮料馅料制作效果不好。走馅速度太快(馅料太多)或走皮速度太慢(皮量太少)会使成型的汤圆破底,此时只需调节馅速(馅量)或皮速(皮量)即可。另外,安定板(或称支撑台)调节得太高,使得汤圆还未包馅完成就被打击柄打出造成漏底,此时将安定板调低即可。如果机器调节正常仍出现漏底,此时可能的原因一个是馅料太硬,在包馅过程中将皮冲破,解决的办法是将馅料在绞肉机中(2mm孔径)再绞一遍,绞后的馅料既软又细,易于成型;另一个原因是皮料制作不好,搅拌不够,还未形成较好的延展性,易断,特别是在安定板上旋转时,很容易磨裂,造成漏底,此时应对皮料进行再次搅拌,提高其延展性。

成型后的汤圆不圆,甚至变形也是在汤圆生产中经常出现的问题。出现这个问题同样有机器和皮料两个方面的原因,其中机器方面最可能的原因是打击柄调得太高或安定板调得太高。打击柄调得太高会出现汤圆个体上有打击柄打出的压痕,如果皮料稍软就会使汤圆上下歪曲变形;如果安定板调得太高,会出现汤圆太扁,底端偏大,不圆。以上这两种情况只要对打击柄和安定板作些微调即可。另外,制作的皮料如果太软也会使成型出来的汤圆外形扁塌、不圆。

6. 速冻

在所有速冻调理食品当中,汤圆对速冻的条件要求最高,也最讲究。成型后的汤圆在常温中置放的时间不能超过 30 min。在温度低湿度小的冬季,汤圆表皮易干燥,速冻后容易开裂;在温度高湿度大的夏季,汤圆容易变软变形,容易扁塌。速冻的温度至少要达到 -30℃,高于这个温度冻硬的汤圆表面会沉积冰霜或冰碴,出现较多的细纹。另外,在温度偏高的条件下,速冻出的汤圆不白,颜色偏黄,影响外观;速冻的时间也要合理掌握,不能超过 30 min,否则汤圆会冻裂。速冻汤圆的中心温度可以用专用的数字温度仪表进行测定。

7. 包装入库

汤圆的包装要求速度快。速冻汤圆是易解冻的产品之一,解冻后表面会发黏,容易相互黏结,特别是没有采用固定内皿套装而是混合包装的汤圆,包装时的速度务必要快。贮藏汤圆的冷库要求库温相对稳定,否则汤圆表面易产生冰霜或冰碴,甚至整个包装袋都会有大量的冰碴,汤圆开裂,颜色变黄。

三、速冻汤圆的质量标准

2007 年 3 月 28 日,我国商务部发布国内贸易行业标准 SB/T 10423—2007《速冻汤圆》,并于当年 9 月 1 日正式实施。该标准规定了速冻汤圆产品的术语和定义、分类、要求、试验方法、检验规则、标志、包装、运输、贮存、销售、召回的基本要求。

1. 速冻汤圆的分类

① 根据产品是否含馅分为无馅类和含馅类两类。

无馅类:以糯性粉为主要原料制成不含馅料的汤圆。

含馅类:以各种风味馅料做芯的汤圆。

② 根据产品馅料口味分为甜味、咸味两类。

甜味产品根据含糖量的多少分为无糖汤圆和含糖汤圆两类。无糖汤圆是指产品中总糖

（以葡萄糖计）含量低于 0.5% 的汤圆；含糖汤圆是指产品中总糖（以葡萄糖计）含量在 0.5% ~5.0% 的汤圆。

2. 糯米粉要求

制作速冻汤圆所用糯米粉的质量应达到表 7—1 的要求。

表 7—1　糯米粉的质量标准

项　　目	指　　标	检验方法
色泽	洁白	GB/T 5492
气味	具有糯米粉特有的清香,无异味	GB/T 5492
口感	有糯性,无砂齿	GB/T 5492
组织状态	粉粒粗细均匀,粉质干燥,手感细滑;无回潮、霉变现象	感官
斑点/(个/cm^2)　≤	6	GB/T 12095
水分/%　≤	14.0	GB/T 5497
灰分/%　≤	0.6	GB/T 5505
白度　≥	85°	GB/T 12097
细度(0.16 mm 通过率)/%　≥	95	GB/T 5507
酸度(中和 100 g 纯干米粉消耗 0.1 mol/L NaOH 溶液的毫升数)　≤	35	GB/T 5517
总砷(以 As 计)/(mg/kg)　≤	0.15	GB/T 5009.11
铅(以 Pb 计)/(mg/kg)　≤	0.2	GB/T 5509.12
黄曲霉毒素 B$_1$/(μg/kg)　≤	5	GB/T 5509.22
二氧化硫/(mg/kg)　≤	30	GB/T 5509.34

3. 感官要求

速冻汤圆的感官指标应符合表 7—2 的规定。

表 7—2　速冻汤圆的感官指标

项　目	要　　求
外观	外形完整,大小基本一致,具有该产品应有的形态,不变形,不破损,不露芯
色泽	具有该品种应有色泽,且均匀
滋味、气味	具有该品种应有的滋味和香气,无异味
杂质	外表与内部均无肉眼可见杂质

4. 理化指标

速冻汤圆的理化指标应符合表 7—3 的规定。

表 7—3　速冻汤圆的理化指标

项　　目	无馅类	含馅类 咸味	含馅类 甜味 无糖	含馅类 甜味 含糖
水分/(g/100g)　≤	55	55	55	55

项　目	无馅类	含馅类		
		咸味	甜味	
			无糖	含糖
总糖（以葡萄糖计）/(g/100g)	—	—	<0.5	≥0.5
脂肪/(g/100g)　　　≤	—	14	14	14
挥发性盐基氮/(mg/100g)　≤	—	10	—	—
黄曲霉毒素 B₁/(μg/kg)　≤	5	5	5	5
酸价ᵃ（以脂肪计）/(g/100g)	按 GB 19295 的规定执行			
过氧化值ᵇ（以脂肪计）/(g/100g)	按 GB 19295 的规定执行			
总砷（以 As 计）/(mg/kg)	按 GB 19295 的规定执行			
铅（以 Pb 计）/(mg/kg)	按 GB 19295 的规定执行			

注：无糖产品总糖指所有的单糖和双糖。

　　a 以馅料为检测样本。

　　b 仅适用于以肉、禽、蛋、水产品为主要馅料制成的产品。

5. 微生物指标

成品速冻汤圆的微生物指标应符合表7—4的规定。

表7—4　速冻汤圆的微生物指标

项　目	指　标
菌落总数/(CFU/g)	≤1 500 000
致病菌（沙门氏菌、志贺氏菌、金黄色葡萄球菌）	不得检出

6. 馅含量指标

馅含量指标应符合表7—5的规定。

表7—5　速冻汤圆的馅含量指标

项　目	指　标	
	无馅类	含馅类
馅含量/%　　≥	—	18

四、速冻汤圆的质量控制

1. 速冻汤圆的主要质量问题

在速冻汤圆大规模工业化生产的过程中，由于水磨糯米粉不像湿面粉一样有筋力，往往出现调制好的汤圆塌架、包馅开裂、煮时浑汤、口感差、速冻后有明显裂纹、脱粉等现象，严重影响了速冻汤圆的质量。

（1）冻裂

速冻汤圆经过一段时间的冷藏后，会出现不同程度的龟裂甚至开裂现象，由于开裂不但影响汤圆的外观而且煮后露馅、浑汤、颗粒塌陷，严重影响产品的品质，给销售带来了较大的困难,引起了生产厂家的高度重视。目前抗冻裂能力已成为衡量速冻汤圆品质的重要指标之一,通常用开裂率来衡量开裂程度。

（2）口感差

速冻汤圆一般以水磨糯米粉为原料,糯米粉的质量与汤圆的口感密切相关,成为衡量速冻汤圆品质的重要指标之一。汤圆一般要求是嫩滑爽口、绵软香甜、口感细腻,且有弹性、不粘牙。通常以黏弹性、韧性、细腻度三项指标来衡量汤圆的口感品质。

（3）外观差

汤圆在速冻后或者煮出后易发生塌陷、扁平、偏馅、漏馅、形状不规则、色泽灰暗、泛黄、没有光泽等问题。速冻汤圆的外观一般用成形性、光泽度、色泽来衡量,要求颗粒饱满,呈圆球状,白色或者乳白色,光亮。

（4）卫生问题

卫生问题是速冻食品生产的首要问题,生产的各个环节,都必须严格控制卫生条件。

2. 速冻汤圆质量问题产生的原因

（1）导致汤圆开裂的原因

汤圆开裂是最为常见和直观的质量问题。造成速冻汤圆开裂的原因主要有以下几点:一是冻结速度过慢,表面先结冰,等到内部馅料结冰后,体积膨胀致使产品表面开裂;二是调制面团时,加水量、熟芡与生粉的比例不当;三是在贮存过程中产品表面逐渐失水形成裂纹;四是在贮存、运输过程中,由于温度波动,在外力作用下造成开裂。

速冻汤圆面皮配方、生产工艺条件对汤圆质量也有较大影响。一方面,速冻汤圆冷藏后表面开裂,主要原因是,糯米粉蒸煮或者热烫后形成的糯米凝胶与生糯米粉混合后制得的速冻汤圆,随着凝胶的冻结,淀粉分子链即具有相互作用的趋势,迫使水从这一结合体系中挤压出来,从而产生严重的结构变化即脱水收缩作用,并带动粉团内部产生应变力,进而引起粉团在冷藏过程中表面产生裂纹,随着制作粉团时凝胶用量的增加,这种现象更加严重。另一方面,因为糯米粉团本身的吸水性、保水性较差,在加工过程中加水量的小幅度变化就可能影响到汤圆的开裂程度。加水量过小,则粉团松散,粉粒间亲和力不足,在冻结过程中水分散失过快也会导致汤圆干裂。

（2）影响速冻汤圆口感的因素

糯米粉粒度和黏度的影响:糯米粉质粒度对汤圆口感影响较大,糯米粉是汤圆生产的主要原料,其品质的优劣直接影响成品的质量。用于制作汤圆的糯米粉质粒度及黏度的要求较高,要求粉质细腻,它的粒度应达到100目筛通过率大于90%,150目筛通过率大于80%,口感好,龟裂较少,品质较好。当粉粒较粗时,成形性虽好,但粗糙,色泽泛灰,光泽暗淡,易导致浑汤,无糯米的清香味;当粉粒过细时,色泽乳白,光亮透明,有浓厚的糯米清香味,但成形性不好,易粘牙,韧性差;同时,糯米粉质粒度也直接影响其糊化度,从而影响到黏度及产品的复水性,粉质细则糊化度高,黏度大,复水性好,反映在品质上表现为细腻、黏弹性好,易煮熟,浑汤少。

加工工艺的影响:经过烫面后,糯米粉中的部分淀粉糊化而稠度增加,有利于汤圆的加工,但也给汤圆带来了明显的负面影响。因为糊化后的淀粉,在低温条件下会回生（即冷冻回生）,其营养价值、口感等都会有明显的劣变。

（3）影响速冻汤圆外观的因素

汤圆在成型过程中揉搓力越小,切口封闭成型也越好。在成型过程中,揉搓力要均匀,尽量保持汤圆形态的完整性和一致性,最好能够成为均匀的球形,减少不必要的应力作用。

另一方面,因为糯米粉团本身的吸水性、保水性较差,加水量过大,游离水多,速冻过程中易致汤圆塌架。

(4)影响速冻汤圆卫生质量的因素

影响速冻汤圆卫生质量的因素主要有:原材料的卫生指标不合格,产品在生产过程中被污染。因此,需要对原材料进行严格的检验把关,对不合格品进行严格的杀菌处理。生产中的污染主要来自人为带入和环境因素,故要求对操作人员的手、衣、鞋等进行严格的消毒处理,车间、工具等都应定期消毒,控制空气中的落下菌,严格依照食品卫生法进行生产操作。

3. 汤圆品质的改良措施

(1)改进工艺

适当添加改良剂,直接用冷水(室温水)调粉,代替水磨糯米粉的煮芡或热烫工序,使糯米粉团似湿面粉团有一定的筋力,从而在包馅、贮藏时不易龟裂,避免了粉团凝胶所带来的负面影响。速冻汤圆改良剂中的魔芋精粉、瓜尔豆胶有协同增稠作用,具有形成凝胶的能力,能确保汤圆不塌架,同时增加了干水磨糯米粉的吸水量。速冻汤圆改良剂的黏度大,可使糯米粉的组织紧密,煮食糊化时的浑汤现象显著减少,从而改善其品质。复合磷酸盐的保水性、黏结性,能够改善产品流变性能,从而改进速冻汤圆的组织结构和口感,因吸水、保湿而避免了产品表面干燥,使产品组织细腻,表皮光洁。生产速冻汤圆面皮时一般需要添加少量无色无味的色拉油,与乳化剂蒸馏单甘酯作用后,具有保水效果,可避免速冻汤圆长期贮存后因表面失水而开裂。研究表明,添加剂的复配有利于改善制品的口感。同时,添加剂对糯米粉粉质黏度有较大影响。添加汤圆改良剂可以改善淀粉糊化性质,降低起始糊化温度,缩小糊化区间并提高淀粉的最高糊化黏度,其汤圆口感较好。

(2)严格控制速冻条件

在冻结过程中,必须保证使汤圆发生的物理变化(体积、导热性、比热容、干耗变化等)、化学变化(蛋白质变性、色泽变化等)、细胞组织变化及生物生理变化等达到最大的可逆性。汤圆冻结过程中,在 -5℃ ~ -1℃ 温度范围内,几乎80%的水分结成冰,此温度范围即为所谓的最大冰晶生成区。要保证速冻产品品质,应以最快的冻结速度通过最大冰晶生成区,因为速度越快,形成的冰晶就越小、越均匀,且不至于刺伤细胞造成机械损伤。冷冻时如果温度不够低,汤圆会产生较多的开裂现象。这是因为若冷冻0.5 h后汤圆中心温度未达到 -8℃,则这种冷冻为缓冻。冷冻速度慢,粉团淀粉间水分会生成较大的冰晶体,而使粉团产生裂纹,甚至开裂。研究表明,冷冻采用0.5 h达到中心温度 -18℃以下的速冻方式,粉团基本不产生裂纹。

(3)适宜的贮藏运输环境

速冻食品的生产、加工、运输和销售的过程对温度都有着严格要求,必须保持在 -18℃进行各种活动。生产厂家的冷冻系统、运输食品的冷藏车、商家销售用的冷藏柜、消费者家中的冰箱都应满足这一要求。这样一个过程被称为速冻食品的冷链。温度控制在 -18℃使各种细菌及酶处于完全抑制状态,一旦温度升至 -18℃以上,酶的活动会继续,脂肪和蛋白质都受到不同程度的分解,就不能保持速冻汤圆的原汁原味。

贮藏运输温度波动幅度大或温度过高,尤其发生在 -18℃以上时,都会导致汤圆龟裂,降低其品质。这是因为速冻汤圆具有细微的冰晶结构,如果波动幅度大且频繁,细微的冰晶会逐渐减少、消失,而大冰晶会逐渐增大,表面冰晶会升华,从而导致汤圆龟裂。速冻汤圆的品质保持与品温有直接关系,品温越低,品质降低的速度就越慢。如果温度太高,会导致皮内外的水分蒸发速度不同,进而导致汤圆龟裂。

任务 2 速冻粽子的加工技术

粽子是我国人民传统的节令小吃,最著名的是我国江南的粽子,尤其是浙江嘉兴的五芳斋粽子最为有名。按制作分类,江南粽子有苏式和广式两种。按原料种类分,苏式又可分为赤豆粽、鲜肉粽、豆沙粽、火腿粽和白米粽等,而广式粽子分猪油豆沙粽、叉饶蛋黄粽、烧鸭粽等。按包法分类,粽子可分为枕头粽、小脚粽、三角粽和四角粽等。

速冻粽子是以糯米、竹叶为主要原料,配以白糖、植物油、豆沙、蜜枣、鲜肉等为馅料,经过成型、煮制、整形并经速冻而成的食品。粽子为全手工生产,包制好的生粽经煮制、整形得到熟粽,熟粽有糯米和竹叶之清香,再经过 -30℃ 以下的温度进行速冻,速冻时间按规格大小,控制在工艺要求以内,其中心温度降至 -18℃ 以下。成品储存温度为 -18℃,保质期为 1 年,在冷冻的条件下运输和销售。速冻粽子本身为熟制品,食用时用慢火煮开即可。

中国第一个速冻粽子于 1996 年诞生于郑州三全食品公司。随后,很多企业纷纷效仿,速冻粽子产业蓬勃发展。截至目前,速冻粽子已经占到整个速冻产品 30% 左右的份额,有望发展成为继速冻水饺、速冻汤圆之后的又一支柱性产品。

下面以常见的鲜肉粽子为例,说明速冻粽子的制作及速冻工艺。

一、速冻粽子工艺流程

速冻粽子的工艺流程如下:
原辅料的配方及处理 → 包粽子 → 水煮 → 速冻 → 包装 → 入库冻藏

二、速冻粽子加工工艺

1. 原辅料的配方

糯米 100 g,夹心猪肉 600 g,白糖 40 g,酱油 80 g,食盐 10 g,料酒 15 g,葱、姜适量。

2. 原料处理

将糯米淘洗干净后沥干水分,加入酱油和盐,搅拌均匀。使米粒充分吸收调料 2~3 h。再将夹心猪肉洗净切成 30 g 重的小方块,加入其他佐料,混合均匀后让肉浸渍在调料中 2~3 h 备用。粽叶在前一天就预先在 pH 为 3.5~4.5 的浸泡液中浸泡,进行返青处理。加工好的湿竹叶,不能较长时间存放,要尽快投入生产使用。

3. 包粽子

取光面向外的两张粽叶相叠,在中间折成斗状。然后在斗形中放入 25 g 的糯米,中间放入一块猪肉,再盖上 25 g 的糯米,然后将斗形上部的粽叶折拢,裹成长型枕头状或三角状,再用线绳扎牢。

4. 水煮

将包好的粽子用旺火猛煮 3 h 后,以文火再煮 3~4 h,使米无夹生即可。

5. 速冻

新煮的粽子应通过冷风冷却至 15 ~ 20℃后装袋封口,由于粽子是经过蒸煮的熟糯米制品,因此对冻结速度的要求与其他食品有一定区别。速冻粽子的降温速度不能过快,冻结时间要根据产品规格不同进行适当的调整。

三、速冻粽子的质量标准

速冻粽子产品执行的是行业标准 SB/T 10412—2007《速冻面米食品》,其感官指标和理化指标应分别符合下列表 7—6 和表 7—7 的规定。

表 7—6　感官要求

项　　目	要　　求
组织形态	外形完整,具有该品种应有的形态,不变形,不破损,表面不结霜,组织结构均匀
色　泽	具有该品种应有的色泽
滋味气味	具有该品种应有的滋味和气味,不得有异味
杂　质	外表及内部均无肉眼可见杂质

表 7—7　水分、蛋白质、脂肪指标

项　　目	指　　标			
	肉类	含肉类	无肉类	无馅类
水分/(g/100g)　≤	65	70	65	60
蛋白质/(g/100g)　≥	6.0	2.5	—	—
脂肪/(g/100g)　≤	18	18	—	—

拓展知识

一、速冻食品加工装置

速冻装置是用来完成食品速冻加工的机器与设备的总称,从结构上看大致包括制冷系统、传动系统、输送系统、控制系统等。速冻食品装置有很多种,目前常用的有以空气为冷却介质的隧道式、螺旋式速冻装置,以金属为冷却介质的平板式、钢带式等间接接触速冻装置,以及以液氮、液态氟利昂为冷却介质的喷淋式或浸渍式的直接接触速冻装置,表 7—8 给出了目前速冻食品生产中常用速冻装置的类型。

表 7—8　速冻装置类型

空气速冻装置	间接接触速冻装置	直接接触速冻装置
隧道式速冻装置	平板式速冻装置	载冷剂接触速冻装置
螺旋式速冻装置	回转式速冻装置	低温液体速冻装置
流态化速冻装置	钢带式速冻装置	液氮速冻装置
搁架式速冻装置		液态 CO_2 速冻装置

1. 空气速冻装置

在速冻过程中,冷空气以自然对流或强制对流的方式与食品换热。由于空气的导热性差,与食品间的换热系数小,故所需的冻结时间较长。但是,空气资源丰富,无任何毒副作用,其热力性质早已为人们熟知,所以,用空气作介质进行冻结仍是目前应用最广泛的一种食品速冻方法。空气速冻装置大致分为隧道式速冻装置、螺旋式速冻装置、流态化速冻装置和搁架式速冻装置四种。

(1)隧道式速冻装置

隧道式速冻装置的特点是,冷空气在隧道中循环,食品通过隧道时被冻结。各种隧道式速冻装置中食品的传送方式不同,但最终都应能够保证两点:一是尽量加快食品降温速度,并保证冻结的均匀性;二是使装置实现自动化、连续化操作,减少劳动强度。在隧道式速冻装置中,增大风速可缩短冻结时间,但风速达到一定值时,再继续增大风速,冻结速度的变化非常小,且会增大干耗,故风速的选择应适当。

(2)螺旋式速冻装置

为克服传送带式隧道速冻装置占地面积大的缺点,可将传送带做成多层,由此出现了螺旋式速冻装置。其优点有:紧凑性好;产品与传送带相对位置不变,故适用于易碎食品的冻结;可通过调整传送带的速度来改变食品的冻结时间;自动化程度高;冻结速度快,干耗少。但缺点是在小批量、间歇式生产时耗电量大,成本较高。

(3)流态化速冻装置

流态化冻结是指在低温介质液体作用下,小尺寸食品的运动已变成类似流体的状态(流化床),并在运动中被快速冻结的过程。这种方法主要适用于冻结小尺寸颗粒状、片状、块状食品,如豌豆、小虾等。流态化速冻装置冻结的产品具有典型的速冻质构,品质好,包装和食用方便等特点。

流态化速冻装置在设计和操作时,应主要考虑以下几个方面:冻品与布风板、冻品与冻品之间不粘连结块;气流分布均匀,保证料层充分流化;风道阻力小,能耗低。另外,对风机的选择、冷风温度的确定、蒸发器的设计等也应以节能高效,操作方便为前提。

2. 间接接触速冻装置

间接冻结法指的是把食品放在由制冷剂(或载冷剂)冷却的板、盘、带或其他冷壁上,与冷壁直接接触,但与制冷剂(或载冷剂)间接接触。对于固态食品,可将食品加工为具有平坦表面的形状,使冷壁与食品的1个或2个平面接触;对于液态食品,则用泵送方法使食品通过冷壁热交换器,冻成半融状态。

(1)平板速冻装置

平板速冻装置的主体是一组作为蒸发器的空心平板,平板与制冷剂管道相连,它的工作原理是将冻结的食品放在两相邻的平板间,并借助油压系统使平板与食品紧密接触。由于食品与平板间接触紧密,而且金属平板具有良好的导热性能,故其传热系数高。对于厚度小于50 mm的食品来说,冻结速度快、干耗小,冻品质量高;可在常温下工作,改善了劳动条件。缺点是不能用于厚度在90 mm以上食品的冻结,而且由于是间歇化生产,劳动强度仍较大。使用平板速度装置时,应注意使食品与货盘都必须与平板接触良好,并控制好二者之间的接触压力。

（2）回转式速冻装置

回转式速冻装置是一种新型的接触式速冻装置,可进行连续化生产。其主体为一个回转筒,由不锈钢制成,外壁即为冷表面,内壁之间的空间供制冷剂直接蒸发或供载冷剂流过换热,制冷剂或载冷剂由空心轴一端输入筒内,从另一端排出。冻品呈散开状由入口被送到回转筒的表面,由于转筒表面温度很低,食品立即粘在上面,进料传送带再给冻品稍施加压力,使它与回转筒表面接触得更好。转筒回转一周,完成食品的冻结过程。冻结食品转到刮刀处被刮下,刮下的食品由传送带输送到包装生产线。制冷剂可用氨、R_{22}或共沸制冷剂,载冷剂可选用盐水、乙二醇等。该装置适用于冻结鱼片、块肉、虾、菜泥以及液态食品,其特点是占地面积小,结构紧凑;冻结速度快,干耗小;可实现连续化生产,效率高。

（3）钢带式速冻装置

钢带式速冻装置的主体是钢带传输机。传送带由不锈钢制成,在带下喷盐水,或使钢带滑过固定的冷却面（蒸发器）使食品降温,同时,食品上部装有风机,用冷风补充冷量,风的方向可与食品平行、垂直、顺向或逆向。传送带移动速度可根据冻结时间进行调节。因为产品只有一边接触金属表面,食品层以较薄为宜。该装置适于冻结鱼片、调理食品及某些糖果类食品等。主要特点为:连续流动运行;干耗较少;能在几种不同的温度区域操作;同平板式、回转式相比,带式速冻装置结构简单,操作方便;改变带长和带速,可大幅度地调节产量。缺点是占地面积大。

尽管接触式速冻装置的型式不同,但在设计和操作时,最重要的一点就是保证食品与冷表面的良好接触,以及二者之间的接触压力。

3. 直接接触速冻装置

直接接触速冻方法要求食品（包装或不包装）与不冻液直接接触,食品在与不冻液换热后,迅速降温冻结。食品与不冻液接触的方法有喷淋、浸渍法,或者两种方法同时使用。

（1）不冻液的要求

由于直接接触冻结法要求食品与不冻液直接接触,所以对不冻液有一定的限制,特别是与未包装的食品接触时尤其如此。这些限制包括要求无毒、纯净、无异味和异样气体、无外来色泽或漂白剂、不易燃、不易爆等。另外,不冻液与食品接触后,不应改变食品原有的成分和性质。

（2）载冷剂接触冻结

载冷剂经制冷系统降温后与食品接触,使食品降温冻结。常用的载冷剂有盐水、糖溶液和丙三醇等。所用的盐水浓度应使其冰点低于或等于 $-18℃$,盐水通常为 NaCl 或 $CaCl_2$ 水溶液。盐水不能用于不应变成咸味的未包装食品,目前主要用于冻结海鱼。糖溶液曾被用于冻结水果,但由于所需蔗糖溶液的浓度较高,而高浓度溶液在低温下会变得非常黏稠,因此,糖溶液冻结的使用范围较为有限。丙三醇－水的混合物曾被用来冻结水果,但不能用于不应变成甜味的食品。

（3）低温液体速冻装置

同一般的速冻装置相比,低温液体速冻装置的冻结温度更低,所以常称为低温速冻装置或深冷速冻装置,其共同特点是没有制冷系统,在低温液体与食品接触的过程中实现食品的冻结。常用的低温液体有液态氮、液态二氧化碳和液态氟利昂 12。液氮速冻装置几乎适于冻结一切体积小的食品,其特点如下:液氮可与形状不规则的食品所有部分密切接触,故传热效率高,安全性好,冻结速度快,产品质量高,干耗小;占地面积小,初期投资少。主要缺点是成本较高,但要视产品而定。

二、速冻食品行业的发展方向

速冻食品未来的发展方向可以用"健康化"、"方便化"和"国际化"来总结。

1. 健康化

健康化是食品消费的潮流,也是21世纪人类首要关注的问题。在我国,从20世纪的温饱生活中解脱出来之后,人们对于健康越来越关注,对于自身及环境的健康和谐发展越来越重视。近年来不断爆发的食品安全危机,如红心鸭蛋、松花江水污染、太湖蓝藻等,这些跟饮食健康有密切关系的事件,促使全社会的消费者对健康因素更为关注。近年发生的影响中日关系的毒饺子事件,就跟速冻行业密切相关。

在这种国际国内的社会环境影响之下,中国食品业的发展将更加注重品质,更加关注健康,没有防腐剂,没有色素,纯天然健康的食品会受到每个人的热爱。在这种情况下,对于发展了10多年的中国速冻产业来说,产品面临着升级和更新换代,健康产品的潮流必然会成为速冻产品的发展方向。

2. 方便化

首先,目前中国速冻产品的销售主要还是集中在几个传统的节庆日期间。速冻市场销售要突破常规发展,必须改变其节日型的消费特征。要让速冻产品使用越来越方便,让消费者可以像吃方便面一样去食用速冻产品,就必须让速冻越来越方便。只有这样才能让速冻越来越日常化,成为新兴起来的城市居民生活的必需品。

其次,从国家食品规范来看,速冻产品被归为方便类食品大类中,成为继方便面之后的第二大方便产品。当前方便面的年销售额为500多亿元,而速冻产品只有100亿元左右。方便面的消费基本上已经成熟,而速冻产品的消费还在成长之中,只有解决了方便性的问题,速冻产品才能够急剧放大,超越方便面,成为方便类食品的领头羊。可以说,速冻产业目前是一个朝阳产业,还有很大的发展空间。

3. 国际化

国际上目前有几万种速冻产品,而中国只有两千多种。中国速冻食品种类目前仅限于传统的米面制品,经过10多年的发展已经进入了白热化的竞争状态,产品的同质化和创新性已经进入瓶颈期,这必然面临品类的创新。而这种创新需要两个方面达到国际化的要求。第一个国际化是让中国传统的米面制品,走向国际成为国际速冻家庭中的一员,占领国际市场。第二个国际化是让中国的速冻品种,更多的吸纳国际上成熟的主流的产品,引领中国速冻产业的创新。

中国速冻产品的发展潜力比方便面或者其他食品更大。目前,中国速冻食品发展面临的主要问题是速冻食品品种仍局限在现有的米面制品中,只要进行更新换代及拓宽市场发展空间,同时提升产品本身的品质,那么速冻产品未来的市场前景将会非常广阔。

【项目小结】

速冻食品是指在 −30℃ 或者更低的温度下进行冻结的食品,具有卫生质优、营养合理、品种繁多、食用方便以及成本较低等优点。一般可按照速冻食品的性质及来源将其分为畜禽类速冻食品、水产类速冻食品、果蔬类速冻食品和调理类速冻食品四大类。市场中常见的调理类速冻食品主要有速冻汤圆、速冻粽子及速冻年糕等。

速冻汤圆是以糯米粉或其他糯性粉为主要原料制皮,添加(或不添加)馅料,经和面、制芯(无芯产品除外)、成型、速冻、包装制作而成的且速冻后产品中心温度不高于 −18℃ 的球形产品。速冻汤圆加工包括馅料原料处理、皮料的原料处理、制馅、制皮、成型、速冻和包装入库等工序,其质量按 SB/T 10423—2007《速冻汤圆》执行。速冻汤圆常见的质量问题有冻裂、口感差、外形差和卫生指标不合格等,在生产中可通过改进生产工艺、严格控制速冻条件以及采用适宜的贮藏运输环境等进行控制。

速冻粽子是以糯米、竹叶为主要原料,配以白糖、植物油、豆沙、蜜枣、鲜肉等为馅料,经过成型、煮制、整形并经速冻而成的食品,其生产工艺包括原辅料的配方与处理、包粽子、水煮、速冻、包装和入库冻藏等环节。速冻粽子产品执行的是行业标准 SB/T 10412—2007《速冻面米食品》。

速冻装置是用来完成食品速冻加工的机器与设备的总称,目前常用的有以空气为冷却介质的隧道式、螺旋式等速冻装置,以金属为冷却介质的平板式、钢带式等间接接触速冻装置,以及以液氮、液态氟利昂为冷却介质的喷淋式或浸渍式的直接接触速冻装置。不同速冻装置其原理和特点不同,可根据原料特点及成本选择合适的速冻装置。速冻食品未来的发展方向可以用"健康化"、"方便化"和"国际化"来总结。

【复习思考题】

1. 什么是速冻食品?速冻食品有哪些特点?
2. 速冻汤圆的加工流程和工艺要点是什么?
3. 速冻汤圆常见的质量问题有哪些?试简述汤圆质量的控制方法。
4. 简述速冻粽子的加工工艺流程和要点。
5. 常见的速冻食品装置有哪些?各有什么特点?

模块4　植物蛋白制品和淀粉制品的加工技术

项目8　植物蛋白制品加工技术

【知识目标】

了解植物蛋白的种类和主要特征,掌握主要蛋白的制取原理和加工方法;主要植物蛋白的性质和主要用途;了解传统豆制品的主要特征,掌握主要豆制品的生产工艺过程及品质控制方法。

【能力目标】

具有植物蛋白、传统大豆制品的生产的基本技能,能在相关行业企业从事植物蛋白、传统大豆制品的生产、技术管理、品质控制等工作。

蛋白质是人类生命活动的重要物质基础。随着世界人口的不断增长,蛋白质供给出现了严重不足。为了解决这一问题,世界各国尤其是不发达国家和地区,积极采取措施,试图从可以得到的食物中获得有营养和廉价的蛋白质。在世界范围的蛋白质资源供给中,大部分为植物蛋白,占蛋白质总量的70%,而动物蛋白仅占30%。另外,具有经济性、营养性、功能性等优点的植物蛋白在建立健康的饮食结构方面所起的作用也越来越受人们重视。本项目将着重介绍各种植物蛋白的特点和相关蛋白制品的制造、利用技术。

一、植物蛋白质的基本特征

食品中的蛋白质具有3个方面的特性,既营养性、加工特性及有益于人体健康的功能特性。

蛋白质的营养价值,主要是取决于其所含必需氨基酸是否平衡。一般来说,动物蛋白质中的必需氨基酸比较平衡,而植物蛋白往往是赖氨酸、苏氨酸、色氨酸和蛋氨酸的含量相对不足。谷物蛋白一般缺乏赖氨酸,而油料蛋白主要是蛋氨酸不足。例如:小麦蛋白主要是赖氨酸和苏氨酸不足;玉米蛋白主要是色氨酸和赖氨酸不足;棉子蛋白主要是蛋氨酸不足;花生蛋白主要是缺乏蛋氨酸;大豆蛋白除蛋氨酸和半胱氨酸含量稍低于FAO(联合国粮农组织)推荐值外,氨基酸组成基本平衡,接近于全价蛋白,是仅次于动物蛋白的理想蛋白质资源。

加工特性主要是指食品在加工过程中和加工后所表现出的物理性质,如物料或制品的保水性、乳化性、弹性和黏结性等。这些物性指标是进行食品品质评价的重要内容。植物性蛋白质,特别是油料蛋白质具有较好的加工特性,既可以单独制成食品,也可以与蔬菜或肉类等相

173

组合加工成各种各样的食品。它们在加工过程中,赋予制品保水性和保型性,防止加热调理收缩变形,使制品有较好的物性品质。

动物性蛋白质主要来源于肉、鱼、奶、蛋等食物,这些食物一方面由于价格较贵,另一方面由于肉制品含有较多的易导致心血管疾病的饱和脂肪酸和胆固醇,因而不利于健康。而来源于植物的蛋白质虽然有的缺少某种氨基酸,但可同其他食物配合食用,使营养效果互相补充。而且植物性蛋白质食物如大豆,不但不含胆固醇,而且还会降低人体中的胆固醇,减少心血管疾病的发病率,因此大豆蛋白比动物蛋白质更具有保健的特性。

营养学家认为,从食物中按比例平衡摄取这两类蛋白质是比较理想的。植物蛋白质与动物蛋白质以 2∶1 配合,对居住在温带的人最好。年龄不同,其比例有所不同,小孩以 1∶1 为宜,青壮年以 65∶35 为宜,老人以 80∶20 最好。

二、植物蛋白的种类及性质

1. 油料种子蛋白质

油料种子主要包括大豆、花生、芝麻、油菜籽、向日葵、棉子、红花、椰子等。其中以大豆、油菜籽产量最大。

(1)花生蛋白质

花生在世界各地均有生产,产量以印度、中国、美国为首。它不仅可作为零食食用,而且还是重要的榨油原料。花生渣饼和大豆豆粕一样,除可用于家畜的饲料外,还可以制造脱脂花生粉、浓缩花生蛋白、分离花生蛋白等。但需注意的是饼渣用于饲料时,易混入强致癌性物质黄曲霉毒素。由于此种物质随着霉的产生而形成,所以花生饼粕在处理时要避免污染,防止黄曲霉的生长和毒素产生。

花生含 26% ~29% 蛋白质,其中球蛋白占 90%,其余为清蛋白。花生蛋白可分为花生球蛋白、伴花生球蛋白 I 和伴花生球蛋白 II,等电点均在 pH4.5 附近。由花生加工得到蛋白粉制品多为白色,且风味极佳,尤其是溶解性高,黏度低,具有一定的热稳定性和发泡性,可用于制造饮料及面包。在日本和印度,利用脱脂花生粉可做成类似豆腐的片状制品、麦片及花生乳等。

(2)芝麻蛋白质

芝麻产于中国、印度等亚洲国家和非洲,具有独特的风味。皮占种子的 15% ~20%,约含油 45%,蛋白质 20%,其中富含甲硫氨酸,赖氨酸含量相对不足。蛋白质的 85% 为球蛋白,由 a - 球蛋白质和 B - 球蛋白质组成,两者比例为 4∶1,均为 15 S,相对分子质量约 30 万。芝麻蛋白质溶解性低,其功能性利用受到一定限制。因为芝麻含有 2% ~3% 的草酸,所以要食用芝麻脱脂物,必须重新脱皮。脱皮后,蛋白质的相对含量约增加 60%,且口感好。

(3)油菜籽蛋白质

加拿大与印度是油菜籽的主要产地。油菜籽颗粒小,含有 40% ~45% 油脂和 20% ~25% 蛋白质。蛋白质中的大部分为 12 S 球蛋白,相对分子质量约 30 万。与大豆球蛋白相似,含有酸性和碱性亚基。在植物蛋白质中,油菜籽蛋白的营养价值最高,没有限制性氨基酸,特别是含有许多在大豆中含量不足的含硫氨基酸。

以油菜籽的脱脂物为原料可加工浓缩蛋白。蛋白质在提取、分离等加工过程中,易受到加热变性的影响,使蛋白质溶解度降低,不能形成胶体,但该种蛋白质制品具有很好的保水性与持油性,因而可应用于红肠等畜肉制品的加工。此外,经分离得到的变性少的蛋白质,其乳化性、发泡性、凝胶形成性均很好。

(4)向日葵蛋白质

向日葵是俄罗斯和欧洲一些国家重要的油脂原料,也是世界食用油生产量较大的一种。向日葵脱脂物的加工利用,关键是去除向日葵中的石炭酸以及高效率地去除种子的外皮。在向日葵脱脂物中含有 3% ~3.5% 石炭酸,因此在加工过程中,会因 pH 的不同,而产生黄绿色色变。

向日葵中 70% ~80% 蛋白质由具有盐溶性的球蛋白构成。从营养角度来看,向日葵蛋白的赖氨酸含量少,是营养上的限制因子。

向日葵蛋白质不易形成凝胶,但具有优良的起泡性和发泡稳定性。并且向日葵的脱脂物具有很好的组织形成性,利用挤压成型机,能制成组织状向日葵蛋白制品,但不足之处是产品的外观颜色较灰暗。

(5)棉籽蛋白质

棉籽中约含 20% 蛋白质,是较丰富的蛋白质资源。可是其中含有棉籽酚这一毒性物质,使得它在食品和饲料的利用方面受到限制。棉籽酚可通过育种或采取适当的加工技术去除。

棉籽的氨基酸组成中,赖氨酸、蛋氨酸含量较少。由棉籽脱脂粉加工的蛋白质具有在酸性条件下易溶的特性,因此该蛋白质制品适用于制作酸性饮料;又因其在中性环境中难溶,机能特性很少,也常被利用于制面包和点心。

(6)红花蛋白质

在很早以前红花色素作为食品着色剂被应用于食品加工。红花种子的 1/2 为外皮。除去外皮部分的 40% 为脂肪,15% ~ 19 % 为蛋白质,20% ~ 25% 为纤维。用 70% ~80% 酒精处理,提取出具有苦味的成分和导致腹泻的物质。

红花种子蛋白质的必需氨基酸中赖氨酸含量不足。该蛋白质有与棉籽蛋白质相似的性质,即在酸性环境中也能溶解,因此用于酸性饮料的制作。在机能特性方面,它具有起泡性,它还能部分地代替面粉,用于面包。

2. 豆类蛋白质

(1)豆类蛋白质的特征

豆类中含有的储藏蛋白几乎都存在于蛋白质体中。蛋白质体中的 80% 左右是蛋白质,除此之外,还有大量的植酸钙镁盐。储藏蛋白的主要功能是为发芽的种子提供生长发育的营养,目前尚未发现储藏蛋白质的生理活性。一般来说,豆类蛋白质中谷氨酸、天门冬氨酸等酸性氨基酸含量较多,而碱性氨基酸含量较少,因此豆类中等电点偏向弱酸性的蛋白质含量多。

豆类中的主要蛋白质是球蛋白,从其类似性来划分,可分为豆球蛋白和伴豆球蛋白两种,两者共占蛋白质总含量的 80% 左右。除此之外,还含有 2S 球蛋白质,植物凝集素,清蛋白质。

(2)豆球蛋白

豆球蛋白是豆科植物种子中具有代表性的蛋白质。分子质量约 35×10^4 u,是伴豆球蛋白的 1 倍以上。豆类球蛋白的主要特征是含有谷氨酸、天门冬氨酸、精氨酸。与伴豆球蛋白相比,豆球蛋白的含硫氨基酸较多,含糖的蛋白质较少。

豆球蛋白由多个亚基组成。在亚基之间凭借侧链上的氨基酸之间的相互作用,如共价结合、疏水作用以及双硫键等形成更稳定的高级结构。如大豆球蛋白质,11S 组分具有酸性亚基

A(acidic subunit)和碱性亚基 B(basic subunit)两种亚基,两种亚基之间以 S—S 键结合形成中间体。豆球蛋白凭借 S—S 键桥形成了坚固的构形,因此显示出低溶解性,以及一定的热稳定性。

（3）伴豆球蛋白

伴豆球蛋白与豆球蛋白一起,构成了豆类球蛋白,相对分子质量为 15 万 ~ 20 万。氨基酸含量与豆球蛋白相同,谷氨酸和天门冬氨酸较多,可是与豆球蛋白相比,含硫氨基酸较少,糖含量高。

与豆球蛋白相同,含有酸性和碱性亚基,但未形成中间体,由于含硫氨基酸较少,其间不形成 S—S 键。多数的伴豆球蛋白由 3 个亚基构成,亚基间通过非共价键相结合。它与大豆的 β - 伴大豆球蛋白相似,糖蛋白含量较多。与大豆相同,扁豆和蚕豆的伴豆球蛋白也是糖蛋白。

3. 谷类蛋白质

（1）谷类蛋白质的一般特性

谷类中的蛋白质不溶于水或盐溶液,其主要成分分为能溶解于酒精的醇溶蛋白和能溶解于碱溶液的谷蛋白。

醇溶蛋白含量最多的是黍类植物。玉米、黍子种子蛋白质中含有 50% ~ 60% 醇溶蛋白,30% ~ 45% 谷蛋白。醇溶蛋白储存在蛋白质体中,而谷蛋白在蛋白质体的内外均有分布。

小麦、大麦、黑麦等禾谷类作物种子的蛋白质中,醇溶蛋白与谷蛋白的含量基本相同,为 30% ~ 50% 。在种子灌浆成熟过程中,这些蛋白质存在于蛋白质体中,一旦种子成熟后,蛋白质体消失,蛋白质便存在于种子的胚乳中。

大麦和稻米的蛋白质以能溶解于碱性溶液的谷蛋白为主要成分。在稻谷中,它作为一种储存蛋白质存在于内胚乳的蛋白质体中。荞麦种子中的蛋白质,以具有水溶性和盐溶性的蛋白为主要成分。虽然荞麦不属于禾本科作物,但因为其性质与用途与谷类相似,所以在食品学中,荞麦被纳入谷类之中。

（2）各种谷类蛋白质

小麦约含有 13% 蛋白质,构成面筋的麦胶蛋白和麦谷蛋白,是小麦子粒中的主要蛋白质。

①麦胶蛋白。小麦麦胶蛋白是粮食中最重要的蛋白质之一,它与麦谷蛋白一起构成面粉中的面筋质。其相对分子质量为 27 000 ~ 28 000,等电点为 pH6.4 ~ 7.1。它溶解于中等浓度的乙醇(在 60% ~ 70% 乙醇中溶解度最大),而不溶于无水乙醇。在稀甲醇、丙醇、苯、醇溶液和酚对甲苯、冰醋酸溶液中都能溶解,也能在弱酸和弱碱溶液中溶解。

小麦麦胶蛋白含有 17.7% 氮素,水解时能生成大量的氨、谷氨酸、脯氨酸及少量的组氨酸和精氨酸。小麦麦胶蛋白氨基酸组成相当完全,其中谷氨酸的含量高达 38.87% ,因此也常用小麦面筋制取味精(谷氨酸钠)。

②麦谷蛋白。小麦面筋蛋白质的另一个主要构成成分是麦谷蛋白,它不溶于水和酒精。麦谷蛋白与麦胶蛋白结合在一起很难分离,稍溶于热的稀乙醇中,但冷却后便成絮状而沉淀。只有新制得的尚未干燥的麦谷蛋白才非常容易溶解在弱碱和弱酸中,并在中和时又沉淀出来。

麦谷蛋白与麦胶蛋白在氨基酸组成上非常相似,两种蛋白相比较,麦谷蛋白含较多的赖氨酸、甘氨酸、色氨酸、精氨酸、酪氨酸、苏氨酸、天门冬氨酸、丝氨酸和丙氨酸。麦胶蛋白的脯氨酸、胱氨酸、苯丙氨酸、异亮氨酸、谷氨酸含量都比麦谷蛋白高,蛋氨酸、缬氨酸、亮氨酸及组氨酸的含量没有大的差异。

③麦清蛋白。小麦子粒中还含有 0.3% ~ 0.4% 麦清蛋白,等电点为 pH4. 5 ~ 4. 6。虽然在整个子粒中的含量不多,但它在胚里的含量则占全干物质的 10% 以上。其物理性质和水解产物类似于动物性蛋白质。氨基酸组成上亮氨酸含量较高。

④面筋。小麦中蛋白质的重要特征是在调制面团时蛋白质形成面筋。面筋的含量和质量决定了面粉的加工特性和面粉制品的品质。当小麦面团在水中揉洗的时候,它的一部分淀粉粒和麸皮微粒脱离面团成为悬浮状态,另一部分溶解于水中,剩余部分为块状的胶皮状物,称之为面筋。小麦面筋的质量和数量,主要与小麦粉中蛋白质的含量、构成及性质有关。对洗净的小麦面筋的化学分析证明,面筋是多种蛋白质聚合物,还含有少量的淀粉、纤维素、脂肪和矿物质。面筋的干物质按面粉品质的不同含 70% ~ 80% 蛋白质。其成分大致见表 8—1。

表 8—1　面筋的干物质中各种组分

成分	含量	成分	含量
麦胶蛋白	43.02%	糖	2.13%
脂肪	2.80%	其他蛋白质	4.41%
麦谷蛋白	39.10%	淀粉	6.45%

面筋的氨基酸组成中,除了亮氨酸、蛋氨酸、胱氨酸和色氨酸外,其余的必需氨基酸均达不到世界卫生组织(WHO)推荐的标准,特别是严重缺乏赖氨酸。因此,小麦粉蛋白质属于不完全蛋白质。其生物价仅为 67,不但远比动物性食品低,而且也低于大米等蛋白质。但由于小麦粉的蛋白质含量高,可通过摄取量弥补质上的不足。据测定,小麦蛋白质总的营养价值仍高于大米等谷物。

4. 螺旋藻蛋白

螺旋藻是最近被食品界较为关注的蛋白质源。它是一种外观为蓝绿色、螺旋状单细胞水生植物。生物学家和营养学家长期研究认为,螺旋藻是最具有潜力生产单细胞蛋白质的藻类。螺旋藻营养价值高,其蛋白质含量高达 70%,所含氨基酸种类又比较理想,是人和动物所必需的赖氨酸、苏氨酸,含量也相当丰富。螺旋藻细胞壁极薄,易消化,消化率可达 80%。螺旋藻除可作食品、食品添加剂、饲料外,还可作为医药原料。现在市场上有许多螺旋藻保健品及添加了螺旋藻的食品。

任务 1　大豆蛋白加工技术

大豆起源于我国,在栽培、加工利用方面有着悠久的历史。大豆在颜色上分为黄大豆、绿大豆、黑大豆、褐大豆及双色大豆,大豆是它们的统称,但一般指黄大豆,俗称黄豆,是我国十大粮食作物之一,也是四大油料作物之一。自古以来,东方大豆被加工成豆腐、腐乳、酱油、纳豆等各种食品。自 20 世纪 70 年代始,大豆作为优质廉价的蛋白质资源得到了广泛重视,用大豆开发了许多新型大豆制品,大豆的应用范围正在不断扩大。

大豆的主要成分是蛋白质和脂肪,两者占整个大豆成分的 60% 以上。大豆的蛋白质含量丰富,一般在 40% 左右。按蛋白质 40% 计算,1 kg 大豆的蛋白质含量相当于 2.3 kg 猪瘦肉或 2 kg 牛瘦肉中的蛋白含量,所以被誉为"绿色牛乳"、"植物肉"。另外,现代营养学研究证实,大豆蛋白质具有降低胆固醇、减少心血管病发生的功效,由大豆蛋白质调制的多肽具有促进营养吸收和降血脂作用。大豆含有的皂甙、异黄酮等生理活性成分具有抗氧化、防衰老、提高免疫力、促进钙吸收等功能。因此,无论在人口不断增长的发展中国家,还是在西方发达国家,大豆在解决蛋白质供给不足和改善饮食模式及膳食结构中的营养平衡等问题上都占有重要的位置。大豆蛋白中含有的氨基酸,尤其是必需氨基酸含量接近 FAO/WHO 的推荐模式,与其他植物(如谷类)蛋白相比,大豆蛋白中赖氨酸含量最高,很适合添加到谷类食品中弥补谷物中的赖氨酸的不足。大豆中蛋氨酸含量较低,根据用大鼠所做的营养实验,过去一直认为大豆蛋白质的营养价值仅为动物蛋白质的75%～80%,蛋氨酸是大豆蛋白的限制性氨基酸。但最近的研究表明,若按蛋白质消化率校正氨基酸评分(PDCAAS)相比较,大豆蛋白质的分值与牛奶、鸡蛋白的蛋白质相当,而高于牛肉、杂豆等其他蛋白质。

大豆中的蛋白质主要是球蛋白,占大豆总蛋白量的80%～90%,也含有少量的清蛋白。大豆球蛋白在水中呈乳状液。在加入酸、熟石膏(CaSO₄)或盐卤(主要成分为氯化镁)的情况下,大豆球蛋白粒子周围的水化膜遭到破坏,且粒子带的负电荷被中和,粒子之间失去相互静电排斥作用,从而蛋白质粒子之间相互结合形成网络结构或凝聚沉淀。各种豆腐、大豆分离蛋白等加工就是基于此原理。此外,在食品工业中,还利用大豆氨基酸平衡性好,谷氨酰胺含量丰富的特点,调制水解大豆蛋白或氨基酸用于酱油、快餐面、调味料等生产或对食品进行营养强化。

一、大豆蛋白加工方法与工艺流程

1. 浓缩大豆蛋白的加工

浓缩大豆蛋白是从脱脂豆粉中除去低分子可溶性非蛋白质成分,主要是可溶性糖、灰分以及其他可溶性的微量成分,制得蛋白质含量在70%(以干基计)以上的大豆蛋白质制品,浓缩大豆蛋白的原料以低变性脱溶豆粕为佳。

浓缩大豆蛋白具有以下主要优点,不含有抗原性蛋白成分(如绝大多数其他大豆产品所含有的大豆球蛋白等),基因中不含有"大豆抗营养物质",所含抗解朊酶的活性很低,所含雌激素的活性很低,从而可以用于婴儿食品,具有特别合适的氨基酸比例,从而蛋白质量较好。

(1)生产原理

生产浓缩大豆蛋白就是在除去脱脂大豆中的可溶性非蛋白质成分的同时,最大程度地保存水溶性蛋白质。除去这些成分最有效的方法是水溶法,但在低温脱脂豆粕中,大部分蛋白质是可溶性的,为使可溶性的蛋白质最大限度地保存下来,就必须在用水抽提水溶性非蛋白质成分时使其不溶解。可溶性蛋白质的不溶解方法大体可分为两类:一是使蛋白质变性,通常采用的有热变性和溶剂变性法;二是使蛋白质处于等电点状态,这样蛋白质的溶解度就会降低到最低点。在大豆蛋白质不溶解条件下,以水抽提就可以除去大豆中的非蛋白质可溶性物质,再经分离、冲洗、干燥即可获得蛋白质含量在70%以上的制品。

(2)加工工艺

目前工业化生产浓缩大豆蛋白的工艺主要有 3 种:稀酸浸提法、含水酒精浸提法、湿热浸提法。如图 8—1 所示。不同方法制取的浓缩蛋白质的成分组成和性质见表 8—2。从表 8—2 看出,以酸浸洗制取的浓缩蛋白质的氮溶解指数最高,可高达 69%;以酒精浸洗制取的浓缩蛋白质的 NSI 只有 5%。但如从产品气味来看,则以酒精制得的浓缩蛋白质优于用其他两种方法制取的产品。酒精浸洗是利用体积分数为 50%～70% 的酒精,洗除低温粕中所含的可溶性糖类(如蔗糖、棉子糖等)、可溶性灰分及可溶性微量组成部分,酒精浓缩方法可以改善产品的气味,但蛋白质变性较厉害。现将这几种生产工艺介绍如下。

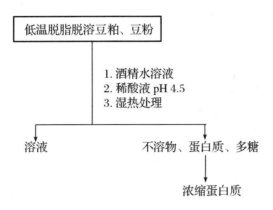

图 8—1 浓缩蛋白质提取方法

表 8—2 用不同方法制取的浓缩蛋白质质量比较

项　　目	工　艺　过　程		
	酒精浸洗	酸浸洗	湿热处理
NSI/%	5	69	3
1∶10 水分散液 pH	6.9	6.6	6.9
蛋白质含量($N \times 6.25$)/%	66	67	70
水分含量/%	6.7	5.2	3.1
脂肪含量/%	0.3	0.3	1.2
粗纤维含量/%	3.5	3.4	4.4
灰分含量/%	5.6	4.8	3.7

①稀酸浸提法

a. 工艺原理

利用豆粕粉浸出液在等电点(pH 4.3～4.5)状态时蛋白质溶解度最低的原理,用离心法将不溶性蛋白质、多糖与可溶性碳水化物、低分子蛋白质分开,然后中和浓缩并进行干燥脱水,即得浓缩蛋白粉。此法可同时除去大豆的腥味。稀酸沉淀法生产浓缩蛋白粉,蛋白质水溶性较好(PDI 值高),但酸碱耗量较大。同时排出大量含糖废水,造成后处理困难,产品的风味也不如酒精法。

b. 工艺流程

稀酸法制取浓缩大豆蛋白的工艺流程如图 8—2。

酸洗法制取浓缩大豆蛋白的工艺过程如下。

• 粉碎 将原料粉碎。

• 浸酸 在脱脂豆粉中加入 10 倍水,在不断搅拌下缓慢加入盐酸,调 pH 至 4.5～4.6,再搅拌,浸提 40～60min。

• 分离、洗涤 酸浸后用离心机将可溶物与不溶物分离。在不溶物中加入水,搅匀分离,如此重复两次。

· 干燥 可采用真空干燥,也可采用喷雾干燥。真空干燥时,干燥温度最好控制在 60 ~ 70℃;若采用喷雾干燥,在洗涤后再加水调浆,使其含量在 18% ~ 20%,然后用喷塔干燥。

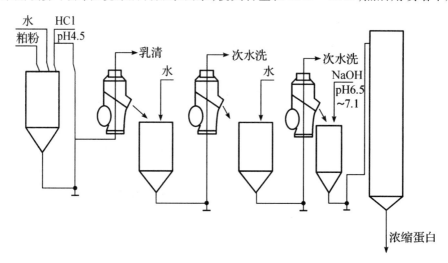

图 8—2 稀酸法制取浓缩大豆蛋白的工艺流程

先将低温脱溶的豆粕(豆粕蛋白质含量在 50% 左右)进行粉碎至 0.15 ~ 0.30 mm,加入 10 倍的水,酸洗涤池内不断搅拌下连续加入含量为 37% 的盐酸,调节溶液的 pH 为 4.5 ~ 4.6,40℃左右恒温搅拌 1h。这时大部分蛋白质沉析与粗纤维物形成固体浆状物,一部分可溶性糖及低分子可溶性蛋白质形成乳清液。将混合物搅拌后,输入碟式自清式离心机中进行分离,分离所得的固体浆状物流入一次水洗池内,在此池内连续加入 10 倍 50℃的温水洗涤搅拌。然后输入第二台碟式自清式离心机,分离出第一次水洗废液。浆状物流入二次水洗池内,在此池内进行二次水洗。再经第三台碟式自清机离心机分离,除去二次水洗废液。浆状物流入中和池内,在此池加碱进行中和处理,再送入干燥塔中脱水干燥,即得浓缩大豆蛋白产品。用此方法制取的产品的物料消耗见表 8—3。

表 8—3 稀酸法制取浓缩大豆蛋白的物料消耗

项 目	成 分	数 量	备 注
低温脱溶豆粕粉	蛋白含量52%,水分含量10%	908 kg	
冷水		9080 kg	
盐酸	37%	29.7 kg	调 pH 4.6
两次水洗		调到原体积	
加 NaOH		5.4 ~ 6.3kg	调 pH 6.5 ~ 7.1
浓缩蛋白产品	蛋白含量68%,水分含量4%	630 kg	70%得率

设备皆为不锈钢制,这种方法生产的浓缩大豆蛋白,色泽浅,异味小,蛋白质的 NSI 值高,功能性好,但需要大量酸和碱,并排出大量含糖等营养物质的废水,从而造成后处理困难(浸出物中有一定的蛋白质损失)。

②含水酒精浸提法

a. 工艺原理

酒精浸提法是利用脱脂大豆中的蛋白质能溶于水,而难溶于酒精,而且酒精浓度越高,蛋白质溶解度越低,当酒精体积分数为 60% ~65% 时,可溶性蛋白质的溶解度最低。用浓酒精对脱脂大豆(如低变性浸出粕)进行浸提,除去醇溶性糖类(蔗糖、棉籽糖、水苏糖等)、灰分及醇溶性蛋白质等。再经分离、干燥等工序,得到浓缩蛋白。

由于用酒精洗涤时,可以除去气味成分和一部分色素,因此,用此法生产的浓缩蛋白质色泽及风味较好,蛋白质损失也少。但由于酒精能使蛋白质变性,使蛋白质损失了一部分功能特性,及浓缩蛋白中仍含有 0.25% ~1.0% 的不易除去的酒精,从而使其用途及食用价值或多或少受到了一定限制。

b. 工艺流程

图 8—3 为日本日清制油公司浓缩蛋白生产工艺设备流程。

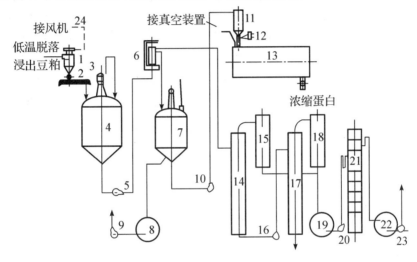

图 8—3　浓缩蛋白生产工艺设备流程图

1—旋风分离器;2—封闭阀;3—螺旋运输机;4—酒精洗涤罐;5—曲泵;6—超速离心机;

7—二次洗涤器;8—容器;9,10,16,20—泵;11,19—贮罐;12—封闭阀门;13,14—第一效发器;

15—冷凝器;17—二效酒精蒸发器;18,21—酒精蒸馏塔;22,23,24—风机

先将低温脱溶豆粕进行粉碎,用 100 目进行过筛,然后将豆粕粉由输送装置送入浸洗器中,该浸洗器是一个连续运行装置。从顶部连续喷入 60% ~65% 酒精溶液,在温度 50℃ 左右,流量按 1∶7 质量比进行洗涤。洗涤粕中可溶性糖分、灰分及部分醇溶性蛋白质,浸提约 1h,经过浸洗的浆状物送入分离机进行分离,除去酒精溶液后,由泵输入真空干燥器中进行干燥,干燥后的浓缩蛋白即为成品。其操作方法如下。

低温豆粕由风机吸入旋风分离器 1,经封闭阀 2 和螺旋输送机 3 送入酒精萃取罐 4(萃取罐共两个,供轮流使用,罐内装有搅拌器)。装料时由泵 9 从酒精贮藏罐 8 中泵入体积分数为 60% ~65% 的酒精溶液,按原料与溶剂比为 1∶7(质量比)加入萃取罐中,搅拌萃取,操作温度为 50℃,每次搅拌萃取时间 30 min。经搅拌萃取后的悬浆混合物由泵 5 打入离心机 6 中,分出固体浆状物和酒精糖溶液,酒精糖溶液送入一效蒸发器 14,蒸发的部分酒精流至冷凝器 15 冷凝后回收,蒸发的浓糖液再由泵 16 打入二效蒸发器 17。连续浓缩两个蒸发器的操作条件相同,真空度为 66.7 ~73.3 kPa,蒸发温度为 80℃,蒸发的酒精同样通过冷凝器 18 冷凝后至酒精液贮罐 19,由泵 20 送入酒精蒸馏塔 21 浓缩。

从离心机中分离出来的固体浆状物进入二次萃取罐 7 中,再用 80% ~ 90% 的浓酒精处理,操作时间 30 min,温度 70℃,两只轮流使用。经二次酒精洗涤后,可使浓缩蛋白的气味和色泽得到改善,并提高了氮溶解指数。处理后的酒精流入酒精贮藏罐 8 中,可供下次萃取用。

二次萃取后的浆状物由泵 10 打入贮罐 11,通过封闭阀 12 落入卧式真空干燥塔 13。进行干燥脱水,时间 60 ~ 90 min,真空度为 77.3 kPa,操作温度 80℃。

这种方法生产的浓缩大豆蛋白,色泽浅,异味小,这主要是因为含水酒精不但能很好地浸提出豆粕中的呈色、呈味物质,而且有较好的浸出效果。为了得到色泽浅、异味轻、氮溶指数高的优质产品,可以考虑采用体积分数为 80% ~ 90% 的酒精进行第二次洗涤。二次洗涤温度为 70℃,时间约 30 min。酒精浸提法生产的浓缩蛋白由于蛋白质发生了变性,并且脱溶后浓缩蛋白质仍剩余有 0.25% ~ 1.0% 酒精,因此功能性差,使用范围受一定限制。此外对酒精的回收、重复利用是本工艺不可忽视的重要问题,即浸提液一般要经过两次以上的蒸发精馏,乙醇的回收率对经济效益影响很大。经分离出来的酒精液,先在真空低温条件下进行浓缩蒸发,再将酒精蒸汽进行冷凝回收,然后再经蒸馏浓缩合成体积分数为 90% ~ 95% 的酒精,以供再循环使用。蒸发器的操作条件是:真空度 66 ~ 473 kPa,温度 80℃ 左右。为了除去酒精中的不良气味物质,可以在蒸馏塔气相温度 82 ~ 93℃ 处设排气口。酒精浓缩蛋白生产指标见表 8—4。

表 8—4 每吨酒精浓缩蛋白生产指标

项　　　目	指　　　标
成品得率(对大豆)/%	50
耗蒸汽量/t	9
耗电量/(kW·h)	750
耗水量/m³	8
耗酒精量/L	40

c. 影响产品质量的部分因素

在浸提工序中,影响蛋白质溶出率和蛋白质分散指数的因素,除了乙醇浓度和浸提温度外,还有原料的粒度、固液比、浸提时间、pH 以及搅拌强度等。浸提时间主要影响蛋白质的溶出率,在一定条件下,浸提时间越长,蛋白溶出率越高,蛋白质分散指数也有增加的趋势,较长的浸提时间,在较高的乙醇浓度下,会导致蛋白质的变性程度发生变化,这种变化可能直接影响到大豆浓缩蛋白的蛋白质分散指数,且当达到一定时间后,蛋白质的溶出率也趋于恒定。因此,在实际生产中,浸提时间以 60 min 为宜。

1∶6 的固液比有利于大豆浓缩蛋白 PDI 的提高。但从蛋白质的溶出率来看,并不理想,且从经济角度考虑也不适用,故主张采用 1∶5 的固液比。浸提温度提高,有利于蛋白质溶出率的增加,但当温度提高时,在较高的乙醇浓度下,蛋白质的变性程度增加,从而使大豆浓缩蛋白的 PDI 降低,影响产品的工艺性能。另外高温浸提耗能较多,因而浸提温度建议采用 30℃。提高乙醇浓度不利于豆粕中小分子有机物如低聚糖、皂甙等的浸出,从而使大豆浓缩蛋白中的蛋白含量降低。如使用 95% 的乙醇时,蒸馏回收酒精几乎不产生泡沫,说明皂甙基本上没有被浸出,仍留在大豆浓缩蛋白中。但乙醇浓度的提高,可除去豆粕中与蛋白质结合的脂类物质、风味前体及色素类,使其在醇法大豆浓缩蛋白中的含量明显降低(因为此类物质可溶于乙醇),因而醇洗豆粕可去除异味及其色泽变浅,却是很明显的。另外研究发现,乙醇使蛋白质变性的机理不同于热变性,热变性使蛋白质松散、无序,而醇变性则使蛋白质分子重新构造,形成了比天然大豆蛋白更加有序的结构,在熵变驱动下伴随自聚集循环形成了蛋白聚集微粒,蛋白聚集微粒的刚性较大、构象力大、构象更紧密,维持这种紧密构象的作用力是键能较低的次级键。

③湿热浸提法

a. 工艺原理

利用大豆蛋白质对热敏感的特性,将豆粕用蒸汽加热或与水一同加热,蛋白质因受热变性后水溶性降低到 10% 以下,然后用水将脱脂大豆中所含的水溶性糖类浸洗出来,分离除去。

b. 工艺流程

豆粕→粉碎→热处理→水洗→分离→干燥→浓缩蛋白

先将低温脱溶豆粕进行粉碎,用 100 目筛进行筛分。然后将粉碎后的豆粕粉用 120℃ 左右的蒸汽处理 15 min,或将脱脂豆粉与 2~3 倍的水混合,边搅拌边加热,然后冻结,放在 -2~-1℃ 温度下冷藏。这两种均可以使 70% 以上的蛋白质变性,而失去可溶性。

将湿热处理后的豆粕粉加 10 倍的温水,洗涤两次,每次搅拌 10 min。然后过滤或离心分离。干燥可以采用真空干燥,也可以采用喷雾干燥。采用真空干燥时,干燥温度最好控制在 60~70℃。采用喷雾干燥时在两次洗涤后再加水调浆,使其浓度在 18%~20% 左右,然后用喷雾干燥塔即可生产出浓缩大豆蛋白。

湿热浸提法生产的浓缩大豆蛋白,由于加热处理过程中,大豆中的少量糖与蛋白质反应,生成一些呈色、呈味物质,产品色泽深,异味大,且由于蛋白质发生了不可逆的热变性,部分功能特性丧失,使其用途受到一定限制。加热冷冻虽然比蒸汽直接处理的方法能少生成一些呈色、呈味物质,但产品得率低,蛋白质损失大,而氮溶解指数也低,这种方法较少用于生产中。

c. 产品质量

浓缩蛋白由于除去一部分低聚糖和有味成分,蛋白质营养价值有所提高,口味温和,风味较好,而且不产生胀胃胀气。图 8—4 是用不同方法生产的大豆浓缩蛋白质电子显微照片。

2. 分离大豆蛋白的加工

分离大豆蛋白又名等电点蛋白粉,它是脱皮脱脂的大豆进一步去除所含非蛋白成分后,所得到的一种精制大豆蛋白产品。与浓缩蛋白相比,生产分离蛋白不仅从低温豆粕中去除低分子可溶性非蛋白成分(即可溶性糖、灰分及其他各种微量组分),而且还要去除不溶性的高分子成分(如不溶性纤维及其他残渣物)。

分离大豆蛋白(SPI)是一种蛋白纯度高(蛋白质含量高达 90% 以上)、具有加工功能性的食品添加用的中间原料,广泛应用于肉食品、乳制品、冷食冷饮、焙烤食品及保健食品等行业,迄今为止,全世界只有美国和日本等少数国家完全掌握了能够生产出大约 10 个系列、近百种分离大豆蛋白高新技术产品,并且应用于工业化生产。目前,很多文献报道分离大豆蛋白具有溶解性、乳化性、起泡性、保水性、保油性和黏弹性等多种功能。但研究表明,一种分离大豆蛋白难于同时兼具上述多种功能性。例如亲水亲油就是一对相互矛盾的功能特性,大豆蛋白的亲水性主要依赖位于球蛋白结构表面的 $-NH_2$ 和 $-COO$ 等,而亲油性主要依赖处于球蛋白结构内部的 $-CH_3$ 和 $-C_2H_5$ 等。又如:在生产肉制品加工添加用分离蛋白时,为提高产品的凝胶性,则须加热使埋藏在分子内部的 $-SH$ 基团和其他疏水基团暴露于螺旋结构的表面,$-SH$

基团中的—S—S—结合生成二硫键。这时虽然凝胶性提高,大豆蛋白质的溶解性却显著降低。又如:高 NSI 值的大豆蛋白添加到面制品中,并不产生优良功能,反而会破坏面粉的面筋。因此,大豆蛋白难于同时兼具多种加工功能性,而生产上需求的却是具有专项最佳功能或兼具某几种功能平衡点的产品。世界上一些发达国家在这方面进行了大量研究,但所取得的成果属于绝密的高科技知识产权。

图8—4 用不同方法生产的大豆浓缩蛋白质电子显微照片

a—酒精浸洗法;b—酒精浸洗法;c—酸浸洗法;d—酸浸洗法;e—水蒸气处理;f—水蒸气处理

我国分离蛋白生产厂家虽然为数不少,但产品单一,仅能生产火腿肠添加用的高凝胶值分离蛋白,对于我国市场广阔的面制品添用的具有"类面筋功能"的分离蛋白,冰制品添加用的乳化性分离蛋白等产品至今尚未形成生产能力。

目前,国内外生产分离大豆蛋白仍以碱提酸沉法为主,美国与日本等一些发达国家已经开始试用超滤膜法和离子交换法。我国也已开始这方面的研究工作。下面介绍一下这几种制取方法的生产原理及工艺过程。

(1)碱提酸沉法

①生产原理

低温脱脂豆粕中的蛋白质大部分能溶于稀碱溶液。将低温脱脂豆粕用稀碱液浸提后,用离心分离去除豆粕中的不溶性物质(主要是多糖和一些残留蛋白质),然后用酸把浸出液的pH调至4.5左右时,使蛋白质处于等电点状态而凝集沉淀下来,经分离得到的蛋白质沉淀物,再经洗涤、中和、干燥即得分离大豆蛋白。这时大部分的蛋白质便从溶液中沉析出来,只有大约10%的少量蛋白质仍留在溶液中,这部分溶液称为乳清。乳清中含有可溶性糖分、灰分以及其他微量组分。

②工艺流程

一般分离蛋白生产工艺方框图如图8—5所示。

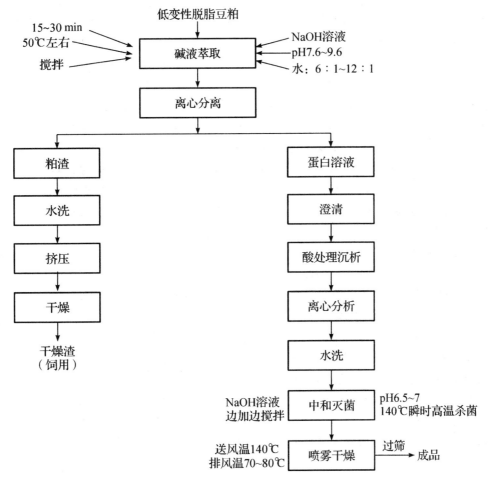

图8—5 一般分离蛋白生产工艺方框图

③操作要点

a. 选料 原料豆粕应无霉变,含壳量低,杂质量少,蛋白质含量高(45%以上),尤其是蛋白质分散指数应高于80%。高质量的原料可以获得高质量的分离蛋白。

b. 粉碎与浸提 将低温脱脂大豆粕粉碎后(粒度为0.15～0.30 mm),加水为原料量的12～20倍,溶解温度一般控制在15～80℃,溶解时间控制在120 min以内,在抽提缸内加NaOH溶液,将抽提液的pH调至7～11之间,抽提过程需搅拌,搅拌速度以30～35 r/min为宜。提取终止前30 min停止搅拌,提取液经滤筒放出,剩余残渣进行二次浸提。

c. 粗滤与一次分离 粗滤与一次分离的目的是除去不溶性残渣。在抽提缸中溶解后,将蛋白质溶解液送入离心分离机中,分离除去不溶性残渣。粗滤的筛网一般在60～80目。离心机筛网一般在100～140目。为增强离心分离机分离残渣的效果,可先将溶解液通过振动筛除去粗渣。

d. 酸沉 将二次浸提液输入酸沉灌中,边搅拌边缓慢加入10%～35%酸溶液,调pH至4.4～4.6。加酸时,需要不断搅拌,同时要不断抽测pH,当全部溶液都达到等电点时,应立即停止搅拌,静止20～30 min,使蛋白质能形成较大颗粒而沉淀下来,沉淀速度越快越好,一般搅拌速度为30～40 r/min。

e. 二次分离与洗涤　用离心机将酸沉下来的沉淀物离心沉淀,弃去清液。固体部分流入水洗缸中,用50~60℃温水冲洗沉淀两次,除去残留氢离子,水洗后的蛋白质溶液pH应在6左右。

f. 打浆、回调及改性　分离沉淀的蛋白质呈凝乳状,有较多团块,为进行喷雾干燥,需加适量水,研磨、搅打成匀浆。为了提高凝乳蛋白的分散性和产品的实用性,将经洗涤的蛋白质浆状物送入离心机中除去多余的废液,固体部分流入分散罐内,加入5%的NaOH溶液,进行中和回调,使pH为6.5~7.0。将分离大豆蛋白浆液在90℃加热10 min或80℃加热15 min,这样不仅可以起到杀菌作用,而且可明显提高产品的凝胶性。回调时搅拌速度为85 r/min。

g. 干燥　一般采用喷雾干燥,将蛋白液用高压泵打入喷雾干燥器中进行干燥,浆液浓度应控制在12%~20%,浓度过高,黏度过大,易阻塞喷嘴,喷雾塔工作不稳定;浓度过低,产品颗粒小,比容过大,不利应用和运输,另外,使喷雾时间加长,增加能量消耗。喷雾干燥通常选用压力喷雾,喷雾时进风温度以160~170℃为宜,塔体温度为95~100℃,排潮温度为85~90℃。

（2）超滤法

①超滤法的基本概念与理论

超滤是一个以压力差为推动力的膜分离过程,其操作压力在0.1~0.5 MPa左右。一般认为超滤是一种筛孔分离过程。在静压差推动下,原料液中溶剂和小的溶质粒子从高压的料液侧透过膜到低压侧,所得的液体一般称其为滤出液或透过液,而大粒子组分被膜拦住,使它在滤剩液中浓度增大。这种机理不考虑聚合物膜化学性质对膜分离特性的影响。因此,可以用细孔模型来表示超滤的传递过程。但是,另一部分人认为不能这样简单分析超滤现象。孔结构是重要因素,但不是唯一因素,另一个重要因素是膜表面的化学性质。

超滤膜早期用的是醋酸纤维素膜材料,以后还用聚砜、聚丙烯腈、聚氯乙烯、聚偏氟乙烯、聚酰胺、聚乙烯醇等以及无机膜材料。超滤膜多数为非对称膜,也有复合膜。超滤操作简单,能耗低。

超滤膜有天然和人工合成膜两大天然膜,仅在最初研究时有少量使用。超滤技术在植物蛋白领域的应用始于大豆乳清的处理,继而发展到分离大豆蛋白的制取。分离大豆蛋白的超滤处理有两个作用,即浓缩与分离。由于超滤膜的截留作用经过超滤可以得到浓缩,而低分子可溶性物质则可随超滤液进一步被滤出。用超滤法生产大豆分离蛋白,蛋白质截留率>95%,蛋白质回收率>93%,比传统的酸沉淀法得率提高10%。

②生产工艺

如图8—6是超滤法制取分离大豆蛋白工艺过程。

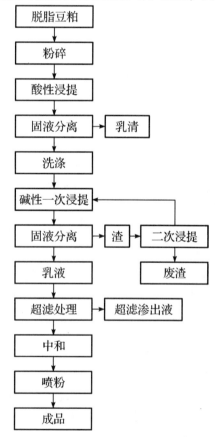

图8—6　超滤法制取分离大豆蛋白工艺过程

③影响超滤速度与超滤效果的因素

a. pH 对超滤过程的影响

大豆蛋白质是由一系列氨基酸通过肽键结合而成的高分子聚合物,因此在化学性质方面表现为酸碱双重性。当 pH 较低时,其蛋白质带正电荷,而 pH 较高时,则带负电荷;当 pH 在某一特定值时蛋白质呈电中性,此值称为蛋白质的等电点,大豆蛋白质的等电点为 4.5 左右。pH 为 4.5 左右时蛋白质的溶解度最低,而 pH 越远离 4.5,蛋白质溶解度就越高,尤其 pH 大于 8 时就更加明显。因此在超滤大豆分离蛋白过程中,为了减少物料对膜的污染,应使物料具有较高的溶解度。在超滤大豆分离蛋白过程中,料液 pH 应控制在 8~9 较为适宜。

b. 操作温度对超滤过程的影响

7S 和 11S 球蛋白是大豆蛋白质的主要组分,虽然它们都具有相对稳定的四级结构,但当环境温度发生较大变化时,其肽链会受到过分的热振荡,保持蛋白质空间结构的次级键(主要是氢键)会受到破坏,其内部有序排列的解除使一些非极性基团暴露于分子表面,因而改变了大豆蛋白质的一些物化特性及生物活性,使它们发生缔合反应,从而影响其溶解度及溶胶液的黏度。蛋白质的溶解度随着温度的提高而降低,但在 50℃ 之前,其溶解度随着温度的提高下降缓慢;当温度超过 50℃ 时,其溶解度下降较为迅速。这是因为在 50℃ 之前,大豆蛋白的 7S 和 11S 组分热变性缓慢;而当温度超过 50℃ 时,蛋白质的热变性程度加剧所致。蛋白质的热变性会直接影响其溶解度,以及蛋白溶胶液黏度的变化。当温度低于 50℃ 时,随温度的提高蛋白质的黏度随之下降,这是因为温度低于 50℃ 时,蛋白质仅发生轻微变性,温度提高使传质及扩散系数的提高占主导地位,因此黏度逐渐下降;而当温度高于 50℃ 时,蛋白质热变性程度加剧,同时其传质及扩散系数也随温度提高而相应提高,这样相互抵消作用使其黏度有缓慢地上升。所以在实际生产中超滤大豆分离蛋白的操作温度应控制在 50℃ 左右。图 8—7 是超滤法制取大豆分离蛋白的超滤系统。

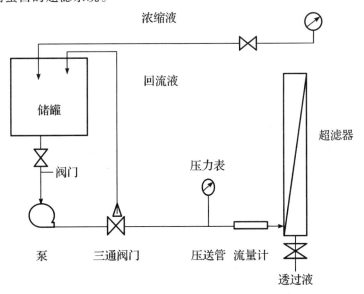

图 8—7　超滤法制取大豆分离蛋白的超滤系统

c. 操作压力对超滤过程的影响

超滤初期,膜通量与膜两侧压力差成直线关系,而后膜通量对压力差增加的敏感性降低,形成曲线段,当操作压力超过 0.28MPa 后,膜通量趋于稳定,压力选择 0.25 MPa 左右为宜。形成这种现象的原因是因为随压力差的增大,溶质被大量截留在膜的料液侧,使膜表面的溶质浓度增大,形成浓差极化层,因此膜通量的增加趋缓。当膜表面的溶质浓度进一步增大到其凝胶浓度时,膜通量就趋于恒定,这是因为压力差的增加与凝胶层的阻力的增加相互抵消,因而膜通量不再增加。

d. 物料浓度对超滤的影响

进料浓度对膜通量有很大影响,浓度高,料液的黏度高,溶质的相互作用增大,溶质的反向扩散加强,透过阻力增加,造成透过速率下降。因而,在处理分离大豆蛋白浸提液时,其浓度控制在 13% ~ 14%。

e. 超滤法生产大豆分离蛋白的质量

大豆分离蛋白传统的生产方法是酸碱法,即用酸调 pH 至蛋白质等电点,使其凝聚沉淀,再用碱中和使蛋白质溶解。这种凝聚再溶解的逆变过程,所得到的产品 NSI 较低;同时酸碱中和引入大量的盐分以及蛋白与碳水化合物不易较好地分离,所得到蛋白质产品纯度也较低,通常其 NSI 和蛋白质纯度为 90% 左右。超滤法则避免了酸碱逆变过程,可得到很高的 NSI 产品(95%),同时超滤的有效分离及洗滤过程,也可使蛋白质纯度达到 93%。

3. 组织状大豆蛋白的加工

组织状大豆蛋白是以低温脱脂豆粕粉、浓缩大豆蛋白(蛋白质含量为 70%)或分离大豆蛋白为原料,加入一定的水及食品添加剂等混合,通过破碎、搅拌、加热和直接蒸汽强化预处理,再通过挤压膨化机进行混合、挤压、剪切、成形等物理处理,同时在挤压过程中对原料进行杀菌、蛋白质的组织化、淀粉的 α 化、酶的纯化等化学处理,熔融、高温处理,冷却、干燥等热处理,制成由纤维蛋白组成的有近似肉类产品咬头的大豆蛋白制品,称之为组织状大豆蛋白。这类干燥后的食品,若调整水分或复水后也仍能有足够的咬头(咬劲,嚼头),食用方便,价格低廉。以这类产品为原料,通过加入适量的调味料,经干燥、冻结,也可用于快餐食品的辅助原料或添加到香肠等食品中,作为肉类的替代品,用途极其广泛。

组织状大豆蛋白质的特性如下。

蛋白质结构呈粒状,具有多孔性肉样组织和较高的营养价值,并有良好的保水性和咀嚼感觉。

大豆低温脱溶粕中含有胰蛋白酶抑制剂、尿素酶以及雪球凝集素等一些抗营养物质,影响动物及人体的消化吸收。含蛋白质的原料在组织化处理的过程中,经高温、高压条件下的加工,破坏或抑制了大豆粕中影响消化和吸收的有害成分,如胰蛋白酶抑制剂、尿素酶、皂素和凝血素等,从而提高了机体对蛋白质的消化吸收能力,改善了组织状蛋白的营养价值,提高了大豆蛋白的营养效能。在一定程度上除去了大豆的不良气味物质,降低了大豆蛋白因多糖作用而出现的产气性。

(1)原料的选用

原料可选用低温脱脂豆粕、高温脱脂豆粕、冷榨豆粕、脱皮大豆粉、浓缩蛋白、分离蛋白等。但是有试验结果表明,用蛋白质变性程度大、氮溶指数小的脱脂大豆粉生产组织蛋白不易形成组织化,挤出物发散,无法在挤压时成型,因此,采用挤压法生产组织蛋白,应选用蛋白质变性程度低、氮溶解指数高的原料,避免利用加热已变性的大豆蛋白作原料。原料粒度要求为40 ~ 100 目。

高温粕粉由于已经变性,水溶性蛋白质含量低于30%,糖类也大多焦化变色,如再膨化则不易呈胶融态,组织化程度差,产品色泽深、碎屑多、保水性和韧性均差。因此,通常只用于配合饲料或颗粒饲料,而不宜用于制取食用组织蛋白。

冷榨饼粉虽然蛋白质变性较低,但含油偏高(7%~9%),因此,经膨化高温处理后,油脂易氧化变质,产品不宜久存。且因含油多,工艺性能也较差,对保水性与咀嚼感都有影响。

低变性脱脂豆粉是制取组织蛋白的理想原料。由于蛋白质变性低(PDI值在50%以上)、糖类含量高(20%~30%)、含油脂低(1%以下),因此,在膨化成型过程中易形成胶融态,成型好,产品色泽浅、细腻,咀嚼感与吸水性均优,而且成本不高。其缺点是原料还不够纯净,经膨化后氨基酸的损失较多。

(2)大豆组织蛋白的生产工艺——挤压膨化法

①工艺原理

组织化大豆蛋白是指通过机械或化学方法改变蛋白组成方式的加工过程。将脱脂大豆浓缩大豆蛋白或分离大豆蛋白,加入一定量的水分及添加物混合均匀,强行加温、加压,压出成形,使蛋白质分子之间整齐排列产生同方向的组织结构,同时凝固起来,形成纤维状蛋白,并且有与肉类相似的咀嚼感。这样的产品称之为组织化大豆蛋白。原料中的蛋白质可以是变性的,也可以是没变性的。若使用没有变性的蛋白质,则在高温高压的作用下,即可发生变性,分子内部高度规则的空间结构被破坏,次级键断裂,肽链松散,易于伸展,在受到定向力的作用时,蛋白质在变性的同时发生一定程度的定向排列,形成一定的组织结构,最后由于温度、压力突降而产生一定的膨化即得到多孔的组织蛋白。若使用已变性的蛋白质作为原料,蛋白质分子不同程度地失去了原有的规则结构,并发生一定程度的相互缠绕,为了打开缠绕在一起的多肽键,并使蛋白质分子发生一定程度的定向排列,首先是在高温,高压及剪切力的作用下,使已经变性的蛋白质重新伸展,同时在定向力的作用下使其产生单向排列,然后通过喷爆、冷凝,即可获得组织化大豆蛋白。图8—8和图8—9分别为低温脱脂豆粕挤压膨化前后电子显微照片。

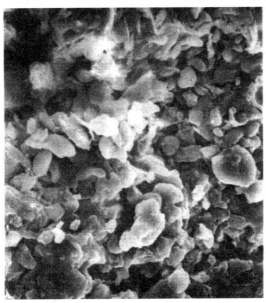

图8—8　低温脱脂豆粕挤压膨化前电子显微照片

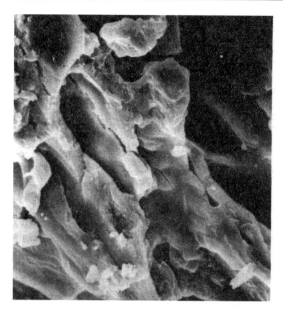

图 8—9 低温脱脂豆粕挤压膨化后电子显微照片

②大豆组织蛋白挤压膨化法生产工艺流程

图 8—10 为大豆组织蛋白的生产一次膨化工艺。

③操作方法

将经粉碎后的原料粉经贮罐 1、定量绞龙 2、封闭闸 3，由压缩机 4 送入集粉器 5 后，流入膨化机 10 进行膨化，再经切割成型装置成型。经膨化后的产品一般水分含量较高，达 18% ～ 30%，为确保贮藏与食用要求，必须脱水使之降低到 8% ～13%，故成型后的产品还需经过冷却干燥装置 12 进行冷却干燥，再经提纯分离后，即可进行包装。

④操作要点

a. 脱脂大豆粉　脂肪含量在 1% 以下，蛋白质含量高于 50%，纤维含量低于 3%，蛋白质分散指数（PDI）或氮溶解指数（NSI）控制在 50～70。

b. 水分调整　不同的原料，不同的季节，不同的机型，调粉时的加水量都不相同。高变性原料加水量一般多于低变性原料，低温季节的加水量一般比高温季节多一些。组织蛋白的生产可以采用一次挤压法，原料水分含量应调整到 25% ～30%；也可以采用两次挤压法。原料水分含量可调整到 30% ～40%。

c. pH 调整

当 pH 低于 5.5，会使挤压作业十分困难，组织化程度也会下降。随着 pH 的升高，产品的韧性和组织化程度也慢慢提高。

当 pH 到达 8.5 时，产品则变得很硬、很脆，并且产生异味。

当 pH 大于 8.5，则产品具有较大的苦味和异味，且色泽变差，其原因可能是由于碱性、高温条件下的蛋白质和脂肪的分解造成的。

d. 挤压膨化　这是生产中最关键的工序。要想生产出质量好、色泽均一、无硬芯、富有弹性、复水性好的组织化大豆蛋白，必须控制好挤压工序中的加热温度和进料量。温度的高低决定着膨化区内的压力大小，决定着蛋白组织结构的好坏。低变性原料温度要求较低，高变性原料温度要求较高。一般挤出机的出口温度不低于 180℃，入口温度控制在 80℃ 左右。如图 8—11

是 Wenger – 200 型挤压膨化机外形。

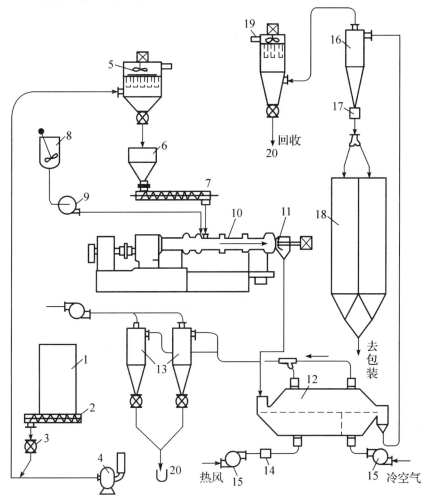

图 8—10　大豆组织蛋白生产一次膨化工艺

1—原料粉贮罐;2—绞龙;3—封闭喂料器;4—压缩机;5—集粉器;6—料斗;7—喂料绞龙;

8—溶解槽;9—定量泵;10—膨化机;11—切割刀;12—干燥冷却器;13—刹克龙集尘器;

14—热交换器;15—风机;16 成品收集器;17—金属探测器;18—成品罐;19—集尘器;20—集粉

e. 干燥　可采用流化床、鼓风干燥或真空干燥。干燥时温度控制在 70℃ 以下,最终水分控制在 8% ~ 10% 。

f. 原料中添加 2% ~ 3% 的氯化钠　其作用:改善口味;还有强化 pH 调整效果;提高产品复水性的作用。另外:根据产品需要可配入食用色素、增味剂、矿物质、乳化剂和蛋白质分子交联强化剂如硫元素(形成二硫键,便于蛋白质分子交联)等,也可加入卵磷脂,以利产品颜色的改善,生产出具有脂肪色的洁白外观的产品。

原料的混合应在调理(调质)器中进行。为了提高混合效果,提高混合均匀性,提高混合物的水合作用,温度控制在 60 ~ 90℃ 效果比较好。

g. 产品成分及特性　理论研究指出,在挤压机内,脱脂大豆粉由于受到剪切力和摩擦力的作用,使维持蛋白质三级结构的氢键、双硫键等受到破坏,进而形成了相对呈线形的蛋白质分子链。这些相对呈线形的蛋白质分子链在一定的温度和水分含量下,变得更为自由,从而更容易发生定向的再结合。随着剪切作用的不断进行，呈线形的蛋白质分子链也相应增多，相邻的蛋白质分子之间的相互吸引而趋于结合，当物料被挤压经过模具时，较高的剪切力和定向流动的作用，更加促使蛋白质分子的线状化、纤维化和直线排列，这样，经过挤出的物料就形成了一定的纤维状结构和多孔的结构。纤维状结构的形成给予产品以良好的口感和弹性；而多孔的结构给予产品以良好的复水性和松脆性。

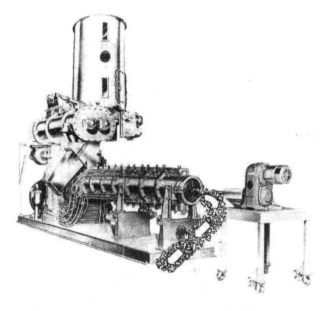

图 8—11　Wenger–200 型挤压膨化机外形

二、大豆蛋白的质量标准

1. 感官要求

①无味、无嗅、浅黄色至乳黄色均匀粉末。

②不结团，无豆腥味及异味，无杂质。

2. 理化要求

①水分≤7.0%；

②粗蛋白（干基）≥89%；

③水溶性氮素≥90%；

④pH（10%）7.0（±0.5）；

⑤灰分≤6.0%；

⑥凝胶值≥10mm；

⑦细度：90%以上通过 100 目筛。

3. 微生物要求

①菌落总数≤30000 个/g；

②大肠菌群≤30MPN/100g。

三、大豆蛋白的质量控制

大豆蛋白质是一种很好的营养食品，但是如果在生产工艺过程中缺少技术控制措施，则产品中会有一些不良气味,这使得大豆蛋白的利用与生产受到很大的限制。多年来,一些学者经研究认为,大豆蛋白质制品的不良风味来源于以下几方面。

1. 大豆中的挥发性风味组分

不同学者测出大豆的挥发性组分中有下列物质,在这些组分中,正己醛及正庚醛散发大豆的豆腥味;二甲氨散发鱼腥味,但其含量甚少,仅有 0.4mg/kg;正己酸、异己酸、正辛酸二者略有青豆气味,但含量也不多。

2. 氧化多不饱和酸带来的异味

大豆中含有脂肪氧化酶,当这些氧化酶作用于游离的或酯化的多不饱和脂肪酸时会使大豆带不良气味。大豆脂肪氧化酶的催化作用,主要表现在使含有顺—顺 $-1,4-$ 戊烯体系的脂肪酸转化为 13 - 顺—反—过氧化物及少量的 9 - 顺—反—同分已构体。在自然氧化中,不饱和脂肪酸自发地吸收氧形成两类数量相当的 13 - 及 9 - 过氧化物。多不饱和脂肪酸中,主要是亚麻酸在氧化后产生不良气味。1977 年,C. T. Ho 用亚麻酸制成 4 种 2 - 戊烯基呋喃,它们都有明显的豆油回味。Smouse 及张氏曾系统地鉴定了豆油中的 71 种挥发性组分,发现 2 - 正戊基呋喃是产牛豆腥及青草味的根源。

Wilkens etal 研究了脂肪氧化酶作用后产生的青草味、苦味。Mustark 等同样发现将经过热处理后的整粒豆破碎后生产豆粉能获得风味较好的豆粉。

美国北方研究所中心通过对大豆及大豆蛋白制品的研究指出,大豆中亚麻酸、亚油酸经脂肪氧化酶氧化后生成氢过氧化物及其分裂物,它们有青草及豆腥味。亚麻酸氢过氧化物含量在 10mg/kg,亚油酸氢过氧化物含量在 50mg/kg 时,大豆制品即有青草豆腥味及霉变的苦味。

综上所述,无论异味出于何种原因,最根本的一条是大豆中的亚麻酸含量较高,并含有大量的解脂酶,如果对这两个因子进行处理和控制,会取得根本性转变的结果。原料的品质、破碎程度对蛋白制品和油的品质有很大影响。未成熟大豆含有的脂肪氧化酶量比成熟大豆少些,如未成熟豆中脂肪氧化酶量为每毫克 10.50 单位,成熟豆中则为每毫克中 21.39 单位。Wilkens 发现脂肪氧化酶作用于水浸大豆产生的气味为豆腥味、青草味,并且发现用加热办法可以去除这些气味。同样地将整粒大豆进行热处理也可以生产出品质好的全脂豆粉。但当霉变发生后,脂肪氧化酶产生的不良气味与大豆制品结合得很牢固,因此对脂肪氧化酶进行加热钝化处理,特别是在大豆浸出脱皮前进行这一处理是很具有经济意义的。

任务 2　植物蛋白饮料的加工技术

我国传统的豆浆带有明显的豆腥味、苦涩味和焦糊味,风味上有很大的缺陷。豆乳饮料是在豆浆基础上发展起来的,它去除了豆腥味和抗营养因子,并通过营养调配,因此更符合人体的需求,是豆浆的改朝换代产品。豆乳的蛋白质、脂肪和碳水化合物与牛乳相似,消化吸收程度也与牛乳相类似。但它还具备一些牛乳所没有的优点:

(1)它是植物蛋白,不含胆固醇。

(2)所含油脂大多由多不饱和脂肪酿组成,无牛乳脂肪中饱和脂肪酸的不良影响。

(3)含有大量的维生素 E,可消除人体自由基,延缓衰老使人青春常在。

（4）含卵磷脂多,有防治肝硬化和脂肪肝的作用。

（5）不含乳糖,避免了某些对牛乳过敏的儿童在饮用牛乳时所发生的呕吐、腹痛和下痢等现象。因此,豆乳自问世以来一直受到全世界消费者的欢迎,成为一种新兴的软饮料品种。以豆乳为基料,还可进一步加工生产豆炼乳、豆乳粉和发酵豆乳饮料等产品。

一、豆乳的加工工艺流程

豆乳生产的基本工序包括原料清理、加水浸泡、磨浆去渣、营养调配、加热杀菌、真空脱臭、均质乳化和冷却包装等。豆乳的生产工艺流程如下:

大豆→清理→脱皮→浸泡→磨浆→浆渣分离→真空脱臭→调制→均质→杀菌→罐装

二、豆乳的生产工艺

1. 清理与脱皮

大豆经过清理除去所含杂质,得到纯净的大豆。脱皮可以减少细菌,改善豆乳风味,限制起泡性,同时还可以缩短脂肪氧化酶钝化所需的加热时间,极大地降低储存蛋白质的变性,防止非酶褐变,赋予豆乳良好的色泽。脱皮方法与油脂生产一致,要求脱皮率大于 95%。脱皮后的大豆迅速进行灭酶。这是因为,大豆中致腥的脂肪氧化酶存在于靠近大豆表皮的子叶处,豆皮一旦破碎,油脂即可在脂肪氧化酶的作用下发生氧化,产生豆腥味成分。

2. 制浆与酶的钝化

豆乳生产的制浆工序与传统豆制品生产中制浆工序基本一致,都是将大豆磨碎,最大限度地提取大豆中的有效成分,除去不溶性的多糖和纤维素。磨浆和分离设备通用,但是豆乳生产中制浆必须与灭酶工序结合起来。制浆中抑制浆体中异味物质的产生,因此可以采用磨浆前浸泡大豆工艺,也可以不经过浸泡直接磨浆,并要求豆浆磨得要细。豆糊细度要求达到 120 目以上,豆渣含水量在 85% 以下,豆浆含量一般为 8% ~ 10%。

3. 真空脱臭

真空脱臭的目的是要尽可能地除去豆浆中的异味物质。真空脱臭首先利用高压蒸汽（600 kPa）将豆浆迅速加热到 140 ~ 150℃,然后将热的豆浆导入真空冷凝室,对过热的豆浆突然抽真空,豆浆温度骤降,体积膨胀,部分水分急剧蒸发,豆浆中的异味物质随着水蒸气迅速排出。从脱臭系统中出来的豆浆温度一般可以降至 75 ~ 80℃。

4. 调制

豆乳的调制是在调制缸中将豆浆、营养强化剂、赋香剂和稳定剂等混合在一起,充分搅拌均匀,并用水将豆浆调整到规定浓度的过程。豆浆经过调制可以生产出不同风味的豆乳。

（1）豆乳的营养强化

根据大豆蛋白乳的特点,需要进行以下 3 个方面的营养强化:

①添加含硫氨基酸（如蛋氨酸）。

②强化维生素,维生素的添加量以每 100 g 豆乳为标准需要补充:维生素 A 880 μg,维生素 B_1 0.26 mg,维生素 B_2 0.31 mg,维生素 B_6 0.26 mg,维生素 B_{12} 115 μg,维生素 C 7 mg,维生素

D 176 μg,维生素 E 10 μg。

③添加碳酸钙等钙盐,每升豆浆添加 1.2 g 碳酸钙,则含钙量便与牛奶的接近。

(2)赋香剂

添加甜味剂,可直接采用双糖,因为添加单糖杀菌时容易发生非酶褐变,使豆乳色泽加深。甜味剂添加量控制在 6% 左右。若生产奶味豆乳,可采用香兰素调香,也可以用奶粉或鲜奶。奶粉添加量为 5%(占总固形物)左右,鲜奶为 30%(占成品)。生产果味豆乳,采用果汁、果味香精、有机酸等调制。果汁(原汁)添加量为 15%~20%。添加前首先稀释,最好在所有配料都加入后添加。

(3)豆腥味掩盖剂

尽管生产中采用各种方法脱腥,但总会有些残留,因此添加掩盖剂很有必要。据资料介绍,在豆乳中加入热凝固的卵蛋白可以起到掩盖豆腥味的作用,其添加量为 15%~25%;添加量过低效果不明显,高于 35% 则制品中会有很强的卵蛋白味(硫化氢味)。另外,棕榈油、环状糊精、荞麦粉(加入量为大豆的 30%~40%)、核桃仁、紫苏、胡椒等也具有掩盖豆腥味的作用。

(4)油脂

豆乳中加入油脂可以提高口感和改善色泽,其添加量为 1.5% 左右(使豆乳中脂肪含量控制在 3%)。添加的油脂应选用亚油酸含量较高的植物油,如豆油、花生油、菜籽油、玉米油等,以优质玉米油为最佳。

(5)稳定剂

豆乳中含有油脂,需要添加乳化剂提高其稳定性。常用的乳化剂以蔗糖酯和卵磷脂为主,此外还可以使用山梨醇酯、聚乙二醇山梨醇酯。两种乳化剂配合使用效果更好;卵磷脂添加量为大豆质量的 0.3%~2.4%。蔗糖酯除具有提高豆乳乳化稳定性的作用外,还可以防止酸性豆乳中蛋白质的分层沉淀。另外,要根据不同特色的豆乳,进行调整添加乳化剂的种类和数量。

(6)均质

均质处理是提高豆乳口感和稳定性的关键工序。均质效果的好坏主要受均质温度、均质压力和均质次数的影响。一般豆乳生产中采用 13~23 MPa 的压力,压力越高效果越好,但是压力大小受设备性能及经济效益的影响。均质温度是指豆乳进入均质机的温度,温度越高,均质效果越好,温度应控制在 70~80℃ 较适宜。均质次数应根据均质机的性能来确定,最多采用 2 次。

均质处理可以放在杀菌之前,也可以放在杀菌之后,各有利弊。杀菌前处理,杀菌能在一定程度上破坏均质效果,容易出现"油线",但污染机会减少,储存安全性提高,而且经过均质的豆乳再进入杀菌机不容易结垢。如果将均质处理放在杀菌之后,则情况正好相反。

(7)杀菌

豆乳是细菌的良好培养基,经过调制的豆乳应尽快杀菌。在豆乳生产中经常使用三种杀菌方法。

①常压杀菌。这种方法只能杀灭致病菌和腐败菌的营养体,若将常压杀菌的豆乳在常温下存放,由于残存耐热菌的芽孢容易发芽成营养体,并不断繁殖,因此成品一般不超过 24 h 即

可败坏。若经过常压杀菌的豆乳（带包装）迅速冷却，并储存于 2～4℃ 的环境下，可以存放 1～3 周。

②加压杀菌。这种方法是将豆乳罐装于玻璃瓶中或复合蒸煮袋中，装入杀菌釜内分批杀菌。加压杀菌通常采用 121℃、15～20 min 的杀菌条件，这样即可杀死全部耐热型芽孢，杀菌后的成品可以在常温下存放 6 个月以上。

③超高温短时间连续杀菌（UHT）。这是近年来豆乳生产中普遍采用的杀菌方法，它是将未包装的豆乳在 130℃ 以上的高温下，经过数十秒的时间瞬间杀菌，然后迅速冷却、罐装。

超高温杀菌分为蒸汽直接加热法和间接加热法。目前我国普遍使用的超高温杀菌设备均为板式热交换器间接加热法。其杀菌过程大致可分为 3 个阶段，即预热阶段、超高温杀菌阶段和冷却阶段，整个过程均在板式热交换器中完成。

（8）包装

包装根据进入市场的形式有玻璃瓶包装、复合袋包装等。采用哪种包装方式，是豆乳从生产到流通环节上的一个重大问题，它决定成品的保藏期，也影响质量和成本。因此，要根据产品档次、生产工艺方法及成品保藏期等因素做出决策。一般常压或加压杀菌只能采用玻璃瓶或复合蒸煮袋包装。无菌包装是伴随着超高温杀菌技术而发展起来的一种新技术，大中型豆乳生产企业可以采用这种包装方法。

三、豆乳的质量标准

1. 感官要求

感官要求见表 8—5。

表 8—5　豆乳的感官标准

项　目	要　求
外观	具有反映产品特点的外观及色泽，允许有少量沉淀和脂肪上浮
香气与滋味	具有豆奶以及所添加辅料应有的香气和滋味，无异味
杂质	无正常视力可见外来杂质

2. 理化要求

理化要求应符合表 8—6 的规定。

表 8—6　豆乳的理化标准

项　目	豆奶（豆浆、豆乳）、调制豆奶（豆乳）	豆奶（豆乳）饮料/大豆饮料
总固形物/(g/100 mL)　≥	4.0	2.0
蛋白质/%　≥	2.0	1.0
脂肪/%　≥	0.8	0.4

3. 卫生要求

卫生要求见表 8—7。

表 8—7　豆乳的卫生标准

项　　目	指　标
菌落总数/（cfu/g）　≤	750
大肠菌群/（MPN/100g）　≤	40
致病菌（沙门氏菌、金黄色葡萄球菌、志贺氏菌）	不得检出

四、豆乳的质量控制

豆乳制品中异味物质有的是原料自身带来的,有的是在加工过程中形成的。普通的大豆制品有豆腥味,直接影响到豆乳产品的质量。豆腥味是大豆中脂肪氧化酶催化不饱和脂肪酸氧化的结果。亚油酸、亚麻酸等氢过氧化物醛酮、醇、呋喃、α – 酮类、环氧化物等异味成分脂肪氧化酶多存在靠近大豆表皮的子叶处,在整粒大豆中活性很低。当大豆破碎时,由于有氧气存在和与底物的充分接触,脂肪氧化酶即产生催化作用,使油脂氧化,产生豆腥味。据美国康乃尔大学的专家分析,脂肪氧化酶的催生氧化反应可以产生 80 多种挥发性成分,其中 31 种与豆腥味有关。豆乳中只需含有微量油脂氧化物,就足以使产品产生豆腥味,如正己醇,10 亿分之一的浓度就能使产品产生强烈的不快感。要改善豆乳的口味,对豆腥味的清除,人们采用了许多方法。如日本,有关这方面的专利达 200 多项,包括物理、化学、生物方法。由于豆腥味的产生是一种酶促反应,可以通过钝化酶的活性、除氧气、除去反应底物的途径避免豆腥味的产生,并且还可以通过分解豆腥味物质及香料掩盖的方法减轻豆腥味。从原理出发可以归纳为如下几种。

1. 热处理法

这种方法是使蛋白质发生适度的热变性,以使脂肪氧化酶失活,进而抑制加工过程中异味物质的产生。具体方法有:干热处理法、汽蒸法、热水浸泡法、热烫法和热磨法。其中热水浸泡法和热磨法适合于不脱皮的生产工艺。脂肪氧化酶的失活温度为 80 ~ 85℃,故用加热方式可使脂肪氧化酶丧失活性。加热方法是把干豆加热再浸泡磨浆,一般采用 120 ~ 170℃热风处理,时间为 15 ~ 30s。或者大豆用 95 ~ 100℃水热烫 1 ~ 2 min 后才浸泡磨浆。但这两种加热方法容易使大豆的部分蛋白质受热变性而降低蛋白质的溶解性。为了提高大豆蛋白质提取率,在生产中也可以采用微波加热或远红外加热,使豆粒迅速升温,钝化酶活性,减少蛋白质的变性。此外,在大豆在脱皮后采用 120 ~ 200℃高温蒸气加热 7 ~ 8s,磨浆时,保持物料的温度82 ~ 85℃,磨浆后豆乳采用超高温瞬时灭菌（UHT）,处理后闪蒸冷却,也可以去除大豆的豆腥味,防止蛋白质大量变性。

2. 酸碱处理法

这种方法是依据 pH 对脂肪氧化酶活性的影响,通过酸或碱的加入,调整溶液的 pH,使其偏离脂肪氧化酶的最适 pH,从而达到抑制脂肪氧化酶活性、减少异味物质的目的。脂肪氧化酶的最适 pH 为 6.5,在碱性条件下活性降低,至 pH9.0 时失活。在大豆浸泡时选用碱液浸泡,有助于抑制脂肪氧化酶活性,并有利于大豆组织结构的软化,使蛋白质的提取率提高。常用的酸主要是柠檬酸,调节 pH 至 3.0 ~ 4.5,此法在热浸泡中使用。常用的碱有碳酸钠、碳酸氢钠、氢氧化钠、氢氧化钾等,调节 pH 至 7.0 ~ 9.0,碱可以在浸泡时、热磨时或热烫时加入。单独使用酸碱处理效果不够理想,常配合热处理一起使用。加碱对消除苦涩味有明显的效果。

3. 高频电场处理

在高频电场中,大豆中的脂肪氧化酶受高频电子效应、分子内热效应以及蛋白偶极子定向排列并重新有序化的影响,活性受到钝化。随着处理时间的延长,豆腥味由腥到微腥、豆香味一直到糊香味,色泽也随之加深。实践证明,脱腥效果以处理时间为 4 min 左右为宜。

4. 真空脱臭法

真空脱臭法是除去豆乳中豆腥味的一个有效方法。将加热的豆奶喷入真空罐中,蒸发掉部分水分,同时也带出挥发性的腥味物质。

5. 酶法脱腥

据报道,利用蛋白分解酶作用于脂肪氧化酶,可以除去豆腥味;另外用醛脱氢酶、醇脱氢酶等作用于产生豆腥味的物质,通过生化反应把臭腥味成分转化成无臭成分。这是一项有意义的研究。

6. 豆腥味掩盖法:在生产中常向豆乳中添加咖啡、可可、香料等物质,以掩盖豆乳的豆腥味

实际生产中要通过单一方法去除豆腥味相当困难,因此,在豆乳加工过程中,钝化脂肪氧化酶的活性是最重要的,再结合脱臭法和掩盖法,可以使产品的豆腥味基本消除。

7. 苦涩味的产生与防止

豆乳中苦涩味的产生是由于多种苦涩味物质的存在。苦涩味物质如大豆异黄酮、蛋白质水解产生的苦味肽、大豆皂甙等,其中大豆异黄酮是主要的苦涩味物质。Matsuura 等研究发现,豆制品的不愉快风味的产生与其浸泡水的温度和 pH 具有很大相关性,在 50℃、pH 6 时产生的异黄酮最多,在 β – 葡萄苷酶作用下有大量的染料木黄酮和黄豆甙原产生,使产品的苦味增强。在低温下添加葡萄糖酸 – δ – 内酯,可以明显抑制 β – 葡萄苷酶活性,使染料木黄酮和黄豆甙原产生减少。同时,钝化酶的活性,避免长时高温,防止蛋白质的水解和添加香味物质,掩盖大豆异味等措施,都有利于减轻豆乳中的苦涩味。

8. 抗营养因子的去除

豆乳中存在胰蛋白酶抑制因子、凝血素、大豆皂甙、以及棉籽糖、水苏糖等抗营养因子。这些抗营养因子在豆乳加工的去皮、浸泡工序中可去除一部分。由于胰蛋白酶抑制因子和凝血素属于蛋白质类,热处理可以使之失活。在生产中,通过热烫、杀菌等加热工序,基本可以达到去除这两类抗营养因子的效果。棉籽糖、水苏糖在浸泡、脱皮、去渣等工序中会出去一部分,大部分仍残存在豆乳中,目前尚无有效办法除去这些低聚糖。

任务 3　传统豆制品的加工技术

现代食品营养研究表明,大豆中的蛋白质不但含量高(约 40%),而且在质量上可与优质动物蛋白(如鸡蛋、牛奶)相媲美。大豆中的油脂含量为 20% 左右,其主要脂肪酸为不饱和脂肪酸,包括油酸、亚油酸、亚麻酸等,约占总脂肪酸的 60% 左右。大豆中的矿物质含量丰富,总含量一般约为大豆子粒的 4.5% ~5.0%,特别是大豆中含有丰富的钙和铁,具有较高的吸收率。加上大豆蛋白的降低钙排泄作用以及大豆异黄酮的抗雌激素的作用,因此,大豆食品应是具有补钙、预防骨质疏松等功能的优良保健食品。除此之外,大豆及大豆食品中还含有许多具有重要生理功能的成分,特别是近年科学家不仅发现了大豆蛋白经酶水解可得到抗氧化、降血压、提高免疫力作用的多肽,还惊奇的发现许多过去认为是有害的成分,竟然具有很可贵的生理活性。传统豆制品的营养价值极高,豆腐、豆浆的主要营养不亚于牛奶,在对豆腐、豆浆和牛奶的主要成分比较后发现:豆腐含蛋白质和钙的量接近于牛奶,而含铁量是牛奶的 10 倍以上,而价格却便宜得多。除此之外,豆浆的脂肪成分中,不饱和脂肪酸占较大比例,而牛奶却相反。豆腐、豆浆胆固醇含量几乎为零。值得一提的是大豆脂肪中必须脂肪酸——亚油酸含量高达 50% 以上,且含有 6% ~12% 的 α – 亚麻酸(与深海鱼油 EPA、DHA 有同样功能的 ω – 3 型脂肪酸)。这些都被认为是具有保健功能的重要油脂成分。当然还含有功能肽、异黄酮、卵磷脂、低聚糖、皂甙、V_B、V_E 等保健益寿成分,更有美味、价廉的优势。因此,现在美国、欧洲人也把豆腐当成最流行的保健食品。

我国传统豆制品种非常丰富,主要有水豆腐(嫩、老豆腐,南、北豆腐);半脱水制品(豆腐干、百叶、千张);油炸制品(油豆腐、炸丸子);卤制品(卤豆干、五香豆干);炸卤制品(花干、素鸡等);熏制品(熏干、熏肠);烘干制品(腐竹、竹片);酱类(甜面酱、酱油);豆浆、豆奶等。从有无微生物作用来看可大致分为发酵豆制品与非发酵豆制品。发酵豆制品有微生物作用,包括豆豉、豆酱、豆腐乳、酱油等;非发酵豆制品无微生物作用,包括浸渍大豆制品,如豆浆、豆腐、豆乳、豆腐干、百叶、素鸡等和家常大豆制品,如豆芽、煮豆、炒豆。

一、豆腐的加工工艺流程

豆腐,常见易得,又不同凡响。我国近代大豆专家李煜瀛曾说:"中国之豆腐为食品之极良者,其性滋补,其价廉,其制造之法纯本乎科学";"西人之牛乳与乳膏,皆为最普及之食品;中国之豆浆与豆腐亦为极普及之食品。就化学与生物化学之观点,豆腐与乳质无异,故不难以豆质代乳质也。且乳来自动物,其中多传染病之种子;而豆浆与豆腐,价较廉数倍或数十倍,无伪作,且无传染病之患"。可以说,豆腐的出现是一大奇迹。大豆经过这样的加工,使人体对大豆蛋白质的吸收利用率大大提高。据研究,整粒大豆的消化率为 65%,制成豆浆后其消化率为 84.9%,制成豆腐则可达到 96%。民间常说:"鱼生火,肉生痰,青菜豆腐保平安",可见,豆腐在中国人民的膳食结构及健康饮食中居非常重要的地位。豆腐的价廉优质、易得、安全、美味,得到古今中外无数的赞叹,对中华民族的繁衍生息起了重大的作用,是我国古代劳动人民的又一大重要贡献。内酯豆腐是替代传统豆腐的新一代产品,产出率高,产品细腻,光亮洁白,保水性好,不苦不涩,用无毒高压聚乙烯薄膜封闭包装,营养价值、卫生指标均高于传统豆腐,而且储存期长,便于运输销售和携带,使传统的手工作坊生产飞跃到自动化大工业的生产,是豆腐生产的发展方向,目前我国大部分大中城市已经有内酯豆腐生产线。

日常生活中常见到的豆腐有南豆腐、北豆腐和填充豆腐。豆腐的生产经过千百年的发展,除了机械化和自动化程度有差别以外,生产原理基本上都是一致的。就其实质来讲,豆制品的生产就是制取不同性质的蛋白质胶体的过程。

大豆蛋白质存在于大豆子叶的蛋白体中,大豆经过浸泡,蛋白体膜破坏以后,蛋白质即可分散于水中,形成蛋白质溶液即生豆浆。生豆浆即大豆蛋白质溶胶,由于蛋白质胶粒的水化作用和蛋白质胶粒表面的双电层,使大豆蛋白质溶胶保持相对稳定。但是一旦有外加因素作用,这种相对稳定就可能受到破坏。

生豆浆加热后,蛋白质分子热运动加剧,维持蛋白质分子的二、三、四级结构的次级键断裂,蛋白质的空间结构改变,多肽链舒展,分子内部的某些疏水基团(如_SH)疏水性氨基酸侧链趋向分子表面,使蛋白质的水化作用减弱,溶解度降低,分子之间容易接近而形成聚集体,形成新的相对稳定的体系——前凝胶体系,即熟豆浆。

在熟豆浆形成过程中蛋白质发生了一定的变性,在形成前凝胶的同时,还能与少量脂肪结合形成脂蛋白,脂蛋白的形成使豆浆产生香气。脂蛋白的形成随煮沸时间的延长而增加。同时借助煮浆,还能消除大豆中的胰蛋白酶抑制素、血球凝集素、皂苷等对人体有害的因素,减少生豆浆的豆腥味,使豆浆特有的香气显示出来,还可以达到消毒灭菌、提高风味和卫生质量的作用。

前凝胶形成后必须借助无机盐、电解质的作用使蛋白质进一步变性转变成凝胶。常见的电解质有石膏、卤水、δ-葡萄糖酸内酯及氯化钙等盐类。它们在豆浆中解离出 Ca^{2+}、Mg^{2+}、Ca^{2+}、Mg^{2+} 不但可以破坏蛋白质的水化膜和双电层,而且有"搭桥"作用,蛋白质分子间通过"—Mg—"桥或"—Ca—"桥相互连接起来,形成立体网状结构,并将水分子包容在网络中,形成豆腐脑。

豆腐脑形成较快,但是蛋白质主体网络形成需要一定时间,所以在一定温度下保温静置一段时间使蛋白质凝胶网络进一步形成,就是一个蹲脑的过程。将强化凝胶中水分加压排出,即可得到豆制品。

豆腐的生产流程如下所示:

大豆→选料→浸泡→磨浆→过滤→煮浆→点脑→墩脑→破脑→浇制→加压成型→冷却→成品

二、豆腐加工工艺

1. 磨浆

传统大豆制品的生产工艺各不相同,但就其产品的本质而言,无论是豆腐类食品,还是干燥豆制品都属于大豆蛋白质凝胶。大豆蛋白质存在于大豆子叶的储藏组织细胞中,当大豆浸于水中时,蛋白体膜同其他组织一样,开始吸水溶涨,质地由硬变脆最后变软。处于脆性状态下的蛋白体膜,受到机械破坏时很容易破碎。蛋白体膜破碎后,蛋白质即可分散于水中,形成蛋白质溶胶,即生豆浆。吸水后的大豆用磨浆机粉碎制备生豆浆的过程称为磨浆。在磨浆时应特别注意两点。一是磨浆时一定要边粉碎边加水,这样做不但可以使粉碎机消耗的功率大为减少,还可以防止大豆种皮过度粉碎引起的豆浆和豆渣过滤的分离困难的现象。一般磨浆时的加水量为干大豆的 3~4 倍。二是使用砂轮式磨浆机时,粉碎粒度是可调的。调整时必须保证粗细适度。粒度过大,则豆渣中的残留蛋白质含量增加,豆浆中的蛋白质含量下降,不但影响到豆腐得率,也可能影响到豆腐的品质。但粒度过小,不但磨浆机能耗增加,易发热,而且过滤时豆浆和豆渣分离困难,豆渣的微小颗粒进入豆浆中影响豆浆及豆制品的口感。

2. 煮浆

生豆浆必须加热后才能形成凝胶,这一过程称为煮浆。煮浆要求是由大豆蛋白质的物理化学性质决定的。生豆浆中蛋白质呈溶胶态,它具有相对的稳定性,这种相对的稳定性是由天然大豆蛋白质分子的特定结构所决定的。天然大豆蛋白质的疏水性基团分布在分子内部,而亲水性基团则分布于分子的表面。在亲水性基团中含有大量的氧原子和氮原子,由于它们有未共用的电子对,能吸引水分子中的氢原子并形成氢键,正是在这种氢键的作用下,大量的水分子将蛋白质胶粒包围起来,形成一层水化膜。换句话说,就是蛋白质胶粒发生了水化作用。大豆蛋白质分子表面的亲水性基团还能电离,产生的静电能吸附水化离子,形成稳定的静电吸附层,构成了蛋白质胶粒表面的双电层。分散存在于水中的大豆蛋白质胶粒正是由于水化膜和双电层的保护作用,防止了它们之间的相互聚集,保持了相对的稳定性。也就是说这个体系是处于一个亚稳定状态,一旦有外加因素的干扰,水化膜和双电层的保护作用遭到破坏后,这种相对稳定就会受到破坏。

生豆浆加热后,体系内能增加,蛋白质分子的运动加剧,分子内某些基团的振动频率及幅度加大,很多维系蛋白质分子二、三、四级结构的次级键断裂,蛋白质的空间结构开始改变,多肽链由卷曲而变得伸展。展开后的多肽链表面的单位面积静电荷变少,胶粒间的吸引力增大,使之互相靠近,并通过分子间的疏水基和硫基形成分子间的疏水键和二硫键。这些变化使胶粒之间发生一定程度的聚积,随着这种聚积的进行,蛋白质胶粒表面的静电荷密度及亲水性基团再度增加,胶粒间的吸引力相对减少,再加上由于胶粒的体积增大引起的胶粒热运动的阻力增大、速度减慢,而豆浆中的蛋白质浓度又较低,胶粒之间的继续聚积受到限制,形成一种新的相对稳定体系——前凝胶体系,即熟豆浆。

从宏观上看,生豆浆与熟豆浆似乎没有什么变化,但生化分析表明,在这两个体系中,蛋白质分子的存在状态是完全不同的。生豆浆中测得的蛋白质相对分子质量最多不超过 60 万,而熟豆浆中蛋白质相对分子质量则可达 300 万以上,且生豆浆中蛋白质未变性,而熟豆浆中的蛋白质则属变性蛋白质。大豆蛋白质在形成前凝胶的同时,还能与少量脂肪结合形成脂蛋白,脂蛋白的形成可以使豆浆产生香气。豆浆煮沸过程中脂蛋白的形成随着煮沸时间的延长而增加。

煮浆是豆腐生产过程中最为重要的环节。因为大豆蛋白质的组分比较复杂,所以,蛋白质变性的温度(亦即煮浆温度)和煮沸时间应保证大豆中的主要蛋白质能够发生变性。另外,煮浆还可破坏大豆中的抗生理活性物质和产生豆腥味的物质,同时具有杀菌的作用。因此,按照传统经验,煮浆时一般应保证豆浆在 100℃的温度下保持 3～5 min。不过,最近的研究表明,改良加热过程可有效地提高豆腐得率,改善豆腐的物性。

煮浆前要按照需要加入不同比例的水将豆浆的浓度调整好。一般来说,加水量越多,豆浆浓度降低,豆腐的得率就越高,但如果豆浆浓度过低,凝胶网络的结构不够完善,凝固后的豆腐水分离析速度加快,黄浆水增多,豆腐中的糖分流失增加导致豆腐的得率反而下降。因此,加水量应主要考虑所生产的豆腐品种和消费者的喜好。

抽出率是指大豆中的固形物溶解到豆浆中的比率。一般大豆的固形物抽出率在 50%～70%之间,而影响抽出率的主要因素有加水量、过滤的完全程度和磨浆粒度。如果加水量增加或者加入可溶解大豆成分的添加剂,则抽出率会有所上升。如果大豆的磨碎度不够,或者豆渣中的水分含量较高,则抽出率就会下降。大豆固形物的主要成分是蛋白质和脂肪,一般蛋白质的抽出率为80%左右,其余20%为豆渣中的豆浆和完全不溶于热水的蛋白质。大豆中脂肪的抽出率多为75%左右,通过改善磨浆方法或添加可促进脂肪乳化的添加剂就可提高脂肪的抽出率。大豆中的蛋白质和脂肪的抽出率都大于固形物的总抽出率,也说明大豆中的碳水化和物类物质的抽出比例较低。大豆中的钙是微量元素中抽出率最低的。一般镁的抽出率为71%,磷为74%~80%,钙为42%~47%。

固形物抽出后在凝胶过程中还会有流失现象,因此大豆中固形物的凝固率一般为76%~84%,而脂肪的凝固率为95%以上,蛋白质的凝固率为90%左右。大豆固形物的凝固率低于脂肪和蛋白质凝固率的主要原因是蛋白质中的碳水化合物多为水溶性成分,大部分会随着黄浆水流失。

煮浆的方法很多,从原始的土灶煮浆到现代的通电连续加热法等都在我国得到了应用。

土灶直火煮浆法主要以煤、秸秆等为燃料,成本低、简便易行,锅底轻微的焦糊味使豆制品有一种独特的豆香味。不过,火力较难控制,易使豆浆焦糊,给产品带来焦苦味。土灶直火煮浆在稍大规模的或工业化生产中已不采用,只在家庭式小作坊生产中还偶尔可以见到。使用土灶直火煮浆的要领是:煮浆要快,时间越短越好,一般不超过15 min。在火候掌握上必须先文火,后急火。一般可先用文火煮3~5 min,待豆浆温度达到一定后,再开动鼓风机加大火力。直火煮浆时,豆浆表面很容易产生泡沫,浮在豆浆表面,阻碍蒸汽散发,形成"假沸"现象,稍不注意,就会发生溢锅。所以加温的时候,要采取措施,保证蒸汽顺利散发。必要时可使用一些消泡剂。直火煮浆待豆浆完全沸腾,温度达100℃以上时应马上停火,并立即出锅,否则易导致产品色泽灰暗,缺乏韧性。

敞口罐蒸汽煮浆法在中小型企业中应用比较广泛。它可根据生产规模的大小设置煮浆罐。敞口煮浆罐的结构是一个底部接有蒸汽管道的浆桶。煮浆时,让蒸汽直接冲进豆浆里,待浆面沸腾时把蒸汽关掉,防止豆浆溢出,停止2~3 min后再通入蒸汽进行二次煮浆,待浆面再次沸腾时,豆浆便完全煮沸了。之所以要采用二次煮浆,就是因为用大桶加热时,蒸汽从管道出来后,直接冲往浆面逸出,而且豆浆的导热性不太好,因此豆浆温度由上到下降低,所以第一次浆面沸腾时只是豆浆表面沸腾,停顿片刻待温度大体一致后,再放蒸汽加热煮沸,就可以使豆浆完全沸腾。

封闭式溢流煮浆法是一种利用蒸汽煮浆的连续生产过程。常用的溢流煮浆生产线是由五个封闭式阶梯罐组成,罐与罐之间有管路连通,每一个罐都设有蒸汽管道和保温夹层,每个罐的进浆口在下面,出浆口在上面。生产时,先把第五个罐的出浆口关上,然后从第一个罐的进浆口注浆,注满后开始通汽加热,当第五个罐的浆温达到98~100℃时,开始由第五个罐的出浆口放浆。以后就在第一个罐的进浆口进浆,通过五个罐逐渐加温,并由第五个罐的出浆口连续出浆。从开始到最后,豆浆温度分别控制为40℃,60℃,80℃,90℃和98~100℃。五个罐的高度差均在8 cm左右。采用重力溢流,从生浆进口到熟浆出口仅需2~3 min,豆浆的流量大小可根据生产规模和蒸汽压力来控制。

在日本大型豆腐加工厂多采用通电加热连续煮浆生产线进行豆浆的加热。槽型容器的两边为电极板,豆浆流动过程中被不断加热,出口温度正好达到所需的温度。这种方法的优点是自动化程度高、控制方便、清洁卫生且有利于连续式大规模生产。

3. 过滤

过滤主要是为了除去豆浆中的豆渣,同时也是豆浆浓度的调节过程。根据豆浆浓度及产品不同,在过滤时的加水量也不同。豆渣不但使豆制品的口感变差,而且会影响到凝胶的形成。过滤即可在煮浆前也可在煮浆后进行。我国多在煮浆前进行,而日本多在煮浆后进行。

先把豆浆加热煮沸后过滤的方法,又称为熟浆法。而先过滤除去豆渣,然后再把豆浆煮沸的方法称为生浆法。熟浆法的特点是豆浆灭菌及时,不易变质,产品弹性好、韧性足、有拉劲、耐咀嚼,但熟豆浆的黏度较大,过滤困难,因此豆渣中残留蛋白质较多(一般均在 3.0% 以上),相应的大豆蛋白提取率减少,能耗增加,且产品保水性变差。生浆法与此相反,工艺上卫生条件要求较高,豆浆易受微生物污染而酸败变质,但操作方便,易过滤,只要磨浆时的粗细适当,过滤工艺控制适当,豆渣中的蛋白质残留量可控制在 2.0% 以内。且产品的保水性较好,口感滑润,我国江南一带在南豆腐的生产过程中大都采用生浆法过滤。

豆浆的过滤方法很多,可分为传统手工式和机械式过滤法两种。目前在家庭和小型的手工作坊还主要应用传统的过滤方法,如吊包过滤和挤压过滤。这种方法不需要任何机械设备,成本低廉,但劳动强度很大,过滤时间长,豆渣中残留蛋白质含量也较高。而在较大的工厂,则主要采用卧式离心筛过滤、平筛过滤、圆筛过滤等。卧式离心筛过滤是目前应用最广泛的过滤分离方法。它的主要优点是速度快、噪音低、耗能少、豆浆和豆渣分离较完全。另外,也有大豆粉碎机内部设置有过滤网,大豆磨浆过程中通过过滤网将豆浆和豆渣分离。采用这种方法,在磨浆过程中的能耗有所增加,但豆浆中只有很少一部分颗粒较小的豆渣需要进行进一步分离。为了得到理想的分离效果,使用卧式离心筛过滤应特别注意以下几点:首先,分离过程中要分阶段定量加水,加水后要充分搅拌,使蛋白质充分溶解。其次,水温最好在 55 ~ 60℃,以利于蛋白质分离。再次,分离过程要连续进行,尽量减少临时停车,以保证生产的稳定性及豆浆的浓度。最后,分离机的过滤网要选择适当,且应先粗后细,如第一级分离用 80 目过滤网,后面的分离则可采用 100 目过滤网。

4. 凝固

凝固就是通过添加凝固剂使大豆蛋白质在凝固剂的作用下发生热变性,使豆浆由溶胶状态变为凝胶状态。凝固是豆腐生产过程中最为重要的工序,可分为点脑和蹲脑两个部分。

(1)点脑

点脑又称为点浆,是豆制品生产的关键工序。把凝固剂按一定的比例和方法加入到煮熟的豆浆中,使大豆蛋白质溶胶转变成凝胶,即豆浆变为豆腐脑(又称为豆腐花)。豆腐脑是由大豆蛋白质、脂肪和充填在其中的水构成的。豆腐脑中的蛋白质呈网状结构,而水分主要存在于这些网状结构内。按照它们在凝胶中的存在形式可分为结合水和自由水。其中结合水主要与蛋白质凝胶网络中残留的亲水基以氢键相结合,一般 1g 蛋白质能结合 0.3 ~ 0.4g 水,结合水比较稳定,不易从凝胶中排出。而自由水是在毛细管表面的吸附作用下存在于凝胶网络中,成型时在外力作用下易流出。所谓豆腐的持水性也称为保水性,主要是指豆腐脑在受到外力作用时,凝胶网络中自由水的保持能力。蛋白质的凝固条件,决定着豆腐脑的网状结构及其保水性、柔软性和弹性。一般来说,豆腐脑的网状结构网眼较大,交织得比较牢固,豆腐脑的持水性就好,做成的豆腐柔软细嫩,产品得率亦高。豆腐脑凝胶结构的网眼小,交织得不牢固,则持水性差,做成的豆腐就僵硬,缺乏韧性,产品得率受到影响。另外,豆腐的失水率(豆腐放置一段时间后离析水的比率)也主要受凝胶网络结构的影响。

(2)蹲脑

蹲脑又称为涨浆或养花,是大豆蛋白质凝固过程的继续。从凝固时间与豆腐硬度的关系来看,点脑操作结束后,蛋白质与凝固剂的凝固过程仍继续进行,蛋白质网络结构尚不牢固,只有经过一段时间后凝固才能完成,组织结构才能稳固。蹲脑过程宜静不宜动,否则,已经形成的凝胶网络结构会因振动而破坏,使制品内在组织产生裂隙,外形不整,特别是在加工嫩豆腐时表现更为明显。不过,蹲脑时间过长,凝固物温度下降太多,也不利于成型及以后各工序的正常进行。

5. 成型

成型就是把凝固好的豆腐脑,放入特定的模具内,通过一定的压力,榨出多余的黄浆水,使豆腐脑紧密地结合在一起,成为具有一定含水量、弹性和韧性的豆制品。除加工嫩豆腐外,加工其他豆腐制品一般都需要在上箱压榨前从豆腐脑中排除一部分豆腐水。在豆腐脑的网络结构中的水分不易排出,只有把已形成的豆腐脑适当破碎,不同程度地打散豆腐脑中的网络结构,才能达到生产各种豆制品的不同要求。破脑程度既要根据产品质量的要求,又要适应上箱浇制工艺的要求。南豆腐的含水量较高,可不经破脑,北豆腐只需轻轻破脑,脑花大小在 8 ~ 10cm 范围较好,豆腐干的破脑程度宜适当加重,脑花大小在 0.5 ~ 0.8cm 为宜,而生产干豆腐(薄百页)时豆腐脑则需完全打碎,以完全排除网络结构中的水分。

豆腐的成型主要包括上脑(又称上箱)、压制、出包和冷却等工序。

豆腐的压制成型是在豆腐箱和豆腐包内完成的,使用豆腐包的目的是在豆腐的定型过程中使水分通过包布排出,使分散的蛋白质凝胶连接为一体。豆腐包布网眼的粗细(目数)与豆腐制品的成型有相当大关系。北豆腐宜采用空隙稍大的包布,这样压制时排水较畅通,豆腐表面易成"皮"。南豆腐要求含水量高,不能排除过多的水,必须用细布。

豆腐脑上箱后,置于模型箱中,还必须加以定型。其作用是使蛋白质凝胶更好地接近和黏合,同时使豆腐脑内要求排出的豆腐水通过包布排出。加压时,主要应注意豆腐脑的温度和施加的压力及时间。压力是豆腐成型所必需的,但一定要适当。加压不足可能影响蛋白质凝胶的黏合,并难以排出多余的黄浆水。加压过度又会破坏已形成的蛋白质凝胶的整体组织结构,而且加压过大,还会使豆腐表皮迅速形成皮膜或使包布的细孔被堵塞,导致豆腐排水不足,内外组织不均。一般压榨压力在 1 ~ 3kPa 左右,北豆腐压力稍大,南豆腐压力稍小。

为使压制过程中蛋白质凝胶黏合得更好,除需一定的压力外,还必须保持一定的温度。开始压制时,如豆腐温度过低,即使压力很大,蛋白质凝胶仍然不能很好地黏合,豆腐水不易排出,生产的豆腐结构松散。一般豆腐压制时的温度应在 65 ~ 70℃ 之间。豆腐脑在一定温度下加压,逐渐按模塑造成一定的形状,这个过程需要一定的时间,时间不足不能成型和定型。而加压时间过长,会过多地排出豆腐中应持有的水。一般压榨时间为 15 ~ 25 min。北豆腐在压制成型过程中还应注意整形。压榨后,南豆腐的含水率要在 90% 左右,北豆腐的含水率要在 80% ~ 85% 之间。

豆腐压制完成后,应在水槽中出包,这样豆腐失水少、不沾包、表面整洁卫生,可以在一定程度上延长豆腐的保质期。

三、豆腐的质量标准

1. 感官特性

感官要求应符合表 8—8 规定。

表 8—8　感官要求

品　　种		项　　目		
		色、香、味	形态、组织	杂质
豆腐类	盒装浓浆内酯豆腐	白色或淡黄色,有豆香味,无涩味	呈凝胶状,有弹性,细腻不粗糙	无肉眼可见外来杂质
	盒装内酯豆腐	白色或淡黄色,有豆香味,无涩味	呈凝胶状,脱盒后不塌,细腻滑嫩	
	嫩豆腐	白色或淡黄色,有豆香味,无异味	块形完整,有弹性,质地细嫩,无石膏脚	
	老豆腐	白色或淡黄色,有豆香味,无异味	块形完整,软硬适宜,有弹性,细嫩不粗糙,无石膏脚	

2. 理化指标

理化指标应符合表 8—9 规定。

表 8—9　理化指标

品种	水分(g/100g)≤	蛋白质(g/100g)≥	淀粉(g/100g)≥
盒装内酯豆腐	93.00	3.80	—
盒装浓浆内酯豆腐	92.00	4.20	—
嫩豆腐	90.00	4.50	—
老豆腐	85.00	6.00	—

3. 微生物及卫生指标

微生物及卫生指标见表 8—10。

表 8—10　微生物及卫生指标

项　　目	指　　标
菌落总数(cfu/g)　≤	100000
大肠菌群(MPN/100g)　≤	150
致病菌(沙门氏菌、志贺氏菌、金黄色葡萄球菌)	不得检出
总砷(以 As 计)(mg/kg)　≤	0.5
铅(Pb)(mg/kg)　≤	1.0
黄曲霉毒素 B_1(μg/kg)　≤	—
脲酶试验	—
食品添加剂	符合 GB 2760 规定

四、豆腐的质量控制

研究表明,影响豆腐质量的因素很多,大豆的品种和质量、水质、凝固剂的种类和添加量、煮浆温度、点浆温度、豆浆的浓度与 pH、凝固时间以及搅拌方法等，会对凝胶过程产生一定的影响。其中又以温度、都将浓度、pH、凝固时间和搅拌方法对质量影响最为显著。

点脑时蛋白质的凝固速度与豆浆的温度高低密切相关。豆浆的温度过高，易使豆浆中的蛋白质胶粒的内能增大，凝聚速度加快，所得到的凝胶组织一收缩，凝胶结构的弹性变小，保水性变差，同时，由于凝胶速度太快，加入凝固剂时要求的技术较高，稍有不慎就会导致凝固剂分布不均，凝胶品质极差；点脑温度过低时，凝胶速度慢，导致豆腐含水量增高，产品也缺乏弹性，易碎不成型。因此点脑温度应根据产品的特点和要求，以及所使用的凝固剂的种类、比例和点脑方法的不同灵活掌握。一般来说，点脑温度越高，则豆腐脑的硬度越大，表面显得越粗糙。南豆腐和北豆腐的点脑温度一般控制在 70～90℃ 之间。要求保水性好的产品，如水豆腐，点脑温度宜稍低一些，以 70～75℃ 为宜；要求含水量较少的产品，如豆腐干，点脑温度宜稍高一些，常在 80～85℃ 左右。以石膏为凝固剂时，点脑温度可稍高，盐卤为凝固剂时的点脑温度可稍低，而对于充填豆腐，由于凝胶速度特别快，因此一般要将豆浆冷却后再加入凝固剂。

凝固时间对凝胶特性有很大的影响。研究发现豆腐的硬度在最初 40 min 内变化最快，凝胶基本完成，但即使在 2h 后，豆腐的硬度也还在不断增加，因此冲浆后豆腐至少应放置 40 min 以上，保证凝胶过程的完成。不过凝胶过程中应注意保温，防止温度下降过快影响后续成型过程。

凝固剂的比例是影响点脑质量的最重要因素。凝固剂比例受到蛋白质含量、点脑温度的影响，但一般来说，凝固剂的量少，则凝固不充分而使豆腐硬度降低，凝固剂的量过多，则易发生凝胶不均，离析水增加，得率下降。

豆浆的浓度是影响凝胶质量的另外一个重要因素。豆浆的浓度主要是指豆浆中的蛋白质浓度。豆浆的浓度低，点脑后形成的脑花太小，保不住水，产品发死发硬，出品率低；豆浆浓度高，生成的脑花块大，持水性好，有弹性。但浓度过高时，凝固剂与豆浆一接触，就会迅速形成大块脑花，造成凝胶不均和白浆等现象。点脑时豆浆中蛋白质浓度要求北豆腐为 3.2% 以上，南豆腐为 4.5% 以上，只有这样，才有可能获得质量比较好的豆腐制品。因此，在控制整个生产过程的加水量时以 1 kg 大豆生产的豆浆量为依据，南豆腐多为 6～7 倍左右，而北豆腐多为 9～10 倍左右。

为了使凝固剂分布均匀，在点脑时要加以搅拌。搅拌的目的是为了使蛋白质在凝固前与凝固剂完全和均匀地混合。豆浆的搅拌速度和时间，直接关系着凝固效果。搅拌速度越快，凝固剂的使用量就越少，凝固的速度就快，相应的凝固物的结构和体积变小、硬度增加。搅拌速度慢，凝固剂的使用量就多，凝固的速度缓慢，使得凝固物的体积增大、硬度降低。搅拌的速度要视产品品种而定，而搅拌时间要视豆腐花的凝固情况而定。豆腐花如已经达到凝固要求，就应立即停止搅拌，防止破坏凝胶产物。这样，豆腐花的组织状况就好，成品细腻柔嫩、有劲，产品得率也高。如果搅拌时间过长，豆腐花的组织被破坏，则凝胶的持水性差，品质粗糙，成品得率低，口味也不好。如果搅拌时间没有达到凝固的要求，豆腐花的组织结构不好，柔而无劲，产品不易成型，有时还会出现白浆，也影响产品得率。搅拌方式要保证豆浆与凝固剂完全和均匀地接触。在这种条件下，凝固剂能充分起到凝固作用，使大豆蛋白质全部凝固。如果搅拌不当，可能使一部分大豆蛋白质接触过量的凝固剂而使组织粗糙，另一部分大豆蛋白质接触的凝固剂不足，而不能凝固，影响产品的产量和质量。

拓展知识

一、植物蛋白制品设备的操作与维护

1. 脱皮工艺及设备

在制油过程中已实施过大豆脱皮工艺。如要进行大豆蛋白质的制取,就更加需要脱皮工艺了,因为豆皮上粘有泥土、杂质、微生物等,会对蛋白质产品产生不良影响,如影响其气味、色泽,使其成分不纯等,所以必须先行脱皮,以保证制品的质量。脱皮前,要先对大豆进行烘干脱水,这对于大豆的脱皮和大豆中酶的钝化,有明显的促进作用。

常规脱皮工艺已有 30 多年的历史,主要是先将清理过的大豆送入烘干塔加热脱水,使豆含水量达 10%。控制豆温为 70℃送入存料仓进行缓苏处理,使豆粒表面温度向豆内提升,豆粒内部受热膨大。然后再将豆粒送破碎机破碎,经分离机分离。欧洲一些地区大豆脱皮工艺缓苏处理时间一般为 1 h 左右。近年,采用流化床烘干机使豆粒表面温度达 75～92℃,加热时间缩短到 10～20 min。有的工厂用红外技术钝化脂肪氧化酶活性,钝化时间只需 5 min,温度 104℃。

常规脱皮工艺流程如图 8—12 所示。操作时,先将清理后的大豆用运输机流入计量秤 1,

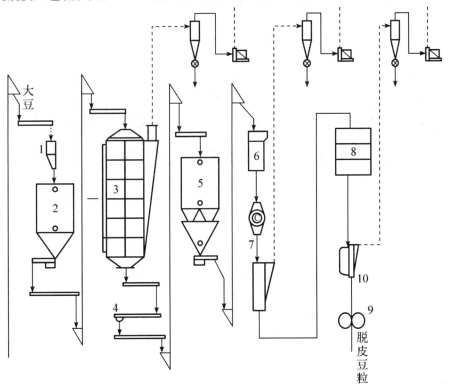

图 8—12 大豆脱皮工艺流程图

1—计量秤;2—村料仓;3—立式烘干机;4—缓苏混合器;5—缓苏仓;6—破碎机;

7—锤式壳仁分离机;8—调理机;9—轧坯机;10—吸风除尘系统

再入存料仓储存,从仓经运输机送入立式烘干机 3 进行烘干脱水,将大豆含水量由 13% 降到 9%。烘干时最高温皮为 60℃。将烘干物料送入缓苏混合器 4 中混合,再送入缓苏仓 5 中储存,使皮的水分含量增加到 11%。储存停留时间为 20 min。

由缓苏仓出来的豆被输入破碎机 6 中,在此挤压使豆粒破碎,流入锤式壳仁分离机 7,使皮壳和仁粒分开。一部分皮壳被吸除。仁粒再入调理机 8 中,用蒸汽加热到 55℃,保持皮含水量在 11%,再一次经吸风系统除去仁中残留的皮壳。最后脱皮仁粒入轧坯机。

2. 卧式离心分离机

卧式离心分离机是用于蛋白提取连续化工艺的主要装置。能用于大豆粉溶解物中的湿渣分离,生产过程中淤浆物的浓缩、脱水和提纯。图 8—13 是常见的卧式离心机,图 8—14 是卧式离心机的结构图。

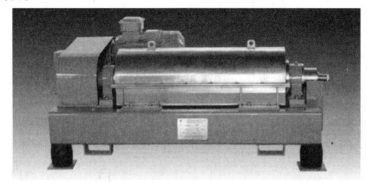

图 8—13　卧式离心机

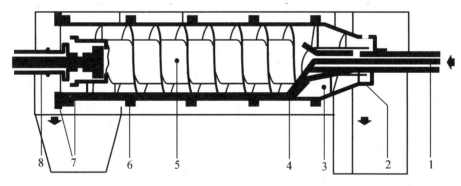

图 8—14　卧式离心机结构图

1—中心孔管;2—液体排出口;3—干物料;4—转筒壁;5—螺旋轴;

6—渣;7—渣排出口;8—传动箱

大豆低温粕溶解,从离心机进料轴端中心孔管 1 进入,利用专门设计的分布器将物料均匀分布,并逐渐增大其离心力,固体物料依附于壳壁上,再由螺旋推到出口端 7 处排出,清液由液体排出口 2 排出。

3. 碟式离心分离机

碟式离心机用于蛋白质溶解液分离湿渣、浓缩、提纯和脱水,碟式离心机又分为一般水封型和自清式两种。

(1)常规的水封型碟式离心机

常规的水封型碟式离心机外形如图 8—15 所示。碟式离心机由电动机、传动蜗轮蜗杆装置、空心立轴以及进出料管等几部分组成。转鼓结构如图 8—16 所示。待分离物料从离心机底部或者是从顶部进入分离机转鼓的底部,然后从转鼓底部碟片处起,由于离心力的作用被分成重相液和轻相液,重相液沿转鼓壳体内壁向上移动,轻相液则从转鼓中心上行,然后经由出口处的轻相、重相接管分别排出。

（2）自清式碟式离心机

自清式碟式离心机如图 8—17 所示。自清式碟式离心机也是由电动机、传动蜗轮蜗杆装置,空心立轴、转鼓以及进出料管等组成,它与碟式的主要差别在于转鼓工作时,可以自动排出沿壳体内壁沉积下来的固体渣粒,故称为自清式离心机。这种转鼓的结构如图 8—16 所示。在自清式离心机中,转鼓内有一块滑动底座,可以控制其上下移动。当其下滑时,则喷渣孔隙打开,于是迅速喷渣;当其上顶时,则喷碴孔隙关闭,停止喷渣。滑动底座的动作借助于水控制器提供的动力。

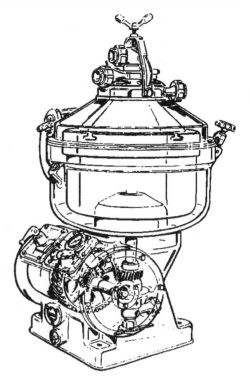

图 8—15　碟式离心机外形图

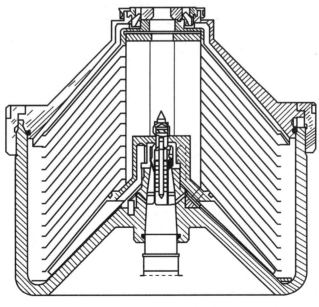

图 8—16　转鼓结构图

4. 大豆组织蛋白生产的主要装置

大豆组织蛋白制取工艺中的主要装置是挤压机,挤压机现有单轴与双轴两种类型。目前世界通用的单轴挤压机主要有 Anderson – IBEC, Bon – not, Sprout Waldron, Wenger 公司几种品牌,下面将单轴挤压机的机构做一简要介绍。挤压机包括有定量进料装置、套筒、螺旋、叶片、螺旋轴、套筒的加热装置、冷却装置、出口模头（冷却模头、加热模头、成形模头）、产品刀具、加水泵、螺旋驱动用齿轮箱、驱动电机、机架、测试仪表控制器及控制盘等部分组成（见图8—18）。

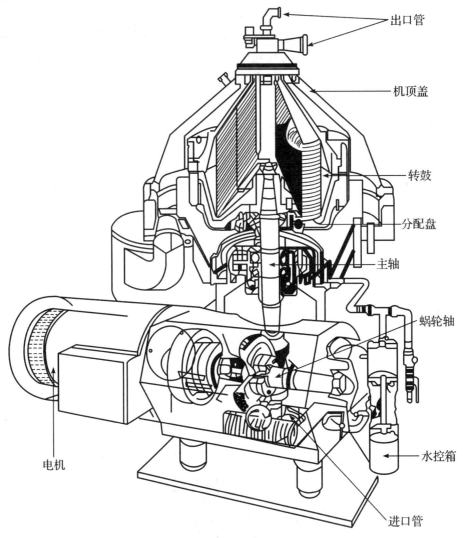

出口管
机顶盖
转鼓
分配盘
主轴
蜗轮轴
水控箱
电机
进口管

图8—17 自清式蝶式离心机外形图

它能够在原料从供给口到压出口的移动过程中,同时短时间连续化地完成对物料的混合、混炼、压缩、剪断、加热、杀菌、脱臭、成型及膨化等多种单元操作。挤压机中最重要的部分是螺旋和套筒与模头。特别是螺旋的形式,旋转方向,在轴上的螺旋元件的组合方式,决定了挤压机的主要特性的优劣。套筒在保持内部压力安全的同时,各个部分也必须要控制好适当的温度,在三个不同的段位,备有独立的加热、冷却装置。此外,还备有附加的辅助原料的投入口、脱气口、脱水筒、液体注入口,它们的位置也可适时做相对变更。原料出口部分的模头,在决定产品的性质、形状的同时,模头阻力对套筒内后半程的压力、温度、混炼效果的程度、出口部分的原料流动及压力分布均有较大的影响,是影响产品品质的重要部件。

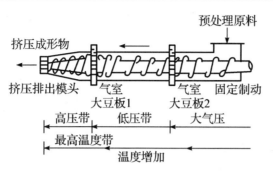

图 8—18　单轴挤压机的结构简图

二、植物蛋白制品行业的发展方向

中国是大豆蛋白质加工利用的发源地,具有数千年的历史。传统的中国大豆蛋白食品风靡全球,新兴的大豆蛋白食品在发达国家正在蓬勃发展。21 世纪大豆蛋白食品已经成为各家各户餐桌上的物美价廉、营养丰富的美味佳肴。近年来,我国对传统大豆蛋白和新兴大豆蛋白食品加工的理论和技术进行了广泛而深入的研究,并在生产实践中推广应用。如腐竹结膜的研究,蒲包类豆腐干的特色及其加工工艺,腐乳生产技术豆腥味的产生及防除,大豆蛋白酶除臭,超微全脂脱脂豆粉的研究及其应用,大豆粉、浓缩大豆蛋白和分离大豆蛋白及大豆深加工的加工工艺对大豆蛋白营养价值影响的研究,大豆蛋白功能特性的研究,组织状大豆蛋白生产技术的探讨,大豆蛋白质发泡性及其应用技术的研究,酶法制取大豆发泡粉的探索等。经过研究,明确了豆腥味、胀气等产生的机理及大豆蛋白质的溶解性、保水性、持油性、乳化性、粘弹性、凝胶性、发泡性等功能特性及其在食品加工中的应用价值,采用物理、化学或生物方法的大豆蛋白质股腥除臭技术,开发出速溶大豆蛋白营养粉、营养豆奶、豆奶冰激凌、大豆发泡蛋白粉、高蛋白脱腥强化奶、复合氨基酸等系列产品,为大豆蛋白的多层次、多途径开发利用,提供了理论依据和技术指导。

总之,我国传统的大豆制食品和新兴大豆蛋白食品业都已取得很大发展,生产技术及产品质量有了很大提高。但是,由于新兴大豆蛋白食品生产起步晚,与世界先进水平相比还有很大差距。并且我们目前的管理上没有统一规划,产品质量没有统一标推,加上生产技术仍比较落后,产品质量一直不稳定。另外我国的大豆制品花色风味仍较单调,大豆蛋白的原料也供应不足。这些问题都亟待解决。

我国人民历来喜食豆腐、豆浆等传统大豆食品,这种饮食习惯不易随着现代化和生活水平的提高而改变。例如,我们的邻邦日本就没有改变嗜好豆腐及大豆蛋白食品的习惯。新兴大豆蛋白食品生产发达的西方国家,近年来也兴起"豆腐热",并有继续发展的趋势。传统大豆蛋白食品具有生产工艺简单、耗能少、成本低等优点,因此,我国的大豆加工业应以传统大豆蛋白食品和新兴大豆蛋白食品共同发展和繁荣为出发点,提供人们营养丰富的植物蛋白原料。

三、其他传统豆制品的加工技术

1. 腐乳的加工

（1）腐乳的品种

腐乳又称豆腐乳,是我国独有的传统发酵大豆食品,风味独特、口味鲜美、质地细腻、营养丰富。据史料记载,中国明朝已大量制作腐乳,明朝李日华的《蓬栊夜话》和王士桢的《食宪鸿秘》两书均详细记载了腐乳的制法。自明清以来,中国腐乳的生产规模与技术水平有了很大的发展,形成了各具特色的地方名特产品。中国腐乳产品遍及全国各地,由于各地口味不一,制作方法各异,因而产品种类很多,基本上按产品的颜色和风味可分为红腐乳、青腐乳、白腐乳、酱腐乳、糟腐乳、风味腐乳等。另外一般根据豆腐坯是否有微生物繁殖还可以分为腌制腐乳和培菌腐乳两大类,前者是豆腐坯不经微生物培养,主要依靠汤料中带入的生物体所产生的作用而催化成熟的,这种工艺的产品目前已占极少数。后者是以豆腐坯为培养基,培养微生物,使菌丝长满坯子表面,形成腐乳特征,同时分泌大量主要以蛋白酶为主的酶系,为后发酵创造催化成熟条件。目前国内采用此工艺占极大多数。它的生产工艺归纳起来可分为制豆腐坯、前期发酵(培菌)和后期发酵三个阶段和 28 个生产工序。每个工序都有一定的技术标准和要求。经过长期的发展,各地人民依据自己不同的口味,形成了各具特色的传统产品,如浙江绍兴腐乳、北京王致和腐乳、黑龙江的克东腐乳、上海奉贤的鼎丰腐乳、广西桂林的桂林腐乳、广东水江的水口腐乳、云南路南的石林牌腐乳、河南拓城的酥制腐乳、湖南益阳的金花腐乳、浙江杭州的太方腐乳及四川的夹江腐乳、唐场腐乳,以及浙江余姚、宁波和福建等地生产的腐乳,以不同的生产配料,形成了各具地方特色的传统食品。腐乳中的营养成分主要有:蛋白质、脂肪、氨基酸、碳水化合物、维生素和矿物质元素。

腐乳成分如表 8—11、表 8—12 所示。

表 8—11　腐乳的营养成分(以 100g 腐乳计)

项　目	单　位	含　量	项　目	单　位	含　量
水分	g	56.3	钙	mg	231.6
蛋白质	g	15.6	磷	mg	301.0
脂肪	g	10.1	铁	mg	7.5
糖	g	7.1	锌	mg	6.89
粗纤维素	g	0.1	维生素 B_1	mg	0.04
灰分	g	1.12	维生素 B_2	mg	0.13
胆固醇	g	未检出	烟酸	mg	0.5
热量	kJ	703.4	维生素 B_{12}	mg	1.77

(2)腐乳的制作工艺

腐乳的工艺流程如下:

大豆→浸泡→磨浆→煮浆→过筛→点浆→撇浆→上榨→压榨→划块、摆架→接种→前酵→搓毛→腌坯→装瓶、加汁→上盖→摆瓶→后酵→成熟→换盖→成品

①大豆磨浆

大豆定量、洗涤加水浸泡(豆水比为 1:4)。浸豆结束的标准是豆胀后不露水面,两瓣劈开成平板(夏天有一点凹塘),水面有少量气泡,pH 为 7.0 左右。黄豆浸泡的时间,冬季为 16 ~ 20 h,夏季为 6 h,春秋季为 8 ~ 12 h。浸泡后的大豆用清水冲洗干净即可磨豆。磨豆同时加入三浆水,并掌握流速,保持稳定。头浆磨好后,加适量三浆水或清水倒入豆渣内,搅拌均匀

磨二浆;二渣加适量清水磨三浆。头浆、二浆合并成豆浆。三浆再作磨豆套用。每 100 kg 大豆以出浆 1200 kg 浓度为 6~6.5°Be′为宜(浸泡的黄豆要剔除杂质,霉变和虫咬的)。磨浆黄豆与水的比例为 1∶3,磨浆为便于过滤,加入 1.5% 消泡剂或油渣。

表 8—12　腐乳中氨基酸含量(g/100g 蛋白质)

氨基酸	含量	氨基酸	含量	氨基酸	含量
丙氨酸	10.0	甘氨酸	4.4	甲硫氨酸	0.7
谷氨酸	0.6	赖氨酸	7.0	苏氨酸	2.0
亮氨酸	8.8	丝氨酸	2.3	胱氨酸	0.4
脯氨酸	2.4	缬氨酸	0.3	异亮氨酸	4.8
酪氨酸	2.2	天冬氨酸	5.1	苯丙氨酸	4.6
精氨酸	2.1	组氨酸	1.4	色氨酸	0.6

②煮浆、点浆

豆浆要求细腻,均匀,手感无粒状感,呈乳白色。煮浆时,要求 20 min 内达到 100℃,最多不应超过 30 min,否则点脑时不易凝聚成块,煮浆必须一次性煮熟,严禁复煮。熟浆过 60~80 目筛,除去熟豆渣,放入豆浆缸中,待熟浆温度至 80~85℃时,用勺搅动豆浆,使其翻转,将 28°Be′盐卤稀释成 16~18°Be′盐卤,缓缓滴入浆中。点浆时 pH 在 6.8~7.0,直至蛋白质渐渐凝固,再把少量盐卤浇于面上,使蛋白质进一步凝固,静置养浆 10 min。1200 kg 豆浆用 28°Be′盐卤 10 kg。豆腐脑色泽白亮,浆水略带黄色,以分离清楚为标准。点浆要求 5 min 内完成,点脑时温度在 85℃为适宜,当温度大于 90℃时制成的乳坯发硬,会变脆且呈暗红色;当温度小于 75℃时会出现乳坯松散,不易成脑,弹性较差等状况。

③制坯

蹲脑后,豆腐花下沉,用筛箩滤去黄浆水,撇去约 60% 的黄浆水,除去浮膜,即可上箱。把呈凝固状态的豆脑倒入框内,梳平,花嫩多上,花老少上,缸面多上,缸底少上。然后用布包起,取下木框,加上套框,再加榨板 1 块,如上操作,直至缸内豆腐花装完。保持榨板平衡,缓缓压榨,将压成的整板坯块取下,去布平铺于板上,加以整理。划坯时,应避免连刀歪斜,同时剔除不合格的坯块。趁热划块,平方面积宜比规格要求适当放大。划好的坯块置于凉坯架上冷却。要求:坯块厚薄均匀,轻而有弹性,有光泽,无水泡及麻面,水分在 75% 左右。

④前期发酵

采用三面接菌法,把培养好的毛霉加入烘干的面粉中,充分混合,将菌粉均匀撒于乳坯表面,然后放入笼内(蒸笼、木框或木底盘)进入发酵室。干坯温度冷却至 25~30℃接种。一般室温在 22~24℃,冬季略高,夏季略低,保持一定的湿度,并视菌种生长情况,进行翻笼,待菌丝大部分成熟后,即可搭格养花、凉花,使其老化。霉房 15 d 用牛磺熏蒸 1 次,笼具 5~6 d 用 $KMnO_4$ 水溶液消毒 1 次。霉房保持通水、通电、通气,干净卫生。前发酵豆腐坯接种入室后的前 14~16 h 为静置培养期,保持品温 26~28℃,室温 28℃。笼内铺湿布,保持湿度,经过 16~20 h 后,要求上下倒笼,其目的是调节温差,散热,补充氧气,铺湿布,温度应保持在 26~28℃,并要求湿度大。约 24~26 h,毛霉菌丝长度达 8~10 mm,菌丝体致密,毛坯呈小白兔毛状即可搓毛,前期发酵结束。霉房消毒方法如下。

a. 甲醛熏蒸法:按 15 mL/m³ 甲醛的比例,将甲醛置于搪瓷器中放在 300 W 电炉上烘,将甲醛烘完即可,密封 20~24 h。

b. 硫磺消毒法:按 25 g/m³ 硫磺的比例,将硫磺置于旧铁锅中(锅内预先放些木屑及干草),点燃火,让其燃烧完,密封 20~24 h。

c. 漂白粉消毒法:发酵容器用 2% 漂白粉溶液消毒,先将容器洗净,放入容器中消毒。

⑤腌坯

搓毛是指将菌丝连在一起的毛坯一个个分离。毛坯凉透后即可搓毛。用手抹长满菌丝的乳坯,让菌丝裹住坯体,以防烂块,把每块毛坯先分开再合拢,整齐排列在框中待腌,要求边搓毛边腌坯,防止升温导致毛坯自溶,影响质量。准确计量毛坯,在缸底撒 1 层盐,将毛坯整齐摆在上面,每摆 1 层撒 1 层盐,下少上多,直至腌完。要求:坯与坯之间互相轧紧,用盐底少面多,其间要浇淋,使池中坯块盐分上下均匀一致。上层放 1 层竹垫,用重物平稳压住,一般腌 2 d 后盐卤淹没毛坯,腌 6~7 d 即可。第 2 天压坯,加卤,使坯腌没于 20°Be′盐卤中,腌坯时间为 5~6d,用盐量为 16%~17%(以毛坯计),腌坯盐分为 16% 左右,剔除生长不良和有异味的坯块。

⑥装瓶

装瓶前一天,将卤水放出,放置 12h,使腌坯干燥、收缩,空瓶洗净、倒扣,消毒后待用。将腌坯取出,每块搓开,分层均匀撒入面曲。腌坯装瓶后,配卤,最后兑入黄酒,瓶口用薄膜扎紧,加盖密封,进库堆放。装瓶时,坯与坯之间要松紧适宜,排列整齐,计数准确。

后期发酵

将事先兑好的卤汤,分数次兑入坛(瓶)内,兑汤过程需 4~6d,最后用酱曲封顶,塑料薄膜扎口,即进入后发酵期。室温 20℃ 左右。装瓶发酵 30d,28~30℃。

⑦成品

腐乳成熟后,进行整理,用冷开水清洗外壁,再用清水过一下,揩干,打开瓶盖,去除薄膜,用 75% 酒精消毒瓶口,调节液面到瓶口 10~12mm 处,换盖,贴标签,装箱入库。在腌制过程中添加不同的配料,经过发酵可制得不同风味的腐乳。

2. 腐乳生产过程中常见的几种质量问题

由于生产工序较多,在某一个地方操作不当,就会造成腐乳质量问题。就目前生产情况来讲,经常会出现各种不同程度的质变现象:产品发霉、发酸、发黑、发臭、发硬、粗糙、酥烂、易碎及白点等质量问题。这都是操作工艺不当而造成的,在产品中不论出现哪种质变问题均是企业的损失,既影响了产品外观质量和市场销售,又影响了企业品牌声誉及经济效益,是企业的一个致命伤。腐乳生产过程中常见的几种质量问题及成因大致如下。

(1)腐乳发硬与粗糙

在腐乳酿造过程中,由于操作不当,造成豆腐坯过硬与粗糙,其原因主要有以下几个方面。

①豆浆纯洁度不佳,在制浆分离时,没有按工艺操作要求控制,使用的豆浆分离筛网过粗,造成豆浆中混有较多的粗纤维,这些纤维随蛋白质凝固混于腐乳白坯之中,使白坯中豆渣纤维含量太多,这样既减少了白坯的弹性,又使白坯发硬与粗糙,同时也影响了出品率。筛网一般为 96~102 目。

②豆浆浓度不够,在磨豆及浆渣分离时,加水量过大,造成豆浆浓度小,蛋白质含量少。在点浆时大剂量凝固剂与少量蛋白质接触,导致蛋白质过度脱水,使白坯内部组织形成了粗粒的

鱼籽状,称"点煞浆",从而造成白坯发硬与粗糙。一般黄豆出浆率为 1∶10~1∶11 之间。

③点浆温度控制不佳,据国外资料介绍,白坯的硬度与豆浆加温蛋白质热变性、豆浆的冷却及时间有一定关系,煮浆前使氮气进入豆浆中,能阻止—SH—健的氧化,从而增加了白坯的硬度。若点浆温度过高,产生热运动,加快凝固的速度,使蛋白质固相包不住液相的水分,制出的白坯结实与粗糙,为此点浆最佳温度一般控制在 75~85℃ 之间。

④凝固剂浓度过大,因为白坯的硬度与凝固剂浓度有直接关系,凝固剂浓度过大,会促使蛋白质凝固加快收缩,造成保水性差,导致白坯结构粗糙,质地坚硬。

⑤用盐量过大,造成坯子发硬。在腌坯时主要使坯身渗透盐分,析出水分,把坯中的 68% 水分降为 54%,这样有利于后发酵。由于用盐量过多,腌制时间过长,使蛋白质凝胶脱水过度,造成坯子过硬,阻碍酶的水解,俗称"腌煞坯"。一般咸坯氯化钠应控制在 12%~14% 之间。上述几点若有控制不当,就会造成腐乳发硬与粗糙。

(2)发霉与发酸

腐乳发霉亦称生白及浮膜。但发霉的腐乳基本是偏酸性,而发酸的腐乳不一定是发霉。产生原因主要是工艺操作不当所造成。在生产过程中,从制坯、毛霉接种、前期发酵(培菌)、腌制、配料、装坛(瓶),基本处在敞开式生产,如在某个环节操作不当,就容易造成腐乳发霉与发酸。造成发霉与发酸大致有以下几方面。

①制坯,俗语说"豆腐水做"一点不假,通常白坯水分高达 74% 左右。可以看出水在腐乳中所占地位。从浸豆、磨豆、浆渣分离、煮浆、点浆、上箱及成型,均是与水有着密切关系,在煮浆之前一直同生水打交道,但在煮浆之后的工序操作中,就严禁与生水接触。因生水中含有多种微生物,如生水进入中间体后,在适宜条件下,这些微生物就会生长,导致后发酵发霉与发酸。

②食盐和酒度用量不当,在腌坯时食盐有渗透作用,同时析出毛坯中水分。使毛坯达到一定咸度,一般咸坯的咸度应控制在 12%~14%。由于用盐不当,用盐量没有达到腐乳后发酵要求、起不到抑制微生物作用,容易发霉与发酸。酒的浓度不足也同样如此,酒精既能使蛋白质缓慢分解和抑制微生物生长,又能使腐乳生成香气和延长保藏期,如酒的浓度不够,会导致酶系加快蛋白质分解进程,也会造成腐乳发霉与发酸。

③前期发酵(培菌),从接种、培养、翻格(笼)等,均是暴露在空气中,空气清洁度取决于微生物种类和数量。在培菌过程中,若空气不清洁,就会有多种微生物污染于豆腐坯表面,特别是醉母和芽孢杆菌,在后发酵中,遇有适宜条件,使酵母和芽孢菌生长繁殖,就能使腐乳发霉与发酸。为此不仅要做好发酵房(霉房)清洁卫生,还要做好霉房及用具等消毒灭菌工作,一般的消毒方法主要有以下几种。

甲醛熏蒸法:每立方米取 15 ml 甲醛,置于搪瓷容器中,放在 300 W 电炉上,将甲醛烧完即可,密封 20~24 h。

硫磺消毒法:每立方米取 25 g 硫磺置于旧铁锅中(锅内预先放些木屑及干草),点燃让其燃烧完,密封 20~24 h。

漂白粉消毒法:发酵容器用 20% 漂白粉溶液消毒,先将容器洗净,放于溶液中消毒便是。硫磺消毒方法:室内必须湿度大,否则无效。因硫磺在燃烧中产生大量的二氧化硫气体散布在霉房中。因二氧化硫气体与湿度的水接触,便生成亚硫酸,才能起到杀菌目的。

④容器消毒不严、未达到消毒灭菌效果。其次盛装腐乳容器质量差、瓶口不平、坛子有裂

缝等现象,造成密封程度不好,导致酒度挥发和微生物繁殖,使腐乳发霉与发酸。

（3）发黑与发臭

白腐乳置于容器中发酵,有时会出现瓶子内的腐乳面层发黑,另一种离开卤汁后逐渐变黑,这都是一种褐变,褐变大体上分为酶促褐变和非酶促褐变。发生酶促褐变,必须具有三个条件,即多酚类、多酚氧化酶和氧,其中缺一不可。非酶促褐变,主要是美拉德反应,这种反应只要具有氨基酸、蛋白质与糖、醛、酮等物质,在一定条件下,就能产生黑色褐变。在腐乳中产生这种反应,不仅影响产品外观,同时也会影响腐乳中蛋白质营养价值。

①如何减少白腐乳中发黑（褐变）

缩短毛霉培养时间,控制毛霉老熟程度,是减少多酚氧化酶生成和积累的有效措施,培养时间过长,毛坯的水分挥发过大,有利于氧化酶和酪氨酸酶生成和积累。这些酶只有在有氧下才能起作用。所以不要使毛霉生长过老呈灰色。培养时间 36 ~ 40 h 为佳。控制发酵房湿度及毛坯含水量,是防止发黑措施之一。毛霉生长时除了营养成分之外,还要具备三个条件:水分、空气和温度,其中缺一不可。同时也怕风吹,具有“喜湿怕风”特性。水分适中有利于毛霉菌丝呈白色,后期缺水毛霉呈灰色。风吹后毛霉停止生长,菌丝短细,呈灰色。一般发酵房相对的湿度控制在 95% 左右,坯子水分掌握在 71% ~ 74% 之间,品温 28 ~ 30℃ 之间。减少美拉德反应措施是:在白腐乳配料中,要控制碳水化合物含量,使腐乳中还原糖控制在 2% 以下。产品中不添加面曲,因面曲中含氨基酸、糖分及色素等物质。

②如何防止白腐乳发臭

白腐乳发臭与臭腐乳的制作工艺不一样,前者由于操作工艺不当,造成腐乳变质不成型而发臭,不该臭的而臭了。后者是工艺不同,添加配料不同而制成的臭腐乳。其概念完全不同。

白腐乳发臭的原因:主要是在酿造中,煮浆未能使蛋白质变性,点浆（凝固）不到位,黄潜水呈乳白色。使坯中含有黄柑水存在,这是造成发臭原因之一。因此煮浆要求达到100℃,点浆凝固时缸中要有分层的黄柑水出现。白坯水分应控制在 71% ~ 74% 之间。发臭原因之二,由“一高二低”所造成。所谓“一高二低”就是在后发酵中出现白坯含水分高、盐分低、酒精度低。由于这“一高二低”产生,导致蛋白质加快分解,促使生化作用加速,生成硫化氢的臭气,是蛋白质过度分解的缘故,贮藏的时间过久造成。由于腐乳中盐分含量低、酒精度含量低、水分含量高,加快了成熟期进程,为此存放时间就不能太长,否则就会造成发臭。

（4）腐乳易碎与酥烂

造成腐乳易碎的原因大致有以下几个方面。

①豆浆浓度控制不当　在磨豆、浆渣分离时,操作不当,用水量过多,降低了豆浆中蛋白质浓度。在点浆时大量凝固剂与少量蛋白质接触,使蛋白质过度脱水收缩,形成细小颗粒状。腐乳成熟后就会出现松散易碎。豆浆浓度一般为 8 度。

②消泡剂使用量过大　在制浆与煮浆操作中,由于物理作用缘故,使豆浆中生成大量蛋白质泡沫,这些泡沫坚厚、表面张力大、内外气压相等。泡沫不能自破,必须采用消泡剂消泡,因消泡剂在自身的破解过程中能产生巨大的激动力量,使液面波动,促使消泡剂渗透,达到消泡的目的。但是由于使用不适当,操之过急,加大使用量,会使蛋白质凝固联结造成难度,在联结处增添了一层隔膜,影响蛋白质联结,造成坯子易碎。

③热结合差　造成坯子热结合差的原因是点浆温度太低（特别在冬季更要注意）,蹲脑时

间过长,品温下降;其次在上箱成型时,操作速度太慢,温度降低,导致豆脑与豆脑之间联结的热结合差,使腐乳成熟后容易松散易碎。

④杂菌污染　在培养毛霉时,由于菌种纯度不佳,抵抗力差;其次发酵房、工具及用具不卫生、没有及时消毒和清洗,被杂菌污染。一般 14 h 后产生"黄衣"和"红斑点"等杂菌,结果毛坯无菌丝、表面发黏发滑。室内充满游离氨味,这种腐乳坯因无菌丝,形不成菌膜皮,所以易碎。

造成腐乳酥烂的原因大致有以下两个方面:

a. 凝固品温低(一般控制在 75 ~ 85℃)使蛋白质联结缓慢及不完全,黄潜水呈乳白色,有较多的蛋白质不能结合随废水流失。由于持水性关系,坯子难以压干。坯子胖嫩,成熟后容易酥烂。

b. 操作不当,造成腐乳"一高二低"现象,导致蛋白质过度分解,坯子无骨份,使其酥烂。

(5)怎样预防或减少腐乳中白点形成

腐乳成熟的过程中,其表面生成一种无色的结晶体及白色小颗粒,白腐乳更为明显,它的大部分附在表面菌丝体上。严重地影响了腐乳外观质量。毛霉起主导作用,从多年生产实践看,毛霉菌丝生长越旺,菌丝体呈浅黄色,其白点物质积累越多,反之就少。为此白腐乳的前发酵最好是 36 ~ 40 h。

其他的耐酸菌、嗜盐菌、嗜酒菌等也可能起着一定作用。因腐乳发酵实质上是一个多菌体混合发酵,为此要防止杂菌污染。

控制多酚酪氨酸酶的形成,增加发酵房的湿度,加快培菌速度,降低多酚酪氨酸酶积累。

3. 腐竹的生产

①选豆及处理:选用优质大豆,除去杂质及变质豆粒,稍加破碎(脱皮成两片即可,不可太碎)。

②浸泡:洗两遍、去皮,然后放入水池(水缸)中浸泡。水温 15℃,泡 6 ~ 8 h;若水温 20℃,则泡 5 h;若水温 25 ~ 30℃,则泡 3 h;若水温 40℃,则泡 2 h。总之,泡至豆瓣展开用指甲可掐动为宜。

③磨浆:边磨边加水。加水量为豆:水 = 1:6。水要均匀加入,不要磨得太细,以放入手中捻时不成粉状而是小颗粒为好。一般磨 2 次。切忌水中混入油、碱、盐等异味物。

④分离:磨好后放入高速分离机,过滤分离,机中用箩 80 ~ 90 目。30 kg 豆磨后连水带浆420 kg,第一次分离后加温水 200 kg(含洗磨水),稀释成浆液,渣浆分离后,再 2 次加入温水150 kg,搅匀再分离,直至渣里挤不出浆液为止。

⑤煮浆:分离后,把浆盛入 6 个小铝锅,浮在大锅内的水面上(事前把大锅内的水烧热),用蒸汽煮开豆浆,但切勿使大锅内水翻滚,90℃为宜,否则,不易凝固。

⑥挑腐竹:豆浆表面接触空气,加速起皮,几分钟后,豆浆表面形成一层含油薄膜。此时,用涂了食油的竹棍将膜挑起,挂在锅上面的竹竿上即可。

⑦烘干:竹竿挂满后,送到烘干室加热烘烤。室内砌有散热面较大的土炕,下有数个进气孔,上有数个排气孔(湿气),室内温度为 35 ~ 45℃,定期检查,调整室温,排出湿气,24 h 即可烘干。

⑧成品包装:将干好的腐竹称量、分袋包装,即为成品。

【项目小结】

本项目主要介绍了大豆蛋白及大豆蛋白制品的种类、生产工艺、以及生产过程中常见的主要问题和解决办法。大豆蛋白可以分为大豆浓缩蛋白、大豆分离蛋白以及组织化大豆蛋白等,传统豆制品包括豆腐、腐竹、腐乳等。通过对本项目的学习,我们不仅要了解大豆制品的分类、大豆的化学成分,还要认真学习、研究大豆浓缩蛋白、大豆分离蛋白以及组织化大豆蛋白等及传统豆制品包括豆腐、腐竹、腐乳等产品的生产工艺、质量控制方法等,为今后从事大豆制品相关的生产管理等方面的工作奠定良好的基础。

【复习思考题】

1. 简述植物蛋白的基本特征。

2. 豆类蛋白质的分类及主要特征。

3. 谷类蛋白质的分类。

4. 大豆蛋白质的组成。

5. 大豆浓缩蛋白的制取方法及应用。

6. 简述大豆分离蛋白、浓缩蛋白、组织蛋白的异同及应用。

7. 大豆分离蛋白的制取原理及工艺。

8. 传统大豆制品主要有哪些?

9. 豆腐的生产过程中易出现哪些质量问题?

10. 腐竹的生产过程中易出现哪些质量问题?

11. 腐乳的生产工艺过程是什么?

项目 9　淀粉制品加工技术

【知识目标】学习玉米淀粉的加工技术、淀粉糖浆的加工技术、粉皮粉丝的加工技术和变性淀粉的加工技术。

【能力目标】了解变性淀粉的加工技术;掌握玉米淀粉的工艺流程和技工技术要点;掌握液体葡萄糖、饴糖、麦芽糊精及果葡糖浆的工艺流程及操作要点;理解粉皮粉丝的加工技术;熟悉变性淀粉的加工技术;熟悉淀粉及淀粉制品的相关的国家标准。

淀粉是葡萄糖的高聚体,水解到二糖阶段为麦芽糖,完全水解后得到葡萄糖。淀粉有直链淀粉和支链淀粉两类。直链淀粉含几百个葡萄糖单元,支链淀粉含几千个葡萄糖单元。在天然淀粉中直链淀粉约占 22%～26%,它是可溶性的,其余的则为支链淀粉。当用碘溶液进行检测时,直链淀粉液呈显蓝色,而支链淀粉与碘接触时则变为红棕色。

淀粉是植物体中贮存的养分,存在于种子和块茎中,各类植物中的淀粉含量都较高,大米中含淀粉 62%～86%,麦子中含淀粉 57%～75%,玉蜀黍中含淀粉 65%～72%,马铃薯中则含淀粉 12%～14%。淀粉是食物的重要组成部分,咀嚼时感到有些甜味,这是因为唾液中的淀粉酶将淀粉水解成了单糖。食物进入胃肠后,还能被胰脏分泌出来的淀粉酶水解,形成的葡萄糖被小肠壁吸收,成为人体组织的营养物。支链淀粉部分水解可产生称为糊精的混合物。糊精主要用作食品添加剂、胶水、浆糊,并用于纸张和纺织品的制造(精整)等。

淀粉在自然界中分布很广,是高等植物中常见的成分,也是碳水化合物储藏的主要形式,是最丰富的可再生资源之一,而且在自然界中能被完全降解。除了高等植物外,在某些原生动物、藻类以及细菌中也都可以找到淀粉。

植物绿叶利用日光的能量,将二氧化碳和水变成淀粉,绿叶在白天所生成的淀粉以颗粒形式存在于叶绿素的微粒中,夜间光合作用停止,生成的淀粉受植物中糖化酶的作用变成单糖渗透到植物的其他部分,作为植物生长用的养料。而多余的糖化变成淀粉储存起来,当植物成熟后,多余的淀粉存在于植物的种子、果实、块根、细胞的白色体中,随植物的种类而异,这些淀粉称为储藏性多糖。

淀粉的品种很多,一般按来源分主要有四类,分别是禾谷类淀粉、薯类淀粉、豆类淀粉和其他淀粉。

(1)禾谷类淀粉　以大米、玉米、高粱、小麦、大麦、燕麦、荞麦、高粱和黑麦等粮食原料加工成的淀粉称作禾谷类淀粉。淀粉主要存在于种子的胚乳细胞中,另外糊粉层、细胞尖端即伸入胚乳细胞之间的部分也含有极少量的淀粉,其他部分一般不含淀粉,但有例外,玉米胚中含有大约 25% 的淀粉。禾谷类淀粉主要以玉米淀粉为主。针对玉米的特殊用途,人们开发了特用型玉米新品种,如高含油玉米、高含淀粉玉米、蜡质玉米等,以适应工业发展的需要。

禾谷类淀粉在食品中可作为增稠剂、胶体生成剂、保潮剂、乳化剂、粘合剂;在纺织中可作浆料;在造纸中可作上胶料和涂料等。

(2)薯类淀粉　以木薯、甘薯、马铃薯、豆薯、竹芋、山药、蕉芋等薯类为原料加工成的淀粉称作薯类淀粉。薯类是适应性很高的高产作物,在我国以甘薯、马铃薯和木薯等为主,主要来自于植物的块根(如甘薯、葛根、木薯等)、块茎(如马铃薯、山药等)。薯类淀粉工业主要以木薯、马铃薯淀粉为主。薯类淀粉可作为食品的添加剂、填充剂、粘胶剂等。

(3)豆类淀粉　以绿豆、蚕豆、豌豆、豇豆、混合豆等豆类为原料加工成的淀粉称作豆类淀粉。淀粉主要集中在种子的子叶中。这类淀粉直链淀粉含量高,一般用于制作粉丝、粉条等。

(4)其他类淀粉　以菱粉、藕粉、荸荠、橡子、百合、慈菇、西米等为原料加工成的淀粉,多用于食品工业;橡子淀粉主要在纺织业中作浆料使用。

任务1　玉米淀粉的加工技术

玉米学名玉蜀黍,俗称棒子、包谷、包米等,属于禾本科,玉米是非常古老的作物之一,在我国已有470多年的栽培历史。我国玉米分布区域很广,南到海南岛,北至黑龙江,东至中国台湾,西至新疆,均有玉米种植,但主要产区集中在东北,华北及西南地区,形成从东北到西南的一条斜带,玉米具有生长期短,而高温适应性强,产量高,经济价值高等特点,受到人们的极大重视。目前,玉米在整个人类生活中占有重要位置,已成为一种适合人类和牲畜食用的主要谷类以及重要的工业原料。

玉米有很多类型,如马齿型、半马齿型、硬粒型、甜质型、糯质型、爆裂型、高直链淀粉型、高赖氨酸型和高油型等。世界上大面积种植的主要是马齿型、半马齿型和硬粒型玉米,适合生产淀粉的原料主要是马齿型、糯质型和高直链淀粉型玉米,是专用淀粉的原料。

玉米淀粉又称玉蜀黍淀粉,俗名六谷粉,白色微带淡黄色的粉末。玉米淀粉工业经过150多年的发展和完善,特别是采用工艺水逆流利用技术后,现已接近达到将玉米干物全部回收,得到高纯度淀粉和多种高价值副产品的水平。

玉米淀粉的生产方法很多,有湿法和干法两种工艺,但是淀粉生产厂家大多采用湿法生产玉米淀粉。玉米湿磨法加工是将玉米各组成部分分离,得到淀粉和各类副产品,尽管在玉米浸泡时有化学和生物方面的作用,但整个工艺基本是一个物理分离过程,玉米被分成淀粉、胚芽、蛋白质、纤维和玉米浆等副产品,副产品也可以再混合而配制出一系列动物饲料产品。因此,玉米淀粉工业现已成为向食品、发酵、化工、制药、纺织、造纸和饲料等行业提供原料的重要基础工业。

一、玉米淀粉加工工艺流程

玉米淀粉的生产主要包括玉米的清理去杂、浸泡、破碎、胚芽分离、纤维分离、蛋白分离、淀粉洗涤、脱水干燥及副产品的回收利用等阶段。具体工艺流程见图9—1。

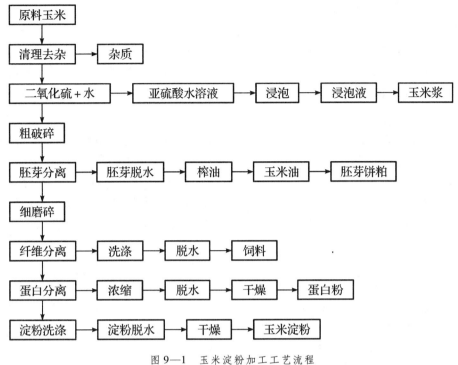

图 9—1 玉米淀粉加工工艺流程

(刘延奇.粮油食品加工技术.化学工业出版社,2007)

二、玉米淀粉加工工艺

1. 玉米的选择和清理

选择充分成熟,含水量符合标准,储存条件适宜,储存期短,未经热风干燥处理,具有较高的发芽率的玉米为原料。玉米在收获、脱粒及运输、储藏的过程中,不可避免地要混进各种杂质,如破碎的穗轴、瘦瘪小粒、秸秆、土块、石块、碎草屑、昆虫粪便、虫尸、及金属杂质等,籽粒表面也附有灰尘及附着物。为了保证产品质量和安全生产,保护机器设备,这些杂质在进入浸泡工艺之前必须从玉米中把这些杂质清理干净,否则会给后面的工序带来麻烦,增加淀粉中灰分,降低淀粉的质量。石子、金属杂质会严重损坏机器设备。

清理玉米的方法,主要采用筛选、风选、比重去石、磁选等,其除杂方法的原理与小麦、水稻的清理相同,所用设备包括清理振动筛、比重去石机、永磁滚筒及洗麦机等。

振动筛是用来清除玉米中的大、中、小杂物。筛孔配备:第一层筛面用直径 17～20mm 圆孔,第二层筛面用直径 12～15mm 圆孔,除去大、中杂,第三层筛面选用直径 2mm 圆孔,除去小杂。

比重去石机是用来除去玉米中的并肩石。由于玉米粒度较大,粒型扁平,比重也较大等特点,在操作时应将风量适当增大,风速适当提高,穿过鱼鳞孔的风速为 14m/s 左右。鱼鳞孔的凸起高度也应适当增至 2mm,操作时应注意鱼鳞筛面上物料的运动状态,调节风量,并定时检查排石口的排石情况。

永磁滚筒用来清除玉米中的磁性金属杂质,应安置在玉米的入破碎机前面,防止金属杂质进入破碎机内。

洗麦机可以清理玉米中的泥土、灰尘。经过清理后玉米的灰分可降低 0.02% ~ 0.6%。

清理后的玉米送至浸泡罐进行浸泡,一般多采用水力输送法,水通过提升机把玉米送至罐顶上的淌筛之后与玉米分离再流回开始输送的地方,重新输送玉米循环使用。这一输送过程也起到了清洗玉米表面灰尘的作用。在输送过程中,注意定时排掉含有泥沙的污水,补充新水,保证进罐玉米的洁净。

2. 玉米浸泡

玉米浸泡是玉米淀粉生产的主要工序之一。其浸泡效果直接影响着以后的各道工序以及产品的质量和产量。玉米的浸泡是将玉米籽粒浸泡在 0.2% ~ 0.3% 含量的亚硫酸水溶液中采用逆流循环浸泡工艺进行的。通过浸泡,可以达到以下目的:一是使子粒吸水变软,子粒含水分达 45% 左右;二是使可溶物浸出,主要是矿物质、蛋白质和糖等;三是蛋白质的网状结构,使淀粉与蛋白质分离;四是防止杂菌污染,阻止腐败微生物生长;五是浸泡还具有漂白作用,可抑制氧化酶的作用,避免淀粉变色。

经过浸泡,玉米中 7% ~ 10% 的干物质转移到浸泡水中,其中无机盐类可转移 70% 左右,可溶性碳水化合物可转移 42% 左右,可溶性蛋白质可转移 16% 左右。淀粉、脂肪、纤维素、戊聚糖的绝对量基本不变。转移到浸泡水中的干物质有一半是从胚芽中浸出去的,浸泡好的玉米含水量应达到 40% 以上。

浸泡时必须掌握浸泡液的温度、浸泡时间及 SO_2 浓度等条件。

在浸泡水中溶加浸泡剂经试用的结果表明,石灰水、氢氧化钠和亚硫酸氢钠都不及 SO_2 效果好,SO_2 的含量不宜太高。因为含 SO_2 的浸泡水对蛋白质网的分散作用是随着 SO_2 含量增加而增强。当 SO_2 含量为 0.2% 时,蛋白质网分散作用适当,淀粉较易分离;而含量在 0.1% 时,不能发生足够的分散作用,淀粉分离困难。一般最高不超过 0.4%,因为 SO_2 的含量过高,酸性过大,对玉米浸泡并没有多大好处,相反地会抑制乳酸发酵和降低淀粉黏度。

浸泡温度对 SO_2 的浸泡作用具有重要的影响,提高浸泡水温度,能够促进 SO_2 的浸泡作用。但温度过高,会使淀粉糊化,造成不良后果。一般以 48 ~ 55℃ 为宜,不至于使淀粉颗粒产生糊化现象。

浸泡时间对浸泡作用亦有密切的关系。在浸泡过程中,浸泡水不是从玉米颗粒的表皮各部分渗透到内部组织,而是从颗粒底部处的疏松组织进入颗粒,通过麸皮底层的多孔性组织渗透到颗粒内部,所以必须保证足够的浸泡时间。玉米在 50℃ 浸泡 4h 后,胚芽部分吸收水分达到最高值,8 h 后,胚体部分也吸收水分达最高值。这个时候玉米颗粒变软,经过粗碎,胚芽和麸皮可以分离开。但蛋白质网尚未被分散和破坏,淀粉颗粒还不能游离出来。若继续浸泡,能使蛋白质网分散。浸泡约 24 h 后,软胚体的蛋白质网基本上分散,约 36 h 后,硬胚体的蛋白质网也分散。因为蛋白质网的分散过程是先膨胀,后转变成细小的球形蛋白质颗粒,最后网状组织破坏。所以要使蛋白质网完全分散,需要 48 h 以上的浸泡时间。

因此,一般说来,浸泡水中的 SO_2 含量控制在 0.2% ~ 0.3%,浸泡温度以 48 ~ 55℃ 为好,时间约为 48 ~ 50 h,浸泡终了的玉米含水 40% ~ 45%,浸泡水中玉米约有 6.0% ~ 6.5% 可溶性固形物被溶出;用手挤压玉米时,籽粒很易裂开,有白色的乳浊液流出;浸泡 pH 为 3.9 ~ 4.1。

3. 玉米的粗破碎

粗破碎就是利用凸齿磨将浸泡的玉米破成规定大小的碎粒。淀粉在胚乳细胞中,水分少,必须磨碎,除去皮和胚乳细胞壁。玉米破碎的目的就是要把玉米破碎成碎块,使胚芽与胚乳分开,并释放出一定数量的淀粉。在破碎后要尽可能地将胚芽分离出来,因为它所含的玉米胚芽油有很高的商品价值,而且淀粉产品对脂肪含量的要求非常严格,如果胚芽中的油分散到胚乳中,会严重影响淀粉产品的质量。

粗破碎一般是经过两道磨。粗破碎实际上就是破瓣,所用的磨是结构比较简单的凸齿磨,它的性能要求是经过第一道粗磨,玉米粒被磨成 4～6 瓣,经过第二道粗磨之后被磨成 8～12 瓣。粗磨的过程除为下一工序细磨做准备之外,还有一个重要的作用是使胚比较完整地脱离下来。

玉米粒上的胚比一般谷物的都大,含脂肪、蛋白质量高,吸水能力也比胚乳大。胚本身弹性较大,密度较胚乳块小,在经过粗磨时不易磨碎,以后也易于与胚乳块分离出来。进入破碎机的物料应含有一定数量的固体和液体,固液相之比约为 1∶3,以保证破碎要求。如果物料含液相过多,则通过磨碎机很快,磨碎效果差,降低生产效率;反之,如固相过多,物料稠度增高,降低通过磨碎机的速度,导致胚乳过分粉碎乃至胚芽也遭到破碎。

4. 胚芽分离

胚芽的分离主要是利用胚芽和胚乳之间的密度差进行分离。目前,普遍使用旋液分离器来分离胚芽。破碎的玉米物料进入收集器,在 0.25～0.5 MPa 压力下泵入旋液分离器,破碎玉米的较重颗粒做旋转运动,并在离心力作用下抛向设备的内壁,沿着内壁移向底部出口喷嘴。胚芽和部分玉米皮壳密度较小,被集中在设备的中心部位,经过顶部喷嘴排出旋液分离器。在胚芽分离过程中,任何造成胚芽细胞破裂或切碎的现象都会损失胚芽油,这些油被麸质吸收而不能回收。所以,在破碎及分离过程中应尽可能减少胚芽的破碎。

在分离阶段,进入旋液分离器的浆料中淀粉乳含量很重要,第一次分离应保持 11%～13%,第二次分离应保持 13%～15%。

经旋液分离器分离出的胚芽,含有一定量的淀粉乳浆液,应将这部分淀粉乳进行回收,并洗净附着在胚芽表面的胚乳。胚芽与淀粉乳的分离是采用曲面筛湿法筛理,然后用水洗涤胚芽以洗去游离淀粉,目前常用重力曲筛洗涤胚芽。

5. 细磨碎

经过破碎和分离胚芽之后,由淀粉粒、麸质、皮层和含有大量淀粉的胚乳碎粒等组成破碎浆料。在浆料中大部分淀粉与蛋白质、纤维等仍是结合状态,要经过离心式冲击磨进行精细磨碎。细磨碎的目的就是要把与蛋白质和纤维素相结合的淀粉从中游离出来,最大限度地回收淀粉,为以后这些组分的分离创造良好的条件。

物料进入冲击磨,玉米碎粒经过强力的冲击,使玉米淀粉释放出来,而这种冲击力作用,可以使玉米皮层及纤维质部分保持相对完整,减少细渣的形成。

为了达到磨碎效果,要遵守下列工艺规程:进入冲击磨的浆料应具有 30～35℃,稠度 120～220 g/L。用符合标准的冲击磨,可经一次磨碎达到所要求的磨碎效果。其他各种冲击磨,经一次研磨往往达不到磨碎效果,要经过多次研磨。

6. 纤维分离

经细磨后的物料中含有游离淀粉、麸质的细小颗粒和纤维素(细渣和粗渣)。为得到纯净的淀粉,需将各组分与淀粉分离。粗、细渣的分离是在筛分设备上进行的。目前多采用压力曲筛对浆料中的纤维皮渣进行分离和洗涤。曲筛又叫 120° 压力曲筛,筛面呈圆弧形,筛孔 50 μm,浆料冲击到筛面上的压力要达到 2.1 ~ 2.8 kgf/cm²,筛面宽度为 61 cm,由 6 或 7 个曲筛组成筛洗流程。细磨后的浆料首先进入第一道曲筛,通过筛面的淀粉与蛋白质混合的乳液进入下一道工序。而筛出的皮渣还裹带部分淀粉,要经稀释后进入第二道曲筛,而稀释皮渣的正是第二道曲筛的筛下物,第二道曲筛的筛上物再经稀释后送入第三道曲筛,稀释第二道曲筛筛出的皮渣用的又是第三道曲筛的筛下物,以此类推。最后一道曲筛的筛上物皮渣则引入清水洗涤,洗涤水依次逆流,通过各道曲筛。最后一道筛的筛上物皮渣纤维被洗涤干净,淀粉及蛋白质最大限度地被分离进入下一道工序。曲筛逆流筛洗流程的优点是淀粉与蛋白质能最大限度地分离回收,同时节省大量的洗渣水。分离出来的纤维经挤压干燥可作为饲料。皮渣曲筛筛选流程见图 9—2。

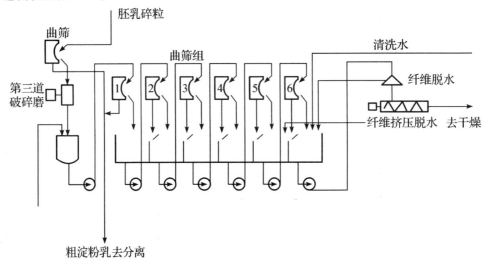

图 9—2　皮渣曲筛筛选流程

(李新华,董海洲. 粮油加工学. 中国农业大学出版社,2002)

7. 蛋白质分离

通过曲筛逆流筛选流程的第一道曲筛的乳液中的干物质是淀粉、蛋白质和少量可溶性成分的混合物,干物质中有 5% ~ 6% 的蛋白质。经过浸泡过程中 SO_2 的作用,蛋白质与淀粉已基本游离开来,利用离心机可以使淀粉与蛋白质分离,目前国内外普遍采用碟式喷嘴型分离机。在分离过程中,淀粉乳的 pH 应调到 3.8 ~ 4.2,稠度应调到 0.9 ~ 2.6 g/L,温度在 49 ~ 54℃,最高不要超过 57℃。

离心机分离的原理是蛋白质的相对密度小于淀粉,在离心力的作用下形成清液与淀粉分离,麸质水和淀粉乳分别从离心机的溢流和底流喷嘴中排出。一次分离不彻底,还可将第一次分离的底流再经另一台离心机分离。分离出来的麸质(蛋白质)浆液,经浓缩、脱水、干燥制成蛋白粉。

8. 淀粉的洗涤

分离出蛋白质的淀粉悬浮液干物质含量为 33% ~ 35%,其中还含有 0.2% ~ 0.3% 的可溶性物质。这部分可溶性物质的存在,对淀粉质量有影响,特别是对于加工糖浆或葡萄糖来说,可溶性物质含量高,对工艺过程不利,严重影响糖浆和葡萄糖的产品质量。

为了排除可溶性物质,降低淀粉悬浮液的酸度和提高悬浮液的浓度,可利用真空过滤器或螺旋离心机进行洗涤,也可采用多级旋流分离器进行逆流清洗,清洗时的水温应控制在49～52℃。

经过上述几道工序分离出了各种副产品,得到了纯净的淀粉乳悬浮液。如果连续生产淀粉糖等进一步转化的产品,可以在淀粉悬浮液的基础上进一步转入糖化等下道工序;而要想获得商品淀粉,则必须进行脱水干燥。

9. 淀粉脱水、干燥

淀粉的脱失一般采用机械脱水,常用真空吸滤机和离心机进行脱水。机械脱水对于含水量在60%以上的悬浮液来说是比较经济和实用的方法,脱水效率是加热干燥的3倍。因此,要尽可能地用机械方法从淀粉乳中排除更多的水分。玉米淀粉乳的机械脱水一般选用卧式刮刀离心机。淀粉的机械脱水虽然效率高,但达不到淀粉干燥的最终目的。卧式刮刀离心机使脱水后淀粉含水量达到38%左右,真空吸滤机脱水只能达到40%～42%的含水量,而商品淀粉要干燥到12%～14%的含水量,必须在机械脱水的基础上,再进一步采用加热干燥法。

淀粉在经过机械脱水后,还含有36%～38%的水分,这些水分均匀地分布在淀粉各部分之中。为了蒸发出淀粉中的水分,必须供给用于提高淀粉颗粒内水分的温度所需要的热。要迅速干燥淀粉,同时又要保证淀粉在加热时保持其天然淀粉的性质不变,主要采用气流干燥法。气流干燥法是松散的湿淀粉与经过清净的热空气混合,在运动的过程中,使淀粉迅速脱水的过程。经过净化的空气一般被加热至120℃～140℃作为热的载体,这时利用了空气从被干燥的淀粉中吸收水分的能力。在淀粉干燥的过程中,热空气与被干燥介质之间进行热交换,即淀粉及所含的水分被加热,热空气被冷却;淀粉粒表面的水分由于从空气中得到的热量而蒸发,这时淀粉的水分下降;水分由淀粉粒中心向表面转移。空气的温度降低,淀粉被加热,淀粉中的水分蒸发出来。采用气流干燥法,由于湿淀粉粒在热空气中呈悬浮状态,受热时间短,仅3～5 s,而且120～140℃的热空气温度为淀粉中的水分汽化所降低,所以淀粉既能迅速脱水,同时又保证了天然性质不变。

三、玉米淀粉的质量标准

根据中华人民共和国食用玉米淀粉执行的国家标准 GB/T 8885—2008,食用玉米淀粉的主要质量指标要求如下。

1. 感官要求见表 9—1

表 9—1　食用玉米淀粉感官要求

项　　目	指　　　　标		
	优级品	一级品	二级品
外　　观	白色或微带浅黄色阴影的粉末,具有光泽		
气　　味	具有玉米淀粉固有的特殊气味,无异味		

2. 理化要求见表9—2

表9—2　食用玉米淀粉理化要求

项　　目	指　　标		
	优级品	一级品	二级品
水分／％　≤	14.0		
酸度（干基）／°T　≤	1.50	1.80	2.00
灰分（干基）／％　≤	0.10	0.15	0.18
蛋白质（干基）／％　≤	0.35	0.45	0.60
斑点／（个/cm²）　≤	0.4	0.7	1.0
脂肪（干基）／％　≤	0.10	0.15	0.20
细度／％　≥	99.5	99.0	98.5
白度／％　≥	88.0	87.0	85.0

3. 卫生要求见表9—3

表9—3　食用玉米淀粉卫生要求

项　　目	指　　标		
	优级品	一级品	二级品
二氧化硫／（mg/kg）　≤	30.0		
砷（以 As 计）／（mg/kg）　≤	0.5		
铅（以 Pb 计）／（mg/kg）　≤	1.0		
大肠菌群／（MPN/ 100g）　≤	70		
霉菌／（cfu/g）　≤	100		

任务2　淀粉糖的加工技术

　　淀粉糖是以淀粉为原料,通过酸或酶的催化水解反应生产的糖品的总称,是淀粉深加工的主要产品。淀粉糖种类按成分组成来分大致可分为液体葡萄糖、结晶葡萄糖（全糖）、麦芽糖浆（饴糖、高麦芽糖浆、麦芽糖）、麦芽糊精、麦芽低聚糖、果葡糖浆等。美国是世界上最大的淀粉糖生产国,各种淀粉糖年产量已达1 500万吨（果葡糖浆约1 000万吨）,占玉米深加工总量的70％。从20世纪80年代中期开始,美国国内淀粉糖消费量已超过蔗糖。我国淀粉糖工业目前仍处于发展的起步阶段,从20世纪90年代以来,由于现代生物工程技术的应用,生产淀粉糖所用酶制剂品种的增加及质量的提高,使淀粉糖行业得到快速发展。淀粉糖产量由1999年不到60万吨,上升到2004年347万吨以上的规模,产量以年均10％的速度增长,而且品种也日益增加,形成了各种不同甜度及功能的麦芽糊精、葡萄糖、麦芽糖、功能性糖及糖醇等几大系列的淀粉糖产品。淀粉糖的原料是淀粉,任何含淀粉的农作物,如玉米、大米、木薯等均可用来生产淀粉糖,生产不受地区和季节的限制。淀粉糖在口感、功能性上比蔗糖更能适应不同消费者的需要,并可改善食品的品质和加工性能,如低聚异麦芽糖可以增殖双歧杆菌、防龋齿;麦芽糖浆、淀粉糖浆在糖果、蜜饯制造中代替部分蔗糖可防止"返砂"、"结晶"等现象,这些都是蔗糖无可比拟的。因此,淀粉糖具有很好的发展前景。

一、淀粉糖工艺流程

淀粉糖的生产方法有酸法、酶法、双酶法和酸酶法等工艺。其中酸法和酶法是两种最基本的淀粉糖生产方法,淀粉水解的最终产物是葡萄糖,在淀粉酶的作用下,随酶的种类不同而产物各异。

二、淀粉糖加工工艺

1. 酸法生产淀粉糖

(1)酸糖化机理

淀粉乳加入稀酸后加热,经糊化、溶解,进而葡萄糖苷链裂解,形成各种聚合度的糖类混合溶液。在稀酸溶液的作用下,理论上最终将全部变成葡萄糖。在此,酸仅起催化作用。在淀粉的水解过程中,颗粒结晶结构被破坏。$\alpha-1,4$ 糖甙键和 $\alpha-1,6$ 糖甙键被水解生成葡萄糖,而 $\alpha-1,4$ 糖甙键的水解速度大于 $\alpha-1,6$ 糖甙键。淀粉水解生成的葡萄糖受酸和热的催化作用,又发生复合反应和分解反应。复合反应是葡萄糖分子通过 $\alpha-1,6$ 键结合生成异麦芽糖、龙胆二糖、潘糖和其他具有 $\alpha-1,6$ 键的低聚糖类。复合糖可再次经水解转变成葡萄糖,此反应是可逆的。分解反应是葡萄糖分解成 $5'$-羟甲基糖醛、有机酸和有色物质等。

在糖化过程中,水解、复合和分解3种化学反应同时发生,而水解反应是主要的。复合与分解反应是次要的,且对糖浆生产是不利的。复合和分解反应降低了产品的得率,增加了糖液精制的困难,所以要尽可能降低这两种反应。

(2)影响酸糖化的因素

①酸的种类和浓度。由于各种酸的电离常数不同,虽摩尔数相同,但 H^+ 浓度不同,因而水解能力不同。若以盐酸的水解力为100,则硫酸为50.35,草酸为20.42,亚硫酸为4.82,醋酸为6.8,因此淀粉糖工业常用盐酸来水解淀粉。盐酸水解,用碳酸钠中和,生成的氯化钠存在于糖液中,若生成大量的氯化钠,就会增加灰分和咸味,且盐酸对设备的腐蚀性很大,对葡萄糖的复合反应催化作用也强。

硫酸催化效率仅次于盐酸,用硫酸水解后,经石灰中和,生成的硫酸钙沉淀在过滤时大部分可除去,但它仍具有一定的溶解度,会有少量溶于糖液中,在糖液蒸发时,形成结垢,影响蒸发效率,且糖浆在储存中,硫酸钙会慢慢析出而变混浊,因此,工业上很少使用硫酸。草酸虽然催化效率不高,但生成的草酸钙不溶于水,过滤时可全部除去,而且可减少葡萄糖的复合分解反应,糖液的色泽较浅,不过草酸价格贵,因此,工业上也较少采用。

酸水解时,生产上常控制糖化液 pH 为 1.5~2.5。同一种酸,浓度增大,能增进水解作用,但两者之间并不表现为等比例关系,因此,酸的浓度就不宜过大,否则会引起不良后果。

②淀粉乳浓度。酸催化淀粉水解生成的葡萄糖,在酸和热的作用下,会发生复合和分解反应,影响葡萄糖的产率和增加糖化液精制的困难。所以生产上要尽可能降低这两种副反应,有效的方法是通过调节淀粉乳的浓度来控制,生产淀粉糖浆一般淀粉乳浓度控制在 22~24°Bé,

结晶葡萄糖则为 12 ~ 14°Bé。淀粉乳浓度越高,水解糖液中葡萄糖浓度越大,葡萄糖的复合分解反应就强烈,生成龙胆二糖(苦味)和其他低聚糖也多,影响制品品质,降低葡萄糖产率;但淀粉乳浓度太低,水解糖液中葡萄糖浓度也过低,设备利用率降低,蒸发浓缩耗能大。

③温度、压力、时间。温度、压力、时间的增加均能增进水解作用,但过高温度、压力或过长时间,也会引起不良后果。生产上对淀粉糖浆一般控制在 283 ~ 303 kPa,温度 142 ~ 145℃,时间 8 ~ 9 min;结晶葡萄糖则采用 252 ~ 353 kPa,温度 138 ~ 147℃,时间 16 ~ 35 min。

(3)酸糖化工艺

工业上采用的酸糖化方法有两种,一种是加压罐法,系间歇操作法;另一种是管道法,系连续操作。前者是较老的方法,后者是较新的方法,具有糖化均匀,糖化液质量高,颜色浅,精制,蒸发费用低,热量利用率,生产成本低等诸多优点。

①间歇加压罐糖化法。这种糖化方法是在一密闭的糖化罐内进行的,糖化进料前,首先开启糖化罐进汽阀门,排除罐内冷空气。在罐压保持 0.03 ~ 0.05 MPa 的情况下,连续进料,为了使糖化均匀,尽量缩短进料时间。进料完毕,迅速升压至规定压力,并立即快速放料,避免过度糖化。由于间断糖化在放料过程中仍可继续进行糖化反应,为了避免过度糖化,其中间品的 DE 值要比成品的 DE 值标准略低。

②连续管道糖化法。由于间歇加压罐糖化法操作麻烦,糖化不均匀,葡萄糖的复合、分解反应和糖液的转化程度控制困难,又难以实现生产过程的自动化,许多国家采用连续糖化技术。连续糖化分为直接加热式和间接加热式两种。第一,直接加热式。直接加热式的工艺过程是淀粉与水在一个贮槽内调配好,酸液在另一个槽内储存,然后在淀粉乳调配罐内混合,调整浓度和酸度。利用定量泵输送淀粉乳,通过蒸汽喷射加热器升温,并送至维持罐,流入蛇管反应器进行糖化反应,控制一定的温度、压力和流速,以完成糖化过程。而后糖化液进入分离器闪急冷却。二次蒸汽急速排出,糖化液迅速调至常压,冷却到 100℃ 以下,再进入贮槽进行中和。第二,间接加热式。间接加热式的工艺过程是:淀粉浆在配料罐内连续自动调节 pH,并用高压泵打入 3 套管式的管束糖化反应器内,被内外间接加热。反应一定时间后,经闪急冷却后中和。物料在流动中可产生搅动效果,各部分受热均匀,糖化完全,糖化液颜色浅,有利于精制,热能利用效率高。蒸汽耗量和脱色用活性炭比间歇加压罐糖化法节约。

2. 酶法生产淀粉糖

淀粉的酶水解法是用专一性很强的淀粉酶将淀粉水解成相应的糖。在葡萄糖及淀粉糖浆生产时应用 α - 淀粉酶与糖化酶(葡萄糖苷酶)的协同作用,前者将高分子的淀粉割断为短链糊精,后者便迅速地把短链糊精水解成葡萄糖。同理,生产饴糖时,则用 α - 淀粉酶与 β - 淀粉酶配合,α - 淀粉酶转变的短链糊精被 β - 淀粉酶水解成麦芽糖。

(1)淀粉糖加工用酶

①α - 淀粉酶

α - 淀粉酶属内切型淀粉酶,它作用于淀粉时从淀粉分子内部以随机的方式切断 α - 1,4 糖苷键,但水解位于分子中间的 α - 1,4 键的概率高于位于分子末端的 α - 1,4 键,α - 淀粉酶不能水解支链淀粉中的 α - 1,6 键,也不能水解相邻分支点的 α - 1,4 键;不能水解麦芽糖,但可水解麦芽三糖及以上的含 α - 1,4 键的麦芽低聚糖。由于在其水解产物中,还原性末端葡萄糖分子中 C_1 的构型为 α - 型,故称为 α - 淀粉酶。α - 淀粉酶作用于直链淀粉时,可分为两个阶段,第一个阶段速度较快,能将直链淀粉全部水解为麦芽糖、麦芽三糖及直链麦芽低聚糖;

第二阶段速度很慢,如酶量充分,最终将麦芽三糖和麦芽低聚糖水解为麦芽糖和葡萄糖。α - 淀粉酶水解支链淀粉时,可任意水解 α - 1,4 键,不能水解 α - 1,6 键及相邻的 α - 1,4 键,但可越过分支点继续水解 α - 1,4 键,最终水解产物中除葡萄糖、麦芽糖外还有一系列带有 α - 1,6 键的极限糊精,不同来源的 α - 淀粉酶生成的极限糊精结构和大小不尽相同。

来源于芽孢杆菌的 α - 淀粉酶水解淀粉分子中的 α - 1,4 键,最初速度很快,淀粉分子急速减小,淀粉浆黏度迅速下降,工业上称之为“液化”。随后,水解速度变慢,分子继续断裂、变小,产物的还原性也逐渐增高,用碘液检验时,淀粉遇碘变蓝色,糊精随分子由大至小,分别呈紫、红和棕色,到糊精分子小到一定程度(聚合度小于 6 个葡萄糖单位时)就不起碘液显色反应,因此实际生产中,可用碘液来检验 α - 淀粉酶对淀粉的水解程度。

α - 淀粉酶较耐热,但不同来源的 α - 淀粉酶具有不同的热稳定性和最适反应温度。目前市售酶制剂中,以地衣芽孢杆菌所产 α - 淀粉酶耐热性最高,其最适反应温度达 95℃ 左右,瞬间可达 105 ~ 110℃,因此该酶又称耐高温淀粉酶。由枯草杆菌所产生的 α - 淀粉酶,最适反应温度为 70℃,称为中温淀粉酶。来源于真菌的 α - 淀粉酶,最适反应温度仅为 55℃ 左右,为非耐热性 α - 淀粉酶,一般作为糖化酶使用。

一般而言,工业生产用 α - 淀粉酶均不耐酸,当 pH 低于 4.5 时,活力基本消失。在 pH 为 5.0 ~ 8.0 之间较稳定,最适 pH 为 5.5 ~ 6.5。不同来源的 α - 淀粉酶在此范围内略有差异。α - 淀粉酶均含有钙离子,钙与酶分子结合紧密,钙能保持酶分子最适空间构象,使酶具有最高活力和最大稳定性。钙盐对细菌 α - 淀粉酶的热稳定性有很大的提高,液化操作时,可在淀粉乳中加少量 Ca^{2+},对 α - 淀粉酶有保护作用,可增强其耐热力至 90℃ 以上。

②β - 淀粉酶

β - 淀粉酶是一种外切型淀粉酶,它作用于淀粉时从非还原性末端依次切开相隔的 β - 1,4 键,顺次将它分解为两个葡萄糖基,同时发生尔登转化作用,最终产物全是 β - 麦芽糖。所以也称麦芽糖酶。β - 淀粉酶能将直链淀粉全部分解,如淀粉分子由偶数个葡萄糖单位组成,最终水解产物全部为麦芽糖;如淀粉分子由奇数个葡萄糖单位组成,则最终 α 水解产物除麦芽糖外,还有少量葡萄糖。但 β - 淀粉酶不能水解支链淀粉的 α - 1,6 键,也不能跨过分支点继续水解,故水解支链淀粉是不完全的,残留下 β - 极限糊精。β - 淀粉酶水解淀粉时,由于从分子末端开始,总有大分子存在,因此黏度下降慢,不能作为糖化酶使用;而 β - 淀粉酶水解淀粉水解产物如麦芽糖、麦芽低聚糖,水解速度很快,可作为糖化酶使用。

β - 淀粉酶活性中心含有巯基(- SH),因此,一些氧化剂、重金属离子以及巯基试剂均可使其失活,而还原性的谷胱甘肽、半胱氨酸对其有保护作用。

β - 淀粉酶和 α - 淀粉酶的最适 pH 范围基本相同,一般均为 5.0 ~ 6.5,但 β - 淀粉酶稳定性明显低于 α - 淀粉酶,70℃ 以上一般失活。不同来源的 β - 淀粉酶稳定性也有较大差异,大豆 β - 淀粉酶最适作用温度为 60℃ 左右,大麦 β - 淀粉酶最适作用温度为 50 ~ 55℃,而细菌 β - 淀粉酶最适作用一般低于 50℃。

③糖化酶(葡萄糖淀粉酶)

糖化酶(葡萄糖淀粉酶)对淀粉的水解作用是从淀粉的非还原性末端开始,依次水解 α - 1,4 葡萄糖苷键,顺次切下每个葡萄糖单位,生成葡萄糖。

葡萄糖淀粉酶专一性差,除水解 α - 1,4 葡萄糖苷键外,还能水解 α - 1,6 键和 α - 1,3 键,但后两种键的水解速度较慢,由于该酶作用于淀粉糊时,糖液黏度下降较慢,还原能力上升很快,所以又称糖化酶,不同微生物来源的糖化酶对淀粉的水解能力也有较大区别。

不同来源的葡萄糖淀粉酶在糖化的最适温度和 pH 上存在一定的差异。其中,黑曲霉为 $55 \sim 60℃$,$pH3.5 \sim 5.0$;根霉 $50 \sim 55℃$,$pH4.5 \sim 5.5$;拟内孢霉为 $50℃$,$pH4.8 \sim 5.0$。糖化时间根据相应淀粉糖质量指标中 DE 值的要求而定,一般为 $12 \sim 48$ h;糖化温度一般采用 $55℃$ 以上可避免长时间保温过程中细菌的生长;糖化 pH 一般为弱酸性,不易生成有色物质,有利于提高糖化液的质量。

④脱支酶

脱支酶是水解支链淀粉、糖原等大分子化合物中 $\alpha - 1,6$ 糖苷键的酶,脱支酶可分为直接脱支酶和间接脱支酶两大类,前者可水解未经改性的支链淀粉或糖原中的 $\alpha - 1,6$ 糖苷键,后者仅可作用于经酶改性的支链淀粉或糖原,这里仅讨论直接脱支酶。

根据水解底物专一性的不同,直接脱支酶可分为异淀粉酶和普鲁蓝酶两种。异淀粉酶只能水解支链结构中的 $\alpha - 1,6$ 糖苷键,不能水解直链结构中的 $\alpha - 1,6$ 糖苷键;普鲁蓝酶不仅能水解支链结构中的 $a - 1,6$ 糖苷键,也能水解直链结构中的 $\alpha - 1,6$ 糖苷键,因此它能水解含 $\alpha - 1,6$ 糖苷键的葡萄糖聚合物。

脱支酶在淀粉制糖工业上的主要应用是和 $\beta -$ 淀粉酶或葡萄糖淀粉酶协同糖化,提高淀粉转化率,提高麦芽糖或葡萄糖得率。

⑤葡萄糖异构酶

葡萄糖异构酶能将 D - 葡萄糖等醛糖转变为相应的酮糖,如果糖等,因此可用以生产高果糖浆。生产葡萄糖异构酶的菌种很多,主要包括白色链霉菌、橄榄色链霉菌、嗜热脂肪芽孢杆菌等。金属离子对葡萄糖异构酶影响较大,Mg^{2+}、Fe^{2+} 能提高酶的活性,Ca^{2+} 具有增强酶稳定性的作用。该酶的热稳定性较好,最适作用温度可达 $65 \sim 80℃$,但实际生产中,异构化反应以 $60℃$ 左右较适宜。此酶在连续异构化时最适作用 pH 为 $8.0 \sim 8.5$,但在间隙法异构化时,因糖液停留时间较长,反应 pH 以 $6.5 \sim 7.0$ 为宜。

(2)淀粉糖的酶法生产工艺

①液化

液化是使糊化后的淀粉发生部分水解,暴露出更多可被糖化酶作用的非还原性末端。它是利用液化酶使糊化淀粉水解到糊精和低聚糖程度,使黏度大为降低,流动性增高,所以工业上称为液化。酶液化和酶糖化的工艺称为双酶法或全酶法。液化也可用酸,酸液化和酶糖化的工艺称为酸酶法。

由于淀粉颗粒的结晶性结构,淀粉糖化酶无法直接作用于生淀粉,必需加热生淀粉乳,使淀粉颗粒吸水膨胀,并糊化,破坏其结晶结构,但糊化的淀粉乳黏度很大,流动性差,搅拌困难,难以获得均匀的糊化结果,特别是在较高浓度和大量物料的情况下操作有困难。而 $\alpha -$ 淀粉酶对于糊化的淀粉具有很强的催化水解作用,能很快水解到糊精和低聚糖范围大小的分子,黏度急速降低,流动性增高。此外,液化还可为下一步的糖化创造有利条件,糖化使用的葡萄糖淀粉酶属于外酶,水解作用从底物分子的非还原尾端进行。在液化过程中,分子被水解到糊精和低聚糖范围的大小程度,底物分子数量增多,糖化酶作用的机会增多,有利于糖化反应。

液化使用 $\alpha -$ 淀粉酶,它能水解淀粉和其水解产物分子中的 $\alpha - 1,4$ 糖苷键,使分子断裂,黏度降低。$\alpha -$ 淀粉酶属于内切型淀粉酶,水解从分子内部进行,不能水解支链淀粉的 $\alpha - 1,6$ 葡萄糖苷键。当 $\alpha -$ 淀粉酶水解淀粉切断 $\alpha - 1,4$ 键时,淀粉分子支叉地位的 $\alpha - 1,6$ 键仍然留在水解产物中,得到异麦芽糖和含有 $\alpha - 1,6$ 键、聚合度为 $3 \sim 4$ 的低聚糖和糊精。但 $\alpha -$ 淀粉酶能越过 $\alpha - 1,6$ 键继续水解 $\alpha - 1,4$ 键。不过 $\alpha - 1,6$ 键的存在,对于水解速度有降低的影响,所以 $\alpha -$ 淀粉酶水解支链淀粉的速度较直链淀粉慢。

国内常用的 $\alpha -$ 淀粉酶有由芽孢杆菌 BF - 7658 产生的液化型淀粉酶和由枯草杆菌产生的细菌糖化型 $\alpha -$ 淀粉酶以及由霉菌产生的 $\alpha -$ 淀粉酶。因其来源不同,各种酶的性能和对淀粉的水解效能亦各有差异。

淀粉液化的目的是为了给糖化酶的作用创造条件。葡萄糖淀粉酶属于外切酶,水解只能由底物分子的非还原尾端开始,底物分子越多,水解生成葡萄糖的机会越多。但是,葡萄糖淀粉酶是先与底物分子生成络合结构,而后发生水解催化作用,这需要底物分子的大小具有一定的范围,有利于生成这种络合结构,过大或过小都不适宜。根据生产实践,淀粉在酶液化工序中水解到葡萄糖值 $15 \sim 20$ 范围合适。水解超过此程度,不利于糖化酶生成络合结构,影响催化效率,糖化液的最终葡萄糖值较低。

利用酸液化,情况与酶液化相似,在液化工序中需要控制水解程度以葡萄糖值为 $15 \sim 20$ 之间为宜,水解程度高,则影响糖化液的葡萄糖值降低;若液化到葡萄糖值 15 以下,液化淀粉的凝沉性强,易于重新结合,对于过滤性质有不利的影响。

液化方法有 3 种:升温液化法、高温液化法和喷射液化法。

第一,升温液化法。这是一种最简单的液化方法。就是将 $30\% \sim 40\%$ 的淀粉乳调节 pH 为 $6.0 \sim 6.5$,加入 $CaCl_2$ 调节钙离子浓度到 0.01 mol/L,加入需要量的液化酶,在保持剧烈搅拌的情况下,喷入蒸汽加热到 $85 \sim 90℃$,在此温度保持 $30 \sim 60$ min 达到需要的液化程度,加热至 $100℃$ 以终止酶反应,冷却至糖化温度。此法需要的设备和操作都简单,但因在升温糊化过程中,黏度增加使搅拌不均匀,料液受热不均匀,致使液化不完全,液化效果差,并形成难于受酶作用的不溶性淀粉粒,引起糖化后糖化液的过滤困难,过滤性质差。为改进这种缺点,液化完后加热煮沸 10 min,谷类淀粉(如玉米)液化较困难,应加热到 $140℃$,保持几分钟。虽然如此加热处理能改进过滤性质,但仍不及其他方法好。

第二,高温液化法。将淀粉乳调节好 pH 和钙离子浓度,加入需要量的液化酶,用泵打经喷淋头引入液化桶约 $90℃$ 的热水中,淀粉受热糊化、液化,由桶的底部流出,进入保温桶中,于 $90℃$ 保温约 40 min 或更长的时间达到所需的液化程度。此法的设备和操作都比较简单,效果也不差。缺点是淀粉不是同时受热,液化欠均匀,酶的利用也不完全,后加入的部分作用时间较短。对于液化较困难的谷类淀粉(如玉米),液化后需要加热处理以凝结蛋白质类物质,改进过滤性质。在 $130℃$ 加热液化 $5 \sim 10$ min 或在 $150℃$ 加热 $1 \sim 1.5$ min。

第三,喷射液化法。喷射工艺可以解决淀粉水解时由于升温太慢造成的糊化程度低、糊化不均匀现象,可在短时间内实现玉米淀粉彻底均匀糊化,为达到淀粉均匀水解得到不同 DE 的淀粉水解产品奠定基础。

先通蒸汽入喷射器预热到 $80 \sim 90℃$,用位移泵将淀粉乳打入,蒸气喷入淀粉乳的薄层,引起糊化、液化。蒸汽喷射产生的湍流使淀粉受热快而均匀,黏度降低也快。液化的淀粉乳由喷射器下方卸出,引入保温桶中在 $85 \sim 90℃$ 保温约 40min,达到需要的液化程度。此法的优点是液化效果好,蛋白质类杂质的凝结好,糖化液的过滤性质好,设备少,也适于连续操作。马铃薯淀粉液化容易,可用 40% 含量;玉米淀粉液化较困难,以 $27\% \sim 33\%$ 含量为宜,若含量在 33% 以上,则需要提高用酶量两倍。

酸液化法的过滤性质好,但最终糖化程度低于酶液化法。酶液化法的糖化程度较高,但过滤性质较差。为了利用酸和酶液化法的优点,有酸酶合并液化法,先用酸液化到葡萄糖值约4,再用酶液化到需要程度,经用酶糖化,糖化程度能达到葡萄糖值约97,稍低于酶液化法,但过滤性质好,与酸液化法相似。此法只能用管道设备连续进行,因为调节 pH、降温和加液化酶的时间快,也避免回流。若不用管道设备,则由于低葡萄糖值淀粉液的黏度大,凝沉性也强,过滤性质差。

②糖化

在液化工序中,淀粉经 α-淀粉酶水解成糊精和低聚糖范围的较小分子产物,糖化是利用葡萄糖淀粉酶进一步将这些产物水解成葡萄糖。纯淀粉通过完全水解,会增重,每 100 份淀粉完全水解能生成 111 份葡萄糖,但现在工业生产技术还没有达到这种水平。双酶法工艺的现在水平,每 100 份纯淀粉只能生成 105 ~ 108 份葡萄糖,这是因为有水解不完全的剩余物和复合产物如低聚糖和糊精等存在。如果在糖化时采取多酶协同作用的方法,例如除葡萄糖淀粉酶以外,再加上异淀粉酶或普鲁蓝酶并用,能使淀粉水解率提高,且所得糖化液中葡萄糖的百分率可达 99% 以上。

双酶法生产葡萄糖工艺的现在水平,糖化两天葡萄糖值达到 95 ~ 98。在糖化的初阶段,速度快,第一天葡萄糖达到 90 以上,以后的糖化速度变慢。葡萄糖淀粉酶对于 α-1,6 糖苷键的水解速度慢。提高用酶量能加快糖化速度,但考虑到生产成本和复合反应,不能增加过多。降低含量能提高糖化程度,但考虑到蒸发费用,含量也不能降低过多,一般采用含量约 30%。

糖化是利用葡萄糖淀粉酶从淀粉的非还原性尾端开始水解 α-1,4 葡萄糖苷键,使葡萄糖单位逐个分离出来,从而产生葡萄糖。它也能将淀粉的水解初产物如糊精、麦芽糖和低聚糖等水解产生 β-葡萄糖。它作用于淀粉糊时,反应液的碘色反应消失很慢,糊化液的黏度也下降较慢,但因酶解产物葡萄糖不断积累,淀粉糊的还原能力却上升很快,最后反应几乎将淀粉100% 水解为葡萄糖。

葡萄糖淀粉酶不仅由于酶源不同造成对淀粉分解率有差异,即使是同一菌株产生的酶中也会出现不同类型的糖化淀粉酶。如将黑曲菌产生的粗淀粉酶用酸处理,使其中的 α-淀粉酶破坏,然后用玉米淀粉吸附分级,获得易吸附于玉米淀粉的糖化型淀粉酶 I 及不吸附于玉米淀粉的糖化型淀粉酶 II 两个分级,其中酶 I 能 100% 地分解糊化过的糯米淀粉和较多的 α-1,6 键的糖原及 β-界限糊精;而酶 II 仅能分解 60% ~ 70% 的糯米淀粉,对于糖原及 β-界限糊精则难以分解。除了淀粉的分解率因酶源不同而有差异外,耐热性、耐酸性等性质也会因酶源不同而有差异。

不同来源的葡萄糖淀粉酶糖化的适宜温度和 pH 也存在差别。例如曲霉糖化酶为 55 ~ 60℃,pH3.5 ~ 5.0;根霉的糖化酶为 50 ~ 55℃,pH4.5 ~ 5.5;拟内孢酶为 50℃,pH4.8 ~ 5.0。

糖化操作比较简单,将淀粉液化液引入糖化桶中,调节到适当的温度和 pH,混入需要量的糖化酶制剂,保持 2 ~ 3d 达到最高的葡萄糖值,即得糖化液。糖化桶具有夹层,用来通冷水或热水调节和保持温度,并具有搅拌器,保持适当的搅拌,避免发生局部温度不均匀现象。

糖化的温度和 pH 决定于所用糖化酶制剂的性质。曲霉一般用 60℃,pH4.0 ~ 4.5,根霉用 55℃,pH5.0。根据酶的性质选用较高的温度,可使糖化速度较快,感染杂菌的危险较小。选用较低的 pH,可使糖化液的色泽浅,易于脱色。加入糖化酶之前要注意先将温度和 pH 调节好,避免酶与不适当的温度和 pH 接触,活力受影响。在糖化反应过程中,pH 稍有降低,可以调节 pH,也可将开始的 pH 稍高一些。

达到最高的葡萄糖值以后,应当停止反应,否则,葡萄糖值趋向降低,这是因为葡萄糖发生复合反应,一部分葡萄糖又重新结合生成异麦芽糖等复合糖类。这种反应在较高的酶浓度和底物浓度的情况下更为显著。葡萄糖淀粉酶对于葡萄糖的复合反应具有催化作用。

糖化液在 80℃,受热 20min,酶活力全部消失。实际上不必单独加热,脱色过程中即达到这种目的。活性炭脱色一般是在 80℃ 保持 30 min,酶活力同时消失。

提高用酶量,糖化速度快,最终葡萄糖值也增高,能缩短糖化时间。但提高有一定的限度,过多反而引起复合反应严重,导致葡萄糖值降低。因此,在糖化操作中,必须控制糖化酶的用量及糖化底物的浓度,才能保证糖液的质量。

(3)糖化液的后处理工艺

淀粉糖化液的糖分组成因糖化程度而不同,如葡萄糖、低聚糖和糊精等,另外还有糖的复合和分解反应产物、原存在于原料淀粉中的各种杂质、水带来的杂质以及作为催化剂的酸或酶等,成分是很复杂的。这些杂质对于糖浆的质量和结晶、葡萄糖的产率和质量都有不利的影响,需要对糖化液进行精制,以尽可能地除去这些杂质。糖化液的后处理工艺就是指糖化液的碱中和、过滤、活性炭吸附脱色和离子交换脱盐等精制工序,以及糖化液的浓缩。

①中和　采用酸糖化工艺,需要中和,酶法糖化不用中和。使用盐酸作为催化剂时,用碳酸钠中和;用硫酸作为催化剂时,用碳酸钙中和。在这里并不是中和到真正的中和点(pH = 7.0),而是中和大部分催化用的酸,同时调节 pH 到胶体物质的等电点。糖化液中蛋白质类胶体物质在酸性条件下带正电荷,当糖化液被逐渐中和时,胶体物质的正电荷也逐渐消失,当糖化液的 pH 达到这些胶体物质的等电点(pH = 4.8 ~ 5.2)时,电荷全部消失,胶体凝结成絮状物,但并不完全。若在糖化液中加入一些带负电荷的胶性黏土如膨润土为澄清剂,能更好地促进蛋白质类物质的凝结,降低糖化液中蛋白质的含量。

②过滤　过滤就是除去糖化液中的不溶性杂质,目前普遍使用板框过滤机,同时最好用硅藻土为助滤剂,来提高过滤速度,延长过滤周期,提高滤液澄清度。一般采用预涂层的办法,以保护滤布的毛细孔不被一些细小的胶体粒子堵塞。为了提高过滤速率,糖液过滤时,要保持一定的温度,使其黏度下降,同时要正确地掌握过滤压力。因为滤饼具有可压缩性,其过滤速度与过滤压力差密切相关。但当超过一定的压力差后,继续增加压力,滤速也不会增加,反而会使滤布表面形成一层紧密的滤饼层,使过滤速度迅速下降。所以过滤压力应缓慢加大为好。不同的物料,使用不同的过滤机,其最适压力要通过试验确定。

③脱色　脱色工序是为了除去糖液中的有色物质和一些杂质,得到澄清透明的糖浆产品。工业上一般采用骨炭和活性炭脱色。活性炭又分颗粒和粉末炭两种。骨炭和颗粒炭可以再生重复使用,但因设备复杂,仅在大型工厂使用。一般中小型工厂使用粉末活性炭,重复使用二、三次后弃掉,成本高,但设备简单,操作方便。

脱色应该具备以下工艺条件:

第一,糖化液的温度。活性炭的表面吸附力与温度成反比,但温度高,吸附速率快。在较高温度下,糖化液黏度较低,加速糖化液渗透到活性炭的吸附内表面,对吸附有利。但温度不能太高,以免引起糖的分解而着色,一般以 80℃ 为宜。

第二,pH。糖化液 pH 对活性炭吸附没有直接关系,但一般在较低 pH 下进行,脱色效率较高,葡萄糖也稳定。工业上均以中和操作的 pH 作为脱色的 pH。

第三,脱色时间。一般认为吸附是瞬间完成的,为了使糖化液与活性炭充分混合均匀,脱色时间以 25~30 min 为好。

第四,活性炭用量。活性炭用量少,利用率高,但最终脱色差;用量大,可缩短脱色时间,但单位质量的活性炭脱色效率降低。因此要恰当掌握,一般采取分次脱色的办法,并且前脱色用废炭,后脱色用好炭,以充分发挥脱色效率。

糖化液脱色是在具有防腐材料制成的脱色罐内完成的。罐内设有搅拌器和保温管,罐顶部有排汽筒。脱色后的糖化液经过滤得到无色透明的液体。

④离子交换树脂处理　糖化液经活性炭处理后,仍有部分无机盐和有机杂质存在,工业上采用离子交换树脂处理糖化液,起到离子交换和吸附的作用。离子交换树脂除去蛋白质、氨基酸、5-羟甲基糠醛和有色物质等的能力比活性炭强。经离子交换树脂处理的糖化液,灰分可降低到原来的 1/10,有色物质及有机杂质可彻底清除。因而,不但产品澄清度好,而且久置也不变色,有利于产品的保存。

离子交换树脂分为阳离子交换树脂和阴离子交换树脂两种,目前普遍应用的工艺为阳—阴—阳—阴四只滤床,即两对阳、阴离子交换树脂滤床串联使用。

⑤浓缩　经过净化精制的糖化液,浓度比较低,不便于运输和储存,必须将其中大部分水分去掉,即采用蒸发使糖化液浓缩,达到要求的浓度。

淀粉糖浆为热敏性物料,受热易着色,所以在真空状态下进行蒸发,以降低液体的沸点。一般蒸发温度不宜超过 68℃。蒸发操作有间歇式、连续式和循环式 3 种。

采用间歇式蒸发,糖化液受热时间长,不利于糖浆的浓缩,但设备简单,最终浓度容易控制,有的小型工厂还在采用。

采用连续式蒸发,糖化液受热时间短,适应于糖化液浓缩,处理量大,设备利用率高,但最终浓度控制不易,在浓缩比很大时难于一次蒸发达到要求。

采用循环式蒸发可使一部分浓缩液返回蒸发器,物料受热时间比间歇式短,浓度也较易控制,适合糖化液的浓缩。蒸发操作中的主要费用是蒸汽消耗量,为了节约蒸汽,可采用多效蒸发,充分利用二次蒸汽,又节约大量的冷却用水。

3. 主要淀粉糖的生产工艺流程

(1)液体葡萄糖的生产

葡萄糖是淀粉完全水解的产物。根据生产工艺的差异,所得葡萄糖产品的纯度也不同,葡萄糖产品一般可分为液体葡萄糖、结晶葡萄糖和全糖等。结晶葡萄糖纯度较高,主要用于医药、试剂、食品等行业。全糖一般由糖化液喷雾干燥成颗粒状或浓缩后凝结为块状,也可制成粉状,其质量虽逊色于结晶葡萄糖,但工艺简单、成本较低。液体葡萄糖(葡麦糖浆)是我国目前淀粉糖工业中最主要的产品,广泛应用于糖果、糕点、饮料、冷饮、焙烤、罐头、果酱、果冻、乳制品等各种食品中,它还可作为医药、化工、发酵等行业的重要原料。

液体葡萄糖是控制淀粉适度水解得到的以葡萄糖、麦芽糖以及麦芽低聚糖组成的混合糖浆,因其主要成分为葡萄糖和麦芽糖,也可更准确地称为葡麦糖浆。葡萄糖和麦芽糖均属于还原性较强的糖,淀粉水解程度越大,葡萄糖等含量越高,还原性越强。淀粉糖工业上常用葡萄糖值(dextrose equivalent,DE)来表示淀粉糖的水解程度。

液体葡萄糖按转化程度可分为高、中、低三大类。工业上产量最大、应用最广的是 DE 值为 30%~50% 的中等转化糖浆,而 DE 值为 42% 左右的称为标准葡萄糖浆,DE 值为 50%~

70% 的称为高转化糖浆,DE 值在 30% 以下的为低转化糖浆。

液体葡萄糖常用的生产工艺包括酸法、酸酶法和双酶法。

①酸法工艺

酸法工艺是以有机酸作为水解淀粉的唯一催化剂,该工艺操作简单,糖化速度快,生产周期短,设备投资少。

第一,酸法生产液体葡萄糖的工艺流程:

淀粉→调浆→糖化→中和→第一次脱色过滤→离子交换→第一次浓缩→第二次脱色过滤→第二次浓缩→成品

第二,酸法生产液体葡萄糖的操作要点。淀粉原料要求:常用纯度较高的玉米淀粉,次之为马铃薯淀粉和甘薯淀粉。调浆:在调浆罐中,先加部分水,在搅拌情况下,加入粉碎的干淀粉或湿粉,投料完毕,继续加入 80℃ 左右的水,使淀粉乳浓度达到 22 ~ 24°Bé(生产葡萄糖淀粉乳浓度为 12 ~ 14°Bé),然后加入盐酸或硫酸调 pH 为 1.8。调浆需用软水,以免产生较多的磷酸盐使糖液混浊。糖化:调好的淀粉乳,用耐酸泵送入耐酸加压糖化罐。边进料边开蒸汽,进料完毕后,升压至 $(2.7 ~ 2.8) \times 10^4$ Pa(温度 142 ~ 144℃),在升压过程中每升压 0.98×10^4 Pa,开排气阀约 0.5min,排出冷空气,待排出白烟时关闭,并借此使糖化醪翻腾,受热均匀,待升压至要求压力时保持 3 ~ 5min 后,及时取样测定其 DE 值,达 38 ~ 40 时,糖化终止。中和:糖化结束后,打开糖化罐将糖化液引入中和桶进行中和。用盐酸水解者,用 10% 碳酸钠中和,用硫酸水解者用碳酸钙中和。前者生成的氯化钙,溶存于糖液中,但数量不多,影响风味不大,后者生成的硫酸钙可于过滤时除去。糖化液中和的目的,并非中和到真正的中和点 pH 7,而是中和大部分盐酸或硫酸,调节 pH 到蛋白质的凝固点,使蛋白质凝固过滤除去,保持糖液清晰。糖液中蛋白质凝固最好 pH 为 4.75,因此,一般中和到 pH 4.6 ~ 4.8 为中和终点。中和时,加入干物质量 0.1% 的硅藻土为澄清剂,硅藻土分散于水溶液中带负电荷,而酸性介质中的蛋白质带正电荷,因此澄清效果很好。脱色过滤:中和糖液冷却到 70 ~ 75℃,调 pH 至 4.5,加入干物质量 0.25% 的粉末活性炭,随加随搅拌约 5min,压入板框式压滤机或卧式密闭圆桶形叶滤机过滤出清糖滤液。离子交换:将第一次脱色滤出的清糖液,通过阳—阴—阳—阴四个离子交换柱进行脱盐提纯。第一次浓缩:将提纯糖液调 pH 至 3.8 ~ 4.2,用泵送入蒸发罐保持真空度 66.661 kPa 以上,加热蒸汽压力不超过 0.98×10^4 kPa,浓缩到 28 ~ 31°Bé,出料,进行第二次脱色。第二次脱色过滤:第二次脱色与第一次相同。第二次脱色糖浆必须反复回流过滤至无活性炭微粒为止,再调 pH 至 3.8 ~ 4.2。第二次浓缩:与第一次浓缩相同,只是在浓缩前加入亚硫酸氢钠,使糖液中二氧化硫含量为 0.0015% ~ 0.004%,以起漂白及护色作用。蒸发至 36 ~ 38°Bé,出料,即为成品。

②酸酶法工艺

由于酸法工艺在水解程度上不易控制,现许多工厂采用酸酶法,即酸法液化、酶法糖化。在酸法液化时,控制水解反应,使 DE 值在 20% ~ 25% 时即停止水解,迅速进行中和,调节 pH 4.5 左右,温度为 55 ~ 60℃ 后加葡萄糖淀粉酶进行糖化,直至所需 DE 值,然后升温、灭酶、脱色、离子交换、浓缩。

③双酶法工艺

酸酶法工艺虽能较好地控制糖化液最终 DE 值,但和酸法一样,仍存在一些缺点,设备腐蚀严重,使用原料只能局限在淀粉,反应中生成副产物较多,最终糖浆甜味不纯,因此淀粉糖生产厂家大多改用酶法生产工艺。双酶法生产糖浆的最主要优点是液化、糖化都采用酶法水解,反应条件温和,对设备几乎无腐蚀;可直接采用原粮如大米(碎米)作为原料,有利于降低生产成本,糖液纯度高、得率也高。

第一,双酶法生产液体葡萄糖工艺流程如下:

淀粉乳→调浆→液化→糖化→脱色→离子交换→真空浓缩

第二,双酶法生产多糖的操作要点。淀粉乳浓度控制在 30% 左右(如用米粉浆则控制在 25% ~30%),用 Na_2CO_3 调节 pH 至 6.2 左右,加适量的 $CaCl_2$,添加耐高温 α - 淀粉酶 10 u/g 左右(以干淀粉计,u 为活力单位),调浆均匀后进行喷射液化,温度一般控制在 (110 ± 5)℃,液化 DE 值控制在 15% ~20%,以碘色反应为红棕色、糖液中蛋白质凝聚好、分层明显、液化液过滤性能好为液化终点时的指标。糖化操作较为简单,将液化液冷却至 55 ~60℃后,调节 pH 为 4.5 左右,加入适量糖化酶,一般为 25 ~100 u/g(以干淀粉计),然后进行保温糖化,到所需 DE 值时即可升温灭酶,进入后道净化工序。淀粉糖化液经过滤,除去不溶性杂质,得澄清糖液,仍需再进行脱色和离子交换处理,以进一步除去糖液中水溶性杂质。脱色一般采用粉末活性炭,控制糖液温度 80℃左右,添加相当于糖液固形物 1% 活性炭,搅拌 0.5h,用压滤机过滤,脱色后糖液冷却至 40 ~50℃,进入离子交换柱,用阳、阴离子交换树脂进行精制,除去糖液中各种残留的杂质离子、蛋白质、氨基酸等,使糖液纯度进一步提高。精制的糖化液真空浓缩至固形物为 73% ~80%,即可作为成品。

④性质及应用

液体葡萄糖是我国目前淀粉糖工业中最主要的产品,广泛应用于糖果、糕点、饮料、冷饮、焙烤、罐头、果酱、果冻、乳制品等各种食品中,还可作为医药、化工、发酵等行业的重要原料。

该产品甜度低于蔗糖,黏度、吸湿性适中。用于糖果中能阻止蔗糖结晶,防止糖果返砂,使糖果口感温和、细腻。

葡萄糖浆杂质含量低,耐储存性和热稳定性好,适合生产高级透明硬糖;该糖浆黏稠性好、渗透压高,适用于各种水果罐头及果酱、果冻中,可延长产品的保存期。液体葡萄糖浆具有良好的可发酵性,适合面包、糕点生产中的使用。

(2)麦芽糖浆(饴糖)的生产

麦芽糖浆是以淀粉为原料,经酶法或酸酶结合的方法水解而制成的一种以麦芽糖为主(40% ~50% 以上)的糖浆,按制法与麦芽糖含量不同可分为饴糖、高麦芽糖浆和超高麦芽糖浆等。

饴糖是最早的淀粉糖产品,距今已有 2 000 余年的历史。饴糖为我国自古以来的一种甜食品,以淀粉质原料——大米、玉米、高粱、薯类经糖化剂作用而生产的,糖分组成主要为麦芽糖、糊精及低聚糖,营养价值较高,甜味柔和、爽口,是婴幼儿的良好食品。我国特产"麻糖"、"酥糖"、麦芽糖块、花生糖等都是饴糖的再制品。

饴糖生产根据原料形态不同,有固体糖化法与液体酶法,前者用大麦芽为糖化剂,设备简单,劳动强度大,生产效率低,后者先用 α - 淀粉酶对淀粉浆进行液化,再用麸皮或麦芽进行糖化,用麸皮代替大麦芽,既节约粮食,又简化工序,现已普遍使用。但用麸皮作糖化剂,用前需对麸皮的酶活力进行测定,β - 淀粉酶活力低于 2 500u/g(麸皮)者不宜使用,否则用量过多,会增加过滤困难。

①饴糖液体酶法生产工艺流程如下:

原料(大米)→清洗→浸渍→磨浆→调浆→液化→糖化→过滤→浓缩→成品

②操作要点

原料：以淀粉含量高，蛋白质、脂肪、单宁等含量低的原料为优。蛋白质水解生成的氨基酸与还原性糖在高温下易发生羰氨反应生成红、黑色素；油脂过多，影响糖化作用进行；单宁氧化，使饴糖色泽加深。据此，以碎大米、去胚芽的玉米胚乳、未发芽、腐烂的薯类为原料生产的饴糖，品质为优。

清洗、浸渍：清洗是为了去除灰尘、泥沙和污物等。除薯类含水量高不需要浸泡外，碎大米须在常温下浸泡 1～2 h，玉米浸泡 12～14 h，以便湿磨浆。

磨浆、调浆：不同的原料选用的磨浆设备不同，但要求磨浆后物料的细度能通过 60～70 目筛。磨浆后加水调整粉浆浓度为 18～22°Bé，再加碳酸钠液调 pH6.2～6.4，然后加入粉浆量 0.2% 氯化钙，最后加入 α-淀粉酶酶制剂，用量按每克淀粉加 α-淀粉酶 80～100 u 计（30℃测定），配料后充分搅匀。

液化：将调浆后的粉浆送入高位贮浆桶内，同时在液化罐中加入少量底水，以浸没直接蒸汽加热管为止，进蒸汽加热至 85～90℃。再开动搅拌器，保持不停运转。然后开启贮浆桶下部的阀门，使粉浆形成很多细流均匀地分布在液化罐的热水中，并保持温度在 85～90℃，使糊化和酶的液化作用顺利进行。如温度低于 85℃，则黏度保持较高，应放慢进料速度，使罐内温度升至 90℃后再适当加快进料速度。待进料完毕，继续保持此温度 10～15 min，并以碘液检查至不呈色时，即表明液化效果良好，液化结束。最后升温至沸腾，使酶失活并杀菌。

糖化：液化醪迅速冷却至 65℃，送入糖化罐，加入大麦芽浆或麸皮 1%～2%（按液化醪量计，实际计量以大麦芽浆或麸皮中 β-淀粉酶 100～120 u/g 淀粉为宜），搅拌均匀，在控温 60～62℃温度下糖化 3 h 左右，检查 DE 值到 35～40 时，糖化结束。

压滤：将糖化醪趁热送入高位桶，利用高位差产生压力，使糖化醪流入板框式压滤机内压滤。初滤出的滤液较混浊，由于滤层未形成，须返回糖化醪重新压滤，直至滤出清汁才开始收集。压滤操作不宜过快，压滤初期推动力宜小，待滤布上形成一薄层滤饼后，再逐步加大压力，直至滤框内由于滤饼厚度不断增加，使过滤速度降低到极缓慢时，才提高压力过滤，待加大压力过滤而过滤速度缓慢时，应停止进行压滤。

浓缩：浓缩分 2 个步骤，先开口浓缩，除去悬浮杂质，并利用高温灭菌；后真空浓缩，温度较低，糖液色泽淡，蒸发速度也快。开口浓缩，将压滤糖汁送入敞口浓缩罐内，间接蒸汽加热至 90～95℃时，糖汁中的蛋白质凝固，与杂质等悬浮于液面，先行除去，再加热至沸腾。如有泡沫溢出，及时加入硬脂酸等消泡剂，并添加 0.02% 亚硫酸钠脱色剂，浓缩至糖汁浓度达 25°Bé 停止。真空浓缩，利用真空罐真空将 25°Bé 糖汁自吸入真空罐，维持真空度在 79 993.2 Pa 左右（温度为 70℃左右），进行浓缩至糖汁浓度达 42°Bé/20℃ 停止，解除真空，放罐，即为成品。

（3）低聚糖的生产

所谓低聚糖是指 2～10 个单糖以糖苷键相连的糖类总称。低聚糖可按其组成单糖的不同而划分，如低聚木糖、低聚果糖、低聚半乳糖等。在众多品种的淀粉糖中，麦芽低聚糖不仅具有良好的食品加工适应性，而且具有多种对人体健康有益的生理功能，正作为一种新的"功能性食品"原料，日益受到人们重视。虽然麦芽低聚糖在淀粉糖工业中问世时间较短，但"异军突起"，发展迅猛，目前已成为淀粉糖工业中重要的产品。麦芽低聚糖按其分子中糖苷键类型的不同可分为两大类，即以 α-1,4 键连接的直链麦芽低聚糖，如麦芽三糖、麦芽四糖，……，麦芽十糖；另一大类为分子中含有 α-1,6 键的支链麦芽低聚糖，如异麦芽糖、异麦芽三糖、潘糖等。这两类麦芽低聚糖在结构、性质上有一定差异,其主要功能也不尽相同,见表9—4。

表9—4 两种麦芽低聚糖的区别

类别	结合类型	主要产品	主要功能
直链麦芽低聚糖	$\alpha-1,4$糖苷键	麦芽三糖、麦芽四糖	营养性、抑菌性
支链麦芽低聚糖	$\alpha-1,6$糖苷键	异麦芽三糖、潘糖	双歧杆菌增殖性

麦芽低聚糖的生产无法用简单的酸法或酶法水解来得到。直链麦芽低聚糖(简称麦芽低聚糖)如麦芽四糖等,是一种具有特定聚合度的低聚糖,必须采用专一的麦芽低聚糖酶(如麦芽四糖淀粉酶)水解经过适当液化的淀粉;而支链麦芽低聚糖(简称异麦芽低聚糖)的生产必须采用特殊的$\alpha-$葡萄糖苷转移酶,其原理是淀粉糖中麦芽糖浆分子受该酶作用水解为2分子的葡萄糖,同时将其中1分子的葡萄糖转移到另一麦芽糖分子上生成带$\alpha-1,6$键的潘糖,或转移到另一葡萄糖分子上生成带$\alpha-1,6$键的异麦芽糖。

自20世纪70年代以来,随着多种特定聚合度的麦芽低聚糖酶的不断发现,特别是$\alpha-$葡萄糖苷酶的出现,为各种麦芽低聚糖的研制、开发以及工业化生产奠定了基础。

①直链麦芽低聚糖的生产工艺

第一,生产直链麦芽低聚糖工艺流程如下:

淀粉→喷射液化→麦芽低聚糖酶和普鲁蓝酶协同糖化→脱色→离子交换→真空浓缩或喷雾干燥→成品

第二,生产直链麦芽低聚糖操作要点。生产麦芽低聚糖关键是喷射液化时要尽量控制$\alpha-$淀粉酶的添加量和液化时间,防止液化DE值过高,造成最终产物中葡萄糖等含量较高。一般DE值控制在10%~15%,既能保证终产物中低聚糖含量较高,又能防止因液化程度太低造成糖液过滤困难。此外,应选择高活力的低聚糖酶制剂,如施氏假单胞麦芽四糖淀粉酶(日本林原生化及日本食品化工已用其进行麦芽四糖的商品化生产),产碱菌麦芽四糖淀粉酶。麦芽低聚糖的精制和其他淀粉糖生产基本相同。

其主要参数为:淀粉乳质量分数25%,喷射液化DE值控制在10%~15%,按一定量加入麦芽低聚糖酶和普鲁蓝酶,在pH为5.6,温度为55℃条件下,协同糖化12~24 h,经精制、浓缩得到的成品中,麦芽低聚糖占总糖比率大于70%。

②支链麦芽低聚糖的生产工艺

第一,生产支链麦芽低聚糖的工艺流程如下:

淀粉→喷射液化→β-淀粉酶糖化→α-葡萄糖苷转移酶转化→脱色→离子交换→真空浓缩或喷雾干燥→成品

第二,生产支链麦芽低聚糖的操作要点。支链麦芽低聚糖(简称异麦芽低聚糖)生产工艺的关键是首先用淀粉生产高麦芽糖,然后再用葡萄糖苷转移酶转化麦芽糖为异麦芽糖和潘糖,由于β-淀粉酶和葡萄糖苷转移酶最适pH和温度接近,该两种酶可同时用于糖化。其主要参数为:淀粉浆质量分数30%,喷射液化至DE值为10%,按一定添加量加入β-淀粉酶和葡萄糖苷转移酶,在pH为5.0,60℃条件下,反应48~72 h。经精制浓缩得到的成品中,异麦芽低聚糖占总糖比例不低于50%。

③直链麦芽低聚糖的性质与应用

第一,麦芽低聚糖具有以下性质。低甜度:甜度仅为蔗糖的30%,可代替蔗糖,有效地降低食品甜度,改善食品质量。高黏度:具有较高黏度,增稠性强,载体性好。抗结晶性:可有效防止糖果、巧克力制品中的返砂现象,防止果酱、果冻中蔗糖的结晶。冰点下降:用于冷饮制品中,可有效减少冰点下降作用,使冷饮抗融性得到改善。

第二,麦芽低聚糖具有以下的功能。麦芽低聚糖能促进人体对钙的吸收,可有效促进婴儿骨骼的生长发育及满足中老年人补钙的需要。麦芽低聚糖能抑制人体肠道内有害菌的生长,促进人体有益菌的增殖,可增进老人身体健康,减少发病的可能性。麦芽低聚糖具有低渗透压及供能时间等葡萄糖和蔗糖不具备的优点,特别适合用于运动员专用饮料及食品中。麦芽低聚糖易消化吸收,不必经过唾液淀粉酶和胰淀粉酶的消化,可直接由肠上皮细胞中的麦芽糖酶水解吸收。麦芽低聚糖能抑制淀粉老化,防止蛋白质变性,保持速冻食品的新鲜度。

第三,麦芽低聚糖可在以下产品中的应用。糖果糕点:软糖、饼干、糕点、西点、巧克力等;饮料:非酒精液体饮料、运动饮料、固体饮料等;乳制品:调味乳、乳酸制品、调制奶粉等;冷饮制品:冰激凌、雪糕、冰棒等;焙烤食品:面包、蛋糕等;果酱、蜜饯、果冻、婴幼儿食品、罐头食品、速冻食品、传统糖制品、各种营养保健液等。

④支链麦芽低聚糖的性质与应用

第一,支链麦芽低聚糖具有以下功能。支链麦芽低聚糖能促进人体内有益细菌双歧杆菌的增殖,被称为"双歧杆菌增殖因子",是理想的保健食品原料。支链麦芽低聚糖不易被人体吸收,具有类似水溶性膳食纤维的功能,可广泛应用于治疗糖尿病及肥胖病的保健食品中。支链麦芽低聚糖不易被酵母菌、乳酸菌利用,特别不易被蛀牙病原菌——变异链球菌发酵,同时还能阻止蔗糖在口腔中产生不溶性高分子葡萄糖,对预防龋齿意义重大。支链麦芽低聚糖有许多优良的性质和保健功能,适合代替蔗糖添加到各种饮料、乳制品、糖果、糕点、焙烤食品、冷饮品等食品中。

(4)麦芽糊精的生产

麦芽糊精(maltodextrin,简称MD)是以淀粉或淀粉质为原料,经酶法或酸法低度水解、精制、喷雾干燥制成的不含游离淀粉的淀粉衍生物。其主要组成为聚合度在10以上的糊精和少量聚合度在10以下的低聚糖。麦芽糊精具有独特的理化性质、低廉的生产成本及广阔的应用前景,成为淀粉糖中生产规模发展较快的产品。麦芽糊精甜度低、黏度高,在糖果工业中麦芽糊精能有效降低糖果甜度、增加糖果韧性和质量;在饮料、冷饮中麦芽糊精可作为重要配料,能提高产品溶解性,增加黏稠感和赋形性;在儿童食品中,麦芽糊精因低甜度和易吸收可作为理想载体,预防或减轻儿童龋齿病和肥胖症。低DE值麦芽糊精遇水易生成凝胶,其口感和油脂类似,因此能用于油脂含量较高的食品中,如冰激凌、鲜奶蛋糕等,代替部分油脂;麦芽糊精还可用于各种粉状香料、化妆品中;其良好的遮盖性、吸附性和黏合性,也能用于铜版纸表面施胶等,提高纸张质量;另外,麦芽糊精还能用于医药、精细化工以及精密机械铸造等行业。

①麦芽糊精的生产工艺

麦芽糊精的生产有酸法、酸酶法和酶法等。由于酸法生产中存在过滤困难、产品溶解度低以及易发生凝沉等缺点,且酸法生产中须以精制淀粉为原料,因此麦芽糊精生产现采用酶法工艺居多。

酶法工艺主要以α-淀粉酶水解淀粉,具有高效、温和、专一等特点,因此可用原粮进行生产。下面以大米(碎米)为原料简述酶法生产工艺。

第一,麦芽糊精的酶法生产工艺流程如下:

原料(碎米)→浸泡清洗→磨浆→调浆→喷射液化→过滤除渣→脱色→真空浓缩→喷雾干燥→成品

第二,酶法生产麦芽糊精的操作要点。原料预处理:原料预处理包括原料筛选、计量投料、温水浸泡、淘洗去杂、粉碎磨浆等,具体操作和其他淀粉糖生产类似。喷射液化:采用耐高温 α - 淀粉酶,用量为 10 ~ 20 u/g,米粉浆质量分数为 30% ~ 35%,pH 在 6.2 左右。一次喷射入口温度控制在 105℃,并于层流罐中保温 30 min。而二次喷射出口温度控制在 130 ~ 135℃,液化最终 DE 值控制在 10% ~ 20%。喷雾干燥:由于麦芽糊精产品一般以固体粉末形式应用,因此必须具备较好的溶解性,通常采用喷雾干燥的方式进行干燥。其主要参数为:进料质量分数 40% ~ 50%;进料温度 60 ~ 80℃;进风温度 130 ~ 160℃;出风温度 70 ~ 80℃;产品水分 ≤5%。

②性质与应用

麦芽糊精甜度低、黏度高、溶解性好、吸湿性小、增稠性强、成膜性能好,在糖果工业中麦芽糊精能有效降低糖果甜度、增加糖果韧性、抗"砂"、抗"烊",提高糖果质量;在饮料、冷饮中麦芽糊精可作为重要配料,能提高产品溶解性,突出原有产品风味,增加黏稠感和赋形性;在儿童食品中,麦芽糊精因低甜度和易吸收可作为理想载体,预防或减轻儿童龋齿病和肥胖症。

低 DE 值麦芽糊精遇水易生成凝胶,口感和油脂类似,因此能用于油脂含量较高的食品中如冰激凌、鲜奶蛋糕等,代替部分油脂,降低食品热量,同时不影响口感。麦芽糊精具有较好的载体性、流动性、无淀粉异味,不掩盖其他产品风味或香味,可用于各种粉末香料和化妆品中。此外,麦芽糊精还具有良好的遮盖性、吸附性和黏合性,能用于铜版纸表面施胶等,提高纸张质量。

(5)果葡糖浆的生产

果葡糖浆(高果糖浆)是淀粉先将经 α - 淀粉酶液化、葡萄糖淀粉酶糖化,得到葡萄糖液,再用葡萄糖异构酶转化,将一部分葡萄糖转变成含有一定数量果糖的糖浆,其糖含量为 71%。糖分组成:果糖 42%,葡萄糖 52%,低聚糖 6%。甜度与蔗糖相等。这样的产品称第一代产品,又称 42 型高果糖浆。42 型高果糖浆是 20 世纪 60 年代末国外生产的一种新型甜味料,是淀粉制品糖工业的一大突破。

利用葡萄糖异构酶将葡萄糖转化成果糖的量达平衡状态时为 42%,为了提高果糖含量,20 世纪 70 年代末国外研究将 42 型高果糖浆通过液体色层分离法分离出果糖与葡萄糖,其果糖含量达 90%,称 90 型高果糖浆。将 90 型和 42 型按比例配制成含果糖 55% 的糖浆,称为 55 型高果糖浆。55 型和 90 型高果糖浆称为第二、第三代产品,其甜度分别比蔗糖甜 10% 和 40%。果糖在水中溶解度大,因此,制造结晶果糖非常困难。

果葡糖浆广泛用于医药行业取代葡萄糖,它还以味纯、清爽、甜度大、渗透压高、不易结晶等特性,广泛用于糖果、糕点、饮料、罐头等食品中代替蔗糖,可提高制品品质。

①果葡糖浆生产工艺流程如图 9—3 所示。

②果葡糖浆生产的操作要点

调浆与液化:淀粉用水调制成干物质 30% ~ 35% 的淀粉乳,用盐酸调整 pH6.0 ~ 6.5,每吨淀粉乳原料加入 α - 淀粉酶 0.25 L,淀粉乳泵入喷射液化器瞬时升温至 105 ~ 110℃,管道液化反应 10 ~ 15 min,料液输送至液化罐,在 95 ~ 97 ℃温度下,两次加入 α - 淀粉酶 0.5 L,继续液化反应 40 ~ 46 min,碘液显色反应合格即可。糖化:液化液调 pH4.0 ~ 4.5,加入葡萄糖淀粉酶 80 ~ 100 u/g 淀粉，控温 60℃，糖化 48 ~ 72 h；当 DE 值达 96% ~ 98% 时，糖化结束。加热至 90℃，10 min，破坏糖化酶活性，糖化反应终止。糖化液精制：采用硅藻土预涂转鼓过滤机连续过滤，清除糖化液中非可溶性的杂质及胶状物，随后用活性炭脱色。用离子交换树脂除去糖液中的无机盐和有机杂质，进一步提高纯度。糖液呈无色或淡黄色，糖含量为 24%，电导率小于 5 S/m，pH4.5 ~ 5.0。直至蒸发浓缩至透光率 90% 以上，DE 值 96% ~ 97%，糖液含量为异构酶所要求的最佳含量 42% ~ 45%。葡萄糖异构化：精制葡萄糖液至含量 42% ~ 45%（干物质计），透光率 90% 以上，电离系数小于 100 μS。然后添加 MgSO$_4$ 2.5 × 10^{-3}mol/L（每吨葡萄糖液约用 0.62kg），NaHSO$_3$ 5 × 10^{-3}mol/L（每吨葡萄糖液约用 0.25 kg），用 NaOH 调整 pH 至 7.5 ~ 8.5。配制温度 60 ~ 65℃。

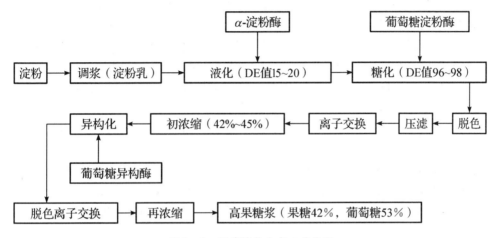

图 9—3　果葡糖浆生产工艺流程

（李新华，董海洲.粮油加工学.中国农业大学出版社，2002）

异构化在反应器中进行，有分批法与连续法两种异构化反应。第一，分批法反应。糖液与固相酶混合盛于保温反应桶中，控温在 60℃ 左右，在搅拌条件下使糖液与固定化异构酶充分接触产生反应。一般约经 20 h，异构化率可达 45%。反应结束后，停止搅拌，让酶自行沉淀，放出清的异构糖液。反应桶中另加新糖液进行异构化。该批固相液可重复使用 20 次以上，酶活降低，需加新酶补充和更换新酶。此法生产周期长、生产率低。第二，连续反应法。连续反应法又有酶层法和酶柱法。酶层法：选用叶片式过滤机，可将 3 个过滤机串联。先将固相酶混于糖液中过滤，使酶沉淀在叶片滤布表面（厚 3 ~ 7 cm），然后将配制的葡萄糖液通过酶层发生异构化反应。此法糖接触的酶量多，反应速度快，酶层较薄，过滤阻力小。酶柱法：将固相酶经糖液膨润后，装于直立保温反应塔中，犹如离子交换树脂柱。可 3 个塔串联。配制的葡萄糖液由塔底进料，流经酶柱，发生异构化反应，由塔顶出料，连续操作，反应速度快、时间短；副反应的程度也低。在连续反应中，酶活力逐渐降低，需相应降低进料速度，以保持一定的异构化率。酶柱法必须保持糖液均匀地分布于酶柱反应塔的整个横断面流经酶柱。但操作时，pH、温度的变化可引起酶颗粒的膨胀和收缩变形，导致酶柱产生"沟路"，影响糖液与酶的接触，从而影响异构效率。

③异构糖的精制、浓缩及保存

经异构反应放出的糖液，含有颜色及在贮存过程中产生颜色的物质、灰分等杂质，需经脱色、离子交换除去，然后再用盐酸或柠檬酸调 pH4.0，真空浓缩至含量 71%，即成 42% 果葡糖浆或称 42 型高果糖浆。42 型高果糖浆贮存于 30℃左右,以免葡萄糖结晶,但不超过 32,否则颜色加深。

④果葡糖浆的性质与应用

果葡糖浆是淀粉糖中甜度最高的糖品,除可代替蔗糖用于各种食品加工外,还具有许多优良特性如味纯、清爽、甜度大、渗透压高、不易结晶等,可广泛应用于糖果、糕点、饮料、罐头、焙烤等食品中,提高制品的品质。

果葡糖浆的糖分组成决定于所用原料淀粉糖化液的糖分组成和异构化反应的程度。主要为葡萄糖和果糖,分子量较低,具有较高的渗透压力,不利于微生物生长,具有较高的防腐能力,有较好的食品保藏效果。这种性质有利于蜜饯、果酱类食品的应用,保藏性质好,不易发霉;且由于具有较高的渗透压,能较快地透过水果细胞组织内部,加快渗糖过程。

果葡糖浆的甜度与异构化转化率、浓度和温度有关。一般随异构化转化率的升高而增加,在含量为 15%,温度为 20℃时,42%的果葡糖浆甜度与蔗糖相同,55%的果葡糖浆甜度为蔗糖的 1.1 倍,90%的果葡糖浆甜度为蔗糖的 1.4 倍。一般果葡糖浆的甜度随浓度的增加而提高。此外,果糖在低温下甜度增加,在 40℃下,温度越低,果糖的甜度越高,反之,在 40℃以上,温度越高,果糖的甜度越低,可见,果葡糖浆很适合于冷饮食品。

果葡糖浆吸湿性较强,利用果葡糖浆作为甜味剂的糕点,质地松软,储存不易变干,保鲜性能较好。

果葡糖浆的发酵性高热稳定性低,尤其适合于面包、蛋糕等发酵和焙烤类食品。发酵性好,产品多孔,松软可口。果糖的热稳定性较低,受热易分解,易与氨基酸起反应,生成有色物质具有特殊的风味,因此,使产品易获得金黄色外表并具有浓郁的焦香风味。

三、淀粉糖的质量标准

1. 液体葡萄糖的质量标准

根据中华人民共和国轻工行业标准 QB/T 2319—1997《液体葡萄糖》,液体葡萄糖(葡麦糖浆)的主要质量指标要求如下。

①感官指标外观:无色、清亮、透明,无肉眼可见杂质。滋味;无臭,甜味温和、无异味。

②理化指标见表 9—5。

表 9—5　液体葡萄糖理化指标

类　　别	DE 值 40～80		DE 值 34～39	DE 值 28～33
	优等品	一等品	一等品	一等品
干物质/%	84.1～88	69.5～84.0	69.5～84.0	69.0～75.0
pH	4.6～6.0	4.6～6.0	4.6～6.0	4.6～6.0
透光率/%	96	94	—	—
变色试验	不得深于标准色	—	125	105
熬糖温度/℃	155	140	—	—
蛋白质/%	0.1	—	0.5	0.5
硫酸灰分/%	0.3	0.4	—	—

③卫生指标见表 9—6。

表 9—6　液体葡萄糖卫生指标

项　目	指　标	项　目	指　标
砷(以 As 计)/(mg/kg)	<0.5	大肠菌群/(个/100g)	≤30
铅(以 Pb 计)/(mg/kg)	<0.5	致病菌	不得检出
细菌总数/(个/g)	<1500	SO₂ 残留量/(mg/kg)	≤200

2. 麦芽糖浆(饴糖)的质量标准

根据中华人民共和国轻工行业标准 QB/T 2347—1997《麦芽糖浆(饴糖)》规定,饴糖产品分为优级、一级、合格三种规格,主要指标如下。

①感官指标。外观:黏稠状微透明液体,无可见杂质;色泽:淡黄色至棕黄色;香气:具有麦芽饴糖的正常气味;滋味:舒润纯正、无异味。

②理化指标见表 9—7。

表 9—7　饴糖理化指标

规格	固形物含量/%	pH	DE 值/%	熬糖温度/℃	灰分/%
优级	≥75	4.6~6.0	≥42	≥115	≤0.5
一级	≥75	4.6~6.0	≥38	≥110	≤0.7
合格品	≥73	4.6~6.0	≥36	≥105	≤1.0

③卫生指标见表 9—8。

表 9—8　饴糖卫生指标

项　目	指　标	项　目	指　标
砷/(mg/kg)	≤0.5	大肠菌群/(个/100g)	≤30
铅/(mg/kg)	≤0.5	致病菌	不得检出
细菌总数/(个/g)	≤3000		

3. 麦芽糊精的质量标准

麦芽糊精按 DE 值分为三类:MD10；MD15；MD20。根据中华人民共和国国家标准 GB/T 20884—2007《麦芽糊精》,麦芽糊精的主要质量指标如下。

①感官要求见表 9—9。

表 9—9　麦芽糊精感官要求

项　目	要　求		
	MD10	MD15	MD20
外观、色泽	白色或略带浅黄色的无定形粉末,无肉眼可见杂质		
气味	具有麦芽糊精固有的特殊气味,无异味		
滋味	不甜或微甜,无异味		

②理化要求见表 9—10。

表9—10 麦芽糊精理化要求

项 目	要 求		
	MD10	MD15	MD20
DE 值/(%)	<11	11≤DE 值<16	16≤DE 值<20
水分/(%) ≤	6.0		
溶解度/(%) ≥	98.0		
pH	4.5~6.5		
硫酸灰分/(%) ≤	0.6		
碘试验	无蓝色反应		

③微生物指标见表9—11。

表9—11 麦芽糊精微生物指标

项 目	指 标
菌落总数/(cfu/g) ≤	3000
大肠菌群/(MPN/100g) ≤	30
致病菌(沙门氏菌、志贺氏菌、金黄色葡萄球菌)	不得检出

4. 果葡糖浆的质量标准

根据中华人民共和国国家标准 GB/T 20882—2007《果葡糖浆》,果葡糖浆的主要质量指标如下。

①感官要求:糖浆为无色或浅黄色,透明的黏稠液体。甜味柔和,具有果葡糖浆特有的香气,无异味。无正常视力可见杂质。

②理化要求见表9—12。

表9—12 果葡糖浆理化要求

项 目	要 求		
	F42		F55
干物质ª(固形物)/(%) ≥	71.0	63.0	77.0
果糖(占干物质)/(%) ≥	42~44		55~57
葡萄糖+果糖(占干物质)/(%) ≥	92		95
pH	3.3~4.5		
色度/RBU ≤	50		
不溶性颗粒物 ≤	6.0		
硫酸灰分/(%) ≤	0.05		
透射比/(%) ≥	96		

干物质实测值与标示值不应超过±0.5%(质量分数)。

③微生物指标见表9—13。

表 9—13 果葡糖浆微生物指标

项　　　目	指　标
菌落总数/(cfu/g)　≤	3000
大肠菌群/(MPN/100g)　≤	30
致病菌(沙门氏菌、志贺氏菌、金黄色葡萄球菌)	不得检出

任务3　粉皮粉丝加工技术

粉丝、粉皮是以淀粉为原料制成的一种透明、润滑、柔软可口的食品。淀粉可分为豆类淀粉和薯类淀粉。豆类淀粉以绿豆淀粉为最好,其次为豌豆、豇豆、蚕豆等淀粉,适合于生产粉丝、粉皮等产品,产品品质好。薯类淀粉包括甘薯、马铃薯、木薯等加工的淀粉,一般适于制作粉皮,产品品质比豆类淀粉差,不耐水煮。

一、粉丝工艺流程及加工技术要求

1. 粉丝加工机理

粉丝是一种由淀粉糊化、成型,再在一定条件下老化,干燥而成致密凝胶结构的固体。其加工原理就是利用淀粉糊化—老化的性质。

淀粉糊在低温静置条件下,均有转变为不溶性物质的趋向,其浑浊度和黏度都会增加,最后形成硬的凝胶块。在稀淀粉溶液中有晶体沉淀析出,这种现象称为淀粉糊的"老化"或"回生"。老化的本质是糊化的淀粉分子又自动有序地排列,并由氢键结合成束状结构,使溶解度降低。在老化过程中,由于温度降低,分子运动减弱,直链分子和支链分子的分支均趋向于平行排列,通过氢键结合,相互靠拢,重新组成混合微晶束,使淀粉糊具有硬的整体结构。老化后的直链淀粉非常稳定,就是加热加压也很难使它再溶解。如果有支链淀粉分子混合在一起,则仍然有加热恢复成糊的可能。因此,在生产粉丝时,要求原料淀粉中含有多量的直链淀粉。

2. 绿豆粉丝的加工

绿豆粉丝细滑强韧,光亮透明,为粉丝中的佳品,备受人们青睐。其中以山东的"龙口粉丝"最为著名。

(1)绿豆粉丝加工工艺流程如下:

原料的选择→挫粉→打糊→和面→揣面→漏面→拉锅→理粉→晾干→成品

(2)加工技术要求

①原料的选择。豆类淀粉中,以绿豆为原料制成的淀粉质量最好,制的细粉丝,色白、有光泽,韧性强。要制备质量好的粉丝就必须有好的原料,因此,要选择饱满,无虫害,无杂质的绿豆为原料。

②锉粉。将含水量约为40%的粉团,用带孔的金属锉板锉成大小均匀的碎粉。

③打糊(也叫打芡)。打糊用的碎粉里,应按和面的多少而定。如和面碎粉为20~25 kg,打糊碎粉应称取2.5~3 kg。放入和面缸中,加入35~40℃的温水1.5~2 kg,使碎粉吸水发糍,再用光洁的木棒进行搅拌,同时从缸边徐徐加入约70℃的热水2~3 kg,使粉温达到45~50℃,用大棒急速搅拌,再加沸水9~10 kg,使淀粉糊化,糊体透明、均匀,并用手指试时可拉成

细丝。为了增强面糊的黏度,须将面缸放在盛有热水的木桶中,维持所需要的温度。番薯淀粉在打糊时可加适量明矾粉。

④和面。取碎粉 20~25 kg,分几次加入面缸。加入时用双手将面糊上掏,并把碎粉压下,动作要迅速而有节奏,待碎粉加完一直和到不见生粉为止。

⑤揣面。为了使面团有较强的韧性,揣面时双手握拳,左右上下交替地揣入面团中,使黏性渐增,硬性渐减。揣面时面团的温度始终要维持在 40℃ 以上。漏面时,留在面缸里的面团仍须继续揣和,以保持面团的柔软。

⑥漏面。将揣好的面团通过漏瓢拉成细丝,漏入热水锅中。漏瓢是由铝或马口铁皮做成的上口径为 22 cm、底径为 17 cm、边高约 10 cm 的圆瓢,底面稍凹并有孔径约 1 mm 的漏孔 70 个,口边有柄,柄对面有一小孔。漏面开始时,从面缸中捧一块面团,放入漏瓢中并用手轻轻拍击面团,使面团漏成面条。待面条粗细一致时,将瓢迅速移到水锅的上方,对准锅心。瓢底与水面的距离决定了粉丝的粗细,一般为 50 cm。漏面时锅中的水温须始终维持在 95~97℃ 之间,水不能沸腾。漏瓢中的面团漏到 1/3 时,应及时添加面团。从漏瓢底下漏出的粉丝条,落入热水后,受热便成韧而透明的水粉丝。

⑦拉锅。就是用长竹筷将锅中上浮的水粉丝,依次拉到装有冷水的拉锅盆中,再顺手引入装有冷水的理粉缸中。拉锅的技术性较强,应控制好粉丝在锅中的受热时间,随时理出粉丝断头,并要指挥烧火工控制火候。

⑧理粉。将理粉缸中的水粉丝清理成束,围绕成圈,圈的周长应视水粉丝的韧性大小而定,韧性大可长一些。每束绕 10 圈以后剪断,然后串上竹竿,挂在木架上将水粉丝理直整平,挂约 2 h,使粉丝内部完全冷却以后,再从架上取下,泡入清水缸中漂浸过夜,第二天即可取出晾干。冬天可在水中浸 2~3 天,夏天浸 1 天须换水,换水以后可继续浸 3~4 天。

晾干:水粉丝取出后宜在微风中或微弱阳光下晾干,切忌烈日曝晒和严寒冰冻,晾 2~3 天后水分含量低于 16% 时,即成为干粉丝,便可进行整理包装。

成品绿豆粉丝色白如玉,光亮透明,丝长条匀;一泡就软,吃起来润滑爽口,有咬劲;70% 的粉丝长度不少于 60 cm。

3. 薯类粉丝的加工

(1)薯类粉丝的加工工艺流程如下:

原料处理→打芡→和面→粉丝成型→冷冻→晾晒

(2)加工技术要求

①原料处理。选择无霉烂变质的新鲜薯类用水洗净,去皮,送入钢磨或搓粉机中粉碎。将粉碎料用近 3 倍的水通过 2 次过筛,第一次筛孔 70~80 目,第二次 120 目,采用酸浆沉淀法经两次沉淀,每次 3~12 h。再取出中间层的淀粉放进吊包脱水 2~3 h,到沉淀含水 45%~50%,取出晾干至含水量 15%~20%。

②打芡。在 50 kg 淀粉(含水 45% 左右)中取出 2 kg 加适量 50~60℃ 温水调成糊状,然后迅速倒入 1.5~2 kg 沸水中,并不断向一个方向搅拌成糊。

③和面。待芡放冷后,将 50~150 g 明矾连同余下的淀粉一起倒入调粉机里混合,调至面团柔软发光,温度保持在 30℃ 左右,和成的面含水率在 48%~50%。

④粉丝成型。将面团送入真空调粉机,在大于 6666.1 kPa 的真空中脱出所含气泡,即可直接进行漏粉。粉团的温度保持在 33~42℃ 之间,漏瓢孔径 7.5 mm,粉丝细度应在

0.6~0.8 mm,漏瓢距开水锅 55~65 cm,粉丝漏到沸水中,遇热凝固成丝,应及时摇动,保持与出粉口平行,便于拨粉。待粉丝在水中漂起,用竹竿挑起放在冷水缸中冷却,以增加粉丝的弹性。冷缸的水温越低越好。然后将冷却的粉丝用清水稍洗,用竹竿绕成捆,放在闷缸中,点燃硫黄熏蒸 2 h,使粉丝洁白,再于 0~15℃室温下阴晾 5h。

⑤冷冻。薯类粉丝黏结性强,韧性差,因此需要冷冻。冷冻温度在 -10~-8℃,达到全部结冰为止。

⑥晾晒。将冷冻好的粉丝放在 30~40℃水中溶化,用手拉搓,待粉丝全部成单丝散开,放在架上晾晒,晒至快干时(含水量 10%~13%)放入阴凉库中,包装出厂。

4. 宽粉丝的生产

传统生产粉丝的方法一般是采用 60% 的豆类淀粉为原料,再配以其他淀粉原料方能生产。近年来粉丝生产工艺相应有所改变,目前已有很多豆类淀粉代用工艺,只需 30% 的豆类淀粉原料,再配以其他淀粉,即可制成粉丝。

(1)宽粉丝生产工艺流程如下:

原料→打糊、和面→制皮→蒸皮→烘皮→断皮→叠皮定型→切条→烘条→成品检验→包装出厂

(2)加工技术要求

①原料。采用豌豆淀粉 30%,玉米淀粉 40%,甘薯淀粉 30%。

②打糊、和面。先取 4% 豆类淀粉用开水打成稀糊。淀粉与水之比为 12:100,然后加入其余淀粉,并加温水和面,使其达成 27°Bé。

③制皮与蒸皮。将和好的淀粉糊均匀迅速地放到帆布输送带上,利用刮板摊平刮匀,厚度约为 1.5 mm,摊好的糊随传送带输入蒸釜,温度为 100℃,自入釜至出釜时间约为 2 min。

④烘皮、断皮。蒸熟的淀粉皮随传送带进入烘干室,室温为 70℃,送循环风,淀粉皮自上而下运行通过烘室,大约 40~45 min 即可进入断皮工序,淀粉皮自烘室运出,人工切断,每段 1 cm 长。

⑤叠皮定型。每两张断皮叠放一起,再叠成四折,长 100 cm、宽 18 cm,然后码垛,以叠皮自重压实,定型 24 h,以待切条。

⑥切条、烘条。将叠好的定型压实的淀粉皮入切刀,切成宽 4~5 mm 的粉条,由传送带送入烘条室。烘室温度 50℃,使用循环风,粉条由传运带输送自上而下运行,大约经 80 min,出烘室,直接送到包装案上验收包装。

⑦捆把及质量检验。每 150~200 g 捆为一把。条匀而齐,色微黄而亮,不酥脆;理化指标:水分 16%~17%,淀粉 30% 以上。

二、粉皮工艺流程及加工技术要求

粉皮的生产原料可选用各类淀粉,尤以绿豆淀粉最好,其他豆类淀粉次之,薯类淀粉则较差。目前生产粉皮有机制粉皮和手工粉皮两种,机制粉皮生产效率高,质量稳定,但出品率低。

1. 机制粉皮

机制粉皮的工艺流程为:淀粉→冲调→制皮→成品。

(1)冲调。淀粉加水调成淀粉乳,加水量为 1:4,取出 1/5 淀粉乳,加入 95℃的热水冲调,

使其成为半熟的糊状,糊温80℃,将此糊兑入淀粉乳中,糊乳比为1:4,搅拌均匀,无疙瘩。混合后温度为62℃以上,应严格控制加水量。在兑淀粉糊的同时,兑入白矾水,白矾用量为每100 kg淀粉加2.5 kg矾,白矾用热水溶解后再兑入淀粉乳中。淀粉糊与淀粉乳经过搅拌后,全部成为糊状液体后即可制作粉皮。

(2)制皮。制皮利用粉皮机进行。开机前应清洗传动铜板,并用食油涂擦,以利揭皮。开机时将调好的糊状淀粉液放入料斗,打开料斗节门,将其匀速地放入传动铜板的调节槽内,调节槽出料口调至0.6cm厚,行走的传动铜板将液体带走,进入蒸汽加温箱,将淀粉糊蒸熟。出加温箱后,用冷水喷淋降温。至机器终端,揭皮滚把粉皮揭下,并切成方块,人工折叠后放入包装屉内,即为成品。

2. 手工粉皮

将淀粉按1:4的比例加水调成淀粉乳,并按1:0.02加入白矾水。将热水锅加热使其沸腾,并准备好凉水。制皮用小铁勺按量舀淀粉乳,放入铜旋子内,把旋子放在开水锅水面上,正反旋转数次,热水通过铜旋子传热给淀粉乳,淀粉乳受热后糊化凝结。由于是在旋转过程中加热,淀粉均匀分布在铜旋子的底部,3~5 min后即成粉皮。成皮后,将铜旋子取出放入凉水中,并浸入少许凉水,冷却3 min后,将粉皮从铜旋内揭下来,挂在竹竿上,自然冷却后,折叠放入包装屉内,即得粉皮。

三、粉皮粉丝的质量标准

1. 粉丝的质量标准

根据中华人民共和国国家标准GB/T 19048—2008《地理标志产品 龙口粉丝》,龙口粉丝的主要质量指标如下。

(1)感官指标(见表9—14)

表9—14 龙口粉丝的感官指标

项 目	要 求
色泽	洁白,有光泽,呈半透明状
形态	丝条组细均匀,无并丝
手感	柔韧,有弹性
口感	复水后柔软、滑爽、有韧性
杂质	无外来杂质

(2)理化指标(见表9—15)

表9—15 龙口粉丝的理化指标

项 目	指 标
淀粉/(%)	75.0
水分/(%)	15.0
丝经(直径)/mm	0.7

项　　目	指　　标
断条率/（%）	10.0
二氧化硫/（mg/kg）	30.0
灰分/（%）	0.5

（3）微生物指标（见表 9—16）

表 9—16　龙口粉丝的微生物指标

项　　目	指　　标
菌落总数/（cfu/g）　≤	1000
大肠菌群/（MPN/100g）　≤	70
致病菌（沙门氏菌、志贺氏菌、金黄色葡萄球菌）	不得检出

2. 粉皮的质量标准

参照安徽省地方标准 DB34/T 829—2008《绿豆粉皮》，绿豆粉皮的质量指标如下。

（1）感官指标（见表 9—17）

表 9—17　绿豆粉皮的感官指标

项　　目	要　　求
色泽	洁白，有光泽，呈半透明状
气味与滋味	具有绿豆淀粉应有的气味和滋味，无异味
组织形态	呈不规则圆形，厚度均匀，手感柔韧，弹性良好
杂质	无肉眼可见外来杂质

（2）理化指标（见表 9—18）

表 9—18　绿豆粉皮的理化指标

项　　目	指　　标
水分/%　≤	14
灰分/%　≥	1.0
淀粉/%　≤	75
溶水＋物量（干基）/%　≤	10
厚度/mm	0.8

（3）卫生指标（见表 8—19）

表 9—19 绿豆粉皮的卫生指标

项　　　目	指　　　标
总砷(以 As 记)/（mg/kg）　≤	0.5
铅(Pb)/（mg/kg）　≤	1.0
铝(Al)/（mg/kg）　≤	100
黄曲霉毒素 B_1/（μg/kg）　≤	5
二氧化硫(以 SO_2 记)/（mg/kg）　　≤	30

（4）微生物指标（见表 9—20）

表 9—20 绿豆粉皮的微生物指标

项　　　目	指　　　标
菌落总数/（cfu/g）　≤	1000
大肠菌群/（MPN/100g）　≤	70
致病菌(沙门氏菌、志贺氏菌、金黄色葡萄球菌)	不得检出

拓展知识

一、淀粉制品加工的主要设备

淀粉制品加工常用的设备有：凸齿磨、旋液分离机、压力曲筛、碟式喷嘴型分离机、喷射液化器、外循环蒸发器、卧式刮刀离心机、卧式冲击磨等设备。

1. 比重去石机

玉米淀粉常用的清理去杂设备是比重去石机。比重去石机按供风方式的不同可分为吹式比重去石机、吸式比重去石机和循环气流去石机三种，最常用的比重去石机主要有吹式比重去石机、吸式比重去石机。

吹式比重去石机主要由进料装置、去石装置、传动机构、风机等部分组成。进料装置由进料斗、流量调节机构和缓冲匀料板等组成。进料斗起稳定流量的作用，流量调节机构用来控制进机物料流量，缓冲匀料板主要起缓冲、匀料和导向作用，减小物料对去石板面的冲击，避免破坏物料的自动分级和阻碍石子上行。去石装置是去石机的核心部分，由去石筛面、匀风板、精选室等组成。去石装置与风机连成一体，由 4 根刚性吊杆支撑在机箱上，并由偏心连杆机构传动做往复振动。

2. 浸泡罐

通常采用浸泡罐对玉米进行浸泡。浸泡系统是由多个浸泡罐和连接各罐的辅助装置所组成，每个罐应配制有接收和排放系统、液位控制、温度控制等。浸泡罐通常用钢板焊制而成，其内部进行防腐处理,外部进行保温处理。浸泡罐是带锥形底的圆柱体,与之连接的有支撑它的平台设备。罐高与直径之比为2∶1,罐底锥度不低于45°。在锥形罐底有两个孔,底部是卸料孔,侧面是供排放罐内的浸泡液、洗涤水和循环浸泡水用孔。锥体内部设有不锈钢制成的扇形盘构成的假底,上面有纵向的缝,缝宽为3~5 mm,用于液体的过滤。

3. 气流干燥机

对脱水后的淀粉进行干燥时,通常采用气流干燥机。气流干燥机主要由换热器、喂料装置、风管、卸料刹克龙、闭风器、风机等部分组成。螺旋加料器料斗及卸料器下的料斗应保留三分之一的物料密封层。给料必须均匀稳定,进料速度应同风管内气流速度相一致。要保证成品水分在14%以下,最好在13.5%左右,注意检查成品淀粉的水分含量,一旦不符合要求,应及时调整供料、供气量的多少。

4. 凸齿磨

玉米淀粉生产中常用的破碎设备是脱胚磨,由于脱胚磨的主要结构为带凸齿的动盘和定盘,所以脱胚磨又称凸齿磨。凸齿磨由齿盘、主轴齿盘间隙调节装置、主轴支承结构、电机、机座等组成,其主要工作部件是一对相对的齿盘,齿盘有多种形式,脱胚磨选用牙齿条缝齿盘,其中一个转动,另一个固定不动,两齿盘呈凹凸形,即动盘和静盘上同心排列的齿相互交错。齿盘上梯形齿呈同心圆分布,在半径较小处,齿的间隙大;半径较大处,齿的间隙小。物料在重力作用下从进料管自由落入机壳内,经拨料板迅速进入动盘与定盘之间。由于两齿盘的相对旋转运动以及凸齿在盘上内疏外密的特殊布置,物料在两盘间除受凸齿的机械作用扰动外,还受自身产生的离心力作用,在动、静齿缝间隙向外运动。玉米粒运动时,最初的齿间距大,玉米成整粒破碎,有利于进料,运动到齿盘外端部时,齿间距变小,物料受离心力较大,粉碎作用加强,这样玉米粒在动、静齿盘及凸齿的剪切、挤压和搓撕作用下被破碎。

5. 旋液分离机

玉米胚芽常用的分离设备是旋液分离机见图9—4,旋液分离机是用以分离以液体为主的悬浮液或乳浊液的设备。料液由圆筒部分以切线方向进入,作旋转运动而产生离心力,下行至圆锥部分更加剧烈。料液中的固体粒子或密度较大的液体受离心力的作用被抛向器壁,并沿器壁按螺旋线下流至出口(底流)。澄清的液体或液体中携带的较细粒子则上升,由中心的出口溢流而出。旋液分离机具有:构造简单,无活动部分;体积小,占地面积也小;生产能力大;分离的颗粒范围较广等优点,但分离效率较低。常采用几级串联的方式或与其他分离设备配合应用,以提高其分离效率。用于制碱和淀粉等工业。

6. 压力曲筛

在制作玉米淀粉时,经细磨后的浆料中的纤维皮渣目前通常采用压力曲筛进行分离和洗涤。压力曲筛的工作原理,是物料经泵以一定的压力通过给料器均匀地喷洒在整个筛面上,经过楔形筛网特殊的切割本领将淀粉乳与纤维渣分开。纤维的筛分与洗涤常使用120°的筛面,筛缝宽度为50 μm、75 μm、100 μm,筛的工作压力为0.25~0.30 MPa。压力曲筛的生产能力取决于工作压力和筛理面积,每平方米筛面的生产能力约是常压(重力)曲筛的2倍多,结构如图9—5所示。压力曲筛具有以下优点:筛缝不易堵塞,能做出精确的筛分,维修容易,生产效率高,占地面积少。

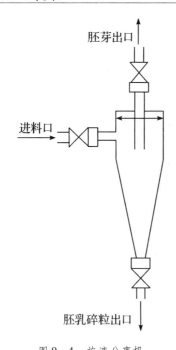

图9—4　旋液分离机

（李新华,董海洲.粮油加工学.中国农业大学出版社,2002）

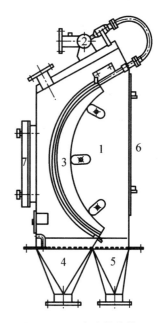

图9—5　压力曲筛结构图

1—壳体;2—给料器;3—筛面;4—淀粉乳出口;

5—纤维出口;6—前门;7—后门

（孟宏昌,李惠东、华景清.粮油食品加工技术.

化学工业出版社,2008）

7. 碟式喷嘴型分离机

在制作淀粉时,通常采用碟式喷嘴型分离机来分离淀粉和蛋白质。碟式喷嘴型分离机结构图见图9—6。在机座上半部设有进料管和溢流(轻相)出口、底流(重相)出口及机盖。在机座的下半部设有供洗涤水的离心泵及电动机的启动与刹车装置。麸质液由离心机上部进料口进入转鼓内碟片架中心处,并迅速地均匀分布在碟片间,当离心机转鼓高速旋转(3000 ~ 10000 r/min)时,带动与碟片相接触的一薄层物料旋转产生很大的离心力。由于待分离物料的密度不同,密度较大的淀粉在较大离心力作用下,沿着碟片下表面滑移出沉降区,经由转鼓内壁上的喷嘴从底流出口连续排出。密度较小的以蛋白质为主的麸质离心力也小,沿碟片上行,经向心泵从溢流口排出机外,排出液中蛋白质占总干基的68% ~75%。

使用离心机分离淀粉和蛋白质,一般采用二级分离,即用两台离心机连续操作,以筛分后的淀粉乳为第一级离心机的进料,第一级所得的底流(淀粉乳)为第二级离心机的进料。为了提高淀粉质量,也有采用三级或四级分离操作的。

8. 喷射液化器

喷射液化器,属于一种用蒸汽液化含酶淀粉乳的喷射装置,它为满足液化工艺条件而使设备更简单,制作更容易而设计。它由进汽管、进料管、器身等组成,其结构特征是在器身内装有由喷嘴内件和喷嘴外件组成的组合喷嘴,喷嘴下面有缩扩管,用压紧螺母固定,进汽管、器身、组合喷嘴、缩扩管均在同一轴线上。在喷射时高压蒸汽与薄膜状淀粉乳直接混合,蒸汽在高物料流速和局部强烈湍流作用下迅速凝结,释放出大量潜热,并在较高的传热速率下使淀粉快速、均匀受热糊化,原理示意图见图9—7。喷射液化器的体积小、加工制作简单、工艺操作容易,能耗低。

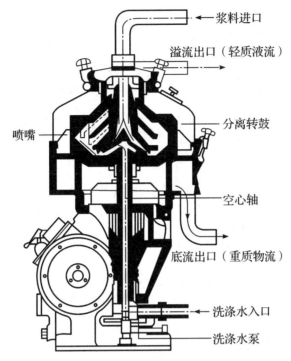

图 9—6   碟式喷嘴型分离机结构示意图

(孟宏昌,李惠东,华景清.粮油食品加工技术.化学工业出版社,2008)

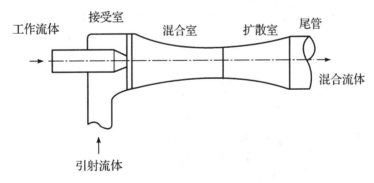

图 9—7   喷射液化器的原理示意图

(曹龙奎,李凤林.淀粉制品生产工艺学.中国轻工业出版社,2008)

9. 外循环蒸发器

在制作淀粉糖的过程中,浓缩时多采用外循环蒸发器(图9—8),通过蒸发使糖液浓缩,达到要求的浓度。外循环蒸发器的加热器采用内盘管和夹套双作用加热物料,使物料能较均匀地加热;冷凝器直接安装在蒸发室顶部,其特点是使设备组合紧凑和提高真空能力。对于某些需激烈沸腾汽化的物料具有良好的蒸发效果。对某些需浓缩物料的脱水(或脱溶剂)速度快,蒸发强度高。配置进料计量泵和真空泵可方便地进行科学实验。该蒸发器可广泛应用于医药、食品、化工、轻工、环保等行业的水或有机溶媒的蒸发浓缩,特别适用于热敏性物料,在真空条件下进行低温连续浓缩,可确保产品质量。

10. 冲击磨

在制作玉米淀粉过程中对物料进行细磨时就通常采用冲击磨。细磨的主要设备有砂盘磨、锤碎机、冲击磨等。冲击磨又称针磨,是应用最多的细磨。冲击磨又分立式和卧式两类,如图9—9所示是一种卧式冲击磨的结构示意图。冲击磨的关键部件是动盘和定盘,动盘是一旋转的圆盘,柱形的动针由中心向边缘分布在同心的圆周上,并且每后面一排的各针柱之间的距离逐渐缩小。定盘又叫静盘,也装有针柱,一般动盘有四排针柱,定盘有三排针柱,定盘上的针柱与动盘的针柱以相位移状态排列。电机通过液力偶合器与主机直联,驱动主轴与转盘,带动盘高速旋转。物料由中心口喂入后在离心力作用下向四周分

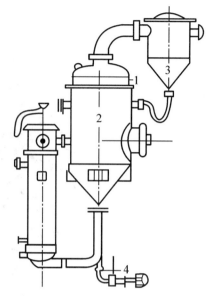

图9—8　外循环蒸发器结构示意图

1—加热器;2—蒸发罐;3—气液分离器;4—出料罐

(李新华,董海洲.粮油加工学.中国农业大学出版社,2002)

散,进入高速旋转的动盘中心,在动针、定针间反复受到猛烈冲击而被打碎。物料中所含淀粉经猛烈冲击振动后,与纤维结构松脱从而被最大限度地游离出来,纤维则因有较强的韧性而不易撞碎,形成大片的渣皮,这种状态要比一般粉碎机所得的细糊状渣皮更有利于筛出游离淀粉。细磨时物料的浓度需用稀浆或工艺水加以调节,使含水量保持在75% ~79%的范围内,如进料的含水量增加到80%以上时,会使细磨的效果变差。细磨前物料的温度为33 ~35℃,磨碎后物料的温度为39 ~40℃,也就是说细磨情况良好,物料的温度会上升。

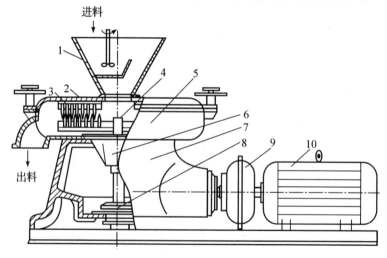

图9—9　卧式冲击磨结构示意图

1—供料器;2—上盖;3—定针压盘;4—转子;5—机体;6—上轴承座;

7—机座;8—底轴承座;9—液力偶合器;10—电机

(孟宏昌,李惠东,华景清.粮油食品加工技术.化学工业出版社,2008)

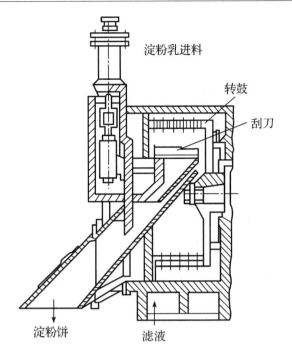

淀粉乳进料

转鼓

刮刀

淀粉饼

滤液

图 9—10　卧式刮刀离心脱水机工作原理示意图

（陈启玉，王显化，卢艳杰，陈复生.食品工艺学.河南科学技术出版社，1998）

11. 卧式刮刀离心脱水机

通常采用卧式刮刀离心脱水机对淀粉进行机械脱水，所有的离心机都有相同的工作原理，而彼此在某些结构上又有不同的特点。图 9—10 为一卧式离心脱水机的示意图。转子（转鼓）呈水平方向安置，轴固定在滚动轴承上。在离心机的外壳安装有沉淀粉刮除机构、供料管、卸料漏斗、沉淀层水平调节器、洗涤及再生进水管。金属滤网通过固定环固定在转鼓上，离心机前部具有可打开的盖。

离心脱水机的工作原理，是淀粉乳通过给料管进入转子里面。转子的转动使浆料产生离心力，在此力作用下滤液通过筛网、带孔的转子，经安装在机座底部的分离阀排出，淀粉在筛网内表面沉积下来，当达到规定的沉淀层厚度时，便停止供给淀粉乳，之后，沉淀层经过一定时间的甩干阶段达到脱水的要求。沉淀的淀粉用刮除机构刮下，从离心机内排出。

在淀粉厂生产中，离心脱水工序的离心机通常是在溢流状态下进行工作，这样可以充分地把轻杂质及蛋白质从淀粉中清除。在已经装好了淀粉乳的离心机转子内，加入过剩的淀粉乳，以便使淀粉乳经转子的边缘溢出。这时，较轻的含有蛋白质的粒子、渣滓微粒及其他杂质，集中于由旋转和液流形成的圆柱的内表面，经过转子的边缘与部分淀粉乳一起经滤液排出管从离心机中排出。溢流的部分淀粉乳与滤液一起返回淀粉车间重新加工。这种方法提高了离心机的生产能力及所得到的干淀粉的质量，但在操作时需要进行精细的调整，而且要经常改变沉淀层的水平调节器，排出溢流液的管子也常常堵塞。

12. 真空搅拌式和面机

在制造粉皮、粉丝时通常采用真空搅拌式和面机。真空搅拌式和面机是目前最先进的和面设备。从打糊、和面到送料漏粉，可全部实现机械化连续作业。具有生产效率高、产量大、质量好、卫生等特点，是大型粉丝加工的理想设备，其主要由打糊机、和面机、传送带、小型搅拌机、送料器、真空泵等部分组成。

①打糊机采用无线调速式打糊机，安装在和面机的上部，铁盆能够倾倒，打好糊后，把糊直接倒入和面机内。

②和面机采用通用和面机，其搅拌装置可采用 O 型、S 型、齿型。

③传送带采用白橡胶带，带宽 250mm 左右。其一端在和面机的底部，另一端在小搅拌器的上部。和好的面子从和面机出料口不断地流出，落到胶带上送到小搅拌器内，然后被刮净。

起传送和提升面子的作用。

④小型搅拌机暂时贮存面子,以保持其连续不间断的工作,因为和好的面子稍一停放就会结成硬块,所以必须不停地搅拌。

⑤真空搅拌机的进料口与小型搅拌机的下料口是密封连接的,中间隔板为不锈钢,板上钻有很多直径约 3 mm 的孔。因真空搅拌机内处于负压状态,淀粉面子会很顺利地透过小孔成细条流进真空搅拌腔。由于淀粉面子内有很多气泡,如果直接进行漏粉,其中大一点的气泡会随面子的流出成型而出现断头现象。

13. 漏粉机

在制造粉皮、粉丝时,要采用漏粉机。漏粉机有锤打式漏粉机和螺旋式漏粉机两种,其中以锤打式漏粉机的漏粉效果为最佳。锤打式漏粉机主要由机架、曲轴或偏心轮、打锤、漏粉瓢、升降螺杆、电机等部分组成。漏粉时,和好的面子由送料器送到漏粉瓢中,启动漏粉机,在打锤的振动作用下,面子通过漏孔,丝状下垂,上头粗,越往下越细。如果漏出的粉丝粗细不均匀,可用一个圆盘接住,当漏下的粉丝粗细均匀并符合规格要求时,把圆盘往上一抬,然后猛往下拉,迅速把圆盘抽出,漏下的粉丝会很整齐地在圆盘处断开。

二、变性淀粉的加工技术

1. 变性淀粉的基本概念

天然淀粉称为原淀粉,原淀粉的可利用性取决于淀粉颗粒的结构和淀粉中直链淀粉和支链淀粉的含量。不同种类的淀粉其分子结构和直链淀粉、支链淀粉的含量都不相同,因此不同来源的淀粉原料具有不同的可利用性。原淀粉在现代工业中的应用,特别是在新技术、新工艺、新设备采用情况下的应用是有限的。大多数的天然淀粉都不具备有效的能被很好利用的性能,为此根据淀粉的结构及理化性质开发了淀粉的变性技术。

变性淀粉是指为改善其性能和扩大应用范围,在保持淀粉固有特性的基础上,利用物理方法、化学方法和酶法,改变淀粉的结构、物理性质和化学性质,从而出现特定的性能和用途的产品。

2. 变性淀粉的分类

变性淀粉的分类,一般是按变性处理方法来进行的,可分为如下几种。

①物理变性淀粉。用物理方法处理所得到的变性淀粉。如预糊化(α化)淀粉、γ射线、超高频辐射处理淀粉、机械研磨淀粉、湿热处理淀粉等。

②化学变性淀粉。用各种化学试剂处理得到的变性淀粉。其中有两大类:一类是使淀粉相对分子质量下降,如酸解淀粉、氧化淀粉等;另一类是使淀粉相对分子质量增加,如交联淀粉、乙酰化淀粉、醚化淀粉、接枝共聚淀粉等。

③酶法变性(生物改性)淀粉。用各种酶处理所得到的变性淀粉。如 α - 环糊精、β - 环糊精、γ - 环糊精、麦芽糊精、直链淀粉等。

④复合变性淀粉。采用两种或两种以上改性处理方法所得到的变性淀粉。如氧化交联淀粉、交联酯化淀粉等。采用复合改性得到的变性淀粉具有两种变性淀粉的各自优点。

在对原淀粉进行变性处理的不同方法中,物理方法主要用于生产预糊化淀粉,酶法主要用于生产糊精,这两种方法所生产的产品的品种有限。化学方法由于是利用化学试剂与淀粉进行反应,因而利用不同的化学试剂可制得不同的变性淀粉产品。

经过不同方法处理的变性淀粉,可用于食品工业的各方面,如酱料、方便面、乳制品、糖果、乳化香精等。

3. 淀粉变性的基本原理

除个别场合使用颗粒状淀粉外,绝大多数情况下都是使用淀粉糊溶液。淀粉使用时会受到高温、机械剪切、低 pH、盐类、低温等因素的影响。因此,不同的使用场合,要求淀粉具有不同的特性,淀粉只有适应这些应用要求,才能得到广泛应用。淀粉变性的方法有:降解、交联、稳定化、阳离子化、接枝共聚等。

(1)反应点

淀粉的化学反应点主要为羟基(—OH)和糖苷键(C—O—C)两个区域。在羟基上产生取代反应,糖苷键产生断裂。糖苷键上的三个羟基,分别在 C2、C3 和 C6 的位置,表明淀粉的反应如同醇,但不能仅仅把淀粉看作一种醇,因为淀粉具有天然高分子的特性。

羧基上亲质子氧与葡萄糖链上亲质子氧的竞争,表明淀粉呈现的酸性大于碱性。氧的质子化作用易于发生在葡萄糖链上。因而反应由打开 O—H 键开始,而不是由打开 C—O 键开始。所以,淀粉不能转变为醇酸卤化物,也不能形成醚或烯。

(2)催化剂

水解和乙酰化反应用质子催化,通常使用淀粉量的 $0.05\% \sim 0.5\%$。在酯化和醚化取代反应中,淀粉分子首先被激活,使 O—H 键亲质子化并促进形成 St—O$^-$。用作激起反应的催化剂,NaOH、KOH 等碱性试剂比较适用。一些酐类和氯衍生物参与的反应,消耗部分碱,这时碱用量必须能保证淀粉的激活反应。

(3)反应机理

SN1 机理:试剂 R—X 释放出 R$^+$ 攻击亲质子淀粉 St—O$^-$。

St—O$^-$ + R$^+$—X$^-$→St—O—R + X$^-$

St—OH + NaOH→St—ONa + H$_2$O

这个机理可以用来解释乙酰化反应和某些酯化反应、三苯甲基化、氰乙基化等。

SN2 机理:是双分子型。这意味着中间复合物形成。

St—O$^-$ + RX→St—O$^-$—R$^+$ + X$^-$→St—O—R + X$^-$

St—ONa + ClCH$_2$COOH + NaOH→St—O—CH$_2$COONa + NaCl + H$_2$O

这个机理可以用来解释酯化反应、甲基化反应、羧甲基化反应等。

4. 变性条件

①浓度。干法生产一般水分控制在 $5\% \sim 25\%$ 范围内;湿法生产淀粉乳含量一般为 $35\% \sim 40\%$(干基)。

②温度。按淀粉的品种以及变性要求不同而不同,一般为 $20 \sim 60℃$,反应温度一般低于淀粉的糊化温度(糊精、酶法除外)。

③pH。除酸水解外,pH 控制在 $7 \sim 12$ 范围内。pH 的调节,酸一般采用稀 HCl 或稀 H$_2$SO$_4$;碱一般采用3% NaOH、Na$_2$CO$_3$ 或 Ca(OH)$_2$。在反应过程中为避免 O$_2$ 对淀粉产生的降解作用,可考虑通入 N$_2$。

④试剂用量。取决于取代度(Ds)要求和残留量等卫生指标。不同试剂用量可生产不同取代度的系列产品。

⑤反应介质。一般生产低取代度的产品采用水作为反应介质,成本低;高取代度的产品采用有机溶剂作为反应介质,但成本高。另外可添加少量盐(如 NaCl、Na_2SO_4 等),其作用主要为:避免淀粉糊化;避免试剂分解,如三氯氧磷($POCl_3$)遇水分解,加入 NaCl 可避免其在水中分解;盐可以破坏水化层,使试剂容易进入,从而提高反应效率。

⑥产品提纯。干法改性,一般不提纯,但用于食品的产品必须经过洗涤,使产品中残留试剂符合食品卫生质量指标;湿法改性。根据产品质量要求,反应完毕用水或溶剂洗涤 2~3 次。

⑦干燥。脱水后的淀粉水分含量一般在 40% 左右,高水分含量的淀粉不便于贮藏和运输,因此在它们作为最终产品之前必须进行干燥,使水分含量降到安全水分以下。

5. 变性淀粉的生产方法

变性淀粉产品种类繁多,目前已经开发出几千种。使用的淀粉不同,变性方法及变性程度也各不相同。其生产的方法主要有干法、湿法、滚筒干燥法和挤压法等几种,其中工业上应用最普遍的是湿法和干法。

湿法也称浆法,即将淀粉分散在水或其他液体介质中,配成一定浓度的悬浮液,在一定的温度条件下与化学试剂进行氧化、酸解、醚化、交联等反应,生成变性淀粉。如果采用的分散介质不是水,而是有机溶剂或含水的混合溶剂时,为了区别水又称为溶剂法。大多数变性淀粉都采用湿法生产。

干法,即淀粉在含少量水(通常在 20% 左右)或少量有机溶剂的情况下与化学试剂发生反应生成变性淀粉的一种生产方法。干法生产的品种不如湿法生产的品种多,但干法生产工艺简单,收率高,无污染,是一种很有发展前途的生产方法。

滚筒干燥法是工业上生产欲糊化淀粉的一种主要方法,由于采用的关键设备是滚筒干燥机而得名。虽然生产的品种不多,但就品种而言,也是不可缺少的生产方法。也可与化学变性结合。

挤压法与滚筒干燥法都是干法生产欲糊化淀粉的方法。挤压法是将含水 20% 以下的淀粉加入螺旋挤压机中,借助于挤压过程中物料与螺旋摩擦产生的热量和对淀粉分子的巨大剪切力使淀粉分子断裂,降低原淀粉的黏度,若在加料时同时加入适量的化学试剂,则在挤压过程中还可同时进行化学反应。此法比滚筒干燥法生产欲糊化淀粉的成本低,但由于过高的压力和过度的剪切使淀粉黏度降低,因此维持产品性能的稳定是此法的关键。

(1)湿法生产工艺流程

不同的变性淀粉品种、不同的生产规模、不同的生产设备,其生产工艺流程也有较大的区别。生产规模越大,生产品种越多,自动化水平越高,工艺流程越复杂。反之则可以不同程度地简化。湿法变性淀粉生产工艺及生产工艺流程如图 9—11 和图 9—12 所示。

①淀粉的变性。淀粉浆用泵通过热交换器送入反应器。反应时用冷水或热水通过热交换器冷却或加热淀粉乳至所需温度,调节好 pH,根据产品要求加入一定量的化学试剂反应,反应持续时间根据所需变性淀粉的黏度、取代度和交联度来决定。一般 1~24h 不等。生产过程中,通过测试检查反应结果,达到要求后,立即停止反应,浆料送入放料桶。

②淀粉的提纯。浆液由放料桶用泵送到水洗工段,通过多级旋流或分离机串联对淀粉乳进行逆流清洗,淀粉乳经水洗后,过筛送入精浆筒内进入下道工序。

③淀粉的脱水干燥。精浆桶淀粉乳进入一个水平转轴的脱水机或三足式离心机内脱水,脱水后湿淀粉经气流干燥器干燥,再经筛分和包装,即为成品。若性能未达到要求,可添加部分化学试剂解决,但需要增加混合器。

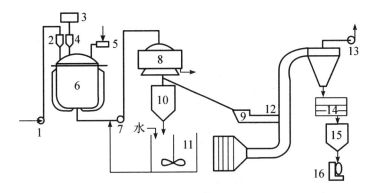

图 9—11　湿法变性淀粉生产工艺

1,7—泵;2,4—计量器;3—高位罐;5—计量泵;6—反应罐;8—自动卸料离心机;

9—螺旋输送机;10,11—洗涤罐;12—风机;13—气流;14—粉筛;15—贮罐;16—包装机

(肖志刚,许效群.粮油加工概论.中国轻工业出版社,2008)

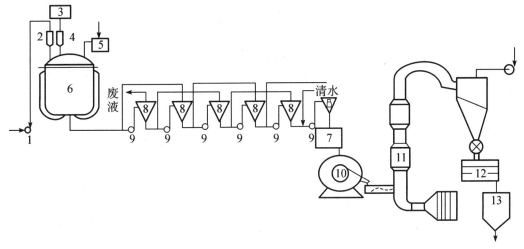

图 9—12　湿法变性淀粉生产工艺流程

1,9—泵;2,4—计量器;3—高位罐;5—计量泵;6—反应罐;

7,13—贮罐;8—旋流器;10—卧式刮刀离心机;11—气流干燥器;12—成品筛

(肖志刚,许效群.粮油加工概论.中国轻工业出版社,2008)

(2)干法(挤压法)生产工艺流程见图 9—13

①淀粉和化学品的准备。袋装或贮罐中的淀粉用气力输送或手工操作送到计量桶中计量;化学试剂预先按一定比例在带有搅拌装置的桶中溶解,并被引射至高速混合器中,于是化学试剂被逐步地分散在淀粉中,继而直接进入干法反应器中。

②淀粉的变性反应。淀粉借重力或输送器进入反应器中,反应器可以是真空状态,壳体和搅拌器均为传热体,从而使得热载体和产品之间的温度差为最小。若要降低淀粉黏度也可以加入气体氯化氢来进行酸化分解。一旦达到降解黏度,热载体就被冷却,淀粉也随之冷却后倾出。产品经冷却后增湿、混合和包装。

(3)滚筒干燥法生产工艺

①淀粉的准备。袋装或贮罐中的淀粉用气力输送或手工输送到计量桶中计量,配成 19 ~ 21°Bé 的淀粉乳,过筛除去杂质,以防损伤滚筒。过筛的精制淀粉乳预热去下道工段。

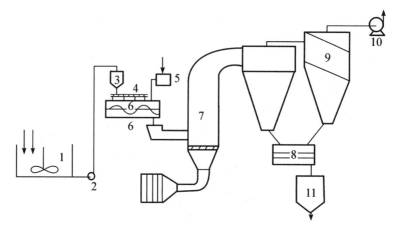

图9—13 干法生产工艺流程

1—试剂贮罐;2—泵;3—计量器;4—分配系统;5—计量泵;6—混合器;

7—沸腾反应器;8—成品筛;9—分离器;10—风机;11—贮罐

(肖志刚,许效群. 粮油加工概论. 中国轻工业出版社,2008)

②淀粉的α-化。首先用蒸汽将滚筒表面加热至130~150℃,然后用泵输入预先加热的精制淀粉乳,淀粉乳液在滚筒表面立即被糊化,经小滚筒调节间隙,使滚筒表面形成厚薄一致的薄膜,用液压操作刮刀将滚筒表面淀粉薄膜刮下来。预糊化后的产品粗碎、细碎、筛选、混合、包装。

(4)干法与湿法的比较

干法和湿法是变性淀粉生产中最常采用的方法,各有自己的优缺点。

①湿法应用普遍,几乎任何品种的变性淀粉都可以采用湿法生产。干法则仅仅适用于生产少数几个品种,如糊精、酸降解淀粉、磷酸酯淀粉等,尽管产量不小,但品种不多。

②湿法生产的反应条件温和,反应温度不高于60℃,压力为常压。干法反应温度高,通常为140~180℃,有的要在真空条件下进行反应。

③湿法反应时间长,一般为24~48 h;干法反应时间短,一般为1~4 h。

④湿法生产流程长,要经洗涤、脱水、干燥等几道工序;干法流程短,无须进行洗涤、脱水、干燥等工序,因此干法生产成本低。

⑤湿法收率低,一般为90%~95%;干法几乎没有损失,得率多在98%以上。

⑥湿法耗水,有污染,通常每生产1t变性淀粉可产生3~5 m³污水;而干法则不使用水,也没有污水排放。

⑦湿法反应器结构简单,可以采用搪瓷、玻璃钢和钢衬玻璃钢,反应器可以做成较大的,最大可达70 m³。干法反应器结构比较复杂,需用特殊材料制造,反应器的体积不能太大,最大不超过10 m³。

6. 主要变性淀粉的生产及应用

(1)预糊化淀粉

将天然淀粉加热糊化,淀粉失去晶区结构,称糊化淀粉或α-化淀粉。糊化后的淀粉再经滚筒干燥或喷雾干燥,重新得到固体。这种预糊化淀粉,加入冷水或热水,短时间内即能膨胀溶解于水,具有增黏、保型、速溶等优点,可应用于固体饮料、快餐布丁、糕点等食品中。

（2）酸变性淀粉

用稀酸处理淀粉乳,在低于糊化温度的条件下搅拌至所要求的程度。然后用水洗至中性或先用碳酸钠中和后再用水洗,最后干燥,即得到酸变性淀粉。这种酸变性淀粉并没有使淀粉分子发生实质的化学变化,而只是链长减少、颗粒削弱,分子排列没有改变。酸变性淀粉与原淀粉有同样的团粒外形,黏度比原淀粉低,在热水中糊化时颗粒膨胀较小,不溶于冷水,易溶于热水。糊化物冷却后可形成结实的胶体。酸变性淀粉适合在口香糖、软糖、果冻等食品中应用。在纺织工业中,酸变性淀粉可用做胶粘剂,增强纤维的拉力。在造纸工业应用可作为胶料,增强纸张表面的印刷能力和耐摩擦能力。

（3）氧化淀粉

氧化淀粉是一种用氧化剂作用而得到的一种低黏度淀粉。氧化剂的种类很多,但氧化效果较好的是次氯酸钠或次氯酸钙。制备时,将淀粉调成水悬浮液,在连续搅拌的条件下,加入一定量稀释的次氯酸钠,用 NaOH 调节 pH8 ~ 10,温度控制在 21 ~ 38℃,氧化反应是放热反应,应调节加入次氯酸钠溶液的速度,或者采用冷却的方法,控制温度,用加氢氧化钠溶液控制pH,中和反应中产生的酸性物质。在氧化反应过程中,改变时间、温度、pH、次氯酸盐的浓度可生产出多种氧化程度不同的产品。达到理想的反应程度时,用酸性亚硫酸钠处理淀粉浆液,终止氧化反应,调节 pH 至中性,然后进行过滤、冲洗并干燥,即得到氧化淀粉成品。

氧化反应的作用机制是氧化剂进入淀粉团粒结构的深处,在团粒低结晶区发生作用,在一些分子上发生强烈的局部化学反应,生成高度降解的酸性片段。这些片段在碱性反应介质中变成可溶性的,在水洗氧化淀粉时溶出。氧化淀粉的团粒结构虽无大的变化,但团粒上出现断裂和缝隙。

氧化淀粉不溶于冷水、物化温度低、黏度下降、糊化物较清亮、冷却时不易形成凝胶体,物化后再干燥可形成高强度的淀粉膜。氧化淀粉主要用于造纸工业作胶料,也可作胶粘剂的配料,还可用于高固化的食品中。

（4）交联淀粉

淀粉用多功能试剂处理可发生交联。试剂引起淀粉分子之间的桥接,使分子之间形成交联,因此明显地增加了平均相对分子质量,交联是淀粉分子的羟基与交联剂的多功能基团之间发生的。交联剂种类很多,用于制备交联淀粉的交联剂有三氯氧磷、表氯醇、三偏磷酸盐、乙酸、乙烯矾、双环氧化合物、甲醛、乙醛、丙烯醛等。

交联淀粉的制法是在 20 ~ 50℃的温度下,向碱性淀粉悬浮液中添加交联剂,反应进行到所需时间之后,进行过滤水洗和干燥,回收淀粉。交联的程度随交联剂的不同,反应时间等因素而不同。交联剂的用量一般为淀粉质量的 0.005% ~ 0.1%。

交联淀粉的团粒结构的抗高温、耐剪切、耐酸性明显增加,高度交联的淀粉在高温蒸煮条件下都难以糊化。交联淀粉的最高黏度值高于天然淀粉。黏度下降很小。

食品生产中所用的交联淀粉属低交联淀粉,进行交联反应时只需很低浓度的交联剂。对于那些需苛刻条件加工的食品,如连续蒸煮食品中需添加交联度较高的交联淀粉。不少需高温杀菌处理的罐头食品、罐装的汤、汁、酱、婴儿食品等可添加交联淀粉,可使其保持一定的稠度,不懈水。

交联淀粉还用在纺织物的碱性印花浆中,使浆具有高黏度和所要求的不粘着的黏稠度。在其他方面的应用还有石油钻井泥浆、印刷油墨、干电池中固定电解质的介质、玻璃纤维上浆和纺织品上浆等。

（5）淀粉磷酸酯

淀粉与磷酸盐发生酯化反应，即生成淀粉磷酸酯。淀粉分子的一个羧基经正磷酸作用而酯化，称淀粉磷酸单酯。淀粉分子中的2个羟基同1个正磷酸分子酯化，或2个淀粉分子各有1个羟基同1个正磷酸分子酯化称淀粉磷酸二酯。

淀粉磷酸酯的制法是将10%的淀粉和正磷酸盐的充分掺和物，在 pH 5~6.5，温度 120~160℃下加热 0.5~6 h，可得到淀粉磷酸单酯。

将淀粉悬浮于含有溶解磷酸盐的水中，将此混合物搅拌 10~30 min，并过滤。将滤饼进行空气干燥或在 40~45℃下干燥至湿度为 5%~10%，然后进行热反应。热反应时间的长短不同，获得的淀粉磷酸酯的取代度不同。

除正磷酸盐外，三聚磷酸钠、尿素磷酸盐、有机磷酸化试剂等都可与淀粉分子发生酯化反应。

玉米淀粉磷酸单酯的分散液透明、黏度高、具有长的内聚组织以及老化稳定性。制备时，控制磷酸盐用量、反应温度、时间以及 pH，可调节产物的黏度。淀粉磷酸酯衍生物是有效的乳化剂，磷酸酯的分散体具有冻融稳定性。

淀粉磷酸酯在食品加工系统中具有很好的性能，是水包油乳液的良好乳化剂。在火腿肠、冰激凌等食品中应用有很好的效果。除此之外，可用于纺织品主浆、黏合剂、除垢剂等方面。淀粉磷酸单酯以 0.01% 的含量加入水泥中，可改善施工性能和减少混凝土泛浆。

（6）阳离子淀粉

阳离子淀粉是淀粉与叔胺或季胺生成的衍生物，如淀粉叔胺烷基醚和季胺淀粉醚等。是一种高分子表面活性剂。其合成方法分两类：一类是直接合成法，即淀粉与一类含氮化合物直接反应。另一类是间接合成法，淀粉通过中间连接物与作为亲水基的胺类化合物结合。中间连接物一般是含有双官能团的物质。例如环氧氯丙烷、1,2-二氯乙烷等。为了克服中间连接物与淀粉生成交联淀粉，要首先将中间连接物与胺类化合物进行反应制得较低相对分子质量的表面活性剂。然后将此反应物与淀粉反应制得阳离子淀粉。

随着阳离子取代基数目的增加，阳离子淀粉的糊化温度逐步降低，其分散体更为稳定、透明。阳离子淀粉带有正电荷，对带有负电荷的纤维素具有亲和能力。在造纸工业中，作为湿部添加剂的阳离子淀粉，在纤维素与矿物质填充剂和涂料之间起着离子桥的作用。阳离子淀粉优先吸附于纸浆的微小纤维上，增加了微小纤维的留着率，并且通过长纤维包围微小纤维，形成内聚网络，改善了纸张强度，同时也改善了滤水性。

除造纸工业应用外，阳离子淀粉在施胶、涂布、纺织等方面都可利用。阳离子淀粉（取代度为 0.1~0.45 的淀粉季胺醚）是破坏油包水和水包油乳化液的反乳化剂。可应用于在工业废水中除掉重金属离子，如铬酸盐、重铬酸盐铁氰化物、亚铁氰化物、钼酸盐和高锰酸盐等。

（7）醋酸淀粉

醋酸淀粉又称乙酰化淀粉、淀粉酯，是由乙酐、醋酸、乙烯酮、醋酸乙烯等与淀粉发生乙酰化的产物。

淀粉在醋酸酐中加热，在 90~140℃发生乙酰化，同时伴有降解作用。在 140℃的温度下，加热 8 h 后可以引入 1.8% 的乙酰基；15 h 以后，乙酰基含量可达 8.7%。74 h 后，达到 34%。如果加酸性催化剂，乙酰化加快，但淀粉产生明显降解。醋酸酐和醋酸的混合物，在没有催化剂,50℃条件下,只能缓慢地与淀粉发生乙酰化反应。加入 1% 的硫酸,乙酰化反应加快。50℃温度,6 h 以后,乙酰基可达 40%,同时降解度也增加。

乙酰化的淀粉,糊化温度降低,乙酰基越多,糊化温度降低越多。在糊化过程中,乙酰化淀粉比天然淀粉更容易分散。乙酰化淀粉糊化后,在冷却的过程中黏度增加得慢,低温时,黏度比乙酰化淀粉低。淀粉的乙酰化反应增加了淀粉团粒的溶胀和分散性,同时降低了凝沉作用,从而提高了溶胶的透明度。这在食品、造纸和纺织工业的应用方面都是很有价值的。例如,在罐头、冷冻、焙烤和干制食品中,乙酰化淀粉可以长时间陈列在货架上承受各种温度。在纺织、造纸等方面应用,其糊浆具有分散快速、黏度稳定、不凝结等特点,便于制备、储藏和使用。

(8)接枝淀粉

在催化剂硝酸铈铵的作用下,将丙烯脂接枝聚合在糊化淀粉上,生成的淀粉接枝—聚丙烯腈共聚物,经碱皂化,将腈基转化成氨基甲酰基和碱金属羧酸基团的混合体。这种聚合物除去水,便可提供一种能够吸收为自身数百至上千倍质量的而不溶解的固体物质,因为它能够快速吸收大量水,故而称作超级吸水剂。

接枝淀粉最适宜农业应用,如在干旱地区用于种子和植物根须的包埋、覆盖,施于渗水过快的土壤用来保持水分。在医药方面,接枝淀粉可制作治疗疮伤的药物。还可作为柔软、吸水物品的添加剂,如一次性使用的医用绷带布、病人的垫褥、医院用的床垫料等。吸水后的接枝淀粉还具有很强的抗压性,保水能力极强。

三、淀粉制品容易出现的质量安全问题

1. 淀粉的水分超标

水分超标主要是由于生产控制过程或分装时控制过程不严而造成的,过高的水分含量会造成淀粉发霉变质,对人体健康不利,也不利于淀粉的安全贮存。

2. 淀粉的蛋白质含量不合格

蛋白质含量主要反应了原料中的蛋白质分离情况。若分离不好,即将造成淀粉中蛋白质含量超标。

3. 淀粉制品的并条、冒条现象,影响产品的外观

在淀粉制品的生产工艺中,和浆比例不当,则将影响漏粉时的质量,从而影响到粉丝的韧性和光泽。成型时熟化不充分,也将造成粉丝晾晒后无光泽,韧性差,并出现白干条现象。成型熟化时间过长,粉丝会叠加,出现乱条,粉丝表面由于吸水太多而出现"溶化"现象,使粉丝出品率降低,晒粉时出现并条、冒条的现象。

4. 淀粉制品中含外来杂质

淀粉制品在干燥晾晒过程中,若采用晾晒场,则可能从外界带入灰尘、沙砾、杂草等杂质。

5. 淀粉及淀粉制品中食品添加剂使用不当,造成二氧化硫残留量超标

食品漂白剂亚硫酸及其盐类具有漂白、脱色、抗氧化和防腐作用,其在食品中的残留量以二氧化硫计,因此,国家强制性标准 GB 2760《食品添加剂使用卫生标准》中规定漂白剂必须限范围限量使用,但某些生产企业为使产品的外观更美观白净,超标使用漂白剂,造成二氧化硫残留量超标。

【项目小结】

本项目主要阐述了玉米淀粉的生产工艺流程、加工技术要点及质量标准；阐述了液体葡萄糖、饴糖、低聚糖、麦芽糊精、果葡糖浆等的生产工艺、加工技术要点及质量标准；阐述了粉皮粉丝的生产工艺、加工技术要点及质量标准；阐述了变性淀粉制备的工艺原理、工艺方法、加工技术要点及在食品加工中的应用。

玉米淀粉的生产主要包括玉米的清理去杂、浸泡、破碎、胚芽分离、纤维分离、蛋白分离、淀粉洗涤、脱水干燥及副产品的回收利用等阶段。

淀粉制糖中，原淀粉经变性处理，经进一步加工，改变性质，使其更适合于应用的要求，这种产品统称为"变性淀粉"。变性的方法有物理方法和化学方法，化学方法是主要的。其生产的方法主要有湿法、干法、滚筒干燥法和挤压法等几种，其中最主要的生产方法还是湿法。湿法生产包括：淀粉的变性、淀粉的提纯、淀粉的脱水干燥。变性淀粉包括：预糊化淀粉、酸变性淀粉、氧化淀粉、交联淀粉、淀粉磷酸酯、阳离子淀粉、醋酸淀粉、接枝淀粉等。这些种类的变性淀粉为在食品生产中的应用提供了更加广阔的前景。

【复习思考题】

1. 淀粉生产的原料主要有哪些？
2. 为什么玉米是淀粉工业的最主要原料？
3. 玉米淀粉生产过程中，浸泡的作用是什么？
4. 玉米逆流浸泡的优点有哪些？
5. 利用曲筛筛洗皮渣的优点有哪些？
6. 淀粉的脱水为什么采用气流干燥法？
7. 如何制作果葡糖浆？果葡糖浆的异构化都有哪几种？
8. 淀粉变性的目的何在？变性淀粉有哪些种类？
9. 变性淀粉在食品加工中的应用如何？
10. 薯类粉丝、绿豆粉丝是如何加工的？
11. 手工粉皮和机制粉皮是如何加工的？

模块 5　时尚食品的加工技术

项目 10　休闲食品加工技术

【知识目标】了解休闲食品的分类、特点及发展方向;了解休闲食品生产中涉及的设备构造和使用;掌握膨化食品的制作原理及方法。

【能力目标】掌握薯类膨化休闲食品和坚果类休闲食品的一般制作方法和技术要点。

从 20 世纪 90 年代以来,在食品工业中逐步形成了一个新型食品类——休闲食品,这类食品俗称零食,是以糖和各种果仁、谷物、薯类、水果以及鱼、肉类为主要原料,配上各种香料及调味品而生产出的具有各种特有风味的食品。休闲食品既有传统的民间手工产品,又有新兴的现代机械化产品。

休闲食品的特点是风味独特、食用方便、形式多样、种类繁多、美味可口、易于消化,可作为正餐之间的良好的补充。

休闲食品的产品细小繁多,花色复杂。通常可按其原料加工制作的特点进行分类。

(1)谷物膨化休闲食品:以谷物及薯类作原料,经过挤压、油炸、砂炒或烘烤加工成的一类体积膨胀多倍、内部组织多孔、疏松蜂窝状的食品。有一部分是我国传统的产品,如爆米花、康乐果、江米条等,更多的是近年来传入的外来食品,如用现代工艺制作的日本米果。

(2)果仁类休闲食品:以果仁和糖或盐制成的甜、咸制品。分油炸的和非油炸的。这类制品的特点是坚、脆、酥、香,如鱼皮花生、椒盐杏仁、开心果、五香豆。

(3)瓜子类炒货休闲食品:以各种瓜子为原料,辅以各种调味料经炒制而成,是我国历史最为悠久的、最具传统特色的休闲食品。

(4)糖制休闲食品:以砂糖为主要原料制成的小食品,这类制品由于加工方法和辅料不同,其各品种在外观口味上有独特风味。如豆酥糖、云片糕、桑塔糖等。

(5)果蔬休闲食品:以水果、蔬菜为主要原料经糖渍、糖煮、烘干而成的制品,如杏脯、果蔬脆片、话梅等。

(6)鱼肉类制休闲食品:以鱼、肉为主要原料,用其他调味料进行调味,经煮、浸、烘等加工工序而生产出的熟制品,如各种肉干、烤鱼片、五香鱼脯等。

任务 1　谷物休闲食品加工技术

一、谷物休闲食品加工方法与工艺流程

谷物休闲食品是以玉米、小麦、大米、燕麦、荞麦、黑麦、高粱等原料,通过挤压、油炸、烘焙

等方法加工而成,同时可调出原味、烧烤味、牛肉味、鸡汁味、鲜虾味等各种不同口味,挤压时也可制作成各种形状,如四面体、片状、豌豆状、条状、球状等的一大类食品。

谷物休闲食品一般具有轻质疏松、香脆可口、风味鲜美、营养吸收消化率高、食用方便及产品卫生水平高的特点。

谷物休闲食品加工方法一般有三种。

1. 非膨化法

先将除杂洗净的谷物原料蒸煮,使淀粉糊化,再将糊化后的产品切割成一定厚度、形状的饼片进行干燥,后经油炸或焙烤调味而制成食品的加工方法。

一般工艺流程(图10—1):

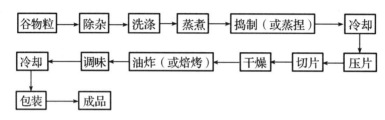

图 10—1

2. 直接膨化法

以玉米、大米、燕麦等为主要原料,用膨化机直接膨化成球形、薄片、环形或棒状,再喷洒糖浆、盐和其他调味料,经干燥、冷却及包装等一系列工序的加工方法。一般有四种方法:油炸膨化法、挤压膨化法、气流膨化法和微波膨化法。

一般工艺流程为(图10—2):

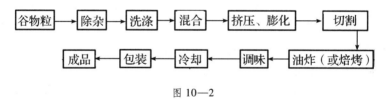

图 10—2

3. 间接膨化法

先将谷物原料膨化,再将膨化后的产品磨成一定细度的粉末(一般单螺杆挤压机的用料粉碎至 30~40 目颗粒大小,但双螺杆挤压机的用料应粉碎至 60 目以上),配上各种辅料再制成各种食品的加工方法。

一般工艺流程为(图10—3):

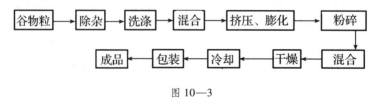

图 10—3

二、谷物休闲食品的加工工艺

谷物休闲食品的加工工艺分别以典型的米果、锅巴、玉米圈、玉米球为例讲述。

1. 米果按原料分为糯米米果和粳米米果

（1）糯米米果的制作工艺（图 10—4）：

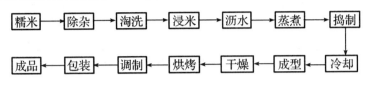

图 10—4

①淘洗、浸米：先用洗米机把大米充分淘洗干净，在水中浸米 6～12 h，浸好的米倒在金属丝网上沥水大约 1 h，沥水后米粒水分在 30%～34% 之间。

②蒸煮、捣制、冷却：使用蒸笼或蒸米机，在 96～100℃下蒸米 15～25 min，蒸好的米饭存放数分钟，稍加冷却后用捣饭机捣制成粉团状。将粉团急冷至 2～5℃放置 2～3d 硬化（老化），硬化后的粉团水分在 40% 左右。

③成型、干燥：粉团老化后经成型机压片、切块、切条，制成米果坯，米果坯通过带式热风干燥机干燥，热风温度控制在 30℃左右，干燥后米果坯的水分降至 20% 左右。

④烘烤、调制：将干燥后的米果坯放入燃气烤炉中，炉温 200～260℃，焙烤至表面色泽变深，并产生独特芳香。将预先调制好的调味液经调味机喷涂在米果表面，必要时还需再进行干燥。

（2）粳米米果的制作工艺（图 10—5）：

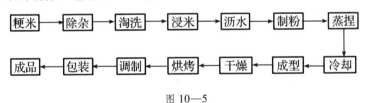

图 10—5

①淘洗、浸米：粳米淘洗后在水中浸米 6～12 h，浸好的米在金属丝网上沥水大约 1 h，米粒水分在 20%～30% 之间。

②制粉、蒸捏：沥水后的粳米进入粉碎机粉碎至 60～250 目之间，如加工疏松型的制品可粗一些，加工紧密型的制品则应细一些。选用带搅拌桨叶的蒸捏机先在米粉中加水调和，再通蒸汽加热，蒸煮捏合，110℃下蒸捏 5～10 min，使米粉糊化，水分含量达到 40%～45%。将糊化后的米粉团经螺旋输送机送入长槽中，槽外通以 20℃的冷却水进行冷却，将米粉团冷却至 60～65℃左右。

③干燥：冷却后的米粉团经成型机压片、切块、切条制成米果坯，米果坯通过带式热风干燥机进行第一次干燥，热风温度为 70～75℃，干燥后米果坯的水分控制在 20% 左右，然后在室温下放置 10 h 左右，粳米果坯内部的水分转移，达到平衡后再进行第二次干燥，仍用 70～75℃热风，干燥后米果坯的水分在 10%～12%。

④烘烤、调味：二次干燥后的米果坯放入燃气炉中焙烤，在炉温 200～260℃下烤制成熟。将调味液经调味机喷涂在米果上，必要时还需进行干燥。

2. 锅巴

（1）配方：大米 500 kg，棕榈油 15 kg，淀粉 65 kg，氢化油（或起酥油）10 kg。

不同风味的调味料配方：

牛肉风味：牛肉精 0.6%，五香粉 0.3%，味精 0.3%，糖 0.3%，盐 1.5%。

咖喱风味：盐 1.5%，咖喱粉 1%，味精 0.3%，丁香 0.05%，五香粉 0.3%。

工艺流程（图 10—6）：

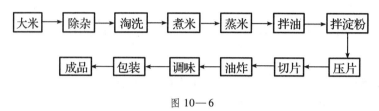

图 10—6

（2）操作要点

①淘米、煮米：用清水将米淘洗干净，去掉杂质和砂石。将清洗干净的米放入锅中煮成半熟，捞出。

②蒸米、拌油：将煮成半熟的米放入蒸锅中蒸熟。加入大米原料量 2% ~3% 的氢化油或起酥油，搅拌均匀。

③拌淀粉：淀粉和蒸米的比例为 1∶6 ~1∶8。拌淀粉温度为 15~20℃，搅拌均匀。

④压片、切片：用压片机将拌好的料压成 1~1.5mm 厚的米片，压 2~4 次即成。将米片切成长 3 cm、宽 2 cm 的片。

⑤油炸、调味、包装：油温控制在 240℃ 左右，时间 3~6 min，炸成浅黄色捞出，控去多余的油。调料按上述配方配好，调料要干燥，粉碎细度为 60~80 目，喷撒要均匀。每袋装 75~80 g，用热合机封合。

3. 鸡味圈

（1）配方：玉米 2 kg；小米 5 kg，大米 60 kg，糖粉 12 kg，奶粉 2 kg，面粉 5 kg，全蛋粉 1 kg，油 1 kg，水 12 kg。

蔬菜鸡味调味料配方：食盐 20 kg，味精 15 kg，白砂糖粉 16 kg，安赛蜜 0.5 kg，酵母精 3.26 kg，黑胡椒粉 0.3 kg，黄洋葱粉 6.5 kg，鸡肉香精 1.5 kg，蒜粉 3.5 kg，姜粉 0.5 kg，抗结剂 1.5 kg，脱水蔬菜粉 3 kg。

（2）工艺流程（图 10—7）：

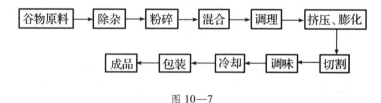

图 10—7

（3）操作要点

①原料要求：由谷物制成的全粉（如大米粉、玉米粉、小米粉等），粉碎成 40 目大小的颗粒。

②混合与调理：将原料与适量的水混合并搅拌均匀；根据产品要求进行调理。

③挤压、膨化：在挤压膨化过程中应注意控制进料速度，水分过高，进料速度应慢些，反之，进料速度可适当加快。

④切割、烘烤:将膨化好的半成品按要求切割,并送入烘烤炉,在 200~300℃之间烘烤 2~3 min。

⑤调味:喷油,撒上不同口味的调味料。

⑥冷却、包装:将调好味的产品冷却后按一定的质量包装。

三、谷物休闲食品的质量标准

质量标准:谷物粉与各种辅料的选用应符合国家标准。产品应外观整齐,颜色浅黄色,香味纯正,香酥,不粘牙,表面调味料喷撒均匀,无焦糊状和炸不透的产品。

四、谷物休闲食品的质量控制

米果:如果选用粳米作原料,按照糯米米果的工艺流程加工,干燥后米果坯的水分控制在 10%~12%;如果选用糯米作原料,按照粳米米果的工艺流程加工,干燥后米果坯的水分控制在 20%左右,米果成品含水量在 3%左右。

锅巴:掌握好煮米成熟度,过熟会吸收大量水分对后续加工不利,压片要压得米皮有弹性,折不断为好,压得过松,切片厚薄不均;压得过紧,产品炸不透或口感发闷。

鸡味圈:谷物粉的含水量一般应掌握在 7%~16%,混合后含水量应在 13%~18%之间,水分过高,膨化食品外皮表面粗糙或形成蜂窝状,水分太低则半成品呈焦黄色,且有苦味。

任务 2 薯类休闲食品的加工技术

一、薯类休闲食品的加工工艺流程

马铃薯与甘薯都含有丰富的营养成分,也是加工休闲食品的理想原料。薯类休闲食品是以原料马铃薯、甘薯经过油炸、糖渍等不同方法加工而成一大类食品,包括薯片、薯脯等。

薯类休闲食品中薯片一般具有轻质疏松、口感香脆、酥而不腻、营养吸收消化率高、食用方便及产品卫生水平高的特点;而薯脯则为糖分饱满、外干内湿、口感香甜。

薯类休闲食品加工方法一般有两种。

1. 薯片

以制作薯片的加工工艺不同,薯片分为两种:

①鲜薯切片:先将原料马铃薯或甘薯洗净去皮,经切片、洗涤、脱水后油炸,再进行调味的加工方法制得的。

②全薯粉挤压切片:以马铃薯全粉、鲜马铃薯主要原料与其他辅料(食盐、味精、色素和单甘脂、磷酸盐、亚硫酸钠及化学膨松剂等食品添加剂)混合后,在低剪切挤压成型机中加热挤压成型切片,再放入烤炉中烘焙后喷涂油脂及调味料的加工方法。

2. 糖渍薯脯

先将原料马铃薯或甘薯洗净去皮切块,经预处理(护色处理、硬化处理、漂烫)、糖煮、糖渍、烘干等加工工艺制得产品的加工方法。

一般工艺流程为(图10—8)：

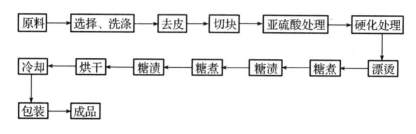

图 10—8

二、薯类休闲食品的生产工艺

薯类休闲食品的加工工艺分别以几种典型的马铃薯片、甘薯制品为例讲述。

1. 油炸马铃薯片

油炸马铃薯片是风靡世界的休闲食品之一,产品口感酥脆,具有色、香、味俱佳的特点,是一种老幼皆宜的休闲食品。按油炸方式有两种加工方法生产的马铃薯片,一种为普通常压油炸工艺,一种为真空低温油炸工艺。

(1)一般油炸工艺流程(图10—9)：

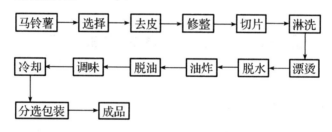

图 10—9

(2)操作要点

①原料要求:块茎大小适中,直径在4~6 cm之间,以保证切片后外形整齐美观;还原糖含量应低于0.5%,干物质含量在22%~25%为宜,皮薄、芽眼浅、无黑斑、无发芽等质变。

②清洗:在滚筒清洗机或斜式螺旋输送清洗机中,用清水洗去块茎表面的泥土等。

③去皮和修整:多采用摩擦去皮,薯块上少量未去皮的部分在分级输送带上进行修整,并检出有损伤的马铃薯。

④切片;使用切片机将块茎切成1~1.7 mm厚的薄片,刀片必须锋利,因为钝刀会损坏薯片表面细胞,从而在薯片洗涤时造成干物质的大量损失。

⑤淋洗、漂烫和沥水:切好的薯片应立即进行淋洗和漂烫,以免在空气中发生氧化变色现象。淋洗的目的是除去薯片表面因切割时细胞破裂而产生的游离淀粉和可溶性物质,以免薯片在油炸时互相粘连。漂烫是将淋洗后的薯片在70~95℃的水中热烫3~5 min,这样以全部或部分地破坏氧化酶和杀死微生物,并排除薯片内部空气使油炸工艺顺利进行。沥水是将漂烫后薯片表面的水滴除去,以得到较干燥薯片,以减少油炸时间。

⑥油炸和脱油:使用连续油炸锅和自动输送、自动油炸装置油炸薯片,油温控制在176~

191℃范围内,油炸时间20~30 s。油炸后要沥去片外多余的油。

⑦调味:油炸后的薯片,需趁热在调味机上进行喷涂调味,调味料加入量约为薯片重的1.5%~2.0%。

⑧包装:调味后的薯片经冷却、计量后,进行包装,包装袋应使用密封性能好的材料,并充以气体,以防止产品在运销过程中破碎。

2. 真空低温油炸工艺

(1)一般真空低温油炸工艺流程(图10—10):

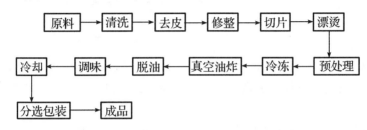

图 10—10

(2)操作要点

①预处理:漂烫之前的工序同上述方法。漂烫后的原料浸泡在由糖和盐等调味料组成的浸泡液中,浸泡时间为3~4 h,浸泡温度为20~25℃,为防止薯片在冷冻时发生褐变,可在预处理的浸泡液中加入0.2%~0.5%的柠檬酸。

②冷冻:采用低温快速冷冻,理想的冷冻温度为-30~-18℃,冷冻后的品温应控制在-15℃以下,通过最大冰晶生成区的时间最好在30min以内。目的是防止薯片在油炸时变形和表面形成不规则小泡,采用冷冻工艺后,薯片表面变得很平整产品质量显著提高。

③真空油炸:将油预热到92~95℃,将解冻后的薯片放入炸锅中的炸筐内,把炸筐在提起的支架上放好,关闭炸锅门,开启真空泵使锅内真空度升至0.090 MPa,放下炸筐开始油炸,油炸过程中的真空度应大于0.095 MPa,油炸后期温度升至95~98℃,至锅内基本无泡上翻时,停止油炸,整个油炸过程约持续0.5~1.0 h。

④脱油:油炸后提起支架,在维持原真空度的条件下,以200 r/min的转速离心脱油,时间为5~10 min。产品含油量可降至15%~20%左右。关闭真空泵,破真空后取出产品送往包装车间。

⑤包装:包装应在装有空调的干燥包装室内进行,包装材料采用铝箔塑料复合薄膜袋,包装工艺采用先抽真空,再充入氮气,防止产品在运销中挤压破碎和氧化变质。

3. 成型马铃薯片

将马铃薯先制成泥,再配入玉米粉、面粉、干马铃薯泥或马铃薯全粉等,重新成型,切片油炸或烘焙,从而加工出形状、大小统一,色泽一致的成型马铃薯薯片。

配方:鲜马铃薯泥40 kg,马铃薯全粉60 kg;或鲜马铃薯泥40 kg,马铃薯全粉20 kg,面粉40 kg;并添加单甘酯、磷酸盐、亚硫酸钠及化学膨松剂等添加剂,还可加入食盐、味精、色素等调味料。

(1)一般工艺流程为(图10—11):

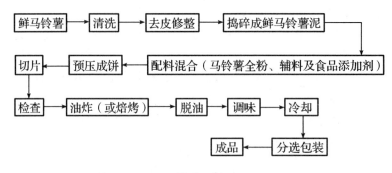

图 10—11

（2）操作要点

挤压成型焙烤工艺：将原辅料混合后，放在低剪切挤压成型机中，加热到 120℃ 挤压成型，然后放在烤炉中，在 110℃ 条件下烘焙 20 min，烘焙后喷涂油脂及调味料，即为风味、形状俱佳的成形马铃薯片。

预压成型油炸工艺：混合均匀的马铃薯泥用压辊压成片状，再用模子辊切割成圆形、椭圆形、菱形或三角形等形状，然后在 180℃ 的油中炸制，经调味包装后即为大小形状一致的成型马铃薯片。

4. 微波膨化马铃薯片

将马铃薯切片、护色及调味后，经微波膨化制成营养脆片，产品颜色金黄、松脆、味香、无油，是老幼皆宜的新潮休闲食品。

（1）产品配方：马铃薯 96.5 kg；食盐（一级）2.5 kg；明胶（食用级）kg。

（2）加工工艺（图 10—12）：

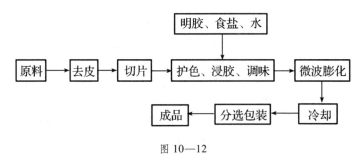

图 10—12

（3）操作要点

①去皮切片：选择无芽、无变质的马铃薯块茎，去皮后切成 1～1.5 mm 厚的薄片。

②浸泡液配制：称取 2.5% 的食盐和 1% 的明胶于水中，加热至 100℃ 将明胶全部溶解。按此方法配制同样的溶液 2 份，1 份加热沸腾，1 份冷却至室温。

③护色及调味：将薯片放入沸腾溶液中漂烫 2 min，马上捞出，放入冷溶液中，在室温下浸泡 30 min。

④微波膨化：薯片护色调味后放入微波炉内膨化，调整功率 750 W，2 min 后翻个，再次微波焙烤 2 min，然后调整功率至 75 W 持续 1 min 左右，产品呈金黄色，无焦黄，内部产生细密而均匀的气泡，口感松脆。

⑤包装：采用充惰性气体包装或真空包装，低温避光贮存。

5. 马铃薯全粉油炸薯条

以马铃薯全粉为基料,利用挤压成型工艺生产新型油炸薯条,操作简单,产品风味口感接近用鲜薯制作的油炸薯条,且不受用鲜薯生产的季节性限制。

(1)产品配方:马铃薯全粉 100 kg,淀粉 15 kg,奶粉 10 kg。

(2)加工工艺(图 10—13):

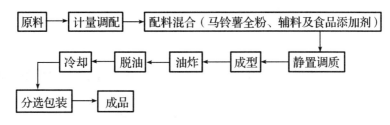

图 10—13

(3)操作要点

①添加适量淀粉可改善面团的成形性,原因是淀粉具有较好的黏性,在面团中可以起黏合剂的作用。

②马铃薯全粉粒度在 40 目以上较好,这样细胞破碎率较小,大部分细胞组织未受到损伤,加水复水后能更好地恢复新鲜薯泥的性状,具有鲜薯的香味和沙性,因此炸制的薯条质地和口感较好。

③粉团含水量以 62% 为宜,若水分较低,挤压成型困难,挤出的薯条不光滑;若水分过高,挤出薯条变软,易变形,且油炸时会因水分高而延长油炸时间,造成表面色泽变差及成品含油率上升。

④适当添加一定量奶粉,可提高产品的口感。

6. 甘薯枣

甘薯枣是我国传统特产之一,主要产于山东省胶东地区,薯面透明发亮,外干内嫩,独具特色。

(1)加工工艺(图 10—14):

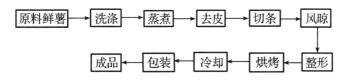

图 10—14

(2)操作要点:原料选择:制作甘薯枣应选择块大整齐,含糖量高,水分较大,薯肉为杏黄色、黄色或橘红色的品种。将薯块上的泥土洗净,把虫眼、病斑剔出后,放在锅上蒸。蒸至八九成熟时,出笼稍凉后,趁热撕去外皮,将晾透的薯块切成条状或块状,摊在竹帘上,在日光下晒,或在烤箱或烤房中烘烤,至薯块含水量在 35% 左右,再用整形机进行整形,压扁呈椭圆形,再进行烘烤,直至到含水量降至 25% 为止,即可包装。

7. 香酥薯干

(1)加工工艺(图 10—15):

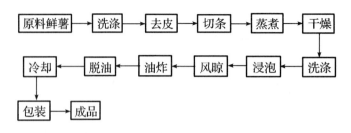

图 10—15

（2）操作要点

①原料选择:选用块大,无虫蛀,表面光滑平整易清洗的新鲜甘薯,最好用白色质地的甘薯为原料。

②甘薯干制备:鲜甘薯洗净去皮后,切成条蒸煮至八九成熟,晒干或烘烤干燥至薯干干硬,扒动发出的响声清脆为止,采用烘烤干燥时要注意防止薯干焦煳。

③浸泡:将 60% 食用白酒稀释 1 倍.把甘薯干放入其中浸泡 45 ~ 60 min。

④风晾:浸泡合适后,沥干水分,摊开晾在自然通风的阴凉环境中,晾 10 ~ 16 h 左右,至薯干浸泡吸收的水分及乙醇扩散均匀,里外干湿一致为上。

⑤油炸:风晾处理后的薯干投入 140 ~ 160℃ 的精炼植物油中,炸至薯干浮出油面,立即捞出沥干其表面附着的油脂,再用甩油机进行离心甩油 1 min,使甘薯干表面的油脂脱尽。

⑥包装:甩油冷却后,立即计量包装,即为成品。

8. 多味薯干

（1）加工工艺（图 10—16）:

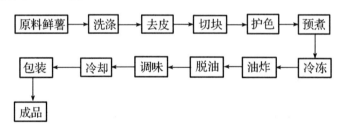

图 10—16

（2）操作要点

原料选择:选择无黑斑、无霉变、无冻伤、无虫蚀的新鲜甘薯为原料。

调味料按清香味、麻辣味及咖喱味等选用以下配方:清香味为食盐 60% ,味精 20% ,五香粉 18% ,香料 2% ;麻辣味为辣椒 45% ,花椒 15% ,食盐 28% ,味精 12% ;咖喱味为咖喱粉 55% ,盐 33% ,味精 11% 。

①去皮切块:经去皮后的甘薯切成 4.5 mm ×4.5 mm ×80 mm 的条块。

②护色:用 1.5% 的 NaCl 和 0.1% 的柠檬酸混合液浸泡 1 h。

③预煮:放于 1.2% 的 NaCl 溶液中预煮 8 ~ 10 min,然后用水冲洗。

④冷冻:冲净的薯块放入 −18℃ 以下的冷库中冷冻 24 h,使 95% 以上的水冻结。

⑤油炸和脱油:180℃ 左右油温油炸快速脱水,油炸后经甩油机甩 1 ~ 2 min,去掉大部分的附着油。

⑥调味包装:经滚筒调味后,采用聚乙烯、聚酯复合膜真空包装。

三、薯类休闲食品的质量标准

(1)气味:具有特殊的、应有的风味,香气纯正。不得有哈喇味。

(2)色泽:浅黄色(白心马铃薯或甘薯)金黄色(黄心马铃薯或甘薯)或黄红色(红心甘薯),无焦煳现象。

(3)口感:具有香酥脆特点,滋味醇厚,具有其特有的风味及各种调配料的风味。

(4)形态:断面组织平整,形状大小均一。

四、薯类休闲食品的质量控制

(1)油炸马铃薯片:成品含油率为 25% ~30%,最高达 45% 。

(2)马铃薯全粉油炸薯条:产品含油率在 33% 左右。

(3)真空低温油炸薯条:产品含油量为 15% ~20% 。

(4)香酥薯干:浸泡时若乙醇浓度过高。香酥薯干成品粗硬,口感粗糙有颗粒感,产品较脆;若乙醇浓度过低,油炸时膨化效果差,薯味较重。故浸泡程度应掌握在基本泡软,断面无硬心即可,若浸泡时间过长,浸出物增加,成品率低,成品有酒精味且口味淡薄;若浸泡时间过短,则成品有薯味,油炸时膨化效果差。

任务3　豆类、坚果类休闲食品加工技术

一、豆类、坚果类休闲食品的加工工艺流程

食用豆类一般包括花生、大豆、豌豆、菜豆、小扁豆、绿豆、蚕豆等;坚果一般指杏仁、核桃、腰果、板栗、椰子、棒子、松子和阿月浑子等,葵花子从严格的意义上讲不属于坚果,但在加工利用上大都将其作为最重要的坚果作物对待。

豆类、坚果类休闲食品的加工的一般工艺流程为(图 10—17):

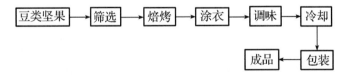

图 10—17

根据具体原料与产品质量要求不同,在工序上有所差异。

二、豆类、坚果类休闲食品加工工艺

1. 鱼皮花生

鱼皮花生为传统休闲食品之一,产品咸甜,酥脆,味美可口,具有特有的花生香味。

产品配方:花生仁 25 kg,面粉 15 kg,米粉 7 kg,白砂糖 4 kg,饴糖 3 kg,酱油 4 kg,泡打粉

200 g,香油 500 g,味精、八角、三奈各 50 g。

（1）加工工艺（图 10—18）：

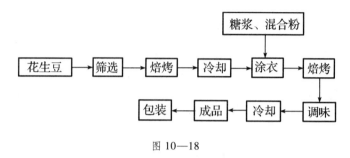

图 10—18

（2）操作要点

①筛选：挑选出霉变、碎瓣及不规则的花生，筛出大、中、小粒，分别保管使用。

②花生仁焙烤：将粒大皮薄、整齐饱满、红衣无皱完整的花生仁置于 140～150℃；烤炉中，烤熟后冷却至室温备用。

③黏附糖浆的配制：将饴糖放入夹层锅中加热，加入白砂糖热溶解，熬成糖浆，冷却至室温，加入香料汁的一半（八角、三奈加清水 250 g 煮沸 20 min，取汁，再煮，取汁，将两次汁合在一起，加入味精，为调味香料汁），待冷却至室温加入泡打粉。

④涂衣混合粉的配制：将面粉、大米粉混合均匀，并加以干燥。

⑤涂衣：烤熟的花生仁倒入翻滚的糖衣锅中，倒入适量黏附糖浆，均匀地涂在花生仁表面，再撒入适量的涂衣混合粉，让花生仁以翻滚方式均匀地粘上一层涂衣，开启热风，使其干燥。将此涂衣过程重复 6～7 次，形成多层涂衣。

⑥焙烤：将多层涂衣的花生放入带振动筛的焙烤炉中，在 150～160℃下焙烤，直到制品的颜色呈浅棕色为止。在焙烤中加以振动，可以防止鱼皮花生产生棱角，确保产品形状均匀。

⑦调味：按 1∶1 的比例将酱油用清水稀释，加热煮沸，加入另一半调味汁，混合均匀，趁出炉的熟坯尚热迅速适量泼上调味液，开动机器搅拌均匀，然后转入大盘中，冷却，表面撒上少量熟香油，混合均匀。

⑧冷却包装：冷却后将变形、烤糊等的次品剔除，采用小袋复合薄膜包装。

2. 怪味豆

怪味豆酸、甜、香、酥、麻、辣六味俱全，风味独特，是一种很受欢迎的休闲食品。

配料：黄豆 50 kg，白砂糖 15 kg，盐 5 kg，辣椒粉 1.5 kg，花椒粉 2.5 kg，五香粉 0.5 kg，食醋 10 kg，八角 200 粒，植物油、酱油适量。

（1）加工工艺（图 10—19）：

（2）操作要点

①筛选：挑选出杂质、碎瓣及虫蛀粒。

②浸泡：黄豆放入冷水中浸泡 10h 取出沥干水分。

③煮制：将八角、花椒入清水加热煮沸，然后加入食盐、黄豆、大火煮开至黄豆煮熟，捞出沥水。

④油炸：180℃左右炸至黄豆稍脆时捞出。

⑤熬糖浆:白砂糖中加水,加热溶化,用文火熬制,用木铲不断搅拌,熬至糖液起丝时,离火。

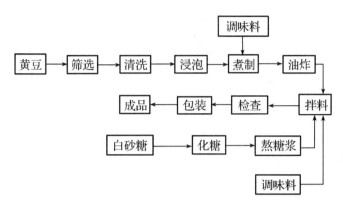

图 10—19

⑥拌料:将炸好的黄豆迅速倒在糖锅内,搅拌均匀,使糖浆蘸附在黄豆上,随后再将食醋、辣椒粉、花椒粉、五香粉、盐和酱油等辅料倒入,搅拌均匀。

3. 开口松子

(1)加工工艺(图 10—20):

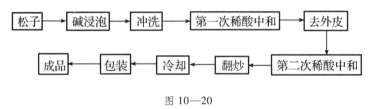

图 10—20

(2)操作要点

①原料选择:选用松子仁饱满,无空粒,无变质,大小尽可能均匀的松子为原料,以便加工条件能一致。

②碱液浸泡:在 90℃、1.5% NaOH 溶液,松子与碱液之比为 1:0.5 的条件下,浸泡 20~40 min。

③冲洗:浸泡后的松子表面发黑并附着碱液及半纤维素的水解产物等,需用水冲洗,并用低浓度的稀酸如柠檬酸或稀盐酸初步中和。

④摩擦去除外皮:经碱浸泡后的松子外皮并未完全脱落下来,采用简单的摩擦机械或在冲洗的同时与水一起离心片刻就可以除去外皮。

⑤第二次中和浸泡:去除外皮后,黏附于外皮与外壳间的 NaOH 游离出来,故需进行第二次中和。这次中和后需浸泡一段时间,以完全除去 NaOH,否则,松子有涩味。若浸泡时加入一定量的食盐及其他调味料,可以使松子口味更好。

⑥翻炒:经浸泡后的松子发芽孔已经外露,这时用手沿种脐方向轻轻一捏,松子就会开裂。在炒制过程中,外壳失水收缩,种脐开裂成为开口松子。同时,经焙炒处理后,松子则会散发出一种特有的香气。

⑦冷却包装:冷却包装前喷洒不同的香精,可使松子风味更佳。采用普通塑料膜包装后,可在室温下存放一年,不发生酸败。

三、豆类、坚果类休闲食品的质量标准

（1）鱼皮花生：颜色棕红，外表光滑有光泽，无裂口，颗粒均匀、咸甜适口、组织松脆。

（2）怪味豆：呈黄褐色，酥脆，颗粒完整，上糖均匀，具有香甜、麻辣、咸鲜风味。用蚕豆、花生米也可制作。

（3）开口松子：松子沿开裂处可以轻易地把外壳分为两半。

四、豆类、坚果类休闲食品的质量控制

（1）鱼皮花生：水分含量3.5%以下，脂肪20%左右。

（2）怪味豆：碎瓣在2%以下，水分含量在5%以下。

（3）开口松子：松子开口率大于99%。

拓展知识

一、休闲食品加工设备

1. 清洗机械

马铃薯与甘薯加工前需将其表面的泥土清洗干净，常见的清洗设备有振动喷洗机、转筒式清洗机、毛刷清洗机和螺旋输送式清洗机等。所有清洗机的原理都是先将原料浸泡于水中，使泥砂杂物在水的浸泡下变得松脱，然后受到高压水流的喷射或一定频率振动或转动的毛刷辊的刷洗，将原料表面的附着物冲刷掉而达到清洗的目的。

①振动喷洗机：工作时如图10—21，原料由筛盘3的上端投入，在振动器的作用下，原料在筛盘上振动翻滚，并向出口处移动，与此同时，位于筛盘上方的喷淋管4中喷出高压水流，使原料得以充分洗涤，同时向筛盘的较低端出口处移动，直至排出。洗涤水与洗下的泥沙、杂质便由筛子漏下。

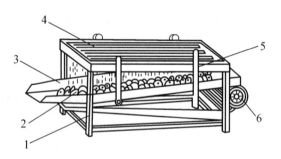

图10—21　振动喷洗机工作示意图及生产实况图

1—机架；2—物料；3—筛盘；4—喷淋管；5—吊杆；6—电动机

振动喷洗机由于有振动和喷射的双重作用，故清洗效果很好，适用于多种原料的洗涤。筛盘孔眼的大小、振动力等都易于进行调节和更换，在中小型企业比较适用。

②转筒式清洗机：转筒式洗涤机的主要工作部分是转筒，借助转筒的旋转，使原料不断地翻转，筒壁成栅栏状，转筒下部浸没在水中，原料随转筒的转动并与栅栏板条相摩擦，从而达到清洗的目的。

图 10—22 所示为转筒式洗涤机。主要由转筒、水槽、传动装置、机架等组成。水槽 2 成长方形。固定在机架 1 上,而转筒 4、5 轴线与水平面成 3°～5°倾角,以利原料在机器内移动。有的转筒内壁上还装有若干金属板或螺旋隔板,使原料更易移动。转筒壁用若干板条围成栅栏状,转筒由传动装置带动旋转。

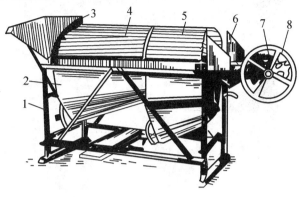

图 10—22　转筒式洗涤机结构图

1—机架;2—水槽;3—进料口;4,5—栅条转筒;6—出料口;7—传动装置;8—传动皮带

工作时先注满水,再开动电动机 7,使转筒转动,随后将原料从进料口 3 进入,随转筒转动并与栅栏板条相磨擦,将原料表面附着的泥砂、杂质洗净。一边洗涤,一边向转筒较低的出口 6 处滚动,由此而完成洗涤过程。

③螺旋式清洗机:如图 10—23 所示,螺旋式洗涤机的主要工作部分螺旋推运器,借助螺旋的旋转,使原料不断地翻转、被提升,滤网下部浸没在水中,原料随螺旋的转动并与之相互摩擦,从而达到清洗的目的。

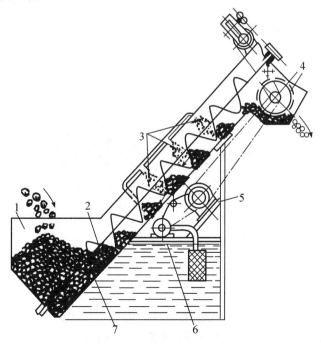

图 10—23　螺旋式清洗机结构图

1—喂料斗;2—螺旋推运器;3—喷头;4—滚刀;5—电动机;6—泵;7—滤网

④毛刷清洗机:如图 10—24 所示,毛刷清洗机的主要工作部分毛刷辊,借助毛刷辊的滚动,原料随之转动并与之相互摩擦,从而达到清洗的目的。

图 10—24　毛刷式洗果机实物图

2. 去皮机械

薯类的去皮方法一般有两种,即机械去皮和碱液去皮。

①机械去皮:机械去皮是在圆筒形容器中,依靠带有金钢砂磨料的圆盘、滚轮或依靠特制橡胶辊在中速或高速旋转中磨蚀薯类表皮,摩擦下来的皮屑被清水冲走而达到去皮的目的。如图 10—25 的滚筒擦皮机应用于加工大小比较一致、卵圆形、无伤痕且芽眼较浅的薯块,适于加工油炸薯片等直接炸制的鲜薯食品,擦皮机效率较高,但去皮后表皮不光滑,划痕较多较深,有时还需要进一步的修整。

图 10—25　滚筒擦皮机实物图

②碱液去皮:碱液去皮是利用强碱液的腐蚀性来使薯块表面中胶层溶解,从而使薯块与皮分离。碱液去皮常用氢氧化钠,腐蚀性强且价廉,常在碱液中加入表面活性剂如 2 - 乙基已基磺酸钠,使碱液分布均匀以协助去皮。

碱液浓度提高、处理时间延长及浸泡温度升高都会增加皮层的松离及腐蚀程度。经碱液处理后的薯块必须立即在冷水中浸泡、漂洗、反复换水直至表面无腻感,口感无碱味为止。漂洗必须充分,否则可能导致 pH 上升,杀菌不足,产品败坏。

碱液含量一般为 15% ~25% 的氢氧化钠溶液,加入薯块后的碱液温度保持在 70℃ 左右,经过 2~6min 的碱液浸泡处理后,捞出薯块,再用高压水反复冲洗,直到表面无残留皮屑为止。

碱液去皮的优点是对大小不同、形状不同的薯块适应性好,去皮快。缺点是冲洗薯块需要大量清水,排出的废液污染环境。

碱液去皮的方法有浸碱法和淋碱法两种。浸碱法将一定浓度的碱液装入特制的容器内,加热到一定的温度后,再将薯类浸入并振荡或搅拌一定的时间,使薯块浸碱均匀,取出后经搅动、摩擦,达到去皮目的。淋碱法是将一定温度的热碱液喷淋于去皮机(见图 10—26)输送带上薯类的表面,淋过碱的薯类进入转筒内,在转筒内与筒壁或原料之间相互摩擦、翻滚而达到去皮目的,再用传送带载至清水喷头下完成去皮工序。

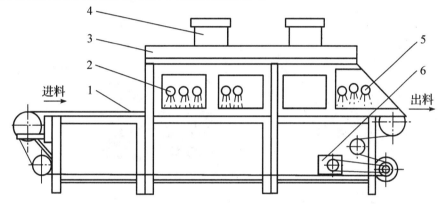

图 10—26　碱液去皮机结构图

1—输送带;2—碱液喷头;3—机体;4—排气口;5—清水喷头;6—传动系统

而对于坚果炒货中的松子、一些品种中的瓜子去皮也采用碱液去皮,但是不用特殊设备,只是采取浸泡池或浸泡桶来进行浸泡去皮处理,如松子可用 90℃、1.5% NaOH 溶液,松子与碱液之比为 1∶0.5 的条件下,浸泡 20~40 min 后,用清水冲洗,再用低浓度的柠檬酸或稀盐酸进行中和。不过,松子外皮并未能完全脱落,应采用简单的磨擦机械或在冲洗的同时与水一起离心片刻就可以去外皮。

在食品加工厂清洗和去皮是一起完成的,即利用清洗去皮机组完成,如图 10—27。

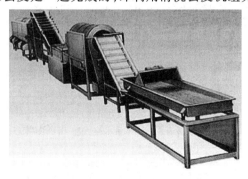

图 10—27　清洗去皮机组实物图

3. 蒸煮机械

常用的蒸煮机械有连续式链带蒸煮机（图 10—28）和螺旋蒸煮机（图 10—29）等，也可以用高压蒸煮锅或笼屉进行间隙式蒸煮。

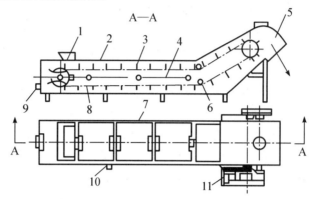

图 10—28　链带式连续烫漂机结构图、实物图与实际生产图

1—进料斗;2—槽盖;3—刮板;4—蒸汽吹泡管;5—卸料斗;

6—压轮;7—钢槽;8—链带;9—舱口;10—溢流管;11—调速电机

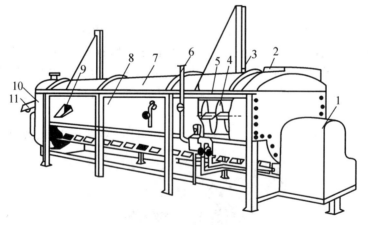

图 10—29　螺旋式连续预煮机结构图

1—变速装置;2—进料口;3—提升装置;4—螺旋;5—筛筒;

6—进气管;7—盖体;8—盖壳;9—溢水口;10—出料转斗;11—斜槽

4. 化糖机械

在生产过程中，调制热糖浆常用的是使用夹层锅（图 10—30）或化糖缸，夹层锅是由采用耐酸耐热不锈钢的内层锅体、外锅体、电动机、搅拌轮、压力表和安全阀等工作元件组成，调制

热糖浆时,锅体在一定压力下以热蒸汽为热源(也可用电加热),在搅拌轮的带动下,固体糖能较快地溶解,形成热的浓糖液。夹层锅具有受热面积大、加热均匀、液体沸腾时间短和加热温度易控制等特点。

图 10—30　可倾式夹层锅

5. 捣制、捏和类机械

在制作谷物类、薯类等休闲食品时,原辅料需要调制成具有一定黏度、韧性的面团、粉团,所以常用的是各类捏合机。捏合机工作原理是工作部件对物料进行剪切、挤压使其先局部混合,进而再达到整体均匀的混合。捏合机具有混合搅拌的功能,又具有对物料造成挤压力、剪切力、折叠力等综合作用,因此,捏合机的叶片格外坚固,能承受巨大的作用力,容器的壳体也要具有足够的强度和刚度。

常用的捏合机有如下几种:双臂式捏合机(图 10—31)、波尼式捏合机(图 10—32)、行星式捏合机(图 10—33)等。捏合机中除了运转方式不同外,机器中叶片也有所不同,如图 10—34 所示,多种形状适应不同种类的原材料。

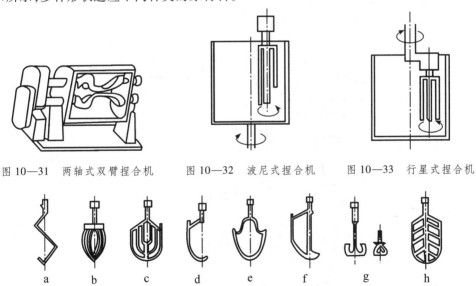

图 10—31　两轴式双臂捏合机　　图 10—32　波尼式捏合机　　图 10—33　行星式捏合机

图 10—34　捏合叶片形状

a—倒钩形;b—笔尖形;c—栅形;d—钩形;e—复合形;f—扶手式栅形;g—锚形;h—鱼刺形

6. 切割机械

切割机械一般应具有多种功能,可以切割成不同规格的片、条和丁等,还可以切割成波纹片或波形条等。目前,常用的有手动切片机(图 10—35)、多功能切片机(图 10—36)及切丁机(图 10—37)等机械。电动切片、切丁机的工作原理是将薯块放入圆筒,被底部旋转圆盘带动做高速转动,由于离心力的作用,薯块被甩到圆盘外侧与圆筒内壁之间的缝隙处,在圆筒的缺口处,固定有刀片,当薯块通过固定刀片时,被切成片或丁,调整刀片的间隙和更换刀片,可以切成不同厚度和不同形状的薯片、薯条或小丁规格。

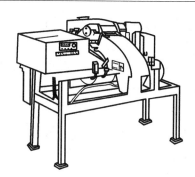

图 10—35 手动切片机　　图 10—36 多功能切片机　　图 10—37 切丁机

7. 成型机械

在加工休闲食品的成型机械中,具有多种不同功能的机械,其中膨化机械是常用的一类,包括气流膨化设备、挤压膨化设备和油炸膨化设备。

气流膨化设备一般分为气流式连续膨化装置(图 10—38)和气流式间歇膨化装置(图 10—39)。

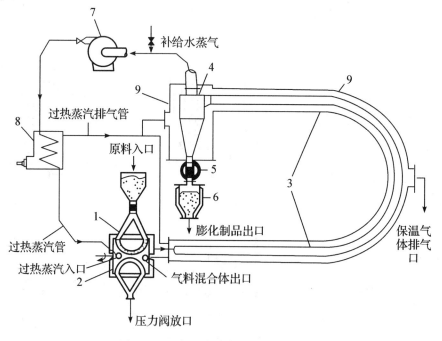

图 10—38 气流式连续膨化装置示意图

1—滑料槽;2—旋转式供料装置;3—加热管;4—旋风分离器;
5—旋转式密封供料阀;6—膨化罐;7—循环鼓风机;8—过热器;9—保温套

气流式连续膨化装置将物料从滑料槽 1 装进具有螺旋送料器 2 内同时通入过热蒸汽,在包有保温套 9 的加热管 3 作用下对物料进行湿化和预热后,经旋风分离器 4、旋转式密封供料阀 5 的联合作用下,使机械能变为热能,温度高达 220～240℃,又由于物料处于密封状态,由此产生的机筒内压力可高达 6～26 MPa。在高温和高压作用下,食物发生淀粉 α - 糊化和蛋白质变性等一系列的理化反应,然后通过膨化罐 6 的出料口瞬时降压,使物料中的过热水分急剧汽化释放出来,物料失水膨胀,体积增大若干倍,产品内部组织出现许多小的孔口,呈多孔蜂窝状。

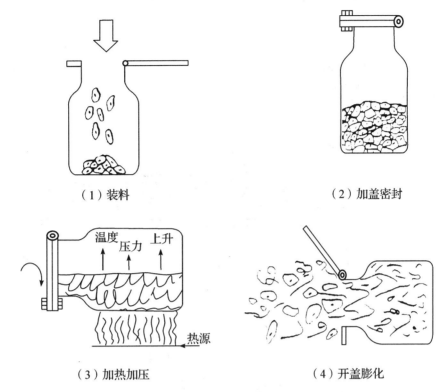

（1）装料　　　　　　　　　（2）加盖密封

（3）加热加压　　　　　　　　（4）开盖膨化

图 10—39　气流式间歇膨化装置工作原理

　　气流式间歇膨化装置将物料装进膨化罐内，然后将膨化罐加盖密封，在外力沿着膨化罐轴心方向转动的状态下加热，使膨化罐内温度、压力升高，在高温和高压作用下，食物发生淀粉α-糊化和蛋白质变性等一系列的理化反应，然后在瞬间打开膨化罐降压，使物料中的过热水分急剧汽化释放出来，物料失水膨胀，体积增大若干倍，产品内部组织出现许多小的孔口，呈多孔蜂窝状。

　　挤压膨化机（图 10—40）又称挤压蒸煮机，由料箱、螺旋送料器、混合调理器、螺杆、蒸汽注入孔（或电加热器），压模、切刀、齿轮变速箱和电动机等部分组成。它是将物料从料箱 1 装进具有螺旋送料器 2 内，在混合调理器 3 的作用下对物料先进行湿化和预热后，由螺杆 4 产生的压缩力和剪切力的联合作用下，使机械能变为热能，同时由于机筒外围设有预热器 5（电加热或蒸汽加热），更升高了机筒内物料的温度，温度高达 160～240℃，又由于物料处于密封状态，由此产生的机筒内压力可高达 6～26 MPa。在高温和高压作用下，食物发生淀粉α-糊化和蛋白质变性等一系列的理化反应，然后通过出料口瞬时降压，使物料中的过热水分急剧汽化喷射出来，物料失水膨胀，体积增大若干倍，产品内部组织出现许多小的喷口，呈多孔蜂窝状，然后被旋转的切刀 7 切割成所需的长度。

　　膨化机类型及操作技术要点：

　　膨化机类型：挤压蒸煮型膨化机是根据螺杆头数的不同分为单螺杆膨化机和双螺杆膨化机。

　　①单螺杆膨化机：单螺杆膨化机其构造见图 10—41。为了适应不同的物料，并考虑到便于制造和维修，常将螺杆加工成几段，按需要加以拼接，相应地机筒也可以加工成几段。

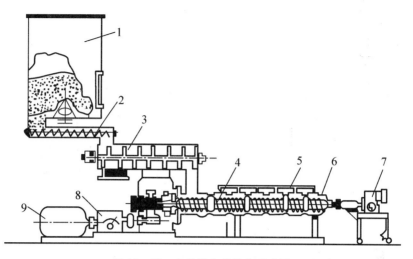

图 10—40 食品膨化机结构示意图

1—料箱;2—螺旋送料器;3—混合调理器;4—螺杆;5—蒸汽注入孔(或电加热器);

6—压模;7—切刀;8—齿轮变速箱;9—电动机

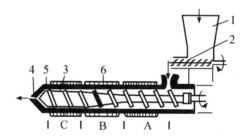

图 10—41 单螺杆食品膨化机

1—进料口;2—定量送料器;3—螺杆;4—出料口;5—机筒;6—加热装置;

A—输送段;B—压缩段;C—蒸煮段

为了使物料在机筒内承受逐渐增大的压缩力,常将螺杆与机筒配合为如下三种型式:如图 10—42,其中 a 型结构简单,制造方便、这种配合方式,应用较为广泛;b 型机筒呈圆锥形,因此机筒制造困难,因此很少采用;c 型螺杆制造较为方便,在单螺杆食品膨化机上应用也较多。

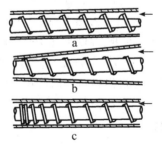

图 10—42 单螺杆食品膨化机螺杆的形状

a—螺杆外径增大;b—机筒内径减小;c—螺杆螺距减小

单螺杆食品膨化机中,物料是围绕在螺杆的螺旋槽呈连续的螺旋形带状行进的,故在机筒的内壁一般开设若干条沟槽以增加阻力,使膨化机正常工作。

另外,由于在模头附近存在着高温高压,容易使物料挤不出去,发生倒流和漏流现象,物料的含水量和含油量愈高,这种趋势越明显,为此,可以在单螺杆食品膨化机的螺杆上,增加螺纹的头数,并降低物料的含水量和含油量,以减小其润滑作用,从而避免倒流、漏流以及物料与螺杆一起转动的现象发生;同时,物料的粒度也应控制在适当的范围内。

②双螺杆膨化机:双螺杆膨化机由料斗、机筒、两根螺杆、预热器、压模、传动装置等部分组成。其主要工作部件是机筒和一对相互啮合的螺杆。双螺杆的啮合型式,可以分为非啮合型、部分啮合型和全啮合型(图10—43)。一般休闲食品加工采用全啮合型,这样物料不会堆积在两螺旋之间造成阻塞,当物料中断或停车后不用清理,仍能继续运行。其旋转方向有同向和异向两种(图10—44),目前大部分双螺杆食品膨化机采用同向。同向旋转可以提高物料运转速度,使物料均衡分布。

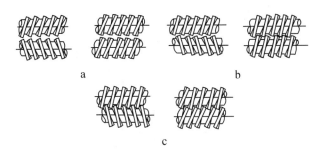

图 10—43 双螺杆的啮合型式

a—非啮合型;b—部分啮合型;c—全啮合型

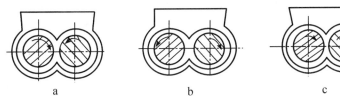

图 10—44 双螺杆的旋转方式

a—向内反向旋转;b—向外反向旋转;c—同向旋转

双螺杆食品膨化机的特点是:输送物料的能力强,很少产生物料回流和漏流现象;螺杆的自洁能力较强;螺杆和机筒的磨损量较小;适用于加工水分较低和较高(8%~80%)的物料,对物料适应性广,而单螺杆食品膨化机加工时,若物料水分超过35%,机器就不能正常工作;生产效率高,工作稳定。

油炸膨化设备:在生产过程中,使用的油炸设备主要是通过油炸机进行的,油炸机通常有两类:电加热油炸机和水油混合式油炸机。

电加热油炸机(图10—45)也称间歇式炸锅,生产能力较低,操作时,将待炸物料至于物料网篮中放入热油中炸,炸好后连篮一同取出。物料篮可取出清理,但无滤油作用,此种设备的油温可以精确控制,为了延长油的使用寿命,电热元件表面的温度不能超过265℃,并且其功率也不宜超过 4 W/cm²,一般功率为 7~15 kW,物料篮体积 5~15 L。其缺点是油长时间处于高温状态和油炸残渣不能及时分离,造成产品质量下降和成本升高。

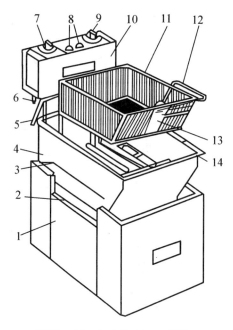

图 10—45 电热油炸设备结构图

1—不锈钢底座;2—侧扶手;3—油位指示仪;4—移动式不锈钢锅;5—电缆;

6—最高温度设定旋钮;7—电源开关;8—指示灯;9—温度调节旋钮;10—移动式控制盘;

11—物料篮;12—篮柄;13—篮支架;14—不锈钢加热元件

水油混合式油炸机(图 10—46)是新型油炸设备,这类设备采用的是油水混合技术,通过密封保温层加热,在升温和油炸过程中有效控制下层油温,减缓油脂的氧化,延长油的使用寿命,提高产品的品质。其工作过程如图 10—46 所示:将油、水放入炸锅内,由于密度不同,油和水自动分成两层,在油层中部加热,利用热流体向上升,冷流体向下降,实现油层上部温度高(可达230℃以上),而油层下部与水层交界处的温度不超过55℃的目的。这样,在煎炸过程中,食品在热油层中,而食品渣则通过挡网落入水层,在生产结束后将残渣排出锅体,从而避免了食品渣

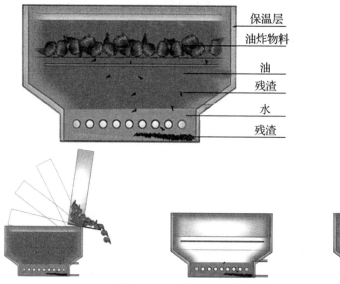

图 10—46 水油混合式油炸机工作图解

在油中长时间煎炸而产生有害物质,避免油色加深、发烟,进而延缓炸油的劣变,落入水层的食品渣中所含的油被水置换出来,重新漂入油层,也达到了节油的目的。

8. 干燥机械

生产中常见的干燥机械有箱式干燥机、带式干燥机、流化床干燥机和隧道式干燥机等。箱式干燥机有平流箱式干燥机(图10—47)和 穿流箱式干燥机(图10—48)两类。平流箱式干燥机的干燥原理是热风从物料表面通过,料层薄(20～50 mm),干燥强度小;穿流箱式干燥机干燥原理则是热风从料层中通过,料层厚(45～65 mm),干燥强度大。

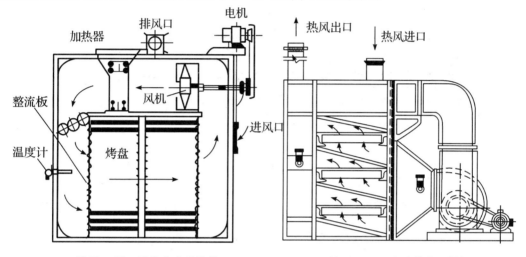

图 10—47　平流箱式干燥机　　　　　图 10—48　穿流箱式干燥机

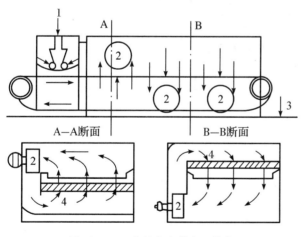

图 10—49　单级穿流带式干燥机

1—进料口;2—风机;3—出料口;4—加热器

带式干燥机是将物料置于输送带上,在随输送带运动的过程中与热风接触而干燥的设备,因结构和流程不同,有单级和多级等类型。单级穿流带式干燥机(图10—49),由一个循环输送带、两个空气加热器、三台风机和传动变速装置等组成。全机分成两个干燥区。第一干燥区的空气自下而上经加热器穿过物料层。第二干燥区是空气自上而下经加热器穿过物料层。每个干燥区的热风温度和湿度都是可以控制的,亦可以在干燥过程中,对物料上色和调味。

多级穿流带式干燥机(图10—50):预干燥的原料经振动进料分布器 1 上料,在干燥室 3 内的输送带 2 上运行,在运行的过程中经多个风机 4 和加热器 5 的强制通风进行干燥,其中在经提升段的泼料器 6 后,转移至冷风冷却输送带,最后从卸料口 7 得到干燥产品。多级穿流带式干燥机特点是物料在干燥过程中,不受振动或冲击,不损伤,粉尘飞扬少;物料在带间转移时,得到松动和翻转,使物料的蒸发表面积增大,改善通气性和干燥均匀性;干燥区的数目较多,每一区的热风流量、流向、温度和湿度均可控制,符合物料干燥工艺的要求;但设备的进出料口密封不严,易产生漏气。

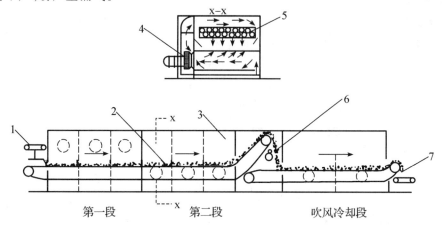

图 10—50　多级穿流带式干燥机

1—振动进料分布器;2—输送带;3—干燥室;4—风机;5—加热器;6—泼料器;7—卸料口

　　常用的流化床干燥机是振动流化床干燥机(图 10—51),它的机壳安装在弹簧上,可以通过电机使其振动。流化床的前半段为干燥段,用蒸汽加热后的空气,从床底部进入床内,后半

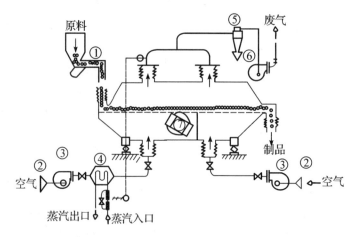

图 10—51　振动流化床干燥机及其工作原理示意图

1—振动进料器;2—空气过滤器;3—风机;4—加热器;5—集尘器;6—引风机;7—电机

段为冷却段,空气经过滤器、用风机送入床内。工作时物料从给料器进入流化床前端,通过振动和床下气流的作用,使物料以均匀的速度滑浮在床面向前移动,同时进行干燥,而后冷却,最后卸出产品。带粉尘的气体,经集尘器回收物料并排出废气,根据需要整个床内可变成全送热风或全送冷风,以达到物料干燥或冷却的目的。

常用的隧道式干燥机根据物料移动的方向与干燥热空气流动的方向来分,有顺流型隧道式干燥机(图10—52)、逆流型隧道式干燥机(图10—53)、混合式隧道干燥机(图10—54)和穿流型隧道式干燥机(图10—55)四种。

顺流型隧道式干燥机的风机、加热器多设在隧道顶的上边。料车从隧道一端推入,湿物料先与高温热风接触,对高水分物料,可采用较高的热风温度,也不致损伤产品品质。而物料接近干燥成品时,热风温度降低,可防止产品过热,但此干燥设备难以获得低水分产品。

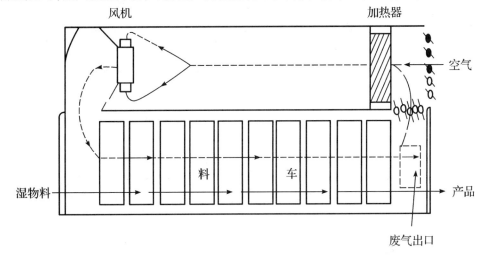

图 10—52 顺流型隧道式干燥机工作示意图

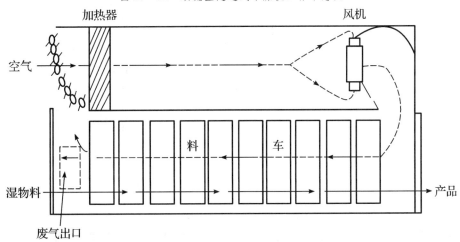

图 10—53 逆流型隧道式干燥机工作示意图

逆流型隧道式干燥机的风机、加热器多设在湿物料入口隧道顶的上边。料车从隧道推入,湿物料与流动相向的高温热风接触,而使物料干燥成品。其特点是隧道排出的部分废气,可与新鲜空气混合,经加热器,重新进入隧道,进行废气再循环,以提高热能的利用、调节热风湿度,适应物料的干燥要求;物料干燥过程中处于静止状态,形状无损伤。物料与热风接触时间较长,热能利用较好;但不能按干燥工艺分区控制热风的温度和湿度。

混合式隧道干燥机工作时,将湿物料推入隧道先与温度高而湿度低的热风作顺流接触,随着料车前移,热风温度逐渐下降、湿度增加,然后物料与隧道另端进入的热风作逆流接触,使干燥后的产品达到较低的水分。两段的废气均由中间排出,也可进行部分废气再循环。这种设备与单段隧道式干燥设备相比,干燥时间短、产品质量好,兼有顺流、逆流的优点,但隧道体较长。

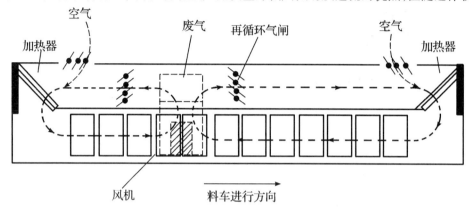

图 10—54　混合式隧道干燥机工作示意图

穿流型隧道式干燥机在隧道体的上下分段设有多个加热器。在每一个料车的前侧固定有挡风板,将相邻料车隔开。热风垂直穿过物料层,并多次换向。热风的温度可以分段控制。其特点是干燥迅速,比平流型的干燥时间缩短,产品的水分均匀,但结构较复杂,消耗动力较大。

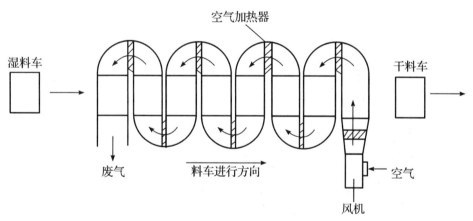

图 10—55　穿流型隧道式干燥机工作示意图

9. 加工坚果焙炒食品设备

①我国传统的焙炒设备主要有平底炒锅(图 10—56)和卧式回转炒锅(图 10—57)等,两者可以使用明火直接炒制,也可用燃气或电作为热源,在制作瓜子、花生时,大多使用砂粒拌炒,砂砾一般以直径约 2~3 mm 的圆形砂粒为佳,使用时先将砂粒在流水中洗净,剔除大块,筛去细砂,然后晒干备用。焙炒时炒货与砂砾在平底炒锅锅内搅拌加热,而卧式回转炒锅则是在锅内翻动加热,不易产生死角而炒焦,具有焙炒温度均匀、生产效率高等特点,炒出的产品

色、香、味俱佳。

图 10—56   平底炒锅   图 10—57   回转炒锅

②滚鱼皮机(图 10—58)锅体为扁球形,并与轴心成 40°~50°,转动速度为 35~42 r/min,转动平稳,滚制曲线合理,并在入口处装有一把电吹风,可吹热风或冷风,以供加热干燥和冷却用。

图 10—58   滚鱼皮机与成品鱼皮豆

③滚筒调味机常用的有单滚筒式调味机和双滚筒式调味机两种。

单筒调味系统如图 10—59 所示,其工作过程和原理是:需要进行调味处理的食品通过上料输送带 1 被均匀地输送到滚筒 4 内,同时油泵将油罐 2 中的食用油抽出,加压送到喷嘴 3 喷入滚筒内,在滚筒的转动下,食品物料表面被喷涂上一层油,滚筒内部装有螺旋导向叶片,物料随滚筒翻滚时沿螺旋导向叶片向滚筒出口处移动,当物料移动到滚筒中部时,与从干粉喷射器 5 喷入的调味料相接触,粘在食品表面上;在滚筒的不断翻滚作用下,均匀粘有调味料的成品从滚筒出口端出来,落入成品输送带 6 上被输送到包装车间。

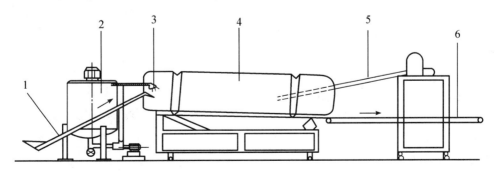

图 10—59   单筒调味系统

1—上料输送带;2—油罐;3—食用油喷嘴;4—滚筒;5—干粉喷射器;6—成品输送带

双筒调味系统比单筒调味系统多了一个滚筒和输送带,并增加了一个洒粉器6,把筒内喷粉改为筒外洒粉,因而克服了单筒喷粉粉尘飞出,浪费较大的缺点。双滚筒调味系统如图10—60所示。

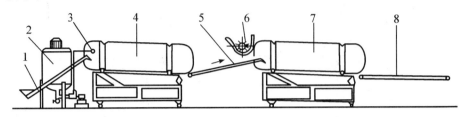

图10—60　双滚筒调味系统

1—上料输送带;2—油罐;3—食用油喷嘴;4—滚筒;5—输送带;6—洒粉器;7—滚筒;8—成品输送带

其工作过程是:物料用输送带1送到滚筒4内,油泵将食用油加压到喷嘴3喷入到该滚筒内,将食品物料喷上油层,然后通过筒内的螺旋导向叶片作用把均匀喷上油层的食品物料送到筒外的输送带5上,由输送带把它们送入滚筒7内,物料进入滚筒7前要从洒粉器6下面经过,调味粉经洒粉器落到有油层的食品表面,粘有调味粉的物料在滚筒7内滚动使调味分布均匀,然后在筒内导向板的引导下送出滚筒,由输送带8送往包装车间。

洒粉器的工作原理示意图见图10—61,它的主要结构是一个半圆弧形的筛网,用不锈钢板制成,上面开有许多小孔,调味粉便从这些小孔当中通过落在食品上。为使这些小孔能正常漏粉,在漏网上面装有一缓慢转动的毛刷,以确保调味粉不断从孔中漏出,洒在表面上。

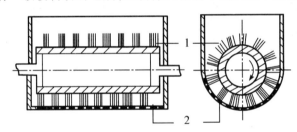

图10—61　洒粉器的工作原理示意图

1—毛刷;2—洒粉器筛网

④炒货专用煮锅。主要用于炒货加工中的炒货专用煮锅(图10—62),由于许多原料均有较坚硬的外壳,在处理原料时使用碱液去皮或在蒸煮过程中需要添加一些食品添加剂,故蒸煮锅内壁应为耐酸耐碱的不锈钢制造,热源可采用蒸汽、热油和电等方式加热,使原料在蒸煮的过程中入味均匀。

⑤涂衣机(图10—63)的作用是在食品表面涂上一层薄薄的巧克力膜,其基本工作过程(图10—64)是把准备涂衣的食品平放在水平输送网带4上,这个由细的不锈钢丝编成的网带的间隙要尽可能大些,要求被涂衣的物料不会从上落出。输送网带的正下方

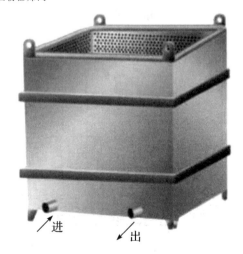

图10—62　炒货专用煮锅

是巧克力贮缸 1,巧克力在贮缸内被加热成熔融状态,利用提升泵 2 将熄融的巧克力送到涂料槽 3 内,涂料槽正下方有一长条窄缝,巧克力从这个窄缝处以瀑布形式流下,而不锈钢网带垂直于这个涂料瀑布前进,网带上的食品便被涂上一层巧克力,而多余的巧克力浆从网带缝隙中流回到巧克力贮缸中。涂上一层巧克力的食品立即被送到冷却输送带上,在冷风 5 的吹拂下降温、巧克力涂层变硬,从冷风隧道中出来后即为符合包装的成品。

图 10—63　涂衣机

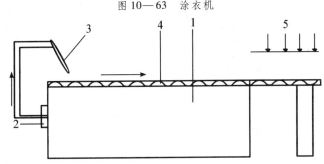

图 10—64　涂衣机的工作原理示意图

1—巧克力储缸;2—提升泵;3—涂料槽;4—输送网带;5—冷风

10. 包装、贴标类设备

常用的休闲食品的包装机械按其功能不同可以分为袋装机、真空与充气包装机、贴标机等机械设备。

①将颗粒状的休闲食品装进用柔性材料制成的包装袋,然后进行排气或充气、封口以完成包装,所用机械称为袋装机。袋装机是目前发展最迅速、应用最广泛的一类包装机械,图 10—65 是袋装机的工作过程,实线为基本操作程序,虚线为辅助的工作程序。

袋装之前先要制包装袋,食品所用的制袋材料如纸、蜡纸、塑料薄膜、铝箔及其复合材料等,应具有良好的保护食品的性能,价廉质轻、容易印制、成型、封口和开启使用,并且容易处理。由于塑料薄膜及其复合材料具有良好的热封性、印刷性、透明性和防潮透气性等特点,所以许多种类的休闲食品都采用塑料薄膜及其复合材料制成的包装袋。

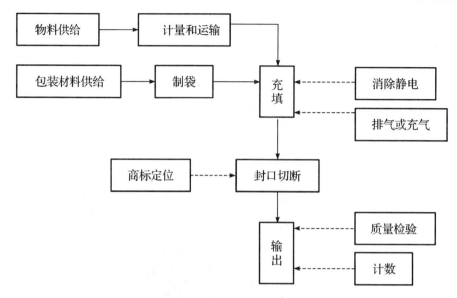

图 10—65 袋装机的工作过程

包装袋(图 10—66)的基本形式常见的有下列几种:枕形袋（a,b）、扁平袋（c,d）、自立袋（e,f,g 和 h）,其中包装休闲食品的袋形主要是枕形袋和扁平袋,而自立袋主要是包装液体食品的主要袋形。

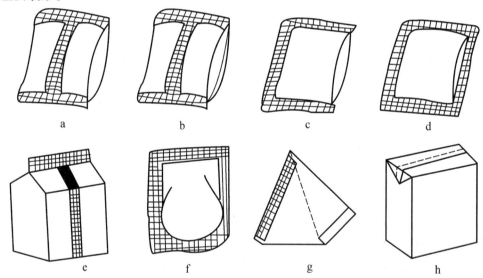

图 10—66 各种袋形

a—纵缝搭接袋;b—纵缝搭接侧边折叠袋;c—三面封口袋;d—四面封口袋;
e—顶尖角形袋;f—椭圆柱形袋;g—三角形袋;h—立方柱形袋

由于袋形种类繁多,所以袋装机的型式和结构也有较大差异,主要反映在装袋和封口装置上。一般有立式和卧式两种类型,在休闲食品中,如鱼皮花生、开口松子等坚果包装上,主要应用立式袋装机;而用于米果、锅巴、薯干等块状物料的包装则多为卧式袋装机。

立式袋装机又可分为制袋式袋装机和直移型给袋式袋装机。

制袋式袋装机(图 10—67)用于枕形袋等制作,它可以完成塑料薄膜的制袋、纵封(搭接或对接)、装料(充填)、封口和切断等工作。其工作过程为平张薄膜卷筒 2 经过多道导辊后,进入翻领成型器 3,先由纵封加热器 4 封合成形,搭接或对接成圆筒状,这时经计量装置计量后的一份物料从料斗 1 通过加料管落入袋内,横封加热器 5 在封住袋底的同时向下拉袋,并对前一个装满物料的袋进口封口,然后在两个袋子之间切断使之分开。该机各执行机构的动作,可由机、电、气或液压控制自动操作。

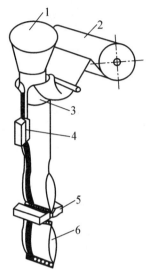

图 10—67　翻领成型制袋式袋装机及其工作原理

1—料斗;2—塑料薄膜卷筒;3—翻领成型器;4—纵封加热器;

5—横封加热器与切断器;6—成品袋

直移型给袋式袋装机(图 10—68)在使用前,应将事先加工好的各种空袋叠放在空袋箱里,工作时,每次从空袋箱的袋层上取走一个空袋,由输送链夹持手带着空袋在各个工位上停歇,完成各个包装动作。工作原理基本相同。

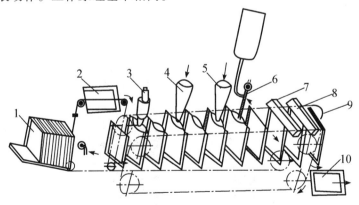

图 10—68　直移型给袋式袋装机

1—空袋箱;2—空袋供给;3—吹气张开袋;4,5—固体物料料斗;6—液体加料器;

7—加热封口器;8—冷压定性;9—链式输送器;10—成品

卧式袋装机(图 10—69)多用于块状物料的包装,其工作过程是进料带 4 将食品传递至包装端口,同时制袋器 5 包裹食品经输纸滚轮 6、热封滚轮 8 将食品装袋封好,在出料带 10 的端口用封切刀具 9 将袋分离,完成包装。

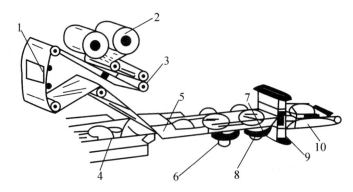

图 10—69　卧式袋装机包装过程示意图

1—光电检测;2—卷筒包装材料;3—抽纸辊;4—进料带;5—制袋器;6—输纸滚轮;

7—台面板;8—热封滚轮;9—封切刀具;10—出料带

②真空包装和真空充气包装。对于容易氧化变质的休闲食品,也可以采用真空包装;还可在抽真空后再充入其他惰性气体,如二氧化碳和氮气等,其目的是防止细菌繁衍导致食品腐败,防止食品氧化和变质。真空包装和真空充气包装使用阻气性强的材料,有金属铝箔和非金属(如塑料薄膜、陶瓷等)的筒、罐、瓶和袋等容器。

常用的休闲食品真空包装机为机械挤压式真空包装机(图 10—70),塑料袋内装料后留一个口,然后用海棉类物品挤压塑料袋,以排除袋内空气,随即进行热封。对于要求不高的真空包装可采用这种包装方法。常见的有开口松子、怪味豆等坚果的包装。

③喷码机(图 10—71)。喷码机是利用光电计数器自动进行产品的生产日期、产地及类别标识的设备,具有准确、高效和不损伤内容物的特点。

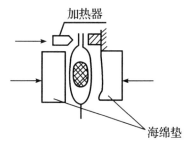

图 10—70　机械挤压式真空包装

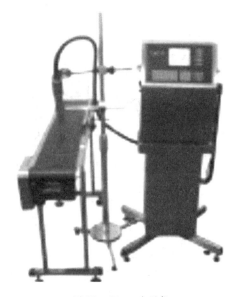

图 10—71　喷码机

二、休闲食品行业的发展方向

休闲食品行业的发展前景是十分广阔的,目前全世界休闲食品市场的销售量越来越大,市场的销售额每年以 12% ~ 15% 的增长率在连年攀升。由于传统的休闲产品在向健康休闲产品转型,其特点是一方面越来越贴近消费者的饮食习惯和心理要求,要健康、适口和有新意;另一方面从消费者的购买和消费习惯与心理来看,要赏心悦目即满足食品"食、色、性"的要求,故在很多国家,一些提高人体免疫力、预防疾病和降低脂肪的休闲食品普遍受到欢迎。

在加工休闲食品的各个工序过程中,微波膨化技术、红外热辐射干燥技术、超临界流体萃取技术、分子蒸馏技术和膜分离技术等越来越多的新技术被应用,既提高了生产效率,又改进产品品质。

【项目小结】

本项目主要介绍了休闲食品的分类、特点及发展方向、制作原理以及有关机械设备,其中的重点是休闲食品的加工工艺、技术操作要点,同时又列举了几种休闲食品的一些制作实例。

【复习思考题】

1. 休闲食品的特点及发展方向如何?

2. 在制作普通油炸马铃薯片与焙烤膨化马铃薯片的工艺中有何不同?

3. 如何制作日式米果?

4. 根据所学的工艺技术,设计一工艺流程,即如何制作糖衣栗子?

5. 根据所学的工艺技术,设计一工艺流程,即如何制作盐焗腰果?

项目11　功能性食品加工技术

【知识目标】了解功能性食品的分类、特点及发展方向；掌握功能性食品的制作原理及方法。

【能力目标】掌握一般功能性食品制作方法和技术要点。

【项目导入】

功能性食品是指具有特定营养保健功能的食品，即适宜于特定人群食用，不以治疗疾病为目的的，但具有调节机体功能的食品。功能性食品在我国也称保健食品。我国《保健食品管理办法》中明确规定了功能性食品的基本特征和要求：

①功能性食品必须是食品，具备食品的法定特征：供人食用或者饮用的成品或原料或者药食两用的、不含以治疗为目的的物品；食品应当无毒无害；符合应有的营养要求；具有相应的色、香、味等感官性状。

②功能性食品必须具有特有的营养保健功效。这是功能性食品与一般食品的根本区别。它至少应具有一种调节人体机能的作用。其功能必须经动物或人群功能试验，证明其功能明确、可靠。功能不明确、不稳定者不能作为功能性食品。

③功能性食品必须有明确的适用人群对象。功能性食品由于具有调节人体的某一个或几个功能的作用，因而只有相应功能失调的人群食用才有保健作用。如低脂高钙食品适宜于老人，不适宜于儿童；减肥食品只适宜于肥胖人群，不适宜过于消瘦的人群等。

④功能性食品必须与药品相区别。功能性食品不以治疗为目的，不能取代药物对病人的治疗作用，不追求短期临床疗效，无需医师的处方，对食用人群无剂量的限制，对适用对象在作为食品的正常食用量下，保证食用安全等。

⑤功能性食品配方组成和用量必须具有科学依据。功效成分是功能性食品功能作用的物质基础，只有明确了功效成分，才有可能根据不同人身体情况选用适合于自己的功能性食品。对于新一代功能性食品，不仅要求功效成分明确，而且要求功效成分含量明确，这样才能更科学地食用和保健。

⑥功能性食品必须具有法规依据。功能性食品有一个严格的界定，它必须有特定质量指标与检测方法，由卫生部指定的专门单位进行功能性评价与检验。同时，在我国还必须经过一套严格的申报手续和审批过程。

在国际上，对功能性食品还没有统一的分类标准，故可以根据不同消费对象进行分类，也可根据不同的保健功能进行分类，还可根据产品的形式如片剂、粉剂、胶囊或口服液等进行分类。

1. 根据消费对象进行分类

用于普通人群的功能性食品、用于特殊生理需要的人群（婴幼儿、青少年、孕妇、哺乳期妇女、老年人等)的功能性食品、用于特殊工种人群(井下、高温、低温、运动员等)的功能性食品、用于特殊疾病人群(心血管病、糖尿病、肿瘤、胃肠疾病等)的功能性食品、用于特殊生活方式的人群(休闲、旅游、体育、登山、宇航、娱乐等)的功能性食品。

2. 根据保健功能特点进行分类

主要包括免疫调节、延缓衰老、改善记忆、促进生长发育、抗疲劳、减肥、耐缺氧、抗辐射、抗突变、抑制肿瘤、调节血脂、改善性功能、调节血糖、改善胃肠功能、解毒、改善睡眠、美容、促进排铅、清咽润喉、对化学性肝损伤有保护作用、改善营养性贫血、改善视力、促进泌乳、调节血压、改善骨质疏松等功能性食品。

功能性食品标签及说明书必须按照卫生部《保健食品标识规定》制作,说明书标注的内容应包括:①引语:可对产品作简要介绍,介绍的内容必须科学、准确、真实。只可宣传产品已被批准的保健功能;②主要原料;③功效成分,须注明含量;④营养素含量(营养素补充剂必须标注);⑤保健功能,只能注明被批准的功能的标准表达用语;⑥适宜人群,标注方式为:适宜某某人群;⑦不适宜人群(视具体情况决定标注否),标注方式为:某某人群不宜;⑧食用量及食用方法;⑨保质期,按稳定性试验证实的保质期标注;⑩贮存方法、执行标准、注意事项等。

任务 1　膳食纤维的加工技术

膳食纤维是指不被人体消化酶所消化的植物细胞残余,即不被人体消化酶所消化的非淀粉类多糖。膳食纤维资源非常丰富,现已开发的膳食纤维大约有 30 余种,然而目前在生产实际中应用的只有 10 余种。利用膳食纤维作为烘焙蒸煮食品的主要产品有高膳食纤维面包、蛋糕、饼干、桃酥、脆饼、挂面、快餐面、馒头等,其作用是改变产品质构、提高持水力、增加柔软性、疏松性、防止储存期变硬,一般参考添加量是 5% ~6% ,但不要超过 10%;除此之外还应用于饮料,其主要产品有液体、固体、碳酸饮料、乳酸杆菌发酵的乳清型饮料,其一般参考用量为水不溶性的 1% 、粒度 200 目以上,水溶性可适当增加;应用在肉制品中主要产品有低热能香肠、低热能火腿、肉汁等,其作用是保持肉制品中水分、降低热量,一般参考用量是 1% ~5%;在调味料中应用的主要产品是膳食纤维馅料,其一般参考使用量为粒度 200 目的 1%;还应用于休闲食品中,主要产品有布丁、饼干、薄脆饼、油炸丸、巧克力、糖果、口香糖等,其参考用量差异较大,应因地制宜。

膳食纤维食品的产品繁多,形式多样。通常可按其原料进行分类。

①粮谷类膳食纤维食品:以麦麸、米糠、稻壳、玉米、玉米渣作原料中的辅料,经过挤压、油炸、砂炒或烘烤加工成的一类体积膨胀多倍、内部组织多孔、疏松蜂窝状的食品。

②豆类膳食纤维食品:以大豆、豆渣、红豆、红豆皮等制成的食品。

③水果类膳食纤维食品:以橘皮、椰子渣、苹果皮、梨子渣等为原料中的辅料制成的食品。

④蔬菜类膳食纤维食品:以甜菜渣、山芋渣、马铃薯、藕渣、茭白壳、油菜、芹菜、苜蓿叶、香菇柄、魔芋等为原料的辅料制成的食品。

⑤其他种类膳食纤维食品:以酒糟、竹子、海藻、虾壳、贝壳、酵母、淀粉等为原料中的辅料而制成的制品。

膳食纤维也可按其在水中的溶解性进行分类,即水不溶性和水溶性膳食纤维两类。

①水不溶性膳食纤维是指不被人体消化酶所消化且不溶于热水的膳食纤维,例如纤维素、

半纤维素、木质素、原果胶等。

②水溶性膳食纤维是指不被人体消化酶所消化,但可溶于温水或热水的膳食纤维,如:果胶、魔芋甘露聚糖、种子胶、半乳甘露聚糖、阿拉伯胶卡拉胶、琼脂、黄原胶、CMC 等。

膳食纤维加工工艺流程

提取膳食纤维的方法主要有有机溶剂沉淀法、中性洗涤剂法、酸碱法和酶法等。以小麦麸、玉米皮为原料提取膳食纤维一般采用上述几个方法的结合。

1. 小麦麸

小麦麸俗称麸皮,是小麦制粉的副产物。麸皮的组成因小麦制粉要求的不同而有很大差异,在一般情况下,所含膳食纤维约为 45.5%,其中纤维素占 23%,半纤纤素占 65%,木质素约 6%,水溶性多糖约 5%,另含一定量的蛋白质、胡萝卜素、维生素 E,Ca,K,Mg,Fe,Zn,Se 等多种营养素。

(1)一般工艺流程(图 11—1)

方法一:

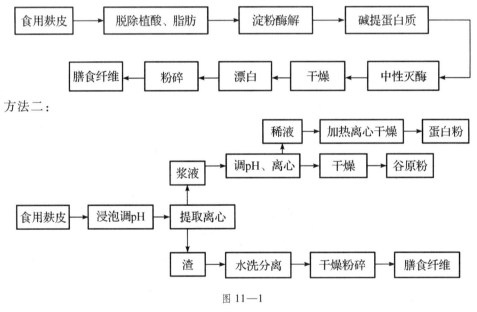

方法二:

图 11—1

(2)膳食纤维加工工艺

麸皮受小麦本身及储运过程中可能带来的污染、往往混杂有泥沙、石块、玻璃碎片、金属屑、麻丝等多种杂质,加工前的原料预处理中除杂是一个重要步骤。其处理手段一般有筛选、磁选、风选和漂洗等。由于麸皮中植酸含量较高,植酸可与矿物元素螯合,而影响人体对矿物元素的吸收,因此脱除植酸是加工小麦纤维的重要步骤。

①将小麦麸皮与 50~60℃ 的热水混合搅匀,麸皮与加水量之比为 0.1:1~0.15:1,用硫酸调节 pH 至 5.0,搅拌保持 6h,以利用麸皮中的天然植酸酶来分解其所含有的植酸。

②用 NaOH 调节 pH 至 6.0,在水温为 55℃ 条件下加入适量中性或碱性蛋白酶分解麸皮蛋白,时间 2~4h。然后升温至 70~75℃,加入 α - 淀粉酶保持 0.5~3 h 以分解去除淀粉类物质,再将温度提高至 95~100℃,保持 0.5h,灭酶、杀菌。

③多次清洗、过滤和压榨脱水。

④烘干至含水量 7% 左右。

注:洗涤步骤有时也可在升温灭酶之前进行。

（3）膳食纤维的质量标准

升温灭酶在洗涤步骤之后进行制得的产品为粒状,80% 的颗粒大小为 0.2 ~ 2 mm 范围内。其化学成分是:果胶类物质 4%、半纤维素 35%、纤维素 18%、木质素 13%、蛋白质 ≤8%、脂肪 ≤5%、矿物质 ≤2% 和植酸 ≤0.5%,膳食纤维总量在 80% 以上。这种产品持水力为 670%,对 20℃ 水的膨胀力为 4.7 mL/g 并保持 17 h 不变。

（4）膳食纤维的质量控制

在加工制备小麦纤维时因其吸水（潮）性较强,所以在生产过程中各工序应为连续作业,且所用设备、容器应有较高的密闭性,以保证产品质量。

2. 玉米膳食纤维

玉米的皮层约为籽粒质量的 5.3% 左右,但一般中小型加工企业的商品玉米皮产率却达到原料的 14% ~20%。根据研究,用湿法加工玉米淀粉,其玉米皮纤维素和半纤维素的总含量几乎占到玉米皮一半,高于小麦麸皮和米糠纤维,则说明玉米皮是膳食纤维的良好来源,也是制取膳食纤维的良好原料。玉米纤维呈浅黄褐色,味淡而清香,在快餐食品、焙烤食品（糕点、饼干、面包）、谷物食品、膨化食品及肉类食品中都有应用,也可作为汤料、卤汁的增稠剂与强化剂。玉米纤维在肉类食品中的添加量为 2% ~5%,在面团中为 11%,在快餐谷物食品中为 30% ~40%。一般原料为玉米皮、玉米渣。

（1）一般工艺流程

方法一（图 11—2）:

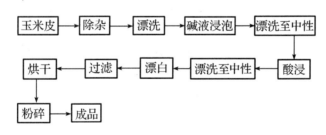

图 11—2

方法二（图 11—3）:

图 11—3

（2）膳食纤维加工工艺

方法一:

①将经过漂洗的玉米皮加 NaOH 溶液,使 pH 为 10,浸泡 1 h 以除去蛋白质,后加酸中和。

②加盐酸调整溶液 pH 为 2,升温至 60℃,浸泡 2 h 使淀粉水解,洗至中性。

③加 5% 的 H_2O_2,在 55℃下漂白脱色,过滤后烘干粉碎即可。

方法二:

①将经过漂洗的玉米皮加 2% NaOH 溶液,固液比为 1:10,室温,浸泡 30 min 以除去蛋白质,直接过滤。

②过滤后用 2% H_2O_2 溶液,固液比为 1:10,室温,浸泡 15 min 用以漂白。

③用 2% 盐酸溶液,固液比为 1:10,50~60℃,浸泡 60 min 用以中和溶液。

④干燥温度为 80℃,粉碎至 80 目。

(3)玉米皮膳食纤维的质量标准

色泽为浅黄色,成品中淀粉含量在 5% 以下。精制玉米纤维其半纤维素含量达 60%~80%。优质成品为蛋白质 5%、脂肪 0.85%、淀粉 2%、水分 10%、粒度 80 目。

(4)膳食纤维的质量控制

在加工制备玉米纤维时因其吸水(潮)性较强,所以在生产过程中各工序应为连续作业,且所用设备、容器应有较高的密闭性,以保证产品卫生质量。

任务 2   低聚糖的加工技术

低聚糖是指 2~10 个单糖单位通过糖苷键连接形成直链或支链的一类寡糖的总称。从作用特点可分为普通低聚糖和功能性低聚糖两大类,蔗糖、麦芽糖、乳糖、环糊精、海藻糖等属普通低聚糖,可被机体消化吸收;而低聚果糖、低聚半乳糖、低聚乳果糖不被人体消化吸收,但可被人体肠道中的双歧杆菌等益生菌利用的低聚糖属于功能性低聚糖。低聚糖被广泛应用于饮料、糖果、糕点、乳制品、冷饮、调味料及疗效食品,本书只对功能性低聚糖的加工技术作介绍。

功能性低聚糖的特点是低热量,难消化;有水溶性膳食纤维作用;甜味圆润柔和,有较好的组织结构和口感特性;易溶于水,使用方便,且不影响食品原有的性质;在推荐范围内不会引起腹泻;整肠使用显著;日常需求量较少,约 3g 左右;抑制病原菌、有毒物代谢和有害酶的产生;防止腹泻、便秘;降低血清胆固醇和血压的作用;保护肝功能;提高机体免疫力、抗肿瘤;促进营养素吸收作用、产生营养素;改善血糖值的作用等。

在食品中应用比较广泛的低聚糖主要是低聚异麦芽糖、低聚果糖和大豆低聚糖,下面就以上几种低聚糖为例介绍一下低聚糖的加工技术。

低聚糖加工工艺流程

低聚糖的制备提取方法主要有从天然原料中提取、利用转移酶,水解酶催化的糖基转移反应合成,天然多糖的酶水解,天然多糖的酸水解以及化学合成等。从天然原料中提取的未衍生低聚糖有棉子糖(甜菜汁中)、大豆低聚糖等,而大多数天然原料中的低聚糖含量极低,工艺操作费时,成本高;化学合成法还需引入多步保护反应和去保护反应,比较烦琐复杂而较少采用。而最实用的方法是利用酶法水解或酶法转移来生产各种低聚糖。

1. 低聚异麦芽糖

低聚异麦芽糖是功能性低聚糖中产量最大、目前市场销售最多的一种,在自然界中低聚异麦芽糖是极少以游离状态存在的低聚糖。因受资源条件的限制,目前生产主要以来源广泛的玉米、大米或淀粉等为原料,经全酶法工艺生产。其生产方法主要有两种:一是采用葡萄糖淀粉酶合成反应生产,但产率只有 20% ~ 30% ,且产物复杂,生产周期长,不适合工业化生产;二是用麦芽糖浆通过葡萄糖基转移酶(又称 α – 葡萄糖苷酶)生产。

(1)低聚异麦芽糖生产工艺流程(图 11—4):

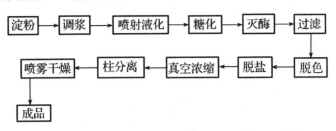

图 11—4

(2)低聚异麦芽糖加工工艺

①原料淀粉调制成浓度 30% 、pH6 的淀粉乳。

②用 α – 淀粉酶喷射液化淀粉乳,再使用 α – 葡萄糖苷酶糖化,调制 pH5 ~ 6,温度 55 ~ 60℃。

③灭酶后用硅藻土过滤,活性炭脱色,离子交换树脂脱盐。

2. 低聚果糖

低聚果糖是指在蔗糖分子的果糖残基上结合 1 ~ 3 个果糖的寡糖,它在水果蔬菜中含量较丰富,洋葱(2.8%)、大蒜(1.0%)、香蕉(0.3%),其甜度是相同浓度蔗糖的一半以下。低聚果糖不被口腔细菌所分解而产酸,具有抗龋齿作用;活化肠道内益生菌并促进其生长繁殖,抑制腐败菌,改善人体肠道微生态平衡;不为人体提供能量,也不存在胰岛素依赖性,可作为低能量食品及糖尿病人疗效食品的甜味基料;低聚果糖还具有降血脂、抗血栓作用。

目前工业生产方法主要有两种:一是以菊芋为原料提取菊粉,再经酶水解而得。这个方法工艺简单,转化率高,副产物少,但关键是内切型菊粉酶的提取,它可以通过许多微生物来培养,这些微生物有酵母、黑曲霉、枯草芽孢杆菌等。但所产的菊粉酶有胞内、胞外酶之分,两者的比例不仅与菌种有关,还与培养条件有关,所以菊粉酶的提取是生产的关键。其生产工艺流程(图 11—5):

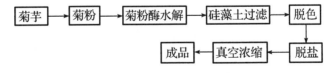

图 11—5

第二种方法是以蔗糖为原料,采用固定化酶法进行连续反应,将高浓度的蔗糖溶液在 50 ~ 60℃下以一定速率流过固定化酶柱,利用 β – 果糖转移酶进行一系列转移反应而获得低聚果糖。该法连续性好、自动化程度高,操作稳定性好,能反复使用,利用率高。其生产工艺流程(图 11—6):

图 11—6

低聚果糖加工工艺：

①将含量为 50% ~60% 蔗糖溶液通过固定化酶柱或固定化床生物反应器,柱温与液温保持在 50~60℃,24 h。

②过柱的糖液用活性炭脱色,离子交换树脂脱盐。

3. 大豆低聚糖

大豆低聚糖一般以大豆乳清液为原料,经过分离提纯,精制而得。另一种的工艺路线是直接用大豆作原料依次提取豆油、大豆低聚糖和大豆多肽等工艺线路。

（1）大豆乳清为原料的生产工艺流程（图 11—7）：

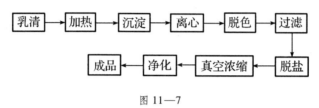

图 11—7

（2）大豆低聚糖加工工艺

操作要点：

①将原料大豆乳清（干基糖量 72%）溶液加热到 70℃。

②3000 r/min,离心 30 min,上清液用选择性半透膜过滤。

③经活性炭脱色,再用离子交换树脂或电渗析的方法进行脱盐处理。

④真空浓缩至含水量 24% 左右。

（3）大豆低聚糖的质量标准（表 11—1）

表 11—1　大豆低聚糖产品成分　　　　　　　单位:%（质量分数）

成　　分	糖浆状大豆低聚糖	颗粒状大豆低聚糖
水分	24	3
水苏糖	18	23
棉籽糖	6	7
蔗糖	34	44
其他	18	23

任务3　大豆肽加工技术

大豆多肽的生产主要是先将大豆蛋白质进行控制性的水解,再分离精制而成。对蛋白质的水解,一般有两种方法,即酸水解和酶水解。酸水解操作简单、成本较低,但是对设备的材料要求高,并在生产中不能按规定的水解程度进行水解,水解产物复杂,可能导致氨基酸受到一定程度的破坏而降低产品的营养价值。酶水解则是在比较温和的条件下按一定的规则进行的,对氨基酸的破坏少,能很好地保存其营养价值。下面以酶水解为例介绍大豆多肽制备工艺。

1. 大豆多肽工艺流程(图11—8)

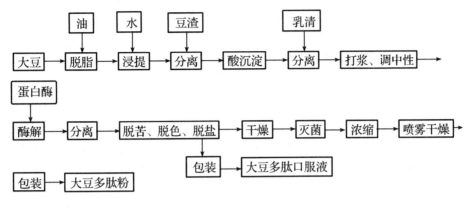

图 11—8

2. 大豆肽加工工艺

(1)原料处理　大豆脱脂的方法与大豆蛋白质变性程度密切相关。冷榨法和一些溶剂浸出法使大豆蛋白质变性小,而热榨法能使大豆蛋白质发生大的变性。制取大豆多肽应选用低变性脱脂大豆粕,需经过粉碎、过 60 ~ 100 目筛后再使用。

(2)浸提　于萃取罐内加入 10 倍豆粕质量软水,搅拌并用 NaOH 调节 pH 为 9,在 45 ~ 55℃、搅拌速度为 30 ~ 35 r/min 下,萃取 90min,后将萃取液经过粗滤放出,剩余豆渣按第一次浸提条件进行二次浸提。合并两次的萃取液,通过离心分离除去豆渣。

(3)酸沉淀　将浸提液输入酸沉淀罐中,在不断搅拌下,缓缓加入 1mol/L 的盐酸溶液,调节溶液 pH 至蛋白质等电点 pH4.4 ~ 4.6,沉淀出大豆蛋白质。再采用 50 ~ 60℃无离子水对大豆蛋白质进行洗脱,采用旋转式离心除去水分,收集大豆蛋白。此工艺对大豆多肽的纯度至关重要。

(4)打浆、调中性　酸沉淀后蛋白质呈凝乳状,且有较多的团块。为更好地进行酶解,需加入适量的水,并搅打成均匀的浆液。为了提高凝乳蛋白的分散性,需调 pH6.5 ~ 7.0,调节时搅拌速度为 70 ~ 90 r/min。

(5)酶解　将酶水解罐内温度,加热至 90℃,保持 10 min,使大豆蛋白的网络结构破坏,有利于碱性蛋白酶分子的催化作用,然后将大豆蛋白液冷却至酶反应的最适温度 55℃,用 NaOH 或 HCl 调节蛋白液 pH10.5 ±0.1,在大豆蛋白液浓度 5 ~ 10 mg/ml,酶浓度 800 ~ 1000 u/mL 的条件下水解 6 h,反应完毕后,加热至 85℃,维持 15 min 以钝化蛋白酶。然后调节蛋白酶解液的 pH 为 4.5,用离心分离法除去未水解的、沉淀下来的蛋白质,得到粗大豆多肽。

(6)脱苦、脱色、脱盐　先将 pH 为 10.3 的粗大豆多肽水解液,在不断搅拌下加入到 723 号阳离子交换树脂,树脂的加入量以 pH 降到 7.0 为限,分离后可得到脱钠大豆多肽。分离后的脱钠大豆多肽,用柠檬酸调节 pH 至 4.5,于 55℃下,加入活性炭,其用量为蛋白质质量的 0.1% ~ 0.2%,搅拌 2 h 进行吸附脱苦。滤去废活性炭后,得脱苦大豆多肽,将其稀释至含量为 3%,调节 pH 为 4.5,在室温下采用分子截留量为 6000 的聚砜中空纤维膜进行超滤,操作压力为 0.05 MPa,超滤过程能将大分子多肽与低分子肽分离开,使产品的纯度得以提高。

(7)干燥　分离后的大豆多肽液在 135℃的温度下进行超高温瞬时灭菌,再进行高压均质,即得大豆多肽口服液。灭菌后的大豆多肽液经真空浓缩,使固形物含量达到 38% ~40% ,进入喷雾塔进行喷雾干燥,即可得到粉末状大豆多肽。喷雾干燥条件为进口温度 125 ~130℃ ,塔内温度 75 ~78℃ ,排风口温度 80 ~85℃ 。

任务4　木糖醇加工技术

木糖醇具有调节血糖、调节肠胃功能和防龋齿作用,其化学式为 $C_5H_{12}O_5$,相对分子质量为 152.15。纯净的木糖醇为白色结晶或结晶性粉末,几乎无臭。具有清凉甜味,甜度 0.65 ~1.00(视浓度而异;蔗糖为 1.00)。热量 17 J/g(4.06 cal/g),熔点 92 ~96℃ ,沸点 216℃ 。与金属离子有螯合作用,可作为抗氧化剂的增效剂,有助于维生素和色素的稳定。极易溶于水(约1.6 mL),微溶于乙醇和甲醇,热稳定性好。10% 水溶液的 pH 为 5.0 ~7.0(在 pH3 ~8 时稳定)。天然品存在于香蕉、胡萝卜、杨梅、洋葱、莴苣、花椰菜、桦树的叶和浆果及蘑菇等中。

木糖醇一般是由玉米芯、甘蔗渣、秸秆等为原料,采用纤维分解酶等经水解、净化、加氢精制而成。下面介绍以玉米芯为原料制木糖醇的工艺过程。

1. 生产木糖醇工艺流程(图 11—9)

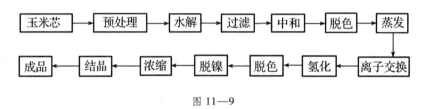

图 11—9

2. 生产木糖醇加工工艺

(1)预处理　原料玉米芯的预处理有水法、酸法和碱法三种方法。一般采用水法。水法是采用玉米芯与高压热水(120 ~130℃)以 1:4 的比例处理 2 ~3 h;酸法或碱法分别使用0.1% 强酸或强碱水溶液在 100℃ 下处理 1h,,也可达到除杂目的。但强碱处理易使溶液色泽加深,而增加后道脱色工序的处理负荷。

(2)水解　玉米芯的水解有稀酸常压法(1.5% ~2% H_2SO_4 溶液,100 ~105℃ ,2 ~3 h)和低酸加压法(0.5% ~0.7% H_2SO_4 溶液,120 ~125℃ ,3 ~4 h)两种。如采用稀酸常压法,则将预处理好的玉米芯投入水解罐中,加 3 倍体积的 2% H_2SO_4 溶液搅拌均匀,由罐底通入蒸汽加热至沸腾,持续水解 2.5 h 后趁热过滤,冷却滤液至 80℃ 。滤渣用清水洗涤 4 次,洗液返回用于配制 2% H_2SO_4 溶液。在水解液中含有 0.6% 的 H_2SO_4 溶液和 0.5% 的有机酸溶液(主要是乙酸),还有胶质、腐植质和色素等杂质,需经复杂的净化过程,才能进行氢化。

(3)净化　水解液的净化过程主要包括中和、脱色、蒸发和离子交换等步骤。

(4)氢化　氢化时,首先往含木糖 12% ~15% 的木糖液中添加 NaOH 调 pH =8,用高压(7 MPa)进料泵泵入混合器中,将混合物料通入预热器,升温至 90℃ ,再送到高压(6 ~7 MPa)反应器,于 115 ~130℃ 进行氢化反应。所得氢化液流进冷却器中,降温至 30℃ ,再送进高压分离器中,分离出的剩余氢气经滴液分离器,靠循环压缩机再送入混合器中。分离出的氢化液(含木糖醇 12% ~15%)经常压分离器进一步驱除剩的氢后得氢化液。此液无色或淡黄透明,透光度 80% 以上,折光率 12% ~15% 。

（5）脱杂、浓缩 向氢化所得的木糖醇溶液中添加 3% 活性炭，在 80℃ 下脱色处理 30 min；再经阳离子交换树脂脱镍精制后，进行预浓缩使木糖醇浓度增至 50% 左右，再进行二次浓缩进一步提高浓度至 88% 以上，此时的产品称木糖醇膏。

（6）结晶 采用逐渐降温的办法，使木糖醇结晶析出，降温速率掌握在 1℃/h。经过 40 h 左右的结晶过程，木精醇膏物料由原来的透明状转变成不透明状的糊状物。此时温度已降至 25~30℃，即可借助于离心作用分离出成品木糖醇。

3. 木糖醇质量标准（表 11—2）

表 11—2

项 目	指 标		
	GB	FAO/WHO	FCC
含量/%	≥92	≥98.5~101.0	≥98.5~101.0
干燥失重/%	≤1.0	≤0.5	水分≤0.5
灼烧残渣/%	≤0.5	≤0.1（硫酸盐）	≤0.5
其他多元糖醇含量/%	≤5.0	≤1	≤2.0
还原糖（以葡萄糖计）含量/%	≤0.05	≤0.2	≤0.2
砷（以 As 计）含量/%	≤0.0003	≤0.0003	≤0.0003
重金属（以 Pb 计）含量/%	≤0.001	≤0.001	≤0.001
铅含量/%	—	≤0.0001	≤0.0001
镍含量/%	—	≤0.0002	—
总醇含量/%	≥98	—	—
熔点/℃	≥88~90	—	—

任务 5 大豆磷脂加工技术

以大豆毛油为原料制备大豆磷脂，大豆中的磷脂含量为 1.5%~3%，是制备磷脂的主要原料。根据不同的制备工艺和方法，可得到适合于不同用途的浓缩磷脂、高纯度磷脂和改性磷脂等产品。

1. 大豆磷脂工艺流程（图 11—10）

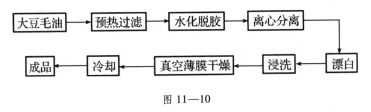

图 11—10

2. 大豆磷脂的加工工艺

（1）预热过滤 经预热器将大豆毛油加热至 60~80℃，经过滤器过滤，使杂质含量小于 0.2%。

(2)水化脱胶 毛油经过滤后,加入相同温度的热水,加水量控制在毛油量的2%～3%。为了提高脱胶效果,常需添加油量0.05%～0.2%的磷酸(含量85%)。

(3)离心分离 用管式离心机分离后产生胶油和油脚。胶油经加热、真空干燥脱水后可得脱胶油。油脚则应脱水至水分含量10%以下。

(4)漂白 油脚脱水后的磷脂为棕红色,色泽较深,可添加氧化剂进行漂白处理。生产上一般按磷脂总量的0.5%～4%添加浓度为30%过氧化氢溶液,在50～60℃下搅拌反应1.5～3 h。如需二次漂白,则通常加入过氧化苯甲酰或与过氧化氢混合使用,添加量一般为磷脂总量的0.3%～0.5%,除去黄色色素,过氧化苯甲酰可除去红色物质。

(5)浸洗脱色后的磷脂用丙酮浸洗,丙酮能溶解油脂和游离脂肪酸,但不溶解磷脂。浸洗后分离回收丙酮。

(6)干燥及冷却 由于磷脂具有热敏性,故采用真空浓缩的方法。把经漂白、浸洗处理的油脚,经油泵引入搅拌薄膜干燥器中,在96 kPa真空度和100～110℃条件下保持干燥。

3. 大豆磷脂的质量标准

含水量小于1%的浓缩大豆磷脂。

拓展知识

1. 功能性食品行业的发展方向

在发达国家,一些提高人体免疫力、预防疾病和降低脂肪的功能食品普遍受到欢迎,而且市场上的销售量越来越大,每年以12%～15%的增长率快速增长。在我国,自古以来就有"药食同源"、"药补不如食补"和"食养、食疗、食补"之说,而且我国具有丰富的中医药宝库、饮食养生保健文化、食疗与药膳制作传统,因此功能食品是我国最大的研究开发市场,也是最大的消费市场。但在我国功能食品发展过程中也存在着不少问题,例如,产品科技含量不高,产品低水平上重复;获批准的功能食品多,投入市场的产品少;对功能食品的管理和监督不严;国民对功能食品的认识尚存在偏差等,导致功能食品发展不均衡。伴随着经济发展和人民生活水平的不断提高,人们的饮食习惯和食品结构也开始发生变化,功能食品俨然会成为食品消费的重要内容。功能性食品行业必将走向繁荣。

2. 其他功能性食品的加工技术

(1)膜分离技术

膜分离是一种使用半透膜的分离方法。用天然或人工合成的高分子薄膜,以外界能量或化学位差为推动力,对双组分或多组分的溶质和溶剂进行分离、分级、提纯和浓缩的方法,统称为膜分离法。膜分离技术是一种在常温下无相变的高效、节能、无污染的分离、提纯、浓缩技术。这项技术的特性适合功能食品的加工,在以下几个方面应用效果明显:①功能饮用水加工中的应用;②发酵及生物过程中的应用;③果汁和饮料生产中的应用;④色素生产中的应用;⑤食用胶生产上的应用;⑥蛋白质加工中的应用;⑦乳制品加工中的应用。

(2)微胶囊技术

微胶囊造粒技术有时也被称为包埋技术。微胶囊就是指一种具有聚合物壁壳的微型容器或包装物。包在微胶囊内的物质称为芯材,而外面的"壳"称为壁材;它们必须是无毒无味及食品卫生法规所允许的材料,而且在食品中的最终用量也应符合食品卫生法的要求。一般来说,油溶性芯材应采用水溶性壁材,而水溶性芯材必须采用油溶性壁材。微胶囊化方法大致可分为化学法、物理法及融合二者的物理化学法。食品工业中常用的微胶囊化方法有喷雾干燥法、喷雾冻凝法、空气悬浮法、分子包接法、水相分离法、油相分离法、挤压法、锐孔法等八种方法,另外还有界面聚合法、原位聚合法、粉末床法。这项技术的特性适合功能食品的加工,在以下几个方面应用效果明显:①功能饮料加工中的应用;②花色奶粉加工中的应用;③糖果生产中的应用;④食品添加剂生产中的应用;⑤酿制酒生产上的应用。

（3）超临界流体萃取技术

超临界流体萃取技术是以超临界状态下的流体作为溶剂,利用该状态下流体所具有的高渗透能力和高溶解能力萃取分离混合物的过程。超临界流体特别是超临界 CO_2 萃取技术以其提取率高、产品纯度好、过程能耗低、后处理简单和无毒、无三废、无易燃易爆危险等诸多传统分离技术不可比拟的优势,近年来得到了广泛的应用,在食品工业中的应用正在不断扩展。它既有从原料中提取和纯化少量有效成分的功能,还可以去除一些影响食品的风味和有碍人体健康的物质。由于超临界萃取技术是应用高压加工的工艺,其投资成本较高。不过,因为它能提供高产率和质量令人满意的产品,所以逐渐为功能食品加工企业采用。

（4）生物技术

现代生物技术是以生命科学为基础,以基因工程为核心,包括细胞工程、酶工程和发酵工程等内容,利用生物体系和工程原理,对加工对象进行加工处理的一种综合技术。它是在分子生物学、生物化学、应用微生物学、化学工程、发酵工程和电子计算机的最新科学成就基础上形成的综合性学科,被列入当今世界七大高科技领域之一。生物技术在功能食品开发中得到了广泛的应用。目前,甜味剂中木糖醇、甘露糖醇、阿拉伯糖醇、甜味多肽等都可应用生物技术生产。

（5）微粉碎和超微粉碎

在功能性食品生产中,某些微量活性物质（如硒）的添加量很小,如果颗粒稍大,就可能带来毒副作用。这就需要非常有效的超微粉碎手段将之粉碎至足够细小的粒度,加上有效的混合操作才能保证它在食品中的均匀分布,使功能性活性成分更好地发挥作用。因此,超微粉碎技术已成为功能食品加工的重要新技术之一。

根据被粉碎物料和成品粒度的大小,粉碎可分成粗粉碎、中粉碎、微粉碎和超微粉碎等四种。粗粉碎的原料粒度在 40～1500 mm 范围内,成品颗粒粒度 5～50 mm;中粉碎的原料粒度在 10～100 mm 范围内,成品颗粒粒度 5～10 mm;微粉碎的原料粒度在 5～10 mm 范围内,成品颗粒粒度 100 μm 以下;超微粉碎的原料粒度在 0.5～5 mm 范围内,成品颗粒粒度 10～25 μm以下。

超微粉碎技术根据处理原料形式不同分为两种:一种是干法超微粉碎和微粉碎,它包括:气流式超微粉碎;高频振动式超微粉碎;旋转球（棒）磨式超微粉碎或微粉碎;转辊式微粉碎或超微粉碎;锤击式和盘击式微粉碎等;另一种湿法超微粉碎一般使用专用设备,诸如搅拌磨、胶体磨、均质机和超声波乳化器等。

超微粉碎技术在功能性食品基料生产上应用广泛。例如用小麦麸皮、燕麦皮、玉米皮、豆皮、米糠、甜菜渣和蔗渣等来生产膳食纤维,其生产工艺均包括原料清理、粗粉碎、浸泡漂洗、异味脱除、二次漂洗、漂白脱色、脱水干燥、微粉碎、功能活化和超微粉碎等主要步骤,其中就使用了微粉碎和超微粉碎技术。

(6)其他技术

在功能性食品生产中,除了以上几种技术之外,还有分子蒸馏技术、喷雾干燥技术、升华干燥技术和冷杀菌技术等,这些技术也在食品工业中不断地发展与应用。

【项目小结】

功能食品是指具有特定营养保健功能的食品,它适宜于特定人群,能调节机体功能,不以治疗疾病为目的,其配方组成和用量有科学依据。功能性因子:活性多糖类、活性多肽、活性低聚糖类、功能性脂类与功能性甜味剂类等。高新技术在功能性食品的生产中得到广泛应用。

【复习思考题】

1. 功能食品的特点及发展方向如何?

2. 功能食品与普通食品有何区别? 其基本特征和要求是什么?

3. 请对当地功能食品市场进行调查,分析其现状,并找出存在的问题及解决措施。

4. 请比较不同膳食纤维制备技术特点。

5. 根据所学的工艺技术,设计一工艺流程,即如何用甘蔗渣生产木糖醇。

参考文献

[1] 胡永源主编. 粮油加工技术. 北京:化学工业出版社,2006

[2] 刘英等主编. 谷物加工工程. 北京:化学工业出版社,2005

[3] 李小编著. 粮油食品加工技术. 北京:中国轻工业出版社,2000

[4] 李新华,杜连起等编著. 粮油加工工艺学. 成都:成都科技大学出版社,1996

[5] 刘心主编. 农产品加工工艺学. 北京:中国农业出版社,2000

[6] 赵晋府主编. 食品工艺学(第二版). 北京:中国轻工业出版社,1999

[7] 姚惠源主编. 稻米深加工. 北京:化学工业出版社,2004

[8] 李则选,金增辉编著. 粮食加工. 北京:化学工业出版社,2005

[9] 彭阳生主编. 植物油脂加工实用技术. 北京:金盾出版社,2003

[10] 郭祥桢主编. 小麦加工技术. 北京:化学工业出版社,2003

[11] 张慧芬主编. 我国粮油食品科技发展走向. 农产品加工,2006.12

[12] 陆启玉主编. 粮油食品加工工艺学. 北京:中国轻工业出版社,2005

[13] 张文叶主编. 冷冻方便食品加工技术与检验. 北京:化学工业出版社,2005

[14] 郑建仙主编. 现代功能性粮油制品开发. 北京:科学技术文献出版社,2004

[15] 朱珠,梁传伟主编. 焙烤食品加工技术. 北京:中国轻工业出版社,2006

[16] 秦辉,林小岗主编. 面点制作技术. 北京:旅游出版社,2004

[17] 鲍治平主编. 面点制作技术. 北京:高等教育出版社,1995

[18] 刘耀华,林小岗主编. 中式面点制作. 大连:东北财经大学出版社,2004

[19] 李文卿主编. 面点工艺学. 北京:中国轻工业出版社,1999

[20] 巫德华编著. 实用面点制作技术. 北京:金盾出版社,2008

[21] 顾宗珠主编. 焙烤食品加工技术. 北京:化学工业出版社,2008

[22] 高海燕主编. 食品加工机械与设备. 北京:化学工业出版社,2008

[23] 张孔海主编. 食品加工技术概论. 北京:中国轻工业出版社,2007

[24] 贡汉坤主编. 焙烤食品工艺学. 北京:中国轻工业出版社,2001

[25] 叶敏主编. 米面制品加工技术. 北京:化学工业出版社,2006

[26] 张国治主编. 方便主食加工机械. 北京:化学工业出版社,2006

[27] 葛文光编著. 新版方便食品配方. 北京:中国轻工业出版社,2002

[28] 隋继学主编. 速冻食品加工技术. 北京:中国农业大学出版社,2008

[29] 祝美云,任红涛,刘容主编. 速冻汤圆常见质量问题产生的原因及其对策. 粮食与饲料工业,2008(1):19～20

[30] 高福成主编. 速冻食品. 北京:中国轻工业出版社,1998.5

[31] 王尔惠编著. 大豆蛋白质生产新技术. 北京:中国轻工出版社,1999

[32] 山内文男,大久保一良编. 大豆の科学. 东京:朝会书店,1992

［33］加藤博通,桧作进,内海成等.新农业品利用学.东京:朝会书店,1987

［34］杨淑媛,田元兰,丁纯孝主编.新编大豆食品.北京:中国商业出版社,1989

［35］陈陶声主编.豆制品生产技术.北京:化学工业出版社,1993

［36］李正明,王兰君编著.植物蛋白生产工艺与配方.北京:中国轻工业出版社,1998

［37］王福源主编.现代食品发酵技术.北京:中国轻工业出版社,1999

［38］吴坤,李梦琴主编.农产品储藏与加工学.石家庄:河北科学技术出版社,1994

［39］石彦国,任莉主编.大豆制品工艺学.北京:中国轻工业出版社,1998

［40］吴加根主编.谷物与大豆食品工艺学.北京:中国轻工业出版社,1995

［41］刘恩岐,梁丽雅编著.粮油食品加工技术.北京:中国社会出版社,2008

［42］刘延奇主编.粮油食品加工技术.北京:化学工业出版社,2007

［43］杜连起,刘文合主编.粉丝生产新技术.北京:化学工业出版社,2007

［44］张燕萍主编.变性淀粉制造与应用.北京:化学工业出版社,2007

［45］曹龙奎,李凤林主编.淀粉制品生产工艺学.北京:中国轻工业出版社,2008

［46］肖志刚,许效群主编.粮油加工概论.北京:中国轻工业出版社,2008

［47］王丽琼主编.粮油加工技术.北京:化学工业出版社,2007

［48］孟宏昌,李惠东,华景清主编.粮油食品加工技术.北京:化学工业出版社,2008

［49］尤新编著.玉米深加工技术.北京:中国轻工业出版社,2008

［50］沈建福主编.粮油食品工艺学.北京:中国轻工业出版社,2002

［51］李新华,董海洲主编.粮油加工学.北京:中国农业大学出版社,2002

［52］刘亚伟主编.淀粉生产及其深加工技术.北京:中国轻工业出版社,2001

［53］陈梦林主编.粮油食品特色加工.南宁:广西科学技术出版社,2004

［54］王丽琼主编.粮油加工技术.北京:中国农业出版社,2008

［55］郑友军,贺荣平主编.新版休闲食品配方.北京:中国轻工业出版社,2005

［56］陈志,李树君主编.农产品加工新技术手册.北京:中国农业科学技术出版社,2002

［57］李世敏主编.功能食品加工技术.北京:中国轻工业出版社,2009

［58］吴谋成编著.功能食品研究与应用.北京:化学工业出版社,2004

［59］郑建仙主编.功能性食品学.北京:中国轻工业出版社,2003

［60］凌关庭主编.保健食品原料手册.北京:化学工业出版社,2002

［61］邓舜扬主编.保健食品生产实用技术.北京:中国轻工业出版社,2001